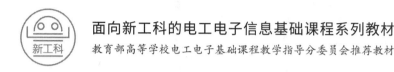

面向新工科的电工电子信息基础课程系列教材

教育部高等学校电工电子基础课程教学指导分委员会推荐教材

单片机原理及应用

基于恩智浦 S12X 的嵌入式系统开发

任勇 曾浩 编著

清华大学出版社
北京

内容简介

本书介绍单片机的基础知识、接口方法和应用技术，全书共14章。第1章概述经典微型计算机原理基础、单片机的发展、现状与应用，以及恩智浦系列单片机的分类特点。第2章以16位单片机型号 MC9S12XEP100 为蓝本，讲述恩智浦 S12X 系列单片机的功能结构、组成原理、存储器、中断系统、最小系统等。第3章概述 S12X 单片机的指令系统与汇编语言编程。第4章重点描述 S12X 单片机仿真调试与 C 语言编程方法。第 5~11 章分别描述并行输入/输出接口、定时器、A/D 转换、PWM 脉宽调制、SCI/SPI 串行通信、CAN/LIN、I^{2}C 总线通信、XGATE 外设协处理器的基本原理及应用技术，从应用的角度给出相关模块的配置方法和使用范例。第12章介绍 μC/OS-II 嵌入式实时操作系统应用。第13章介绍基于 MATLAB/Simulink 建模仿真与代码自动生成的快速开发技术。第14章描述 S12XDEV 实验/开发平台的电路设计原理及其综合应用案例。

本书可作为高等院校电子信息工程、通信工程、集成电路、工业测控、汽车电子、医学电子、机械电子、计算机应用等电类相关专业的教材，也可作为单片机嵌入式系统开发与研究人员的参考书籍。

本书封面贴有清华大学出版社防伪标签，无标签者不得销售。
版权所有，侵权必究。举报：010-62782989，beiqinquan@tup.tsinghua.edu.cn。

图书在版编目（CIP）数据

单片机原理及应用：基于恩智浦 S12X 的嵌入式系统开发/任勇，曾浩编著. —北京：清华大学出版社，2023.5
面向新工科的电工电子信息基础课程系列教材
ISBN 978-7-302-63182-8

Ⅰ. ①单… Ⅱ. ①任… ②曾… Ⅲ. ①单片微型计算机—高等学校—教材 Ⅳ. ①TP368.1

中国国家版本馆 CIP 数据核字（2023）第 052621 号

责任编辑：文 怡 李 晔
封面设计：王昭红
责任校对：韩天竹
责任印制：刘海龙

出版发行：清华大学出版社
网　　址：http://www.tup.com.cn, http://www.wqbook.com
地　　址：北京清华大学学研大厦 A 座　　邮　编：100084
社 总 机：010-83470000　　邮　购：010-62786544
投稿与读者服务：010-62776969, c-service@tup.tsinghua.edu.cn
质量反馈：010-62772015, zhiliang@tup.tsinghua.edu.cn
课件下载：http://www.tup.com.cn, 010-83470236

印 装 者：三河市少明印务有限公司
经　　销：全国新华书店
开　　本：185mm×260mm　　印　张：22.75　　字　数：557 千字
版　　次：2023 年 7 月第 1 版　　印　次：2023 年 7 月第 1 次印刷
印　　数：1~1500
定　　价：75.00 元

产品编号：092987-01

前言

本书的编写背景

MCU(Micro Controller Unit,微控制器,也叫单片机)技术、FPGA(Field Programmable Gate Array,现场可编程门阵列)技术和 DSP(Digital Signal Processing,数字信号处理)技术是目前数字电路系统设计领域公认的三大基础性技术,以这 3 类技术形成的电子应用系统也是目前嵌入式系统的主要表现形式。其中 MCU 技术最为经典,且应用成熟、受众面广。近年来,单片机技术发展迅速,已从传统设计技术走向现代设计技术,其功能、速度、资源正在不断加强,更易于解决电子系统的嵌入性、低功耗、高可靠性和低价格等问题。单片机技术已经成为广大电子工程师和电类专业大学生必备的技能之一,其重要性不言而喻。

由于半导体技术的飞速发展,数字电路系统的新技术不断更新、新器件频频换代、嵌入式软硬件日新月异,进行 MCU 类应用开发相关工作的教师、在校学生、应用工程师等都需要不断补充新知识,跟上新技术的发展。现代单片机系统设计有如下 3 个比较明显的变化:

(1) 原来的单片机技术是围绕某个基本芯片如 MCS-51 系列,在其基础上设计各种外围接口、加扩各种接口电路;而现代单片机技术的趋势是选择功能符合、内部资源适用、接口方便的某个单片机型号为核心,配以尽量少的外围元器件来构成目标应用系统,这样做的好处是系统更可靠、性价比更高、更能体现单片机的"单"性或者微控制器的"微"性。

(2) 因为现代单片机应用系统往往控制更复杂、功能更强大、效率更重要等,导致对单片机应用系统的软件要求更高,所以不仅要学会汇编语言编程,还要掌握 C 语言编程开发方法,甚至可能引入嵌入式实时操作系统以及快速开发技术。

(3) 传统的单片机开发调试往往采用价格高、非标准的第三方仿真器系统,并且是借用仿真器的 MCU 实现并不完全的仿真,最后才擦写芯片固化程序;如今的单片机都已采用了内置的可以反复擦写 10 万次以上的 Flash 存储区,支持在线调试系统、在线下载程序,使得单片机的开发调试更为方便快捷。

在教学方面,现在国内各个大专院校都开设有"单片机"课程,原先大多以 MCS-51 系列 8 位单片机为蓝本,至今也还有许多学校在使用。但近些年,这种情况逐渐有所变化,如清华大学、上海交通大学、北京航空航天大学、苏州大学、天津大学、重庆大学等众多院校已转入以 NXP(恩智浦,原为飞思卡尔)单片机为蓝本的教学,目前加入这个行列的学校越来越多,当然还有讲述以 ARM 为内核的 32 位单片机技术的学校。单片机教学的引进、变化、更新是大势所趋。

基于应用发展和教学需求,且希望站在一个较高的起点上,特别是要适应国内外"芯片"发展形势的变化和"汽车电子"技术的飞速发展,所以在收集整理最新中外资料的基础上,结

前言

合编者20多年的应用开发实践和教学教育经验,着手编写本书。为了帮助读者理解和掌握经典微机原理基础和现代单片机应用技术,本书主要以NXP(恩智浦)半导体公司获得广泛应用的S12X系列16位单片机为蓝本,讲述单片机的基础知识、接口方法和应用技术,其中的软件开发环境采用通用的CodeWarrior 5.1,硬件教学平台采用编者研制的S12XDEV开发板。本书在编排上按照教学特点分模块展开,由浅入深、循序渐进;在讲述上力求简明扼要、浅显易懂,并争取达到理论与实际的平衡、通用与具体的平衡;在内容上以入门为主,追求实用,轻内部原理性描述,重资源性描述及其应用方法。

本着引进吸收、创新发展的科学理念,本书以NXP(恩智浦)S12X系列单片机为蓝本展开描述。

关于NXP(恩智浦)

原Freescale(飞思卡尔)半导体公司是全球最大的半导体公司之一,其前身为Motorola(摩托罗拉)半导体部,2004年从摩托罗拉分拆上市,现已被NXP(恩智浦)半导体公司整合并购。它从1953年开始从事半导体业务,是世界半导体产业与技术的开拓者,为汽车电子、消费电子、工业控制、网络和无线市场设计并制造了众多的嵌入式半导体产品,在单片机领域长期处于全球市场领先地位,如MC68HC05是世界产量第一的8位单片机(产量第二的是8051单片机)。公司的单片机产品系列齐全,根据位数(8位、16位、32位等)不同、封装形式(SOIC、QFP、BGA等)不同、温度范围不同、所含模块不同等构成了庞大众多的微控制器产品系列,应用于嵌入式系统的各个领域,凭借可靠性高、性价比高和应用方便等优势,引领单片机(微控制器)的发展。

NXP(恩智浦)半导体公司创立于2006年,其前身为飞利浦公司于1953年成立的半导体事业部。2015年,NXP收购了Freescale半导体,成为全球前十大非存储类半导体公司以及全球最大的汽车半导体供应商。NXP(恩智浦)半导体公司目前是国际上半导体器件份额巨大的公司,尤其在汽车电子领域处于领导及领先地位。其已与中国教育部合作在清华大学、上海交通大学、东北大学、北京航空航天大学、苏州大学、天津大学等14所大学建立了示范教学实验室,在同济大学、河南工业大学、重庆大学等50多所大学建立了嵌入式处理器(MCU/DSP)开发应用中心或实验室。公司推广的大学计划成员越来越多,持续举办的全国性应用设计大奖赛和"飞思卡尔"杯全国大学生智能车竞赛也已成为教育部倡导的全国性重点赛事。各相关学校在嵌入式系统科研和人才培养方面都取得了许多可喜的成绩,包括各种应用设计、产业化实施。相信会有更多的大学会研究借鉴NXP芯片,也相信会有更多的科技工作者加入创新产品应用行列中来,以进一步推动中国微控制器应用技术的教学与研发工作,促进嵌入式产业发展和人才培养。

NXP(恩智浦)单片机产品线齐全,涵盖了从8位、16位(如S12、S12X系列)到32位的

前言

全系列MCU产品,选择余地大、新产品多。其各系列单片机又分化出各种子系列,多达几百个型号,个性化十足,目的是为用户提供芯片级的嵌入式解决方案,比如针对汽车电子,NXP(恩智浦)就提供了全面、清晰的产品选型指南。其16位S12/S12X系列型号的单片机具有长久的生命力,属于工业控制与汽车电子必用MCU芯片。S12/S12X单片机产品组合是介于8位和32位平台之间的理想产品。本科教学中以介于8位和32位之间的16位MCU为蓝本来讲述原理和应用是合理和可行的。

本书的具体内容

本书兼顾NXP(恩智浦)半导体公司S12系列和S12X系列单片机,涉及的单片机型号即为目前主流的S12、S12XD、S12XE和S12XS系列,它们均向前兼容S12系列,是业界尤其是汽车行业使用的主流型号。NXP(恩智浦)16位单片机的子系列众多,但各型号间的基本结构特性、硬件接口有较强的相通性,并且软件程序也是基本兼容的。

本书介绍单片机的基础知识、接口方法和应用技术,全书共14章。第1章概述经典微型计算机原理基础、单片机的发展、现状与应用,以及恩智浦系列单片机的分类特点。第2章以16位单片机型号MC9S12XEP100为蓝本,讲述恩智浦S12X系列单片机的功能结构、组成原理、存储器、中断系统、最小系统等。第3章概述S12X单片机的指令系统与汇编语言编程。第4章重点描述S12X单片机仿真调试与C语言编程方法。第5~11章分别描述并行输入/输出接口、定时器、A/D转换、PWM脉宽调制、SCI/SPI串行通信、CAN/LIN/I^2C总线通信、XGATE外设协处理器的基本原理及应用技术,从应用的角度给出相关模块的配置方法和使用范例。第12章介绍μC/OS-II嵌入式实时操作系统应用。第13章介绍基于MATLAB/Simulink建模仿真与代码自动生成的快速开发技术。第14章描述S12XDEV实验/开发平台的电路设计原理及其综合应用案例。

书中各章节配有一些硬件电路实例和软件程序实例,单片机与常用外设的接口方法贯穿全书。应用实例程序及教学实验例程均使用C语言编程,并已在CodeWarrior 5.1集成开发环境及S12XDEV开发板上调试验证通过。

读者范围

本书假定读者具有一定的电路原理、数字电路和C语言编程基础知识。本书可作为高等院校电子信息工程、通信工程、集成电路、工业测控、汽车电子、医学电子、机械电子、计算机应用等电类相关专业学生的课程教材(建议重点讲学第1~9章和第14章),同时也可作为单片机嵌入式系统开发与研究人员的参考书籍。

前言

单片机技术的学习

本书在内容编排上虽然是按照恩智浦 S12X 系列 16 位单片机的组成原理和功能模块逐项展开的,但体现的技术和方法并不唯一针对某具体型号的芯片,大部分方法其实是通用的,需要读者在学习和应用的过程中融会贯通;而且,基于恩智浦单片机的硬件或软件设计单元在其各系列单片机之间可以很容易地进行移植,有的甚至可以直接沿用。

单片机技术的学习方法首先是模仿验证、吸收消化,然后才是结合应用、自主创新。在这个学习过程中,需要了解单片机的结构原理、单元部件功能、常规接口方法、特殊应用方案等,要让单片机"跑起来"解决实际问题,还要掌握汇编语言编程、C 语言编程、调试系统、下载程序等方法,至于应用对象的行业知识可通过交流、查询得到补充。

单片机应用系统设计涉及的相关技术很多,包括 MCU 结构原理、数字逻辑电路、模拟电子电路、硬件设计与制作、汇编语言编程、C 语言编程、仿真调试、低功耗、抗干扰以及各种互联接口等技术,在短时间内全面掌握这些技术对于初学者来说是非常困难的。如果学习者具有深厚的基本功自然更好,假设有所欠缺也无妨,可以在单片机技术学习和应用的过程中重新回顾理解。实际上,有些知识或技术可以边用边学,甚至用通之后回头再学,在应用中提高并积累;有些单元技术也不必深究硬啃,可采用"拿来主义",比如一些 MCU 典型电路、范例程序、基本模块等。

经过一段时间的基础学习,单片机技术学习者最终需要做到 3 个"能够":能够看懂书本或别人的电路和程序;能够看懂芯片厂家的原文数据手册(Datasheet/Reference Manual);能够自行设计硬件电路和软件程序。这样,就是入门了。

需要指出的是,单片机的课堂教学内容或书本知识,能帮助学习者快速入门、建立概念和掌握一般应用。但要成为单片机应用开发的高手或专家,需要学习掌握的知识还很多,更需要自己摸索、实践。"高手之路"是自己走出来的,并不是老师、课本能够教出来的。

致谢

本书由任勇负责提纲规划、全局统稿及具体编写第 1～11 章和第 14 章,并进行相关软硬件的设计验证;曾浩编写第 12、13 章。提供编写帮助的有王永东、何伟、吴华等老师,傅雪骄、韩劲锋等研究生完成了一些内容充实和电路设计工作。本书在编写过程中,得到了重庆大学微电子与通信工程学院教材编写资助。同时也参阅引用了相关教材专著、网上资源的部分内容。其间,还获得了清华大学出版社编辑、校对老师的支持鼓励和辛勤付出。在此一并表示诚挚的感谢。

前言

由于作者水平有限,书中难免有错误或不妥之处,恳请广大读者指正和包涵。如果有需要 S12XDEV 开发板设计电路、程序、文档及成品的朋友也尽可联系交流。

编者的 E-mail:renyong0801@163.com

编　者

2023 年 6 月

目 录

第1章 微机原理基础及单片机概述 ··· 1
  1.1 微型计算机原理基础 ··· 2
    1.1.1 基本组成与结构原理 ·· 2
    1.1.2 存储系统与半导体存储器分类 ································ 8
    1.1.3 中断机制 ··· 12
    1.1.4 输入/输出接口技术 ··· 14
    1.1.5 计算机中数的表示、编码与运算 ····························· 18
  1.2 单片机的定义、发展、特点及应用 ·································· 23
  1.3 NXP单片机 ··· 25
    1.3.1 NXP种类繁多的个性化单片机系列 ·························· 25
    1.3.2 S12(X)系列单片机简介 ······································· 27
    1.3.3 S12(X)系列单片机的命名规则 ······························ 29

第2章 S12X单片机的结构与组成 ·· 31
  2.1 S12X单片机的主要功能与结构 ···································· 32
    2.1.1 功能特性 ··· 32
    2.1.2 内部结构 ··· 34
    2.1.3 S12X单片机的封装与引脚 ··································· 37
  2.2 运行模式 ··· 43
  2.3 振荡器和时钟电路 ·· 45
  2.4 S12X单片机的最小系统设计 ······································· 47
  2.5 系统复位、运行监视与时钟选择 ···································· 48
  2.6 存储器 ··· 55
    2.6.1 存储器地址空间分配 ·· 55
    2.6.2 存储器映射管理控制 ·· 58
  2.7 中断系统 ··· 62
    2.7.1 中断源与中断向量 ··· 62
    2.7.2 中断处理过程、优先级与嵌套 ······························· 66
    2.7.3 中断的使用与配置 ··· 68

第3章 指令系统与汇编语言程序设计 ····································· 72
  3.1 CPU寄存器 ··· 73
  3.2 寻址方式 ··· 75
  3.3 指令概览 ··· 77

目录

3.4 使用汇编语言的程序设计 …… 94
 3.4.1 汇编语言的指令格式与伪指令 …… 94
 3.4.2 汇编语言编程举例 …… 98
 3.4.3 汇编语言编程小提示 …… 102

第4章 仿真调试与C语言编程 …… 103
4.1 开发板与仿真调试器 …… 104
4.2 集成开发环境 CodeWarrior IDE …… 105
 4.2.1 CodeWarrior 开发入门 …… 105
 4.2.2 程序下载与仿真调试 …… 110
 4.2.3 prm 文件内容的简要说明 …… 112
4.3 使用C语言的单片机编程开发 …… 115
 4.3.1 常用的C语句操作示例 …… 116
 4.3.2 基本变量类型和定义 …… 117
 4.3.3 位域变量的定义和使用 …… 117
 4.3.4 变量的绝对定位和特殊声明 …… 118
 4.3.5 ♯pragma 程序管理声明 …… 120
 4.3.6 C语言结合汇编语言编程 …… 123
 4.3.7 C语言中断服务程序的编写 …… 124
4.4 S12X 单片机 C 语言编程开发初探 …… 125
 4.4.1 应用实例：MCU 时钟超频初始化函数 …… 125
 4.4.2 应用实例：软件延时函数 …… 126
 4.4.3 应用实例：LED 灯控制程序 …… 126

第5章 并行 I/O 接口 …… 128
5.1 并行 I/O 接口功能描述 …… 129
 5.1.1 特殊的外部中断输入接口 …… 129
 5.1.2 通用 I/O 接口及复用 …… 129
 5.1.3 GPIO 接口功能 …… 130
5.2 GPIO 接口寄存器的使用与设置 …… 131
5.3 应用实例：简单数字量 I/O 接口设计 …… 139
5.4 应用实例：键盘输入接口设计 …… 143
5.5 应用实例：LED 数码管显示输出接口设计 …… 147

第6章 定时器 …… 153
6.1 Timer 定时器 …… 154
 6.1.1 Timer 定时器功能描述 …… 154

目录

    6.1.2 输入捕捉/输出比较 ·················· 155
    6.1.3 脉冲累加器 ····························· 157
    6.1.4 模数递减计数器 ······················ 157
    6.1.5 Timer 定时器的使用与设置 ····· 158
    6.1.6 应用实例：利用 Timer 定时器的输出比较功能实现定时 ········ 165
    6.1.7 应用实例：利用 Timer 定时器的输入捕捉功能实现脉冲计数 ··· 167
    6.1.8 应用实例：利用 Timer 定时器的脉冲累加器和模数递减计数器 ······ 168
  6.2 PIT 周期中断定时器 ······················ 169
    6.2.1 PIT 定时器功能描述 ················ 169
    6.2.2 PIT 定时器的使用与设置 ········ 171
    6.2.3 应用实例：利用 PIT 定时器实现定时 ·········· 174
  6.3 RTI 实时中断定时 ·························· 175

第 7 章 A/D 转换 ······························ 178
  7.1 A/D 转换概述 ································ 179
  7.2 ATD 模块工作原理 ························ 181
  7.3 ATD 模块的使用与设置 ················ 183
  7.4 应用实例：对模拟量进行 A/D 转换并输出结果 ········· 189

第 8 章 PWM 脉宽调制 ····················· 191
  8.1 PWM 脉宽调制特性概述 ·············· 192
  8.2 PWM 结构原理和功能描述 ·········· 192
  8.3 PWM 模块的使用与设置 ·············· 198
  8.4 应用实例：使用 PWM 模块输出脉冲序列波形 ········ 204
  8.5 应用实例：使用 PWM 模块进行 D/A 转换控制 ······ 205

第 9 章 SCI/SPI 串行通信 ················ 207
  9.1 SCI 串行通信 ································ 208
    9.1.1 SCI 异步串行通信接口规范 ···· 208
    9.1.2 SCI 模块的功能与设置 ··········· 210
    9.1.3 应用实例：利用 SCI 串行通信实现收发数据 ········· 215
  9.2 SPI 串行通信 ································ 217
    9.2.1 SPI 同步串行外设接口规范 ···· 217
    9.2.2 SPI 模块的功能与设置 ··········· 219
    9.2.3 应用实例：利用 SPI 串行通信实现数字量输入/输出控制 ······· 224

第 10 章 CAN 总线、LIN 总线和 I^2C 总线 ······ 228
  10.1 CAN 总线 ···································· 229

目录

   10.1.1 CAN 总线规范 ……………………………………………………… 229
   10.1.2 CAN 模块的使用与设置 …………………………………………… 231
   10.1.3 应用实例：CAN 总线通信的软件实现 …………………………… 241
  10.2 LIN 总线 ……………………………………………………………………… 243
   10.2.1 LIN 总线规范 ……………………………………………………… 243
   10.2.2 LIN 模块的使用与设置 …………………………………………… 247
   10.2.3 应用实例：LIN 总线通信的软件实现 …………………………… 249
  10.3 I²C 总线 ……………………………………………………………………… 251
   10.3.1 I²C 总线规范 ……………………………………………………… 251
   10.3.2 I²C 模块的使用与设置 …………………………………………… 253
   10.3.3 应用实例：I²C 总线通信的软件实现 …………………………… 257

第 11 章 XGATE 外设协处理器 ……………………………………………………… 262
  11.1 S12X 的 XGATE 概述 ……………………………………………………… 263
  11.2 XGATE 的使用与配置 ……………………………………………………… 266
  11.3 应用实例：使用 XGATE 系统的程序实现 ……………………………… 269

第 12 章 μC/OS-Ⅱ 嵌入式操作系统应用 ……………………………………………… 272
  12.1 嵌入式实时操作系统概述 …………………………………………………… 273
  12.2 μC/OS-Ⅱ 在 S12X 单片机上的移植与应用 ……………………………… 274
   12.2.1 移植 μC/OS-Ⅱ 的必要性及条件 ………………………………… 274
   12.2.2 在 S12X 单片机上移植 μC/OS-Ⅱ ……………………………… 275
   12.2.3 测试移植代码 ……………………………………………………… 282
   12.2.4 应用实例：S12X 使用 μC/OS-Ⅱ 的多任务实现 ……………… 283

第 13 章 基于 MATLAB/Simulink 建模仿真与代码自动生成的快速开发 ………… 288
  13.1 Simulink 建模与仿真 ……………………………………………………… 289
   13.1.1 启动并新建模型 …………………………………………………… 289
   13.1.2 模型搭建与 Stateflow …………………………………………… 289
   13.1.3 Simulink 仿真验证 ………………………………………………… 293
  13.2 自动代码生成及代码集成 …………………………………………………… 296
   13.2.1 自动代码生成 ……………………………………………………… 296
   13.2.2 工程代码集成 ……………………………………………………… 297
  13.3 应用实例：汽车后处理系统 SCR 中的 DCU 控制 ……………………… 301
   13.3.1 控制器 DCU 简介 ………………………………………………… 301
   13.3.2 DCU 控制模型搭建 ……………………………………………… 302
   13.3.3 DCU 代码集成 …………………………………………………… 305

目 录

第 14 章　S12XDEV 开发平台的设计与使用 ·· 307
　14.1　开发平台总体功能与外设资源描述 ··· 308
　14.2　S12XDEV 开发板硬件设计 ·· 312
　　14.2.1　S12XDEV 开发板完全电路图总览 ··· 312
　　14.2.2　S12X 最小系统硬件电路设计说明 ··· 312
　　14.2.3　S12X 功能外设硬件电路设计说明 ··· 312
　14.3　应用实例：整合多模块功能的综合应用例程 ······································· 326
　　14.3.1　应用分析及关联硬件 ·· 326
　　14.3.2　软件设计实现 ·· 327
　14.4　应用实例：LCD 液晶显示的温度检测系统 ··· 331
　　14.4.1　应用分析及关联硬件 ·· 332
　　14.4.2　软件设计实现 ·· 333
附录 A　ASCII 码表 ·· 345
附录 B　芯片常见封装形式 ·· 348
参考文献 ·· 350

第 1 章 微机原理基础及单片机概述

计算机技术带来了科研和生活的许多重大变革。可以说,计算机的出现标志着人类社会进步文明的又一次飞跃;得益于大规模集成电路进步与发展,计算机的重要分支——微型计算机的发展日新月异,应用日益广泛,已渗透到生产、生活的各个方面,使许多领域的技术水平和自动化程度得以大大提高。在越来越多的领域和越来越多的时候,人们都需要微型计算机来进行工作或间接利用其工作。

区别于巨型机、大型机等其他类别计算机,通常人们将微型计算机简称微机。微机技术的发展又形成了相互独立、不同方向的两大分支。

(1) 通用微机系统。以微处理器(Micro Processor Unit,MPU)为核心,强调处理功能,多方位满足需求。这类微机的表现形式一般为外设配备齐全的微机系统,其中包含功能强大的硬件资源和丰富的软件资源。其中微处理器已经从早先的80286、80386、80486、奔腾系列迅速发展到今天的酷睿系列,操作系统软件也早已从DOS已经发展到了Windows XP、Windows 7/10,这些都使得通用微机性能越来越好、功能越来越强、外设配置越来越高、价格越来越低。

(2) 单片微机系统。以微控制器为核心,强调控制功用,解决单一问题。其表现形式通常为专用功能的嵌入式产品。因此,为区别于通用微机系统,单片微机系统通常也称为单片机嵌入式系统。嵌入式系统就是以具体应用为中心,将微机嵌入到一个应用对象体系中,以实现对象智能化控制的要求,同时对功能、可靠性、成本、体积、功耗有特别要求。单片微机系统随着芯片化微控制器的飞速发展而发展,其软件系统也从早先的汇编指令编程发展到现在可引入嵌入式操作系统,最终形成的嵌入式产品也日趋完美、强悍。

因此,嵌入式系统是将先进的计算机技术、半导体技术和电子技术嵌入到对象体系中,实现对象体系智能化控制的计算机系统。不同于通用计算机体系结构的嵌入式系统采用了系统芯片化的独立发展道路,力求将CPU与包括存储器、接口在内的计算机系统集成在一个芯片上。嵌入式系统的硬件核心可以是MCU、DSP、FPGA芯片等,而MCU则是嵌入式系统中最常见的主流核心。

1.1 微型计算机原理基础

随着科学技术的不断发展,组成计算机的元器件经历了早期的电子管、晶体管、中小规模集成电路时代。20世纪70年代,随着大规模和超大规模集成电路的出现,在Intel公司诞生了第一片微处理器芯片,1981年,IBM公司的PC机搭载应用了微软公司的MS-DOS操作系统,标志着计算机进入微型计算机时代。虽然微型计算机产品经过不断迭代更新,在技术上相比以前的计算机有了很大的改进和优化,但是其基本结构和工作原理仍然是相同的。本节围绕微型计算机的原理基础,介绍微型计算机的组成和体系结构、存储器、中断和输入/输出接口等内容。

1.1.1 基本组成与结构原理

1. 微型计算机的组成

一个完整的微型计算机由硬件系统和软件系统两部分组成。硬件是微型计算机的设备实体;软件是运行、管理和维护微型计算机的程序。两者相互结合,密不可分。

1) 微型计算机的硬件系统组成

硬件系统是微型计算机的设备实体。硬件系统由运算器、控制器、存储器(含内存、外存和缓存)、输入设备和输出设备这五大部分组成,采用"指令驱动"方式工作。控制器负责取指令、分析指令并执行指令;运算器完成算术指令和逻辑运算;存储器用于存储程序和数据;输入和输出设备完成程序和数据的输入/输出任务。微型计算机的硬件系统基本组成示意图如图1-1所示,也就是经典的、目前常见的冯·诺依曼体系结构。

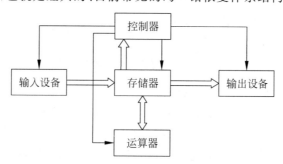

图1-1 微型计算机的硬件系统基本组成

2) 微型计算机的软件系统组成

软件是计算机的灵魂,只有在微型计算机硬件系统上安装了软件后,才能发挥其应有的作用。微型计算机的软件系统分为两大类,即系统软件和应用软件。

(1) 系统软件是管理、监控和维护计算机本身资源(包括硬件和软件)的软件。它主要包括操作系统、程序设计语言的编译程序、数据库管理系统和网络管理系统。

操作系统是微型计算机最基本、最重要的系统软件,包括常驻监控程序,它负责管理计算机系统的各种硬件资源(如 CPU、内存空间、磁盘空间、外部设备等),并且负责将用户对机器的管理命令转换为机器内部的实际操作。例如 Windows、Linux 等。

计算机程序设计语言分为机器语言、汇编语言和高级语言。机器语言的运算效率是所有语言中最高的;汇编语言是"面向机器"的语言;高级语言不能直接控制计算机的各种操作,经编译程序产生的目标程序才能为计算机所用。

数据库管理系统是安装在操作系统之上的一种对数据进行统一管理的系统软件,主要用于建立、使用和维护数据库。微型计算机上比较著名的数据库管理系统有 Access、Oracle、SQL Server、Sybase 等。

当下,网络上的信息资源要比单机上丰富得多,因此出现了专门用于联网的网络管理系统软件,例如,著名的网络操作系统 NetWare、UNIX、Linux、Windows NT 等。

(2) 应用软件是除了系统软件以外,利用计算机为解决某类问题而设计的各种应用程序,主要包括办公软件、工具软件、信息管理软件、辅助设计软件和实时控制软件等。

2. 微型计算机的结构原理

1) 微型计算机的硬件结构

微型计算机的基本硬件结构如图1-2所示,主要包含中央处理器(Central Processing Unit,CPU)、数据存储器(Random Access Memory,RAM)、程序存储器(Read Only Memory,ROM)、地址总线(Address Bus,AB)、数据总线(Data Bus,DB)、控制总线(Control Bus,CB)、各种 I/O(Input/Output)接口和外设等。

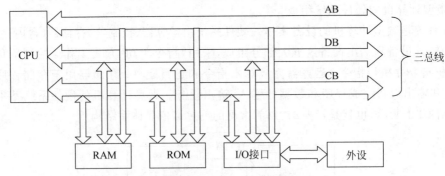

图 1-2 微型计算机的基本硬件结构

2) 数据总线、地址总线和控制总线

微型计算机在硬件上普遍采用总线结构,即组成微型计算机的各个部分通过总线连在一起组成系统。所谓总线,实际上是一组专门用于信息传输的公共信号线,各相关部件都连接在这组公共线路上,采用分时操作进行控制,实现独立的信息传输。总线上传输的信息包括数据信息、地址信息、控制信息。根据传输信息类别不同,总线可分为传输数据信息的数据总线(DB)、传输地址信息的地址总线(AB)和传输控制信息的控制总线(CB)。微型计算机的这种硬件结构为三总线结构,也称为总线结构。总线结构使得微型计算机内部组成更方便,并具有很好的可维护性和扩展性。

(1) 数据总线 DB 用于传输数据信息。数据总线是双向三态形式的总线,它可以把 CPU 的数据传输到存储器或 I/O 接口等部件,也可以将存储器或 I/O 接口等部件的数据传输到 CPU。数据总线的位数是微型计算机的一个重要指标,通常与 CPU 的字长一致。例如,Intel 8086 CPU 字长 16 位,其数据总线的位数也是 16 位。数据总线的位数越宽,一次性传输数据的信息量就越大,计算机的整体执行速度就会越快。例如,8 位的数据总线一次只能传输 1 个字节的数据信息,而 64 位的数据总线一次可以传输 8 个字节的数据信息。

(2) 地址总线 AB 专门用于传输 CPU 发出的地址信息。地址总线是单向三态形式的总线,地址信息只能从 CPU 传向存储器或 I/O 接口。地址总线的位数决定了 CPU 可直接寻址的内存空间大小。例如,8 位 CPU 的地址总线通常为 16 位,即有 $AB_{15} \sim AB_0$ 共 16 条地址线,可寻址空间为 $2^{16}=64KB$;32 位 CPU 的地址总线通常为 32 位,可寻址空间为 $2^{32}=4GB$。一般来说,若地址总线为 n 位,则可寻址空间为 2^n 字节。

(3) 控制总线 CB 用于传输 CPU 向各部件发出的控制信息、时序信息以及外部设备向微处理器发出的请求信息,这些信息起控制作用。它包括 CPU 向存储器发送的读/写信号、片选信号和中断响应信号等;以及外部设备向 CPU 发送的中断请求信号、复位信号、总线请求信号和设备就绪信号等。因此,控制总线的传送方向因具体控制信号而定,一般是双向的,控制总线的位数要根据系统的实际控制需要而定。实际上控制总线的具体情况主要取决于 CPU。

3) 微处理器

微处理器是微型计算机的运算和控制指挥中心,其内部结构组成如图 1-3 所示,主要由运算器、控制器和寄存器组以及内总线组成,合称为中央处理器(CPU)。微型计算机的中央处理器由于体积微小也称为微处理器(Micro Processor Unit,MPU)。

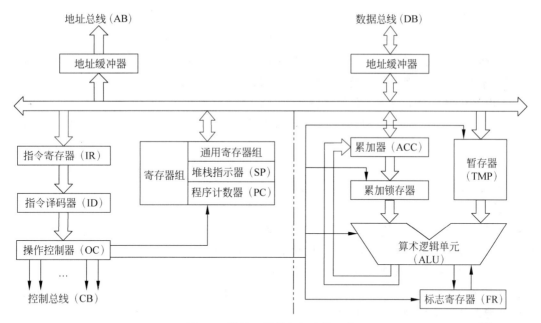

图 1-3 微处理器的内部结构组成

(1) 运算器。

运算器是执行算术运算和逻辑运算的部件,由累加器(Accumulator,ACC)、暂存器(Temporary,TMP)、算术逻辑单元(Arithmetic Logic Unit,ALU)、标志寄存器(Flag Register,FR)和一些逻辑电路组成,如图 1-3 右侧部分所示。

累加器(ACC):用于寄存运算前的数据和运算后的结果。

暂存器(TMP):用于暂存运算前的数据。

算术逻辑单元(ALU):用于完成算术逻辑运算。它以累加器(ACC)的内容为第一运算操作数,暂存器(TMP)的内容为第二运算操作数,并将运算结果送入累加器(ACC)保存,以及将运算过程和运算结果的状态或特征送入标志寄存器(FR)保存。

标志寄存器(FR):用于反映运算过程和运算结果的某些状态或特征。例如,记录在运算过程中是否产生了进/借位,运算结果是正还是负、是否为零等。每种状态或特征都用 FR 中一个相应的标志位来表示。

(2) 控制器。

控制器是指令执行部件,包括取指令、分析指令(指令译码)和执行指令,由指令寄存器 IR(Instruction Register)、指令译码器(Instruction Decoder,ID)和操作控制器(Operation Controller,OC)3 个部分组成。这 3 个部分构成了整个微处理器的指挥控制中心,对协调计算机有序工作极为重要,如图 1-3 左侧部分所示。

CPU 根据用户预先编好的程序,依次从存储器中取出指令放入 IR 中,由 ID 进行译码分析,确定应该进行什么操作后,操作控制器 OC 根据译码结果,向相应部件发出控制信号,完成指令指定的操作。

(3) 寄存器组。

在微处理器内部的寄存器组中,主要由通用寄存器和专用寄存器组成,如图 1-3 中间部分所示。

通用寄存器的作用是暂时存放 ALU 需要用到的数据,方便完成各种数据操作。由于寄存器的存取速度比存储器快,通用寄存器可用于存放某些需要重复使用的操作数或中间结果,从而避免了对存储器的频繁访问,缩短了指令的执行时间,加快 CPU 的运算处理速度,但由于 CPU 的处理速度以及内部结构的限制,其内部寄存器的数量也是有限的。

专用寄存器一般不会用于存放进行数据运算时的数据和运算结果,它们在程序的执行过程中有特殊功能,如微处理器中必然包含两个重要的寄存器:程序计数器(Program Counter,PC)和堆栈指示器(Stack Pointer,SP):

① 程序计数器(PC)。PC 用于存放下一条将要执行的指令在存储器中存放的地址,通常称为 PC 指针。程序中的各条指令一般均顺序存放在存储器中,一个程序开始执行时,PC 中保存的二进制信息为该程序第一条指令所在的地址。微处理器总是以当前 PC 的值为指针,从所指定的存储单元中取指令。每从存储器中取出一个字节的指令,PC 指针的内容就自动加 1,当从存储器中取完一条指令的所有字节进入执行指令时,PC 中所存放的信息便是下一条将要执行的指令的地址。这样,在多数情况下,程序的各条指令是顺序执行的。若要实现程序转移操作,只需要在前一指令的执行过程中,把转移目标的新地址装入 PC,就可使微处理器从新地址处开始执行程序。

② 堆栈及堆栈指示器(SP)。堆栈是一个特定的存储区或寄存器,主要功能是暂时存放数据和地址,通常用来保护断点和现场。它一般是由软件在内存储器中开辟的一个区域。这个存储区存入的数据是一种特殊的数据结构。它的一端是固定的,另一端是浮动的。所有的数据存入或取出,只能在浮动的一端(称栈顶)进行,严格按照后进先出(Last In First Out,LIFO)的原则存取,位于其中间的元素,必须在其栈上部(后进栈者)诸元素逐个移出后才能取出。如图 1-4 所示,将 2211H、……、0005H 数据依次存入堆栈区,这个操作称为入栈(PUSH),最后压入的数据 0005H 称为栈顶元素。将 0005H 数据取出来的操作称为出栈(POP)。这两种操作实现了堆栈区数据项的插入和删除。由于堆栈区只有一个数据出入口,因此入栈和出栈操作总是在栈顶进行。

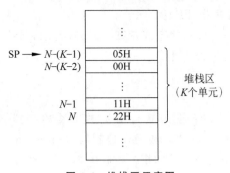

图 1-4 堆栈区示意图

堆栈指示器 SP 是一个 16 位的地址寄存器,它的内容始终指向当前堆栈栈顶元素所在位置的地址。由于对堆栈的操作始终在栈顶进行,所以栈顶元素所在位置的地址是变化的,即随着对堆栈入栈和出栈操作,SP 的内容会发生变化,其变化的方向与栈区的编址方式有关。对于向下增长型堆栈,一次入栈操作,SP 自动减量,向上浮动指示新的栈顶;一次出栈操作,SP 自动增量,向下浮动指示新的栈顶。对向上增长型堆栈来说,其 SP 变化方向相反。堆栈增减量的大小因操作数类型有关,如字节型数据增减量为 1,字型数据增减量为 2。

4) 存储器

存储器是微型计算机中存储程序和各种数据信息的记忆部件。存储器是许多存储单元的集合,按单元号的顺序排列。每个单元由若干二进制位构成,以表示存储单元中存放的数值,这种结构和数组的结构非常相似。存储器的性能通常用存储容量和存储速度来描述。

存储容量是指存储器可以容纳的二进制信息量,用存储器中存储地址寄存器 MAR 的编址数与存储字位数的乘积表示。存取器上的所有信息都是以位(bit)为单位存储的,一位就代表一个 0 或 1。每 8 位组成一字节(byte)。一般地,位简写为小写字母"b",字节简写为大写字母"B"。每一千字节称为 1KB,这里的"千"指 1024,即 1KB=1024B。通常所称的计算机存储容量就是指能存储的最大字节数。每个存储单元是通过地址线进行管理,存储容量越大,所需的地址线也就越多。例如,1MB 的存储容量需要 20 条地址线($A_{19} \sim A_0$);4GB 的存储容量需要 32 条地址线($A_{31} \sim A_0$)。存储单元与地址之间的关系如图 1-5 所示。

存取速度是指存储器在被写入数据或读取数据时的数据传输速度,同一个存取器应用于不同的微型计算机,也可能表现出速度的差异,这受到存取器接口性能差异的影响。微型计算机 CPU 的运行速度远大于存取器的读写速度,因此存取器的读写速度快慢会对计算机的整体运行速度产生较大影响。通常存储取速度是以频率来表示,如 533MHz 的内存条等,选取频率高的存取器有利于提高整机速度。

地址	内容
00000H	10001010
00001H	10101000
00002H	00101010
⋮	⋮
F5000H	10100010
F5001H	11000101
⋮	⋮
FFFFFH	00010101

图 1-5 存储单元与地址的关系

5) 输入/输出接口及设备

输入/输出接口是 CPU 与外部设备之间交换信息的连接电路,它们通过总线与 CPU 相连,简称 I/O 接口。由于 CPU 和外部设备处理速度、数据格式和信号不匹配等问题,不能直接进行数据交互,因此在两者之间引入输入/输出接口。微型计算机中常见的 I/O 接口有并行输入/输出接口、VGA 接口、标准视频输入接口、RS232 串口、USB 接口以及音频输入/输出接口等。

输入/输出设备是数据处理系统的关键外部设备,可以和计算机本体进行交互,简称 I/O 设备。输入设备是向计算机输入数据和信息的设备,是用户和计算机系统之间进行信息交换的主要装置之一。输入设备的任务是把数据、指令及某些标志信息等输送到计算机中去。常见的输入设备有键盘、鼠标和摄像头等。输出设备是把计算或处理的结果和中间结果以人能识别的各种形式,如数字、符号、字母等表示出来。常见的输出设备有显示器、打印机、影像输出系统和语音输出系统等。

6) 微型计算机的工作过程

微型计算机的工作过程实质上就是以计算机硬件为基础执行程序的过程。而程序是由若干条指令组成的,微型计算机逐条执行程序中的每条指令,即可完成一个程序的执行,从而完成一项特定的工作。因此了解微型计算机工作原理的关键,就是要了解指令和指令执行的基本过程。

指令是规定微型计算机执行某种特定操作的命令。每条指令由操作码和操作数构成。操作码代表着指令的命令本身,是每条指令不可或缺的部分;操作数是指令操作的对象,有的指令的操作对象隐含在操作码中,故可以没有操作数。微型计算机每执行一条指令都分成 3 个阶段进行:取指令、分析指令和执行指令。

(1) 取指令。根据程序计数器 PC 中的值从存储器读出现行指令,送到指令寄存器 IR,然后 PC 自动加 1,指向下一条指令地址或本条指令下一字节。

(2) 分析指令。将 IR 中的指令操作码译码,分析其指令性质,如指令要求操作数,则寻找操作数地址。

(3) 执行指令。取出操作数,执行指令规定的操作。根据指令不同还可能写入操作结果。

CPU 在内部时钟的控制下,循环往复地执行这 3 步操作,完成每条指令的规定动作,最终完成程序设定的功能。微型计算机内部的最小时间单位是一个时钟周期 T,是 CPU 主频的倒数。完成一个机器动作所需要的时间称为机器周期,例如取值周期。通常一个机器周期需要 4 个时钟周期 T 来完成。完成一条指令所需的时间称为指令周期。每条指令由一个或多个机器周期构成。只需要一个机器周期能完成的指令称为单周期指令;需要多个机器周期才能完成的指令称为多周期指令。

实际上,现代微机系统中已经采用了指令流水线方式,它把原本串行工作模式的取指令、分析指令、执行指令这 3 个阶段中总有空闲状态的时间利用起来,实现并行运行,每个时间段可以同时执行 3 个动作,可大大提高 CPU 的工作效率。常用的三级指令流水线过程如图 1-6 所示。

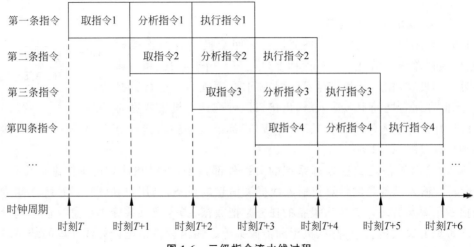

图 1-6 三级指令流水线过程

1.1.2 存储系统与半导体存储器分类

存储器是微型计算机的基本组成部分,用于存储微型计算机工作所必需的程序和数据。由于微处理器执行的指令和数据都是从存取器中读取的,所以存储器的性能在很大程度上决定了微处理器性能的发挥。在现代微机系统中,存储器技术的发展目标始终都是容量更大、速度更快、成本更低。为了追求更高性能的存储器,一方面在存储器的设计、制造上下功夫;另一方面致力于优化存储器系统结构。

1. 存储系统的分级结构

存储系统是计算机中由存放程序和数据的各种存储设备、控制部件及管理信息调度的设备(硬件)和算法(软件)所组成的系统。存储系统提供写入和读出计算机工作需要的信息(程序和数据)的能力,实现计算机的信息记忆功能。目前微型计算机大都采用分级结构的存储系统,如图 1-7 所示。整个存储系统可以分为 5 级:寄存器组、高速缓存 Cache、主存、虚拟存储器和外部存储器。其中,寄存器组总是在 CPU 内部,程序员可通过寄存器名访问,无总线操作,访问速度最快;其余4级均在CPU外部,Cache和主存构成内存储系统,程序员通过总线寻址访问存储单元,访问速度较寄存器慢;虚拟存储器对程序员而言是透明的;外部存储系统容量大,需通过I/O接口与CPU交换数据,访问速度最慢。整个存储系统从下到上存储容量逐级递减,存取速度逐级递增。

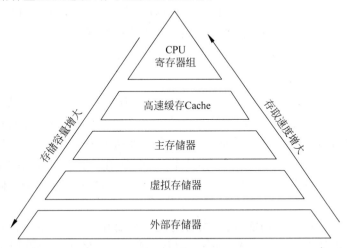

图1-7 存储系统的分级结构示意图

第一层存储器是微处理器内部的寄存器组。寄存器一般用来保存程序的中间结果,为随后的指令快速提供操作数,从而避免把中间结果存入内存,再读取内存的操作。微处理器对内部寄存器的读写速度最快,一般在一个时钟周期完成,充分利用并安排这些寄存器,可以在一定程度上提高性能。在微处理器内部设置寄存器的目的是减少微处理器访问外部存储器的次数,提高系统性能,但由于受芯片面积和集成度的限制,内部寄存器的个数和容量都有限。

第二层存储器是高速缓存,也即缓存。高速缓存是存在于主存储器与CPU之间的一级存储器,由静态存储芯片(SRAM)组成,容量较小但速度比主存高得多,接近于CPU的速度。高速缓存和主存储器之间信息的调度和传送是由硬件自动进行的。采用高速缓存是为了解决主存储器与CPU速度不匹配的问题,用于存放访问最频繁的程序和数据。绝大多数情况下微处理器直接从高速缓存中存取数据,大大提高了存储系统的存取速度,使得微处理器能充分发挥自身的运算能力。目前的CPU大多采用三级缓存结构(L1 Cache、L2 Cache和L3 Cache),级别越低的缓存越接近CPU,速度越快且容量越少。

第三层存储器是主存储器,简称主存或内存。主存储器用于存放指令和数据,并能由中央处理器(CPU)直接随机存取。由于微处理器对存储系统的访问绝大部分都在高速缓冲存储器中,即使主存的存储速度稍慢一些,也不会对整个存储系统的存取速度产生大的影响,因此可以牺牲存取速度换取大的存储容量。主存储器是按地址存放信息的,存取速度一般与地址无关,32位的地址最多能表达4GB的存储器地址。

第四层存储器是虚拟存储器。虚拟存储器用于自动实现部分装入和部分替换功能,在逻辑上为用户提供一个比物理存储容量大得多的可寻址的"主存储器"。采用虚拟存储器是为了解决执行的程序很大(主存消耗殆尽)的问题,临时拿一部分硬盘空间当主存使用。例如,若计算机只有128MB物理内存,那么当读取一个容量为200MB的文件时,就必须要用到比较大的虚拟内存,文件被内存读取之后就会先储存到虚拟内存,等待内存把文件全部处理完毕之后,再把虚拟内存中存储的文件释放掉。虚拟存储器的容量与物理主存大小无关,而受限于计算机的地址结构和可用磁盘容量。

最底层的存储器是超大容量的外部存储器,如硬盘、软盘、光盘和 U 盘等。外部存储器容量可高达上百吉字节(GB),因此也称为"海量存储器"。与主存储器相比,外存储器的存取速度慢很多,但 CPU 不直接访问外部存储器,而是将内容批量加载到主存储器中,因此外存储器的存取速度对整个存储系统来说影响不大。

2. 半导体存储器的分类

存储器有多种分类方法。按存储介质分类,可分为半导体存储器和磁表面存储器。存储器中最小的存储单位是一个双稳态半导体电路或一个 CMOS 晶体管或磁性材料的存储元,一个存储元可存储一个二进制代码,若干个存储元组成一个存储单元,然后许多存储单元组成一个存储器。不同材料的存储器各有其优点,分别用于存储系统的不同层次。外部存储器多为磁表面存储器,例如,硬盘是磁表面存储器,而高速缓存和主存储器都是半导体存储器。

半导体存储器按照读写功能分类,可分为随机存取存储器(Random Access Memory,RAM)和只读存储器(Read Only Memory,ROM)两大类。随机存取存储器可以随时读写(刷新时除外),存取速度很快,但掉电时存储的内容会丢失,属于易失性存储器(Volatile Memory),通常作为操作系统或其他正在运行中的程序的临时数据存储介质,也叫数据存储器。只读存储器只能读出无法写入信息,即使掉电所存储的内容也不会丢失,属于非易失性存储器(Non-Volatile Memory),通常用来保存不需要变更的最终应用程序数据,也叫程序存储器。

1) 随机存取存储器(RAM)

RAM 主要由存储矩阵、地址译码器、读/写控制器、输入/输出和片选控制等部分组成,如图 1-8 所示。存储矩阵是 RAM 的核心部分,它是一个寄存器矩阵,用于存储信息。地址译码器用于将寄存器地址所对应的二进制数译成有效的行选信号 W 和列选信号 D,从而选中该存储单元。读/写控制器用于控制被选中的寄存器进行读操作还是写操作。输入/输出端用于与 CPU 进行数据交换。片选控制用于控制 RAM 接入和断开 CPU。

根据存储单元的工作原理不同,RAM 分为静态 RAM(Static RAM,SRAM)和动态 RAM(Dynamic RAM,DRAM)。典型的 SRAM 需要用 4 个晶体管才能存储一位二进制信息,这 4 个晶体管形成两个交叉耦合的反相器,存储单元有两个稳定的状态,分别表示二进制的 0 和 1,此外还需要两个存储单元提供控制信号,因此 SRAM 至少需要 6 个晶体管才能存储一位二进制信息。SRAM 存放的信息在不断电的情况下能长时间保留,状态稳定,而且不需外加新电路,外部电路结构简单。但由于 SRAM 的基本存储电路中所含晶体管较多,故集成度较低,且功耗较大。

DRAM 只需要一个晶体管和一个电容就可以存储一位二进制信息,用充电和放电表示二进制信息。由于任何电容都存在漏电,因此当电容存储有电荷时,过一段时间由于电容放电会导致电荷流失,使保存信息丢失。解决的办法是每隔一定时间(一般为 2ms)再对 DRAM 进行读出和再写入,使原处于逻辑电平 1 的电容上所泄放的电荷又得到补充,原处于电平 0 的电容仍保持 0,这个过程称为 DRAM 的刷新。

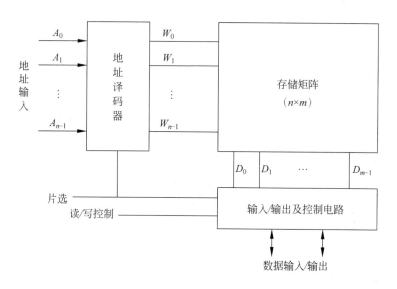

图 1-8 RAM 的基本结构

与 DRAM 相比,SRAM 不需要定时刷新,访问速度明显快于 DRAM,但需要 6 个晶体管才能存储一位二进制信息,电路比 DRAM 复杂,集成度低,且价格较高,因此多用于高速缓冲器。而 DRAM 具有价格低廉、集成度高等优点,内存条基本采用了 DRAM 存储器。

2) 只读存储器(ROM)

ROM 主要由地址译码器、存储矩阵、读出线及输出缓冲器等部分组成,如图 1-9 所示。CPU 经地址总线送来要访问的存储单元地址,地址译码器根据输入地址码选择某条行线 W,然后由它驱动该行线的各列线 D,读出该行的各存储位元所存储的二进制代码,送入读出线输出,再经数据线送至 CPU。

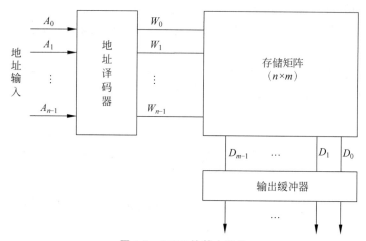

图 1-9 ROM 的基本结构

ROM 有多种类型且每种只读存储器都有各自的特性和使用范围。按制造工艺和功能分类,ROM 分为掩膜编程的只读存储器(Mask-programmed ROM,MROM)、可编程的只读存储器(Programmable ROM,PROM)、可擦除可编程的只读存储器(Erasable Programmable ROM,EPROM)、可电擦除可编程的只读存储器(Electrically Erasable Programmable ROM,EEPROM)和快擦除读写存储器(Flash Memory)。

（1）MROM。MROM 中存储的信息是生产厂家根据用户需求，在制造存储芯片时写入。一旦由生产厂家制造完毕，用户就无法修改。由于这种存储器的制造周期较长、成本较高，用户与生产厂家之间的依赖性大，所以只用于大批量生产的微机产品中。

（2）PROM。PROM 允许用户通过专用的设备（编程器）一次性写入自己所需要的信息。PROM 的内部是熔丝烧断型，一旦编程完毕，其内容便是永久性的。PROM 具有一定的自主性，适合大批量自主生产。

（3）EPROM。EPROM 是一种可擦除可编程的只读存储器，但可以用特殊的方法写入数据。把 EPROM 的透明窗暴露在紫外光线几分钟时间，就可以擦除其中的内容，然后进行重新编程写入。

（4）EEPROM。EEPROM 是一种随时可电擦除写入数据的存储器，它与 EPROM 的区别是不用紫外线，而是仅使用一般电子式控制就可以方便快捷地擦除和编程，现已取代了 EPROM。

（5）Flash Memory。Flash Memory 是一种高密度、非易失性的只读存储器，它既有 EEPROM 的特点，又有 RAM 的特点，是一种全新的存储器形式，俗称闪存。与 EEPROM 一样，闪存使用电可擦除技术，整个闪存可以在一秒至几秒内被擦除。闪存以块为单位进行改写，其成本远低于以字节为单位改写的 EEPROM。闪存还具有更高速、更方便、容量大的特点，可多次反复擦写（10 万次以上）并允许在线编程。当代单片机系统的程序运行代码一般都是写在闪存中。目前闪存还广泛用于制作各种移动存储器，如 U 盘、手机存储内存和数码相机/摄像机存储卡等。

1.1.3 中断机制

1. 中断的基本概念

中断机制引入背景是 CPU 处理程序运行中可能出现其他的异常事件、非预料事件，需要及时响应、实时处理，用以解决 CPU 与外设之间的信息同步、并行处理问题。中断是指 CPU 在执行当前程序的过程中，由于某种随机出现的外部请求或 CPU 内部的异常事件，CPU 暂停正在执行的程序，而自动转去执行相应的处理程序（中断服务程序），然后再返回到暂停处继续执行被中断了的程序。CPU 中断执行流程如图 1-10 所示。

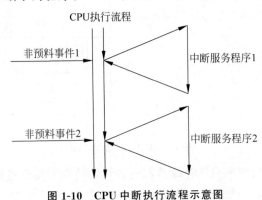

图 1-10 CPU 中断执行流程示意图

2. 中断源

引起中断的原因或者能够发出中断请求信号的来源统称为中断源。常见的中断源有以下几种：

（1）外部设备请求中断。一般的外部设备（如键盘、打印机和 A/D 转换器等）在完成自身的操作后，向 CPU 发出中断请求，要求 CPU 为它服务。这类中断源为最主要类型的中断。

（2）故障强迫中断。计算机在一些关键部位都设有故障自动检测装置，如运算溢出、存储器读出出错、外部设备故障、电源掉电以及其他报警信号等，这些装置的报警信号都能使 CPU 中断，进行相应的中断处理。由计算机硬件异常或故障引起的中断，也称为内部异常中断。

（3）实时时钟请求中断。在控制中遇到定时检测和控制，为此常采用一个外部时钟电路（可编程）控制其时间间隔。需要定时时，CPU 发出命令使时钟电路开始工作，一旦到达规定时间，时钟电路就发出中断请求，由 CPU 转去完成检测和控制工作。

（4）数据通道中断。数据通道中断也称直接存储器存取（DMA）操作中断，如磁盘、磁带机或 CRT 等直接与存储器交换数据所要求的中断。

（5）程序自愿中断。程序自愿中断是 CPU 执行了特殊指令（自陷指令）或由硬件电路引起的中断，是指当用户调试程序时，程序自愿中断检查中间结果或寻找错误所在而采用的检查手段，如断点中断、单步中断和陷阱中断等。

以上中断源按照性质总体可以分为内部中断（软件中断）和外部中断（硬件中断）两大类。内部中断是 CPU 执行某些指令（如 INT 指令）或执行程序过程中产生的某些异常所引起的中断；外部中断则是由外部硬件引起的中断。

3. 中断向量与中断向量表

由于中断是随机产生的，因此中断请求的相应处理就不可能通过现行程序完成，而是只有当 CPU 接收到来自内部中断源或者外部中断源的中断请求时，才转向相应的中断服务程序进行处理。例如，8086 处理器有 256 个中断源，每个中断源对应一个中断服务程序，这些存放在内存中。CPU 若想根据中断请求信号响应某中断源的中断请求，就必须找到该中断服务程序的入口地址（段基址和偏移地址），以便于转向执行对应的中断服务程序进行中断处理。中断服务程序的入口地址被称为中断向量，用于存放各种中断服务程序入口地址（中断向量）的表就称为中断向量表。

4. 中断优先级与中断嵌套

微机系统中有多个中断源，有可能出现两个或两个以上中断源同时发出中断请求的情况，这时 CPU 必须确定首先为哪一个中断源服务和服务的次序。解决的方法是中断优先排队，即根据中断源请求的轻重缓急，排好中断处理的优先次序即优先级，又称优先权，先响应优先级最高的中断请求。另外，当 CPU 正在处理某一中断时，要能响应另一个优先级更高的中断请求，而屏蔽掉同级或较低级的中断请求，形成中断嵌套。中断嵌套可以有多级，其嵌套级数受控于堆栈区的大小（因为中断前后均需要保护断点和现场，而断点信息和现场数据的保护是通过堆栈来完成的）。图 1-11 给出的是三级中断嵌套的示意图，更多级中断嵌套原理可以此类推。

5. 中断响应条件

当 CPU 接收到中断请求后，并非立即响应，所有类型的中断请求都必须在 CPU 执行

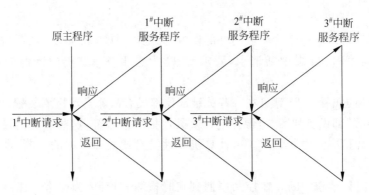

图 1-11　三级中断嵌套示意图

完成当前指令后才予以响应。对可屏蔽中断请求,通常还必须满足以下条件:

(1) CPU 内部中断是开放的。在 CPU 内部有一个中断允许触发器 IF,只有 IF＝1 时,CPU 才能响应外部中断。否则中断被关闭,即使有中断请求,CPU 也不响应。CPU 复位时,中断允许触发器被清零,即中断是关闭的。每当中断响应后,CPU 又会自动关闭中断,所以如果想响应更高优先级的中断请求,必须在该中断服务程序中开中断。

(2) 现行指令内无总线请求,没有高优先级的中断请求正在被响应或正发出、正挂起。在多中断源的中断系统中,同一时刻只能响应一个中断请求,当有高优先级的中断请求存在或被响应时,低优先级的中断请求不能响应。

(3) CPU 在现行指令结束后,即运行到最后一个机器周期的最后一个 T 状态时,才能采样中断请求线而响应可能的外部中断请求。

6. 中断响应过程

在有了中断请求且 CPU 响应中断的条件成立后,CPU 会响应中断请求,并自动关闭中断,然后进入相应的中断服务程序。内部中断和外部中断中不同中断源的响应过程略有不同,但进入中断服务程序后的基本编程方法是一致的。

(1) 保护现场。CPU 标志寄存器 FR、当前断点地址 PC、中断处理将用到的 CPU 内部寄存器入栈。此时可以开中断,目的是以便能响应更高优先级的中断源请求,也可以不开中断。

(2) 中断服务处理。从中断向量表中取中断服务程序程序入口地址,转去执行中断服务程序。

(3) 恢复现场。之前压栈的内容依次出栈。此处可以关中断,以便恢复现场时不被其他中断打断。

(4) 中断返回。返回断点处继续执行原程序。同时 CPU 自动开中断,以便中断返回后可以响应新的中断。

1.1.4　输入/输出接口技术

1. 输入/输出接口的基本概念

外部设备是微型计算机系统的重要组成部分,通常将除微型计算机主机以外的设备(如键盘、鼠标、扫描仪、显示器、打印机和绘图仪)称为外部设备,简称外设。微型计算机通过外设与外部世界交换信息。外设种类繁多,有机械式、电动式和电子式等;输入/输出信息形式多样,可以是模拟量、数字量或开关量;工作速度差异也很大,数据格式也往往与主机格式不同。因此,外设接入系统时必须使用输入/输出(I/O)接口,在接口的控制下实现数据的传送和操作控制。I/O 接口包括硬件电路和软件编程两部分。硬件电路包括基本逻辑电路、端口译码电路和供选电路等。软件编程包括初始化程序段、传送方式处理程序段、主控程序段程序终止与退出程序段及辅助程序段等。

1) 使用 I/O 接口的原因

由于计算机的外围设备品种繁多,几乎都采用了机电传动设备,因此 CPU 在与 I/O 设备进行数据交换时存在以下问题。

(1) 速度不匹配:I/O 设备的工作速度要比 CPU 慢许多,而且由于种类的不同,它们之间的速度差异也很大,例如,硬盘的传输速度就要比打印机快很多。

(2) 时序不匹配:各个 I/O 设备都有自己的定时控制电路,以自己的速度传输数据,无法与 CPU 的时序取得统一。

(3) 信息格式不匹配:不同的 I/O 设备存储和处理信息的格式不同,例如,可以分为串行和并行两种;也可以分为二进制格式、ACSII 编码和 BCD 编码等。

(4) 信息类型不匹配:不同 I/O 设备采用的信号类型不同,有些是数字信号,有些是模拟信号,因此所采用的处理方式也不同。

2) I/O 接口主要功能

基于以上原因,CPU 与外设之间的数据交换必须通过 I/O 接口来完成,通常 I/O 接口具有以下功能:

(1) 设置数据的寄存、缓冲逻辑,以适应 CPU 与外设之间的速度差异,接口通常由一些寄存器或 RAM 芯片组成,如果芯片足够大还可以实现批量数据的传输。

(2) 能够进行信息格式的转换,例如,串行和并行的转换。

(3) 能够协调 CPU 和外设两者在信息的类型和电平的差异,如电平转换驱动器、数/模或模/数转换器等。

(4) 协调时序差异。

(5) 地址译码和设备选择功能。

(6) 设置中断和 DMA 控制逻辑,以保证在中断和 DMA 允许的情况下产生中断和 DMA 请求信号,并在接收到中断和 DMA 应答之后完成中断处理和 DMA 传输。

3) I/O 接口的分类

外设的多样性决定了 I/O 接口的多样性,不可能从一个角度对其准确分类。对 I/O 接口的分类可以按以下几方面进行。

(1) 按接口与外设间信息传递的方式分类。按信息传递方式可分为并行 I/O 接口和串行 I/O 接口。并行 I/O 接口可实现 CPU 与外设之间数据的并行传送,即按字长传送(8 位、16 位或 32 位二进制同时传送)。串行 I/O 接口可实现数据的串行传送,即按位(一个二进制位)传送。

(2) 按接口的可编程性分类。按接口的可编程性可分为可编程接口和不可编程接口。可编程接口是指在不改动硬件的情况下,修改程序就可以改变接口的工作方式,以适应不同外设的接口要求。

(3) 按接口的用途分类。按接口的用途可分为专用接口和通用接口。专用接口即为某种用途或为某类外设专门设计的接口电路,如模/数转换器、DMA 控制器等。通用接口即多种外部设备均可使用的接口,它连接各种不同外设时可不必增加或只需增加少量附加电路。

4) I/O 接口的基本结构

CPU 与外设交换的信息主要有 3 类,即数据信息、状态信息和控制信息。外设的各种信息均需要通过接口来实现与 CPU 间的相互交换,因此 I/O 接口应包含数据端口、状态端口、控制端口和一些相关的逻辑电路。I/O 接口的基本结构框图如图 1-12 所示。

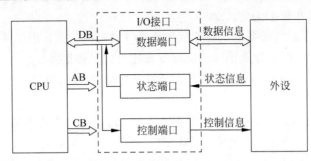

图 1-12　I/O 接口的基本结构框图

(1) 数据端口。该端口用于存放数据信息,包含数据输入寄存器和数据输出寄存器。由于外设与 CPU 处理数据的速度不同,通常需要把需传送的数据暂存在这些缓冲器中,以协调 CPU 和外设之间的数据传输速度。

(2) 控制端口。该端口用于存放控制信息,控制信息是 CPU 通过接口传送到外设的,其主要作用是控制外设工作,如控制打印机的开始/暂停。对于可编程接口电路,控制信息还负责选择可编程芯片的工作方式等。

(3) 状态端口。该端口用于存放状态信息,即反映外设当前工作状态的信息,输入设备是否准备好数据,输出设备是否空闲等,CPU 可通过读取这些信息,了解外设当前的工作情况。

以上 3 个端口并非所有 I/O 接口电路都需要,通常需根据接口电路的作用而定。

2. 常用的输入/输出方式

在微型计算机系统中,通过 CPU 与 I/O 接口之间的数据传送实现 CPU 对 I/O 设备的操作控制。针对各种不同的 I/O 设备,可采用不同的数据传送方式(输入/输出方法),实现 CPU 与 I/O 之间正确有效的数据传送。常见的数据传送方式有无条件传送、查询传送、中断控制传送、直接存储器存取(Direct Memory Access,DMA)和 I/O 处理机传送方式。

1) 无条件传送方式

无条件传送方式是一种无须同步控制的 I/O 操作方式,是针对一些简单、低速以及随时"准备好"的外部设备。这些外部设备工作方式简单,CPU 可随时读出它们的数据,它们也可随时接收 CPU 输出的数据。例如,开关、发光二极管、继电器等外设。CPU 在对这类外设进行数据传送方式下,当 CPU 执行输入/输出指令时,外部设备则无条件地执行该指令所规定的相应操作。

2) 查询传送方式

查询传送方式也可称为有条件传送方式,是针对工作速度远低于 CPU 工作速度的外设。这类外设在与 CPU 进行数据传送时,需要一定的条件才能进行,即 CPU 无法随时读出它们的数据,它们也无法随时接收 CPU 输出的数据。I/O 操作总是由 CPU 通过程序查询外设的状态来启动,当查询到外设准备就绪才可以进行数据传送,否则需等待。由此可见,查询传送方式的接口电路除了包括无条件传送方式中有的部分,还必须包括传递信息的状态端口。这种方式的优点是结构简单,只需要少量的硬件电路即可;缺点是由于 CPU 的速度远远高于外设,因此通常处于等待状态,工作效率低。

关于查询传送方式的输入/输出接口应用,此处给出一个经典的包含外设状态输入查询以及外设数据输出的硬件接口电路范例设计,如图 1-13 所示。其中 $D_7 \sim D_0$ 是数据线,$A_{15} \sim A_0$ 是地址线,74LS138 是 3-8 译码器,74LS374 是 8 路锁存器(每路是 D 触发器),74LS245 是 4 路双向三态输出缓冲器(只用了其中 1 路)。外设状态读取端口地址为 03FBH(0000 0011 1111 1011),经过组合逻辑电路和 74LS138 译码器后,输出 $\overline{Y_3}=0$,结合 $\overline{IOR}$ 读有效,此时从缓冲器读入当前外设状态信息 BUSY(1—忙状态,0—准备好)到 Bit5;外设数据输出端口地址为 03F8H(0000 0011 1111 1000),经过组合逻辑电路和 74LS138 译码器后,输出 $\overline{Y_0}=0$,结合 $\overline{IOW}$ 写有效,此时输出数据并锁存到数据端口。外设把数据读走后会将 BUSY 置 0。

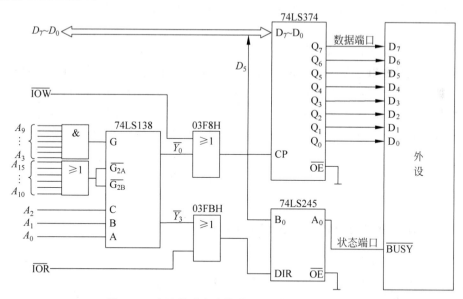

图 1-13　查询传送方式的输入/输出接口电路范例

根据上述硬件电路设计,需编写程序实现将 DATA 地址处的 1 个字节单元的数据通过查询传送方式接口电路传送到外设。需要查询外设的状态(BUSY=0?),以确定是否能进行一次数据传送,若可以,则完成一次数据传送。

Intel 8086 汇编程序代码如下:

```
        ...
        LEA    BX, DATA    ;建立数据指针,指向待传送数据区
```

```
        MOV    CX, 100       ;设置数据区长度
WAIT:   IN     AL, 03FBH     ;从状态端口读入状态信息
        TEST   AL, 20H       ;检查外设状态,即 BUSY = 0?
        JNZ    WAIT          ;若 BUSY≠0,再读状态信息(外设正忙)
        MOV    AL, [BX]      ;BUSY = 0,则取待传送数据至 AL 中
        OUT    03F8H, AL     ;数据从数据端口输出
        ...
```

3) 中断控制传送方式

与查询传送方式不同,在中断控制传送方式中,CPU 不再被动等待,而是可以执行其他程序。一旦外设为数据交换准备就绪,可以向 CPU 提出中断服务请求,CPU 如果响应该中断请求,便暂时停止当前程序的执行,转去执行与该请求对应的中断服务程序,数据传送完成后,再继续执行原来被中断的程序。由此可见,中断传送方式的接口电路除了查询传送方式中有的部分,还必须要有控制端口(中断允许触发器)以实现 CPU 是否接收外部设备提出的中断请求。

中断控制传送方式的优点是省去了 CPU 查询外设状态和等待外设就绪所花费的时间,提高了 CPU 的工作效率,还满足了外设的实时要求。但需要为每个 I/O 设备分配一个中断请求号和相应的中断服务程序,此外还需要一个中断控制器(I/O 接口芯片)管理 I/O 设备提出的中断请求,例如,设置中断屏蔽、中断请求优先级等。此外,中断处理方式的缺点是每传送一个字符都要进行中断,启动中断控制器,还要保留和恢复现场以便能继续原程序的执行,花费的工作量很大,这样如果需要大量数据交换,系统的性能会降低。

4) 直接存储器存取方式

前面的 3 种数据传送方式必须通过 CPU 才能和存储器交换,并且每次 I/O 操作的引发方式无论是软件查询引发还是硬件中断引发,引发后的具体数据传输过程则都是由软件控制完成的。这对一些高速外部设备以及批量数据交换(如磁盘与内存)来说,速度上就不能满足要求,直接存储器存取(Direct Memory Access,DMA)方式解决了这一问题。直接存储器存取方式的基本思想是在外设和主存储器之间开辟直接的数据传送通道,由硬件 DMA 控制器负责外设和存储器间直接数据交换。DMA 方式的优点是速度快、容量大,不需要 CPU 参与,省去了 CPU 取指令、指令译码、存取数据等过程;缺点是增加了电路的复杂性。

1.1.5 计算机中数的表示、编码与运算

1. 计算机中数的表示

在计算机中,无论数值还是符号,都是用 0 或 1 表示的。通常用最高位作符号位,0 表示正数,1 表示负数。例如,

+10 对应的二进制数为 00001010;

−10 对应的二进制数为 10001010。

通常将在计算机中使用的、连同符号位一起数字化的数称为机器数。机器数所表达的真实值对应的十进制数叫真值。例如,机器数为 00101110,则真值为 +46。

在计算机中,带符号数的表达方法有多种,最常用的是原码、反码和补码。

(1) 原码。在机器数中,将最高位作为符号位,其余二进制位表示该数的绝对值的表示

方法称为原码表示法。例如,

原码 10101110,其真值为-46;

原码 01101000,其真值为+104。

注意:在原码表示法中,有正 0(00000000)和负 0(10000000)两种,原码的表示范围为 -127~+127。

(2) 反码。正数的反码表示与原码相同,负数的反码是其对应正数的各位取反,符号位为 1。例如,

反码 00101110,其真值为+46;

反码 11010001,其真值为-46。

注意:在反码表示法中,有正 0(00000000)和负 0(11111111)两种,反码的表示范围为 -127~+127。

(3) 补码。正数的补码表示与原码相同,负数的补码是其对应正数的各位取反后再加 1,符号位为 1。例如,

补码 00101110,其真值为+46;

补码 11010010,其真值为-46。

注意:补码表示法中,只有正 0(00000000),补码的表示范围为 -128~+127。

在计算机中,由于补码表示法的机器利用率较高,还能将减法转换为加法进行计算,所以总是以补码的形式来表示带符号数。要获得负数补码的真值,可以将除符号位以外的二进制数再求补(取反加 1)得到。在实际使用过程中,负数本身就是用补码表示,因此无须进行求补计算。

2. 计算机中的编码

编码是为了在特定场合下方便使用而制定的一种数字代号。在计算机中常用的编码有两种:BCD 码和 ASCII 码,这两种编码是为了方便进行特定需要而制定的编码规则。

(1) 二进制编码的十进制数(BCD 码)。用 4 位二进制数表示 1 位十进制数的编码方法叫 BCD 码(Binary-Coded Decimal),最常用的 BCD 码是 8421 码。按照这种编码规则,将十进制数表示为 BCD 码并将 BCD 码写成十六进制数的对照表见表 1-1。

表 1-1 十进制数、BCD 码与十六进制数对照表

十 进 制 数	BCD 码	将 BCD 码写成十六进制数
0	0000	0H
1	0001	1H
2	0010	2H
3	0011	3H
4	0100	4H
5	0101	5H
6	0110	6H
7	0111	7H
8	1000	8H
9	1001	9H

由于计算机中存放二进制数的最小单位是 1 个字节(8 位二进制数),因此在计算机里

BCD 码的表示方法又分为两种：分离 BCD 码和组合 BCD 码。

分离 BCD 码：用一个字节表示一位十进制数，低 4 位为 BCD 码，高 4 位补 0。这种编码优点是直接书写、方便直观，缺点是浪费了高 4 位的存储空间。

组合 BCD 码：用一个字节表示两位十进制数，低 4 位和高 4 位分别表示一位 BCD 码。例如，十进制数 56，用组合 BCD 表示为 01010110，写成十六进制为 56H。这种编码的优点是结构紧凑、节约存储空间；缺点是使用时需要组装和拆分。

(2) 数字、字母和符号的编码（ASCII）。

计算机处理的信息有数字、字母和符号等，这些符号在计算机内部通过统一编码来识别，其中普遍使用的是 ASCII 码（American Standard Code for Information Interchange），详见附录 A。ASCII 码表示与分离 BCD 表示很相似，低 4 位相同，均使用 0000～1001 表示 0～9，差别仅在高 4 位。在 ASCII 码编码规则中，应注意以下几点：

0～9 的 ASCII 码为 30H～39H。

大写字母"A"的 ASCII 码为 41H，其余字母按十六进制递增；

小写字母"a"的 ASCII 码为 61H，其余字母按十六进制递增。

BCD 码和二进制数一般在数据运算和处理过程中使用，ASCII 码一般在计算机的输入/输出设备中使用。在解决一些实际问题时，往往需要在这几种编码中进行转换。

3. 计算机中的基本运算

计算机中 CPU 能直接提供的运算有算术运算和逻辑运算。算术运算中，提供加、减、乘、除 4 种运算方法，其他计算函数都可以由这 4 种运算通过程序实现。在逻辑运算中，提供了与、或、非、异或、求补和移位等运算方法。采用哪种数据形式进行运算，程序员在编程之前就必须确定，不同数据形式实现的算法各不相同。正如高级语言在使用变量之前要求必须先定义变量类型一样，这样才能够在编译时确定正确的计算方法。

1) 补码运算及溢出判断

在计算机中，带符号数均用补码来表示。若进行 $X+Y$ 运算，利用 CPU 内部的加法器可直接计算。若进行 $X-Y$，将其转换为 $X+(-Y)$，此时只需将 $-Y$ 转换为补码，仍可通过内部加法器实现。

【例 1-1】 利用二进制运算方法求 23+56 及 23-56。

解：23+56=79

将 23 与 56 转换为二进制数进行运算的过程如下：

+23→00010111　　+56→00111000

则

```
   00010111
 + 00111000
 ──────────
   01001111 = 79
```

解：23-56=-33

将 23 与-56 转换为二进制数进行运算的过程如下：

+23→00010111　　-56→11001000

则

```
    00010111
  +11001000
  ─────────
   11011111 = -33
```

当进行带符号数计算时,若计算的结果超出二进制带符号数的表达范围,则称为溢出。以 8 位补码为例,所表达的范围为 -128~+127。若 8 位带符号二进制数的计算结果超出表达范围,则产生溢出,其结果出错,需要额外处理。

【例 1-2】 利用二进制运算方法计算 100 与 56 之和。

解:100+56=156,结果超出带符号数 8 位二进制的表达范围,产生溢出。

将 100 和 56 转换为二进制数进行运算分析,其结果如下:

+100→01100100   +56→00111000

则

```
    01100100
  +00111000
  ─────────
   10011100   计算结果出现负数,有溢出。
```

溢出可以通过"双进位"法判断。过程:将最高位进位记为 C1,次高位进位为 C2。若计算结果中 C1 与 C2 相同则无溢出;C1 与 C2 不同,则有溢出。即 C1 与 C2 的异或结果,以例 1-2 为例,最高位无进位,次高位有进位,故计算结果出现溢出。

2) BCD 码运算及十进制调整

日常生活中最常见的数是十进制数,利用 BCD 码编码规则,很容易将十进制转换为 BCD 码。但计算机总是将数据作为二进制数来进行计算,在利用指令运算时,按"逢 16 进 1"的法则进行,而十进制运算均是按"逢 10 进 1"法则进行,故两种计算方法相差 6。因此在进行 BCD 码计算时,为了获得正确的十进制结果,往往需要对结果进行修正,即进行"十进制调整"。

【例 1-3】 求分离 BCD 码 7 与 5 之和。

已知 7+5=12,用二进制数进行运算:

```
    00000111
  +00000101
  ─────────
    00001100
```

可以看出,结果为无效的 BCD 码(即出现 A~F 的值),故需要再进行十进制调整,将计算结果再加 F6H 后,即可得到分离 BCD 码的正确结果 12。

```
    00001100
  +11110110
  ─────────
  1,00000010
```

【例 1-4】 求分离 BCD 码 9 与 8 之和。

已知 9+8=17,用二进制数进行运算:

```
    00001001
  +00001000
  ─────────
    00010001
```

加法运算过程中出现了辅助进位,故需要再进行十进制调整,将计算结果再加 F6H 后,即可得到分离 BCD 码的正确结果 17。

```
  00010001
+ 11110110
----------
 100000111
```

【例 1-5】 求分离 BCD 码 56 与 82 之和。

已知 56+82=138,用二进制数进行运算:

```
  01010110
+ 10000010
----------
  11011000
```

计算结果高 4 位为无效的 BCD 码,低 4 位是有效码且无进位,故 BCD 码高位需要再进行十进制调整,将计算结果再加 60H 后,即可得到分离 BCD 码的正确结果 138。

```
  11011000
+ 01100000
----------
1,00111000
```

由以上几个例子可得,十进制调整的规则如下:

- 若 BCD 码加法运算结果中出现无效码或出现进位,则在相应位置再加 6;
- 若 BCD 码减法运算结果中出现无效码或出现借位,则在相应位置再减 6;
- 实际上,分离 BCD 码的十进制调整处理方法略有不同,在高 4 位上还需加 F。

BCD 码运算的十进制调整是由专门的十进制调整指令来完成的。算法不同、编码不同,其调整指令也不相同。

3)逻辑运算

逻辑运算是按照二进制的最小单位 bit(位)来进行的,常用的逻辑运算有与、或、异或、非等。C 语言中,其中"&"表示"与","|"表示"或","^"表示"异或","~"表示"非",1 和 0 分别表示"真"和"假"。

【例 1-6】 与运算

```
  10110110
& 10011011
----------
  10010010
```

注意:与 0 相与得 0,与 1 相与保持不变,利用与运算可以将指定位清 0。

【例 1-7】 或运算

```
  10110110
| 10011011
----------
  10111111
```

注意:与 0 相或保持不变,与 1 相或得 1,利用或运算可以将指定位置 1。

【例 1-8】 异或运算

```
    10110110
  ^ 10011011
  ─────────
    00101101
```

注意：两个比较的位相同为 0，不同为 1。

【例 1-9】 非运算

```
  ~ 10011011
  ─────────
    01001001
```

注意：按位取反，利用非运算可以对所有位求反。

1.2 单片机的定义、发展、特点及应用

1. 单片机的定义

单片机，又称单片微机，顾名思义，它是在一块半导体芯片上集成了 CPU、ROM、RAM、I/O 接口、定时器/计数器、中断系统等主要功能部件，构成一个芯片级的微型计算机。随着集成电路的不断进步，还可以包含 A/D、D/A、通信接口等部件，其功能、性能日益增强。

实际上，"单片机"的称谓是国人自己的约定俗称，其对应的英文并不是 Single Chip Microcomputer，它的准确中文叫法应是微控制器(Micro Controller Unit，MCU)。所以，人们所说的单片机、单片微机、单片微控制器、微控制单元等术语，都是指微控制器(MCU)。微控制器(MCU)的标准称谓则更能表征单片机的功能和形态，因为它就是作为控制领域的微型计算机应用而诞生和发展的。

2. 单片机的发展

单片机的历史到现在只有四十多年，它的诞生晚于计算机系统，但后来基本同步于通用微机的发展。早期是以 Intel 公司为领袖，大致经历了 3 个阶段。

(1) 第一阶段(1974—1978 年)，为单片机初级阶段，发展出 4 位单片机和简单 8 位单片机，主要代表是 MCS-48 系列，已经集成了 CPU、RAM、ROM、并行 I/O 接口、定时器/计数器，但无串行 I/O 接口等资源，多用于家用电器、计算器、玩具、一般工业控制等简单应用中。

(2) 第二阶段(1978—1983 年)，属成熟完善的 8 位单片机阶段，主要代表就是 MCS-51 系列，它具有完善的总线结构，包括 8 位数据总线、16 位地址总线和相应的控制总线，新增 16 位定时/计数器、多个串行 I/O 接口、多级中断等，片内 RAM、ROM 的容量增大，具有强大的指令系统和丰富的软硬件资源。这一阶段的单片机功能完备、性价比合理，拓宽了其应用范围，具备了微机的全面属性，并开创了单片机作为微控制器的发展道路。

(3) 第三阶段(1983 年至今)，高级单片机阶段，除不断完善高档 8 位单片机，还发展了 16 位单片机。其主要代表是 MCS-96 系列，它是 16 位处理器，含 A/D 转换器，功能更强，速度更快。

在单片机发展的 3 个阶段中，其中的 MCS-51 系列获得了最为广泛的应用，典型型号为使用 Intel 8051 内核的 89C51、89S51 单片机，同时生产类似单片机的厂家也增多到 100 多家，其他如 Motorola 公司的 MC68HC05/MC68HC08 系列、Zilog 公司的 Z-8 系列等其他 8

位单片机,也都获得了各自的应用市场。

业内专家学者对单片机近几十年的发展历程有不同的划分,有认为20世纪80年代是普及推广的阶段,20世纪90年代是广泛应用的阶段,21世纪是嵌入式系统发展阶段;还有认为1985—2000年是单片机时代,2000年以后是嵌入式系统时代,这些都是仁者见仁、智者见智,都是准确和精辟的,过去的几十年人们的确是走过了从单片机到嵌入式系统这个漫长和多姿多彩的道路。

现阶段,虽然以 MCS-51 系列单片机为代表的 8 位单片机仍可作为可选机型,但单片机已呈现出新的应用格局和发展趋势,使其更符合嵌入式、智能化的微控制器的特征,主要表现在:将许多测控系统中的电路技术、可靠性技术应用于单片机中,如加入电源管理、程序运行监视、脉冲宽度调制器、高速 I/O 接口、A/D 转换、D/A 转换等;同时加强了各种总线扩展技术,如集成了 SPI、CAN、I^2C 总线接口,甚至可以集成 USB 总线、以太网络接口; CPU 的处理能力迅速提高,如发展 16 位、32 位以及 DSP 处理能力的处理器,还有多核 CPU;片内存储器容量加大,通信和联网能力不断加强,集成度不断提高,功耗不断降低,价格越来越低等。

目前,单片机生产厂商众多,单片机产品种类不胜枚举(超过 1000 种),8 位、16 位、32 位、64 位机并存,呈现出各厂家、多种类并存的局面。在中国市场占有一席之地的主要生产厂家有 Intel、Atmel、NXP(恩智浦)、Freescale(飞思卡尔)、Microchip(微芯)、西门子、ST(意法半导体)、瑞萨、富士通、三星、凌阳、华邦、盛群等。总体来说,在研发水平和生产技术方面,欧美仍处于领先地位。国产 MCU 厂家如新唐、杰发、中微等近年也有强劲发展。源于五大驱动力:国产替代、芯片短缺、物联网、RISC-V 和边缘 AI,未来 MCU 设计将朝着更加智能、更强算力、更低功耗、更加安全、无线连接和更小尺寸等多个方向发展。

3. 单片机的特点

相对于通用微机,单片机(微控制器)具有以下特点:体积小、重量轻、价格低、耗电少、可靠性高(因内部集成);控制能力强(如位处理、直接 I/O 操作等);形成的产品生命周期长;资源有限(如引脚少、片存储器储器容量不大,但可扩或选);运算能力不强(如乘、除、大数据量等)。

4. 单片机的应用

作为许多嵌入式系统核心的单片机(微控制器),占据着电子产业神经中枢的地位,渗透在工业控制、通信、交通、仪器仪表、家用电器、办公自动化、汽车电子、消费电子、医疗电子、PC 外设等众多领域,其应用五花八门,市场前景广阔,可谓"无所不在,无所不为"。MCU 在日常生活中的应用极广,生活中的各种家电几乎都必须使用到 MCU,如家用音响、家用电话、洗衣机、冷气机等。随着电子应用的领域由家用电器领域延伸至手持式装置,MCU 的应用领域也由家用电器领域延伸至手持式装置,手持式装置包括手持通信装置与手持式电子产品,手持通信装置包括手机、GPS、PDA 手机、智能手机与股市传讯装置,等等,手持消费电子产品包括数码摄像机、数码相机、MP3 播放器、掌上型游戏机与电子宠物等产品,这些产品中都要用到 MCU。同时,汽车电子领域也将导入更多的电子功能设计,使用到 MCU 的机会很多,如安全气囊、智能安全带、胎压监测、车载娱乐系统、引擎控制、刹车防锁死系统、车载网络系统、车内(外)监控装置与车用导航系统等,一辆车所需要使用到的

MCU 数目多达上百个。

根据 MCU 用途等级,通常可分为商业级、工业级、汽车级及军工级。数据显示,2019年我国 MCU 市场规模超 250 亿元。随着智能汽车、智能手机等产品的普及应用,MCU 芯片的需求将不断扩大,市场规模也将保持增长。2020 年我国 MCU 芯片市场规模将近 270 亿元,2021 年达到 290 亿元。据前瞻预计,2021—2026 年,我国 MCU 市场规模将保持 8% 的速度增长,至 2026 年,我国 MCU 市场规模将达到 513 亿元。

5. 单片机的学习

MCU 技术已经成为广大电子工程师和电类专业大学生必备的技能之一,是学习、理解、提高计算机应用开发能力的基础学科,是应用型新技术发展的基石,其重要性是不言而喻的。简单来说,建议遵循下述方法:

(1) 软硬件兼顾并重。

(2) 领会结构原理、部件功能、常规接口方法。

(3) 能够理解书本或他人的硬件电路和软件程序,能够看懂芯片厂家的原文数据手册,能够自行设计硬件电路和软件程序。

(4) 勤于实践,应用创新。

1.3 NXP 单片机

NXP(恩智浦)半导体公司是嵌入式半导体设计与制造的全球领导者,其收购的 Freescale 公司的前身是拥有 50 多年历史的 Motorola(摩托罗拉)半导体部,产品面向汽车电子、消费电子、工业控制、网络和无线市场。NXP 半导体公司设计并制造了众多的嵌入式半导体产品,目前拥有多达 14 000 个产品系列,是全球最大的半导体公司之一。目前,NXP 是全球排名第一的汽车集成电路供应商,还是通信处理器、射频功率晶体管、数字信号处理器(DSP)、汽车微机电系统、传感器等产品的前列供应商。

1.3.1 NXP 种类繁多的个性化单片机系列

NXP 在单片机领域长期居于全球市场领先地位,其 MCU 产品种类繁多,并且不断有新的 MCU 产品发布。按位数分,NXP MCU 大致可分为 8 位、16 位、32 位机。NXP MCU 目前的产品线可以参照图 1-14 所示的性能-特性图进行合适的选择。

(1) 低端 8 位机。有 HC08、HCS08、RS08 系列产品,它们相当许多厂家生产的基于 8051 内核的单片机产品,性价比高,集成度高,不提供外部总线。比如型号为 MC9S08DG8 的 16 脚芯片上就集成了 8KB Flash、512B RAM 以及 SCI、SPI、I^2C、A/D、PWM、定时器等模块,支持低电压供电、BDM 调试、最大工作频率 10MHz 等。

(2) 中端 16 位机。主要有 HCS12 和 S12X 系列产品,属于高性能通用型器件,它们已有很长的生产历史,还在不断地派生出新的器件。16 位机可以工作在单片模式,也可以工作在总线扩展模式,使用灵活,功能强,在功耗、速度和性能方面都比 8 位/32 位结构具有明显的应用优势。

(3) 高端 32 位机。有 PowerPC、Coldfire、MAC、M.CORE、DSC、ARM 系列。NXP 有属于 56K 系列的 DSC(Digital Signal Controller)产品,它实际上是数字信号处理 MCU,因

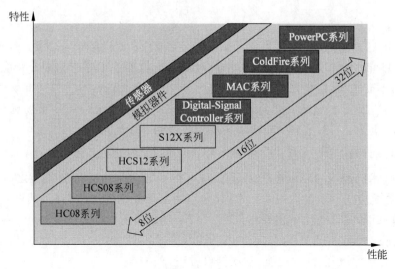

图 1-14 NXP MCU 主流产品线

为芯片上集成有外部设备和闪存。类似地,基于 ARM 的 MAC 系列是用于汽车上的器件。此外,还有基于 ARM 的 Dragonball、Kinetis 系列。32 位的 ColdFire 是嵌入式控制流水线上的器件,是工业市场上最著名的 MCU 架构。32 位中的高端器件是 PowerPC 系列,包括 MPC55x、MPC52xx 系列,它具有 PowerPC e200 内核,片上集成有专为汽车应用而优化的外设。图 1-14 中未包括两个 32 位 MPU(Micro Processor Unit,微处理器单元)产品系列——PowerQUICC 和 M.CORE,也有些用户将它们用于高端的控制系统。

  NXP 各系列单片机又分化出各种子系列,多达几百个型号,个性化十足,目的是为用户提供芯片级的嵌入式解决方案,例如针对汽车电子,NXP 就提供了如图 1-15 所示的全面、清晰的产品选型指南。这些产品都具有独特的性能,非常适合各细分市场的需求。NXP 近年来在新兴领域,如智能电网、医疗电子、LED 照明、绿色节能等领域推出多个适用产品。可以说,NXP 系列单片机具有的 MCU 种类是最多的了,有些 MCU 本身就有几种不同的引脚数和封装形式,这样各种用户根据需要来选择,总会找到一款适合开发使用的单片机。

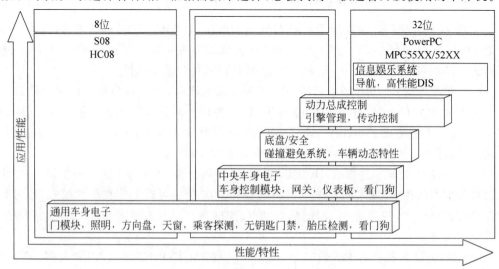

图 1-15 NXP 汽车电子 MCU 产品选型指南

总之，NXP MCU 产品线齐全，涵盖从 8 位、16 位到 32 位的全系列 MCU 产品，选择余地大、新产品多。得益于多年的积累，NXP 的 MCU 产品可靠性高、外设丰富、功耗低、开发环境成熟，技术支持完善，注重成本，应用领域广。在同样的速度下 NXP MCU 所用的时钟频率较 Intel 类单片机低很多，因而使得高频噪声低，抗干扰能力强，更适合用于工控领域及恶劣的环境，因此非常适合对 MCU 提出高要求的汽车和工业等领域的应用。

NXP 公司虽然进入中国市场较早，但原先重视大客户，缺乏中小用户，导致 NXP MCU 交流、开发、图书等资源不多。这种状况近年已得到逐步改善，而且 NXP MCU 在中国的推广应用也得到了飞速的发展，NXP 公司已成为中国第二大的 MCU 供应商，而在汽车、工业控制等多个细分市场是中国排名第一的 MCU 供应商。

1.3.2 S12(X)系列单片机简介

S12 和 S12X 系列单片机是 NXP(恩智浦)16 位单片机中的主流产品，它们基于广泛使用的增强的 HCS12 内核。而 S12X 系列是 S12 系列的增强型产品，通常，S12(X)是泛指 S12 系列或 S12X 系列，统称为 HCS12 系列。

S12 系列 MCU，基于增强型 16 位 CPU。总线频率从 HC12 的最高 8MHz 提高到最高 25MHz。程序存储器大都采用第三代 Flash ROM，容量为 32~512KB，具有在线编程能力和加密机制，无须外加编程电压，最短整体擦除时间仅 100ms。片内 RAM 和 EEPROM 容量较大，达 KB 量级。片内除含定时器、A/D、PWM 模块，还有 SCI、SPI、CAN、I^2C 等丰富的串行通信接口。时钟发生器内设 PLL，内部时钟可软件调节。S12 提供单线、低成本的背景调试模式(BDM)，可实现在线全仿真及程序下载；此外 S12 具有编码效率高、寻址方式更先进以及对 C 语言进行完全优化的压缩代码的优点，以加快程序运行速度。

S12 系列 MCU 有 A、B、C、D、E、G、H、K、Q、R、T 等系列，常见的子系列有：

(1) S12A、S12B、S12D——通用。

(2) S12H、S12L——带液晶驱动。

(3) S12E128、S12E64——低供电电压。

(4) S12UF32——带 USB 接口。

(5) S12NE——带以太网接口。

(6) S12HZ——面向汽车仪表板应用。

S12X 系列 MCU 是基于广泛使用的增强的 HCS12 核心、先进的高性能产品，总线频率进一步提高到最高 50MHz，其性能达到了原 HCS12 器件的 5 倍。特别是，S12X 系列还提供了业界首个外设协处理器 XGATE 模块，形成双核处理。这类多用途、高效处理器实现了高达 80MIPS 的附加处理能力，这种并行处理器模块利用增强 DMA 功能，通过提供外围模块、RAM 和 I/O 端口之间的高速数据处理与传输，将诸如基本网关活动和相关外设处理的任务从主 CPU 上卸载，其并行架构实现了对于中断可进行更多的无须 CPU 介入的处理并使设计工程师可以避免核心功能与中断处理间的冲突。实际上，S12X 拥有一般只能在 32 位 MCU 上找到的高效能力以及多核处理能力。此外，S12X 还增加了一个新型的通信协议——FlexRay 模块，它能为高级控制应用提供高达 10Mbps 的数据速率。

S12X 系列目前主要有以下子系列：

(1) S12XA、S12XB——面向通用市场进行了特性/成本优化，针对相对需要精简外设的应用。

（2）S12XD——面向通用市场的全功能系列，满足很广泛的应用需求，在可裁剪性、兼容性和整体系统成本上提供极高的价值。

（3）S12XE——S12X 系列中性能最好的产品，带有 XGATE 和增强的系统集成特性。

（4）S12XF——面向底盘节点中执行器和传感器应用的 FlexRay 系列。

（5）S12XH——业界第一款集成片上 TFT 图形显示驱动的产品，扩充了仪表板的图形显示能力。

（6）S12XS——针对广泛的成本敏感汽车车身电子应用进行了优化，并方便向 S12XE 系列兼容升级。

NXP S12 与 S12X 系列中的部分 MCU 型号的主要性能如表 1-2 所示。

表 1-2 S12 与 S12X 系列中的部分 MCU 型号的主要性能

型号	最高总线频率/MHz	RAM/KB	Flash/KB	EEPROM/KB	通信接口	A/D	PWM	TIM	其他
MC9S12A32	25	4	64	1	2个SCI,1个SPI	8路10位	7路8位	8路16位	
MC9S12B128	25	4	128	1	2个SCI,1个SPI 1个I^{2}C,1个CAN	16路10位	8路8位	8路16位	
MC9S12DG128 MC9S12DJ128	25	8	128	2	2个SCI,2个SPI 1个I^{2}C,2个CAN	16路10位	8路8位	8路16位	
MC9S12DP256	25	12	256	4	2个SCI,3个SPI 1个I^{2}C,2个CAN	16路10位	8路8位	8路16位	
MC9S12HZ128	25	6	128	2	2个SCI,2个SPI 1个I^{2}C,1个CAN	16路10位	6路8位	8路16位	带LCD驱动和SSD
MC9S12UF32	30	3.5	32	—	1个SCI	—	—	8路16位	带USB2.0等接口
MC9S12NE64	25	8	64	1	2个SCI,1个SPI 1个I^{2}C	8路10位	8路8位	4路16位	带10Mbps/100Mbps以太网接口
MC9S12XB128	33	8	128	1	2个SCI,1个SPI 1个I^{2}C,1个CAN	16路10位	8路8位	8路16位	

续表

型号	最高总线频率/MHz	RAM/KB	Flash/KB	EEPROM/KB	通信接口	A/D	PWM	TIM	其他
MC9S12XDT512	50	20	512	4	6个SCI,3个SPI 1个I²C,3个CAN	24路 10位	8路 8位	8路 16位	
MC9S12XS128	40	8	128	8	2个SCI,1个SPI 1个CAN	16路 12位	8路 8位	8路 16位	
MC9S12XEP768	50	48	768	4	8个SCI,3个SPI 2个I²C,5个CAN	24路 12位	8路 8位	8路 16位	
MC9S12XFE128	38	16	128	2	2个SCI,1个SPI 1个CAN	16路 10位	6路 8位	8路 16位	带FlexRay接口

目前,S12X系列中性能最好的产品是S12XE系列,它是S12XD系列基础上进一步创新与提升。NXP还新推出了S12XE的精简版本——S12XS系列产品,它除了向前兼容S12XD以外,还可以经济而又兼容地扩展至S12XE系列,从而为用户削减成本、缩小封装尺寸。例如,型号为MC9S12XS128的单片机是NXP针对汽车电子市场推出的一款高性能16位单片机,该芯片广泛用于车身控制、乘客舒适性应用和空间受限应用等领域,它速度快、功能强、成本低、功耗低,特别适用于对成本和功耗都有要求的汽车电子领域。

1.3.3 S12(X)系列单片机的命名规则

因为NXP单片机系列繁多,型号各异,为了方便实际应用时选型和了解产品,需要弄清楚NXP公司单片机的命名规则。针对本书的重点,下面就以S12(X)16位单片机为例来说明如何从型号名称上获得MCU的基本信息。

MC　9　S12X　S　128　M　AL　x
(1)　(2)　(3)　(4)　(5)　(6)　(7)　(8)

(1) 产品状态。共有MC、S、SC、P等。其中MC表示完全合格的常规品,S表示汽车级,SC表示特殊定制品,P表示预产样品。实际应用中通常选用MC类型的产品。

(2) 程序存储器类型标志。3:表示片内带ROM;9:表示片内带Flash EEPROM。常用为9,即带有Flash存储器。

(3) CPU内核标志,也称为主系列。如S08、S12、S12X等。

(4) 子系列标志。如DT:DT子系列产品,A:A子系列产品,S:S子系列产品。

(5) 存储器容量大小。如128,表示128KB的Flash存储空间。

(6) 工作温度范围标志。C:表示-40～85℃;V:表示-40～105℃;M:表示-40～125℃。

(7) 封装标志。具有很多封装形式(芯片常用封装形式见附录B)。例如,GT表示48

引脚的 QFN；LF 表示 48 引脚的 LQFP；LH 表示 64 引脚的 LQFP；FU 表示 80 脚的 QFP；LL 表示 100 引脚的 LQFP；AA 表示 80 引脚 QFP；AL 表示 112 引脚 LQFP；AG 表示 144 引脚 LQFP。其中 QFP 或 LQFP 是 16 位 MCU 芯片最常用的封装形式。

（8）包装形式。例如，有 Tape Reel 卷装、Tube 管装或是 Tray 托盘等发货形式。

依据上述命名规则：

有如 MCU 型号——MC9S12G64MLF，即表示是 S12 内核、G 子系列、自带 64KB Flash、LQFP 48 封装的常规产品，通常可简称为 G64。

有如 MCU 型号——MC9S12DG128CFU，则表示是 S12 内核、DG 子系列、自带 128KB Flash、QFP80 封装的常规产品，通常可简称为 DG128。

有如 MCU 型号——MC9S12XS128VAA，表示是 S12X 内核、XS 子系列、自带 128KB Flash、QFP80 封装的常规产品，通常可简称为 XS128。

再如 MCU 型号——MC9S12XEP100MAL，表示是 S12X 内核、EP 子系列、自带 1024KB Flash、LQFP112 封装的常规产品，通常可简称为 XEP100。该型号也是本书的蓝本 MCU 及开发板 S12XDEV 的核心 MCU 芯片。

第 2 章 S12X单片机的结构与组成

NXP(恩智浦)公司推出的 S12X 系列单片机是增强型的 16 位 MCU，其集成度高，片上资源丰富，功能模块包括 SPI、SCI、I^{2}C、CAN、A/D、PWM、Timer 等，方便构建实际应用系统；大容量的 Flash、RAM 和 EEPROM(Data Flash)存储器可满足大部分的存储空间需求，具有的低功耗工作、低电压检测复位与中断、复位控制、看门狗及实时中断等配置功能更有助于系统的可靠运行；可宽范围选择时钟频率，最高总线工作频率达 50MHz；具有方便、快捷的在线编程调试能力；具有丰富、高效的指令系统，具有较强的数值运算和逻辑运算能力。

虽然 S12X 系列有多种子系列，但它们各型号间的基本结构特性是有较大的相通性，并且软件程序也是向前兼容的。本章主要以 MC9S12XE 系列为例介绍 S12X 单片机的功能结构、引脚、运行模式、系统运行监视、时钟电路、复位功能、存储器、寄存器、中断以及最小系统等，其他型号的 16 位单片机可以触类旁通，或者进一步查阅产品数据手册。

目前，恩智浦 S12XS 系列单片机是在 S12XE 系列的基础上去掉 XGATE 协处理器的低成本单片机，即 S12XE 单片机的功能裁剪版，它支持通用平台和低成本高性能系统开发，适用于价格敏感、空间受限系统设计，并且与 S12XE 家族单片机保持高度兼容，支持产品性能的同步升级。另外，S12XE 系列单片机实际上是 S12XD 系列单片机的升级版，并增加了兼容性，这就保证了 S12XS、S12XE、S12XD 系列单片机的选型更加灵活。其中，S12XE 系列是主流的、超可靠、高性能的汽车和工业微控制器。

2.1 S12X 单片机的主要功能与结构

2.1.1 功能特性

S12X 系列单片机的主要功能特性如下，不同型号的单片机在模块类型、资源数量或存储容量上略有差异。

(1) 16 位 S12X CPU 核心。

① 增强指令集，向前兼容 S12 指令集，增强型索引寻址。

② 最高 50MHz 总线速率，XGATE 可达 100MHz。

③ 通过页面方式访问大数据段，寻址 8MB 存储空间。

(2) 中断控制管理模块(INT)。

① 8 级嵌套中断，可编程优先级，每级具有灵活的中断源分配。

② 非屏蔽外部中断(XIRQ)高优先级。

③ 外设和端口的唤醒中断。

④ 可配置的 J、H、P 口上升沿或下降沿触发中断。

(3) 模块映射控制(MMC)，运行监视调试(DBG)和背景调试模式(BDM)。

(4) 振荡器(OSC)与锁相环(Phase Locked Loop, PLL)。

① 低噪声、低功耗皮尔斯振荡器，晶体频率多选。

② 内部数字滤波、频率调制的锁相环(PLL)。

(5) 时钟与复位发生器(CRG)。

① 看门狗(COP watchdog)。

② 实时定时中断。

③ 时钟监视器。

④ 自时钟模式下从 STOP 模式快速唤醒。

(6) 存储器选项(Memory)。

① 128KB/256KB/384KB/512KB/768KB/1MB Flash,带 ECC 纠错。

② 32KB D-Flash。

③ 2KB/4KB 模拟 EEPROM。

④ 12KB/16KB/24KB/48KB/64KB RAM。

(7) 2 组 16 通道 ADC 转换器(ATD)。

① 可配置 8/10/12 位分辨率。

② 10 位转换时可以实现 $3\mu s$ 的转换时间。

③ 转换结果可选左/右对齐方式。

④ 外部/内部触发转换。

(8) 增强型捕捉定时器(ECT)。

① 8 个 16 位输入捕捉或输出比较通道。

② 16 位自由计数器,带 8 位预分频。

③ 16 位模数递减计数器,带 8 位预分频。

④ 4 个 8 位或 2 个 16 位脉冲累加器。

(9) 标准定时器(TIM)。

① 8 个 16 位输入捕捉或输出比较通道。

② 16 位自由运行计数器,带 8 位预分频。

③ 1 个 16 位脉冲累加器。

(10) 周期中断定时器(PIT)。

① 可达 8 个通道独立定时的周期定时器。

② 可选的溢出周期 $1 \sim 2^{24}$ 个总线时钟周期。

③ 超时中断和外设触发。

(11) 脉宽调制模块(PWM)。

① 8 个 8 位通道或 4 个 16 位通道。

② 各通道独立可编程的周期和占空比。

③ 脉冲在周期内中心对称或左对齐输出。

④ 可编程时钟选择逻辑用于宽频率。

⑤ 紧急事件关断输入,可作为中断输入。

(12) 串行通信模块。

① 8 个异步串行通信接口(SCI),支持 LIN。

② 3 个同步串行外设接口(SPI)。

③ 2 个芯片内连总线接口(I^2C)。

(13) 5 个 CAN 总线模块,速率达 1Mbps,兼容 CAN 2.0 A/B。

① 5 个接收缓冲器,3 个发送缓冲器。

② 4个独立的中断通道，分别是发送中断、接收中断、错误中断和唤醒中断。

③ 可编程报文 ID 滤波功能（2×32 位/4×16 位/8×8 位）。

④ 低通滤波器唤醒功能。

⑤ 自环测试模式。

(14) 片上电压调节器（VREG）。

① 线性电压调节。

② 带低电压检测、中断和复位。

③ 3.3V 与 5V 宽电压范围工作。

(15) 输入/输出接口（GPIO）。

① 可有多达 152 个通用输入/输出引脚端口和 2 个仅输入中断引脚。

② 所有输入端口可配置上拉/下拉电阻。

③ 所有输出端口可配置驱动能力。

(16) 封装与温度选项。

① 可选 208 引脚 BGA、144 引脚 LQFP、112 引脚 LQFP、80 引脚 QFP 等封装。

② 可选 −40～+125℃ 的宽温度范围。

2.1.2 内部结构

MC9S12XS 系列芯片的内部结构如图 2-1 所示。大致可分为 MCU 核心与 MCU 外设两部分，对应于图中的左、右半边。类似地，MC9S12XE 芯片的内部结构如图 2-2 所示。同样大致可分为 MCU 核心与 MCU 外设两部分，对应于图中的左、右半边，中间只是增加了 XGATE 部件。

可以看出，型号 MC9S12XS 是精简的 S12X 单片机，而型号 MC9S12XE 是更完备的 S12X 单片机，体现在 MC9S12XE 单片机的片上资源更丰富，尤其是包含了 XGATE 协处理器模块。有关 XGATE 协处理器模块将在后续章节单独介绍。

下面针对 S12X 单片机内部结构的基础部分，介绍其 MCU 核心与 MCU 外设。

1. MCU 核心

该部分以增强 16 位的 S12X CPU 内核为基础，CPU 由算术逻辑单元、控制单元和寄存器组构成。除了这个 CPU 内核外，还包括 MCU 的 3 种存储器（Flash、RAM、EEPROM）、电压调节器，单线背景调试接口（BDM）、锁相环（PLL）电路、时钟、复位产生模块和运行监视、看门狗模块，程序存储器的页面模式控制模块，具有周期中断定时器、中断管理、读/写控制、工作模式等控制功能的系统综合模块，可用于通用并行输入/输出的 8 位 A 口、B 口、E 口、K 口。对于 S12XE 系列，还增加了 C 口、D 口，并支持总线扩展，这时，A 口、B 口、K 口可作为外扩存储器或接口电路时的超 16 位地址总线，C 口、D 口作为扩展时的 16 位数据总线，而 E 口可作为控制总线。

2. MCU 外设

该部分则包含了 MCU 丰富的外设模块与接口：A/D 转换器（ATD0、ATD1）、定时器（ECT，TIM）模块、PWM 模块、串行通信 SCI、SPI、I^2C 以及 CAN 等模块。然后还提供了大

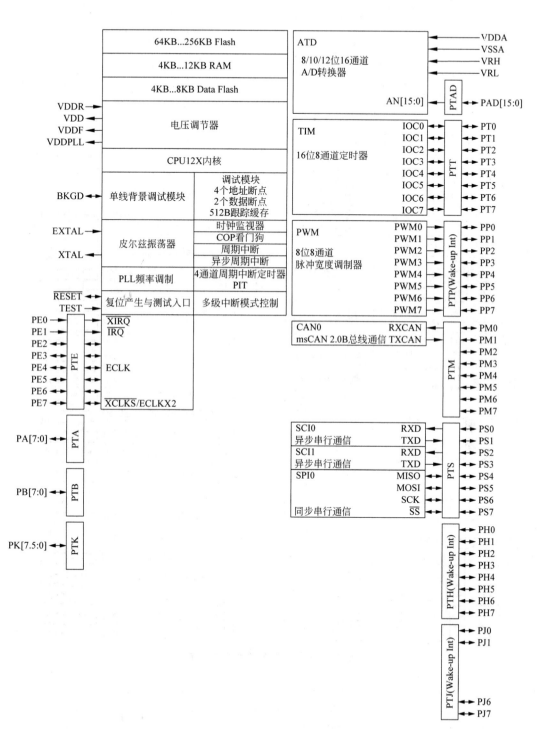

图 2-1　MC9S12XS 单片机内部结构

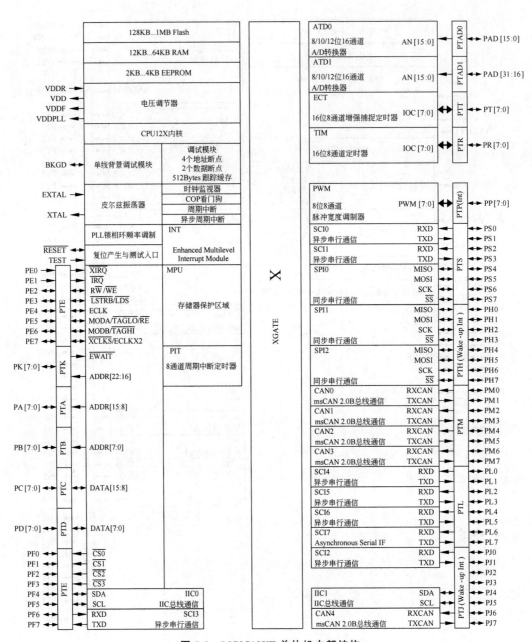

图 2-2 MC9S12XE 单片机内部结构

量的可供使用的通用并行输入/输出(I/O)接口：AD口、T口、P口、M口、S口、H口、J口等，从图 2-1 和图 2-2 可以看出，这些 I/O 接口大多与其他模块接口有复用的关系。

2.1.3 S12X 单片机的封装与引脚

S12X 芯片主要有 3 种封装形式：80 引脚 QFP 封装、112 引脚 LQFP 封装以及 144 引脚 LQFP 封装，它们是时下常见的(薄)四方扁平、表面贴焊型芯片。它们引脚功能相同，如图 2-3、图 2-4 分别是前两种封装的芯片引脚图，不同封装的芯片对图中粗体字接口引脚做了相应的裁剪，如 A/D 转换接口个数、GPIO 接口个数或通信接口个数。

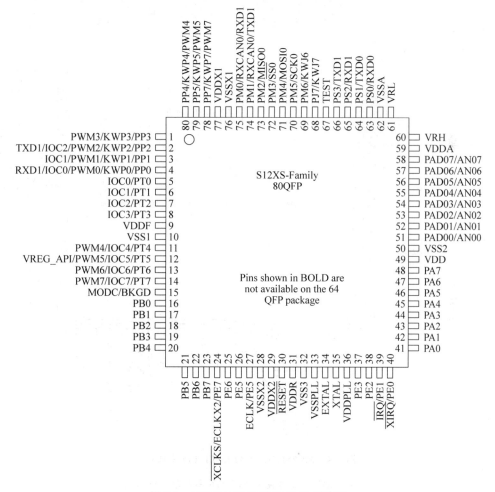

图 2-3　MC9S12XS 系列 QFP 80 引脚图

其中，LQFP112 封装 S12XE 芯片的引脚功能描述参见表 2-1。S12(X) 系列 MCU 为充分利用有限的集成电路引脚，采用了单引脚多功能的引脚复用技术，它的每种接口大都具有双重或多重功能，即通用 I/O 功能和特殊接口功能。在单片模式下，A 口、B 口、K 口和部分 E 口也可以用作通用 I/O 接口。若所有接口工作在通用 I/O 方式下，则 I/O 接口将最多达到 152 个。这些双重功能的 I/O 接口本身及其控制逻辑完全集成在 MCU 内部，其体积、功耗、可靠性、应用简便程度都与用户自行扩充的 I/O 接口有着重要区别。

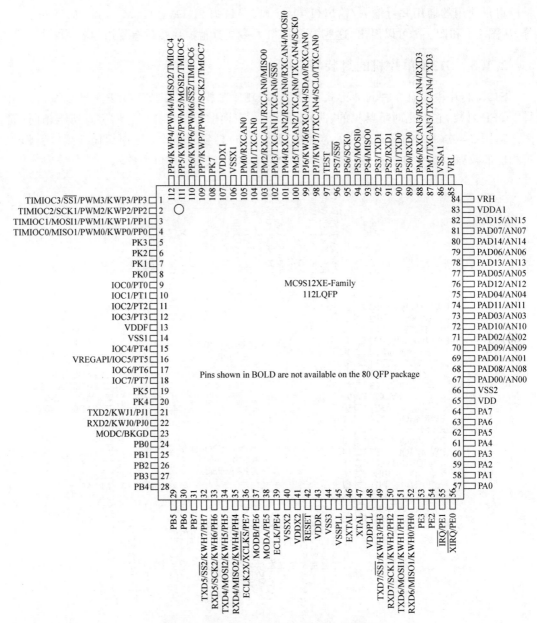

图 2-4 MC9S12XE 系列 LQFP 112 引脚图

表 2-1 LQFP112 封装 S12XE 芯片引脚功能一览表

引脚名 第 1 功能	引脚名 第 2 功能	引脚名 第 3 功能	引脚名 第 4 功能	引脚名 第 5 功能	供电电源	内部上/下拉电阻 控制位	内部上/下拉电阻 复位状态	功能描述
EXTAL	—				VDDPLL	—	—	振荡器引脚
XTAL	—				VDDPLL	—	—	
$\overline{RESET}$					VDDX		上拉	外部复位引脚

续表

引脚名 第1功能	引脚名 第2功能	引脚名 第3功能	引脚名 第4功能	引脚名 第5功能	供电电源	内部上/下拉电阻 控制位	内部上/下拉电阻 复位状态	功能描述
TEST	—	—	—	—	—	$\overline{\text{RESET}}$引脚	下拉	测试引脚预留
BKGD	MODC	—	—	—	VDDX	一直上拉	上拉	背景调试；模式选择
PAD[15:0]	AN[15:0]	—	—	—	VDDA	PER0AD0 PER1AD0	禁止	AD口I/O；ATD0模拟输入
PA[7:0]	—	—	—	—	VDDX	PUCR	禁止	A口I/O
PB[7:0]	—	—	—	—	VDDX	PUCR	禁止	B口I/O
PE7	$\overline{\text{XCLKS}}$	ECLKX2	—	—	VDDX	PUCR	上拉	E口I/O；时钟选择；系统时钟输出
PE6	MODB	—	—	—	VDDX	当$\overline{\text{RESET}}$引脚为低时下拉		E口I/O；模式输入
PE5	MODA	—	—	—	VDDX	当$\overline{\text{RESET}}$引脚为低时下拉		E口I/O；模式输入
PE4	ECLK	—	—	—	VDDX	PUCR	上拉	E口I/O；总线时钟输出
PE3	—	—	—	—	VDDX	PUCR	上拉	E口I/O
PE2	—	—	—	—	VDDX	PUCR	上拉	E口I/O
PE1	$\overline{\text{IRQ}}$	—	—	—	VDDX	PUCR	上拉	E口I/O；可屏蔽中断输入
PE0	$\overline{\text{XIRQ}}$	—	—	—	VDDX	PUCR	上拉	E口I/O；非屏蔽中断输入
PH[7:0]	KWH[7:0]	—	—	—	VDDX	PERH/PPSH	禁止	H口I/O；中断输入
PJ7	KWJ7	SCL0	—	—	VDDX	PERJ/PPSJ	上拉	J口I/O；中断输入；IIC0_SCL
PJ6	KWJ6	SDA0	—	—	VDDX	PERJ/PPSJ	上拉	J口I/O；中断输入；IIC0_SDA
PJ[1:0]	KWJ[1:0]	—	—	—	VDDX	PERJ/PPSJ	上拉	J口I/O；中断输入

续表

引脚名 第1功能	引脚名 第2功能	引脚名 第3功能	引脚名 第4功能	引脚名 第5功能	供电电源	内部上/下拉电阻		功能描述
						控制位	复位状态	
PK[7,5:0]	KWK[7,5:0]	—	—	—	VDDX	PUCR/PUPKE	上拉	K口I/O；中断输入
PM7	TXCAN3	—	—	—	VDDX	PERM/PPSM	禁止	M口I/O；CAN3_TX
PM6	RXCAN3	—	—	—	VDDX	PERM/PPSM	禁止	M口I/O；CAN3_RX
PM5	TXCAN2	—	—	—	VDDX	PERM/PPSM	禁止	M口I/O；CAN2_TX
PM4	RXCAN2	—	—	—	VDDX	PERM/PPSM	禁止	M口I/O；CAN2_RX
PM3	TXCAN1	—	—	—	VDDX	PERM/PPSM	禁止	M口I/O；CAN1_TX
PM2	RXCAN1	—	—	—	VDDX	PERM/PPSM	禁止	M口I/O；CAN1_RX
PM1	TXCAN0	—	—	—	VDDX	PERM/PPSM	禁止	M口I/O；CAN0_TX
PM0	RXCAN0	—	—	—	VDDX	PERM/PPSM	禁止	M口I/O；CAN0_RX
PP7	KWP7	PWM7	SCK2	—	VDDX	PERP/PPSP	禁止	P口I/O；中断输入；PWM7；…
PP6	KWP6	PWM6	$\overline{SS2}$	—	VDDX	PERP/PPSP	禁止	P口I/O；中断输入；PWM6；…
PP5	KWP5	PWM5	MOSI2	—	VDDX	PERP/PPSP	禁止	P口I/O；中断输入；PWM5；…
PP4	KWP4	PWM4	MISO2	—	VDDX	PERP/PPSP	禁止	P口I/O；中断输入；PWM4；…
PP3	KWP3	PWM3	$\overline{SS1}$	—	VDDX	PERP/PPSP	禁止	P口I/O；中断输入；PWM3；…
PP2	KWP2	PWM2	SCK1	—	VDDX	PERP/PPSP	禁止	P口I/O；中断输入；PWM2；…
PP1	KWP1	PWM1	MOSI1	—	VDDX	PERP/PPSP	禁止	P口I/O；中断输入；PWM1；…

续表

引脚名 第1功能	引脚名 第2功能	引脚名 第3功能	引脚名 第4功能	引脚名 第5功能	供电电源	内部上/下拉电阻 控制位	内部上/下拉电阻 复位状态	功能描述
PP0	KWP0	PWM0	MISO1	—	VDDX	PERP/PPSP	禁止	P口I/O；中断输入；PWM0；…
PS7	$\overline{SS0}$	—	—	—	VDDX	PERS/PPSS	上拉	S口I/O；SPI0_SS
PS6	SCK0	—	—	—	VDDX	PERS/PPSS	上拉	S口I/O；SPI0_SCK
PS5	MOSI0	—	—	—	VDDX	PERS/PPSS	上拉	S口I/O；SPI0_MOSI
PS4	MISO0	—	—	—	VDDX	PERS/PPSS	上拉	S口I/O；SPI0_MISO
PS3	TXD1	—	—	—	VDDX	PERS/PPSS	上拉	S口I/O；SCI1_TXD
PS2	RXD1	—	—	—	VDDX	PERS/PPSS	上拉	S口I/O；SCI1_RXD
PS1	TXD0	—	—	—	VDDX	PERS/PPSS	上拉	S口I/O；SCI0_TXD
PS0	RXD0	—	—	—	VDDX	PERS/PPSS	上拉	S口I/O；SCI0_RXD
PT[7:0]	IOC[7:0]	—	—	—	VDDX	PERT/PPST	禁止	T口I/O；ECT通道

各引脚的详细功能和设置将在后续章节中进一步描述，这里仅做引脚功能的总体描述。S12X单片机引脚功能总体上可分为三大类。

1. 系统功能类引脚

EXTAL、XTAL：振荡器引脚，即晶振电路或外部时钟引脚。EXTAL为输入，XTAL为输出。

$\overline{RESET}$：外部复位引脚，低电平有效。当输入低电平时，MCU初始化成启动状态。

TEST：厂家测试预留引脚。该引脚在应用中始终须连至VSS。

BKGD/MODC：背景调试/模式选择引脚，该引脚有默认使能的内部上拉电阻。主要使用该引脚在背景调试中作为BDM通信引脚，及在复位时作为MCU运行模式的选择。

2. 电源类引脚

S12X的电源和地所涉引脚较多，连接要求应按表2-2所列，并且所有的VSS引脚在应用中必须连在一起。分项说明如下：

VDDX[2:1]和VSSX[2:1]——用于I/O驱动的电源和接地引脚。所有VDDX在内部是连在一起的，所有VSSX在内部也是连接在一起的。

VDDR——供给内部电压调节器的电源的输入引脚。

VDD和VSS1、VSS2、VSS3——为MCU内核提供电源和接地引脚。这个1.8V电源一般来自内部电压调节器。

VDDF——为内部非易失存储器(Non-Volatile Memory,NVM)提供电源。这个2.8V电源一般来自内部电压调节器。

VDDA 和 VSSA——模/数转换器的供电电源和接地引脚。为内部电压调节器提供参考,可以与 VDDR 共用+5V 电源。

VRH 和 VRL——模/数转换器的参考电压输入引脚。

VDDPLL 和 VSSPLL——为振荡器和锁相环提供工作电源和接地引脚。这个1.8V电源也来自内部电压调节器。

为满足信号快速上升的要求,电源应能提供瞬时大电流,因此上述各电源和地之间应使用高频旁路电容,并尽可能放置在 MCU 旁边,旁路要求取决于 MCU 引脚的负载大小。这些引脚不允许悬空。

表 2-2 S12X 电源和地连接总表

名 称	标称电压/V	描 述
VDDR	5.0	外部电源,为内部电压调节器提供电源
VDDX[2:1]	5.0	外部电源和地,为 I/O 引脚驱动提供电源和地
VSSX[2:1]	0	
VDDA	5.0	模/数转换器工作电源和地,为内部电压调节器提供参考
VSSA	0	
VRH	5.0	模/数转换器的参考电压
VRL	0	
VDD	1.8	为内核提供电源和地,由内部电压调节器产生
VSS1,VSS2,VSS3	0	
VDDF	2.8	为非易失存储器电源和地,由内部电压调节器产生
VDDPLL	1.8	为锁相环提供工作电源和地
VSSPLL	0	

3. I/O 类引脚

S12X 的 I/O 类引脚众多,LQFP112 封装芯片中共 91 个可用接口,QFP80 中有 59 个,LQFP64 中缩减到 44 个;包括 A、B、E、K、H、J、M、P、S、T 和 AD 共 11 组接口,每组接口不仅可设定为通用的输入/输出接口,而且大多有复用功能。简要描述如下:

(1) A 口、B 口、E 口、K 口。

A 口(PA7~PA0):通用输入/输出接口。在扩展模式下用作外部地址总线。

B 口(PB7~PB0):通用输入/输出接口。在扩展模式下用作外部地址总线。

E 口(PE7~PE0):用作系统控制线($\overline{\text{XCLKS}}$/ ECLKX2,MODB,ECLK,$\overline{\text{IRQ}}$,$\overline{\text{XIRQ}}$),也可用作通用输入/输出接口(PE0、PE1 只能用作输入接口)。通常保持默认设置,尽量不用作输入/输出接口使用。

K 口(PK7,PK5~PK0):通用输入/输出接口。在扩展模式下用作外部地址总线。

(2) H 口、J 口、M 口、P 口、S 口、T 口。

均为通用输入/输出接口,分别都有 8 位(J 口 4 位)。这些接口都有复用的第二、三、四功能,在不使用复用功能时,默认作为通用输入/输出接口。复用功能的情形如下:

H 口(PH7~PH0):与唤醒中断输入模块关联引脚。

J 口(PJ7、PJ6、PJ1、PJ0):与唤醒中断输入模块及 I^2C 模块关联引脚。

M口(PM7～PM0):与CAN模块关联作为通信引脚。

P口(PP7～PP0):与PWM模块关联作为输出引脚,也用作唤醒中断输入。

S口(PS7～PS0):与SCI、SPI模块关联作为通信引脚。

T口(PT7～PT0):与ECT定时器模块关联作为IOC引脚。

(3) AD口。

AD口(PAD15～PAD0):除用作通用输入/输出接口,还可作为模拟量输入接口。

S12X单片机的以上I/O类引脚在作为通用输入/输出接口时,各口引脚有独立设置其输入/输出方向、是否启用上下拉电阻等方便使用的配置功能;另外,P口、H口、J口共有20路I/O类接口具有唤醒中断功能。

2.2 运行模式

S12X系列单片机都有多种运行模式,目的是满足各种用户开发的需要,使一种芯片尽量适应较多的应用环境,具有较强的灵活性和可扩展性。

1. 芯片模式

1) 芯片模式的分类

S12X系列单片机的芯片模式如下:

(1) 正常单片模式。正常单片模式(Normal Single Chip)是S12X单片机最常用的一类运行模式,是正常运行应用程序时应使用的模式。在这种运行模式下,总线系统在外部是不可用的。

(2) 特殊单片模式。特殊单片(Special Single Chip)模式又称为背景调试模式(Background Debug Mode,BDM),顾名思义,是需要进行背景调试时应使用的模式,用于系统开发、调试时期。

(3) 标准扩展模式、模拟扩展模式和特殊测试模式。S12X系列中有些型号的单片机还可以支持扩展运行模式,增加了用于更多模式选择的MODA、MODB引脚功能,扩展模式允许通过CPU外部总线扩展RAM、Flash、I/O等。还有用于芯片生产中的特殊测试模式。不过,这些模式一般都用不到,在此不作详述。

随着芯片制造技术的日益提高,芯片内部集成的功能模块越来越多,基本不需要扩展功能就可以满足开发的需要。因此,对于S12X单片机的初学者来说,大多只需要使用其单片运行模式,资源不足时才考虑扩展或直接更换资源更丰富的芯片,这样出错的机会将大大减少,并且开发周期、开发成本都不会有太大影响。

2) 芯片模式的选择

S12X单片机上电后,在复位信号$\overline{\text{RESET}}$的上升沿,MODC引脚上的电平状态锁存到模式寄存器的相应位,用来决定进入正常单片模式还是特殊单片模式,如表2-3所示为配置模式选择情况。

表2-3 芯片配置模式选择

BKGD(MODC)	模式简介
1	正常单片模式
0	特殊单片模式,BDM允许并处于激活状态

因此，常规应用时主要考虑正常单片模式和特殊单片模式这两种情况及其配置。

(1) 正常单片模式：MODC(BKGD)=1。

(2) 特殊单片模式：MODC(BKGD)=0。

正常单片模式是最终产品正常运行程序代码的运行模式；特殊单片模式即背景调试模式BDM，是NXP单片机极具特色的在线仿真、调试、下载程序方法。用户使用时往往就在这两种模式间切换。

3) BDM接口电路

背景调试模式(Background Debug Mode, BDM)是由NXP半导体公司自定义的单线片上调试规范。BDM调试方式为开发人员提供了底层的调试手段，开发人员可以通过它初次向目标板下载程序，也可以通过BDM调试器对目标板MCU的Flash进行写入、擦除等操作。用户也可以通过它进行应用程序的下载和在线更新、在线动态调试和编程、读取CPU各个寄存器的内容、MCU内部资源的配置与修复、程序的加密处理等操作。而这些仅需要向CPU发送几个简单的指令就可以实现，从而使调试软件的编写变得非常简单。

BDM硬件调试器的设计也非常简单，关键是要满足通信时序关系和电平转换要求，NXP提供有参考实现方案，用户可以自制或购买成品。BDM硬件调试器一端接PC USB接口，另一端插头接目标板。NXP标准的BDM调试插头定义及引脚含义如图2-5所示。大部分的BDM调试插头采用了6针的封装。但是这样的封装连接在用户实际使用时很可能将接头插反而导致硬件的损坏，考虑BDM调试插头实际只用到了4个引脚，因此目前也有对BDM调试器插头的引脚进行改进或防插反的设计。

图 2-5 BDM调试器接头引脚定义及含义

注意：因为引脚BKGD与MODC复用，且有内部上拉电阻，悬空时默认为高电平，所以，当插上BDM插头时，由BDM调试工具的相应引脚给BKGD/MODC提供低电平，使MCU自动进入特殊单片模式(BDM)；若不插BDM插头，BKGD/MODC为高，则自动进入正常单片模式。

2. 低功耗模式

低功耗是嵌入式系统设计的目标之一。在正常的运行模式(Run)下，为了降低功耗，不使用的外设不应该被使能。S12X单片机运行时支持4种低功耗模式：

(1) 系统停止模式(System Stop)。该模式下为CPU执行STOP指令，只有非易失存储器(NVM)指令可以被执行。在该模式下，系统时钟将继续运行，直到系统非易失存储器(NVM)操作完成。系统由CLKSEL寄存器中PSTP位决定是进入完全停止状态还是进入伪停止状态，当CLKSEL寄存器中PSTP=0时，停止所有的时钟和晶体振荡器，使单片机进入完全的停止状态。只有外部复位或外部中断才能将单片机从该模式下唤醒。

(2) 完全停止模式(Full Stop)。在该模式下，晶振停止工作，所有的时钟和计数设备将被冻结。自由周期中断(Autonomous Periodic Interrupt, API)和ATD模块可以提供自唤醒,快速唤醒模式将支持在不启动晶振时钟的情况下,使 PLL 时钟成为系统内部时钟。

(3) 伪停止模式(Pseudo Stop)。在该模式下,系统时钟将被停止,但是晶振始终工作。此时,实时时钟、看门狗、API 和 ATD 模块通过设置也可以继续工作,其他的外设接口都关闭。外部复位或外部中断能将单片机从该模式下唤醒,唤醒时间比系统停止模式短。

(4) 等待模式(Wait)。通过 CPU 执行 WAIT 指令,单片机进入等待模式。在这种模式下,CPU 不再执行指令,CPU 内部进入完全静止的状态,但所有的外设接口保持激活状态。外部中断及外设中断能激活 CPU 继续运行。

3. 冻结模式

当背景调试模块处于活动状态时,增强型捕捉定时器、脉冲宽度调制器、模数转换器和周期性中断提供一个软件可编程选项用于冻结模式状态。

4. 加密模式

MCU 的加密机制可以防止未经授权地获取 Flash 或 EEPROM 数据。

2.3 振荡器和时钟电路

时钟基本脉冲是 MCU 工作的基础,晶体振荡器则是提供系统工作时钟的必备方式。S12X 的系统时钟信号由晶体振荡电路产生,并由时钟和复位发生器(Clock and Reset Generator,CRG)模块管理,形成内核和外设模块所需的各种时钟信号,主要有 Oscillator Clock、Core Clock 和 Bus Clock,其产生与供给情况如图 2-6 所示。系统工作的时钟频率将决定或影响整个 MCU 的工作频率,MCU 内部的所有时钟信号都来源于 EXTAL 引脚,也为 MCU 与其他外接芯片之间的通信提供了可靠的同步时钟信号。

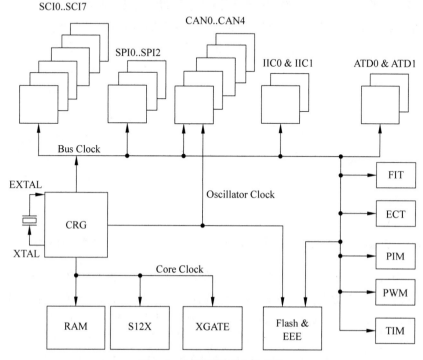

图 2-6 内部时钟产生与供给

晶体振荡器简称晶振,分为无源晶振和有源晶振两种类型。需要外接电源的晶振称为有源晶振,无源晶振是有两个引脚的无极性元件,需要借助于振荡电路才能产生振荡时钟信号,自身无法振荡起来。对于晶振是否起振,可以利用示波器在时钟输出端测量到振荡信号。简便的方法是利用万用表测量输出端,当其值约为 VCC 的一半时,表明已经起振。

S12X 的 $\overline{\text{XCLKS}}$(PE7)引脚是晶振电路类型选择引脚,它在有效复位信号的上升沿被检测。当 $\overline{\text{XCLKS}}=1$ 时,选用内部环路控制型皮尔兹振荡器连接;当 $\overline{\text{XCLKS}}=0$ 时,选择全振荡型皮尔兹振荡器连接或外接时钟电路。皮尔兹振荡器是一种常用的石英晶体振荡器,其中的晶体直接连接于有源器件(通常为双极性晶体管或场效应管)输入端与输出端之间。一般应该连一个电感电容(LC)调谐电路,但不是必需的。压电晶体连接在晶体管集电极和基极之间的振荡器,电压分配由电路中基极-发射极和集电极-发射极的电容提供。S12X MCU 由于 $\overline{\text{XCLKS}}$ 引脚有内部上拉,若该引脚不外接电路(悬空),则复位时 XCLKS 默认为 1,使用内部环路控制皮尔兹振荡器类型。

S12X 在内部集成了完整的振荡电路,XTAL 和 EXTAL 分别为振荡器的输出和输入引脚,XTAL 和 EXTAL 引脚可接入一个石英晶体或陶瓷振荡器。如果将 S12X 的 XTAL 引脚悬空,则内部振荡器停止工作,应通过 EXTAL 引入 CMOS 兼容的外部时钟信号。

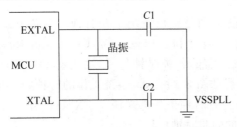

图 2-7 无源晶振的振荡电路连接($\overline{\text{XCLKS}}=1$)

如图 2-7、图 2-8 和图 2-9 所示为 3 种常用的时钟振荡电路连接方案。图 2-7 为最简单且最常用的连接方式,此时因 MCU 的 $\overline{\text{XCLKS}}$ 引脚复位时自动为 1,故 $\overline{\text{XCLKS}}$ 引脚可以悬空。在图 2-8 中,MCU 的 $\overline{\text{XCLKS}}$ 引脚应置低为 0,并联接入无源晶振,电阻 RB、RS 为避免对外接晶振的过驱动以保证起振,RB 取 1MΩ,高频率时 RS 取小或直接短接。在图 2-9 中,MCU 的 $\overline{\text{XCLKS}}$ 引脚应置低为 0,外接有源晶振的时钟输入至 EXTAL,而 XTAL 悬空。时钟电路的外接电容 C1、C2 的取值和晶振类型、参数有关,典型值为 16pF 和 25pF,也可都取 22pF。为减少高频噪声干扰,振荡电路连接的地端应连接在 VSSPLL 上。

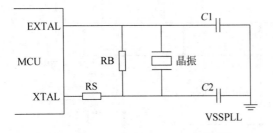

图 2-8 无源晶振的振荡电路连接($\overline{\text{XCLKS}}=0$)

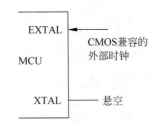

图 2-9 外部有源晶振的连接($\overline{\text{XCLKS}}=0$)

总线时钟(BUSCLK)是整个 MCU 系统的定时基准和工作同步脉冲,其频率固定为供给时钟频率的 1/2。当使用复位默认的时钟选择时,MCU 时钟源直接来自外部晶振,此时总线频率就是晶振时钟(OSCCLK)频率的 1/2,例如,当晶振频率为 16MHz 时,总线时钟频率为 8MHz。

当然,MCU 总线时钟还可以选择使用锁相环时钟(PLLCLK),以获得更高的系统工作频率和总线频率。

2.4　S12X 单片机的最小系统设计

让单片机"动起来"的前提是给单片机提供电源、时钟和复位电路。MCU"最小系统"是指可以使内部程序运行起来的所必需的基本外围电路。LQFP112 封装的 S12X 芯片的最小系统包括电源电路、复位电路、晶振电路、BDM 调试接口电路、PLL 电路等，如图 2-10 所示为实际实现的最小系统硬件电路原理图，图中也给出了最小系统板（也称为核心板）元件的参考值和一个连接在 PB0 口的 LED 灯。在单片机最小系统上进行其他功能启用、实际硬件扩展、对应程序增添等，即可逐步实现实际的、复杂的应用系统。

电源电路中，MCU 芯片外部供电电压为+5V(VCC)，供给 VDDR、VDDX2、VDDX1 及 VDDA、VRH，简便起见，其中 VDDR 和 VDDX2、VDDX1 共用电源，VDDA 和 VRH 就近共用电源，所以图中 MCU 有多处+5V 供电电源。所有 VSSx 通连为接地。电源电路部分的电容 $C3 \sim C14$ 构成滤波电路，可以改善系统的电磁兼容性，降低电源波动对系统的影响，增强电路工作稳定性。为保证模拟电路部分不受数字电路输出干扰，在模拟电源端串接了一个 $10\mu H$ 电感。另外，为标识系统通电与否，还可以在电源的最初引入处增加一个电源指示 LED 灯（图中未画出）。

复位电路可以实现上电复位和按键复位操作，$\overline{RESET}$ 低电平有效。正常工作时复位引脚通过电阻 $R1$ 上拉接到电源正极（这里设为+5V 电源供电），所以应为高电平。系统上电时 $\overline{RESET}$ 由低到高自动复位；若按下复位按钮，则 $\overline{RESET}$ 引脚接地，为低电平，芯片也复位。注意，如果复位引脚被一直拉低，那么 MCU 将不能正常工作。电路中加入 LED0 作为是否处于复位状态的指示灯。

晶振电路与 BDM 电路采用前述的 S12X 标准接法，其中的 $R3$ 电阻也可以不接。BDM 插头的 1、3 可以短接，以适应某些国内生产的 BDM 调试器。$R2$ 作为上拉电阻，确保 MCU 在非 BDM 模式时处于正常单片运行模式。

PLL 电路部分的引脚 VDDPLL、VSSPLL 之间必须连接一个电容。片内的 PLL 电路兼有频率放大和信号提纯的功能，因此，系统可以以较低的外部时钟信号获得较高的工作频率，以降低因高速开关时钟所造成的高频噪声。VDDPLL 引脚由单片内部提供 1.8V 电压。在 S12X 数据手册上还有一个推荐的时钟电路部分的印制线路板（PCB）布线法可供参考。

从总体上说，S12X MCU 系统时钟电路和电源电路在布 PCB 板时，要按照以下规则布线，才能使得系统的电磁兼容性得到保证：

（1）晶振应尽量靠近 MCU 时钟输入引脚，晶振外壳要接地。

（2）尽量让时钟信号回路周围电场趋近于零。用地线将时钟区圈起来，时钟线要尽量短。

（3）晶振下面和对噪声特别敏感的器件下面不要走线。

（4）锁相环 PLL 的滤波电路要尽量靠近 MCU。

（5）每个电源端和接地端都要至少接一个去耦电容，去耦电容要尽量靠近 MCU。

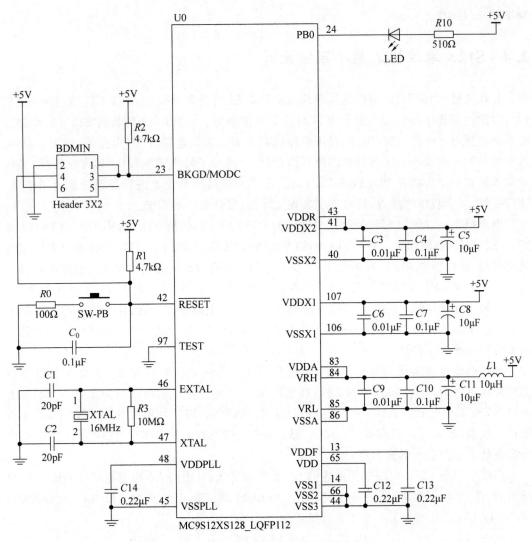

图 2-10　S12X 最小系统硬件设计

2.5　系统复位、运行监视与时钟选择

1. 复位功能

S12X MCU 共有 5 种复位情况，分别是上电复位、低电压复位、外部复位、时钟监视复位和看门狗复位。系统复位后，MCU 各个寄存器和控制位都被预置到默认状态，也有很多内部资源不进行预置，保持复位前一刻的状态，尤其是内部 RAM 和 NVM 存储器不受复位影响。

S12X 系列 MCU 在响应各种外部或侦测到的内部系统故障时可进行系统复位。当 MCU 检测到需要复位时，它将寄存器和控制位设置成已知的起始默认值。系统复位的用途是错误恢复，即当 MCU 检测到内部故障时，它尝试回到一个已知的、明确的状态而从故障中恢复。

(1) 上电复位、低电压复位。当MCU内部检测电路发现电源端VDD引脚出现正跳变或过低时，MCU自动进入复位过程。这意味着当给S12X MCU上电时，会引发一个已知的、确定的复位启动。

(2) 外部复位。S12X MCU配备一个标记为 $\overline{\text{RESET}}$ 的低电平有效复位引脚。当该引脚为低电平时触发复位。

(3) 时钟监视复位。时钟脉冲MCU的工作基础，当晶体或振荡电路出现故障时，MCU将无法正常运行。因此，S12X内部集成了时钟监视电路，专门负责监视系统时钟是否正常，为MCU限定了一个最低工作频率，当系统时钟频率低于某个预设值或停止时，将强制触发系统复位。若确实需要在低时钟频率下工作，则可以关闭时钟监视功能。

(4) 计算机工作正常(Computer Operating Properly，COP)看门狗复位。COP系统允许S12X检测软件执行故障。通常COP在软件开发过程中是关闭的，但一旦某个基于S12X的系统完全运行后，这是一项重要的安全保障功能。COP系统包含一个用户设置的倒计数定时器，若定时器过期，则触发一个系统复位。为了防止定时器过期，执行的程序必须在倒计数定时器失效前向其中顺序写入\$55和\$AA。若某个程序段陷入一个死循环，它将不能发送上述信息，因此将产生COP复位(对ARMCOP寄存器写入其他值也会导致COP复位)。

当上述事件触发复位时，MCU在程序计数器中放置一个复位向量，处理器执行启动例程。COP复位和时钟监视复位还有其各自的复位中断向量。

2. 运行监视

为确保系统的正常运行，S12X采用了两种监视手段，即COP看门狗和时钟监视。除一般MCU通常所具有的看门狗定时器(Watch Dog Timer，WDT)之外，S12X还特别增设了时钟监视器(Clock Monitor，CM)。S12X在安全、可靠方面的完善设计为汽车电子和工业控制的重要应用提供了必要的保证。这两种监视手段在MCU复位时默认是关闭的，但均可以由用户选择关闭或启用。

当MCU内部的看门狗定时器(WDT)开始计时，程序必须在规定时间内访问该定时器，使其清零。若软件程序跑飞，即程序没有按照预定的路线执行，则使得两次访问WDT的间隔超过规定时间，或在程序执行过程中没有及时对看门狗定时器WDT进行清零，WDT就会出现超时溢出，这时会引发MCU复位。显然，WDT的运行依赖于MCU的系统时钟，它并不能监视那些来源于MCU时钟的故障。

S12X在内部设置了时钟监视器(CM)来弥补WDT的不足，以进一步提高可靠性。所谓时钟监视器，实际上是一个独立的RC延迟电路，在RC电路的延迟时间内，若没有探测到MCU时钟的跳变，则该时钟监视电路将产生MCU复位信号。由于RC延迟电路的独立性，它的工作不依赖MCU的时钟振荡器，因此只要看门狗和时钟监视器没有同时损坏，当系统出现异常时MCU就会自动复位。

3. 时钟选择

MCU工作的总线时钟可以使用复位默认的外部时钟，此时，$f_{\text{BUS}} = f_{\text{OSC}}/2$。也可以选择使用来自内部锁相环的时钟，以获得更高的总线时钟频率，此时需要在MCU最开始初始化时设置合成寄存器SYNR、分频寄存器REVDV以及后分频寄存器POSTDIV以确定

PLL 时钟频率,然后还需要设置时钟选择寄存器的控制位 PLLSEL=1,从而选定 PLL 时钟,此时, $f_{BUS}=f_{PLL}/2$。

锁相环产生时钟频率 f_{PLL} 以及总线时钟频率 f_{BUS} 由下面的公式得到:

$$f_{VCO}=2\times f_{OSC}\times(SYNDIV+1)/(REFDIV+1)$$
$$f_{PLL}=f_{VCO}/(2\times POSTDIV)$$
$$f_{BUS}=f_{PLL}/2$$

式中,f_{OSC} 为振荡器原始频率,f_{VCO} 为压控振荡器频率;SYNDIV 为时钟合成分频系数值;REFDIV 为时钟参考分频系数值。若 POSTDIV 的值为 0,则 $f_{PLL}=f_{VCO}$,此为默认情况。

例如,当 S12X 配用 16MHz 外部晶振频率时,此时 f_{OSC} 即为 16MHz,若将 SYNDIV 设为 7,REFDIV 设为 1,就可以得到 $f_{VCO}=2\times16MHz\times8/2=128MHz$,进而能得到 $f_{PLL}=128MHz$ 的锁相环时钟频率和 $f_{BUS}=64MHz$ 的总线频率(总线周期 $T_{BUS}=15.625ns$)。

4. 相关寄存器

S12X MCU 的时钟、复位和 WDT、CM 的操作控制需要设置一些基本的寄存器,下面是相关寄存器的描述。

1) 时钟合成寄存器——SYNR

复位默认值:0000 0000B

读写	Bit7	Bit6	Bit5	Bit4	Bit3	Bit2	Bit1	Bit0
R W	VCOFRQ[1:0]		SYNDIV[5:0]					

VCOFRQ[1:0]:压控振荡器 VCO 频率范围选择因子。它的值与 f_{VCO} 范围有关,目的是保证时钟锁相稳定,要求是:f_{VCO} 在 32~48MHz 时设为 00,f_{VCO} 在 48~80MHz 时设为 01,f_{VCO} 在 80~120MHz 时设为 11,10 值保留未用。

SYNDIV[5:0]:提供锁相环时钟的合成分频参数 SYNDIV,与时钟参考分频寄存器中的 REFDIV 配合决定锁相环产生的时钟频率。

该寄存器任何时候可读,当 PLLSEL=1 时,不可写入,其他情况均可写入。

2) 时钟参考分频寄存器——REFDV

复位默认值:0000 0000B

读写	Bit7	Bit6	Bit5	Bit4	Bit3	Bit2	Bit1	Bit0
R W	REFFRQ[1:0]		REFDIV[5:0]					

REFFRQ[1:0]:参考频率范围选择。它的值与 f_{REF} 范围有关,目的是保证时钟锁相稳定,这里 $f_{REF}=f_{OSC}/(REFDIV+1)$,要求是:$f_{REF}$ 在 1~2MHz 时设为 00,f_{REF} 在 2~6MHz 时设为 01,f_{REF} 在 6~12MHz 时设为 10,f_{REF} 大于 12MHz 时设为 11。

REFDIV[5:0]:提供锁相环时钟的参考分频参数,与时钟合成寄存器配合决定锁相环产生的时钟频率。

该寄存器任何时候可读,当 PLLSEL=1 时,不可写入,其他情况均可写入。

3) 时钟后分频寄存器——POSTDIV

复位默认值：0000 0000B

读写	Bit7	Bit6	Bit5	Bit4	Bit3	Bit2	Bit1	Bit0
R W	0	0	0	\multicolumn{5}{c}{POSTDIV[4:0]}				

POSTDIV[4:0]：提供锁相环时钟的后分频参数，与 f_{VCO} 配合决定锁相环产生的最终时钟频率，有 $f_{PLL}=f_{VCO}/(2\times POSTDIV)$。需要特别注意的是，若 POSTDIV 的值为 0，则 $f_{PLL}=f_{VCO}$。

该寄存器任何时候可读，当 PLLSEL=1 时，不可写入，其他情况均可写入。

4) 时钟与复位标志寄存器——CRGFLG

复位默认值：0100 0000B

读写	Bit7	Bit6	Bit5	Bit4	Bit3	Bit2	Bit1	Bit0
R W	RTIF	PORF	LVRF	LOCKIF	LOCK	ILAF	SCMIF	SCM

RTIF：实时中断(RTI)标志位。

0 未发生实时中断。

1 发生实时中断。

PORF：上电复位标志位。

0 未发生上电复位。

1 发生上电复位。

LVRF：低压复位发生标志，写 1 清零。

0 低压复位未发生。

1 低压复位发生。

LOCKIF：锁相环锁定中断标志位。

0 锁相环锁定位未发生变化。

1 锁相环锁定位发生变化时，产生中断请求。

LOCK：锁相环频率锁定标志位。

0 锁相环频率未锁定。

1 锁相环频率已锁定。

ILAF：非法地址复位标志，写 1 清零。

0 非法地址复位未发生。

1 非法地址复位发生。

SCMIF：自给时钟 SCM 模式中断标志位。

0 SCM 位未发生变化。

1 SCM 位发生变化。

SCM：自给时钟状态位。

0 系统靠外部晶振正常工作；

1 外部晶振停止工作，系统靠自给时钟工作。

5）时钟与复位中断使能寄存器——CRGINT

复位默认值：0000 0000B

读写	Bit7	Bit6	Bit5	Bit4	Bit3	Bit2	Bit1	Bit0
R W	RTIE	0	0	LOCKIE	0	0	SCMIE	0

RTIE：实时中断RTI使能位。

0　实时中断无效。

1　一旦RTIF＝1，即发出中断请求。

LOCKIE：时钟锁定中断使能位。

0　时钟锁定中断无效。

1　一旦LOCKIF＝1，即发出中断请求。

SCMIE：自给时钟模式中断使能位。

0　自给时钟模式中断无效。

1　一旦SCMIF＝1，即发出中断请求。

6）时钟选择寄存器——CLKSEL

时钟选择寄存器CLKSEL可用于选定系统时钟。

复位默认值：0000 0000B

读写	Bit7	Bit6	Bit5	Bit4	Bit3	Bit2	Bit1	Bit0
R W	PLLSEL	PSTP	XCLKS	0	PLLWAI	0	RTIWAI	COPWAI

PLLSEL：选定锁相环位。

0　选定外部时钟，此时$f_{BUS}=f_{OSC}/2$。

1　选定锁相环时钟，此时$f_{BUS}=f_{PLL}/2$。

PSTP：选定伪停止位。

0　伪停止模式下振荡器停止。

1　伪停止模式下振荡器工作。

XCLKS：时钟配置状态位，只读。

0　环路控制晶振选择标志。

1　外部时钟或全振荡晶振选择标志。

PLLWAI：等待模式下锁相环停止工作位。

0　等待模式下锁相环正常工作。

1　等待模式下锁相环停止工作。

RTIWAI：等待模式下实时时钟停止工作位。

0　等待模式下实时时钟正常工作。

1　等待模式下实时时钟停止工作。

COPWAI：等待模式下看门狗COP时钟停止工作位。

0　等待模式下看门狗COP时钟正常工作。

1　等待模式下看门狗 COP 时钟停止工作。

7）锁相环控制寄存器——PLLCTL

复位默认值：1100 0001B

读写	Bit7	Bit6	Bit5	Bit4	Bit3	Bit2	Bit1	Bit0
R/W	CME	PLLON	FM1	FM0	FSTWKP	PRE	PCE	SCME

CME：时钟监视使能位。

0　时钟监视禁止。

1　时钟监视使能。

PLLON：锁相环电路使能位。

0　锁相环电路禁止。

1　锁相环电路使能。

FM1、FM0：频率调制控制位。

00　关闭。

01　幅度频率比变化±1%。

10　幅度频率比变化±2%。

11　幅度频率比变化±4%。

FSTWKP：快速唤醒使能位。

0　关闭快速唤醒。

1　使能快速唤醒。

PRE：实时中断 RTI 控制位。

0　实时中断禁止。

1　实时中断使能。

PCE：伪停止模式下看门狗使能位。

0　看门狗禁止。

1　看门狗使能。

SCME：自给时钟方式使能位。

0　探测到外部晶振失效时，进入时钟监视复位方式。

1　探测到外部晶振失效时，进入自给时钟模式。

8）看门狗 COP 控制寄存器——COPCTL

复位默认值：0000 0000B

读写	Bit7	Bit6	Bit5	Bit4	Bit3	Bit2	Bit1	Bit0
R/W	WCOP	RSBCK	0 WRTMASK	0	0	CR2	CR1	CR0

该寄存器各位均随时可读。写时：WCOP 和 CR2、CR1、CR0 位在用户模式只能写一次，在特殊模式随时可写，但 RSBCK 位只能在其他模式下写为 1。

WCOP：COP 窗口模式位。

0　COP 正常模式,窗口模式无效。

1 COP 窗口模式有效。
RSBCK：COP 和 RTI 在 BDM 模式下停止使能位。
0 COP 和 RTI 在 BDM 模式下继续有效。
1 COP 和 RTI 在 BDM 模式下停止。
WRTMASK：WCOP、CR[2:0] 写屏蔽位。
0 WCOP、CR[2:0] 写有效。
1 WCOP、CR[2:0] 写无效。
CR[2:0]：看门狗溢出时间选择位。

看门狗溢出周期与 CR[2:0] 的关系如表 2-4 所示。溢出周期是振荡周期 OSCCLK 被 CR[2:0] 位分频后的周期。CR[2:0] 写入非 0 值，启动 COP 功能。若看门狗定时器 WDT 溢出，则引起系统复位。为避免看门狗引起复位，必须周期性初始化 COP 定时器，即向 ARMCOP 寄存器写入数据。

表 2-4 看门狗定时器溢出周期的选择

CR2	CR1	CR0	OSCCLK 溢出周期
0	0	0	COP 功能无效
0	0	1	2^{14}
0	1	0	2^{16}
0	1	1	2^{18}
1	0	0	2^{20}
1	0	1	2^{22}
1	1	0	2^{23}
1	1	1	2^{24}

9) 看门狗定时器加载/复位寄存器——ARMCOP

复位默认值：0000 0000B

读写	Bit7	Bit6	Bit5	Bit4	Bit3	Bit2	Bit1	Bit0
R	0	0	0	0	0	0	0	0
W	x	x	x	x	x	x	x	x

该寄存器写入数据后重新开始看门狗周期，通常应周期性写入数据，防止看门狗溢出复位。任何时候都可以写入。

当 COP 功能无效时（CR[2:0]=000），对此寄存器的写操作无效。当 COP 功能有效时（CR[2:0] 不为 0），对此寄存器的写操作必须遵守"先向 ARMCOP 寄存器写入 0x55，后写入 0xAA"；两次写操作之间可以执行其他指令，但两次写操作均应在溢出时间内完成。写入的数据必须是 0x55 和 0xAA，写入的次序也不能变；否则将使 S12X MCU 立即复位。在进行程序设计时，应将 0x55 和 0xAA 的写指令安排在主循环必须经过的地方，可以将二者分别安排在两个关键部位，这样程序运行过程中只要没有经过其中的任何一处，就会产生 COP 溢出复位。

若使用 BDM 方式进行程序调试，则 S12X MCU 将自动进入特殊单片模式，这时 COP 默认被禁止，不会影响调试。但若采用其他调试方式，例如，单步、断点等调试方式，看门狗可能频繁溢出，此时可以先关闭 WDT，待程序调试结束后再允许 WDT 有效。

2.6 存储器

存储器是单片机系统的重要组成部分,用来存放程序和数据。存储器可以是单独的片外芯片,也可以集成在单片机内部,按大类分为 RAM(Random Access Memory,随机存取存储器)和 ROM(Read Only Memory,只读存储器)。现代单片机中应用比较广泛的存储器为 RAM 和 ROM 类的 Flash、EEPROM,NXP S12(X)系列单片机片内集成了这 3 种存储器。

不同型号单片机有不同的存储器容量和配置,RAM 容量可为 4KB/8KB/12KB/16KB/32KB/64KB,Flash 容量可为 32KB/64KB/128KB/256KB/384KB/512KB/768KB,最大达 1MB,EEPROM 容量可为 2KB/4KB。其中,RAM 是可读/写的易失性存储器(Volatile Memory,VM),在单片机中用于保存需要经常改变的数据和变量。而 Flash 属于一种非易失性存储器(Non-Volatile Memory,NVM),即俗称的程序存储器 PFlash,用于存放整个程序运行代码或者需要高速访问的参数,例如,操作系统核心、应用程序、标准子程序库、数据表格等。Flash 对于单芯片应用系统是理想的程序存储模块,它允许在现场进行代码测试和更新。在 NXP S12X 较新的 MCU 产品中,还引入了 DataFlash 以取代或模拟 EEPROM,如 XS 系列、HY 系列、XE 系列等。单片机的 EEPROM 或 DataFlash 可用在两方面:保存定制的校准信息和特定对象参数。

2.6.1 存储器地址空间分配

对于具体型号,MC9S12XEP100 片内有 1024KB Flash、64KB RAM、4KB EEPROM,MC9S12XS128 片内有 128KB Flash、8KB RAM、8KB EEPROM。与 MCS-51 系列单片机的哈佛结构存储器不同,NXP 单片机的存储器结构采用冯·诺依曼结构——RAM、ROM 是统一编址的。S12X 系列 MCU 的基本地址线位数是 16 位,其逻辑地址空间为 $2^{16}B=64KB$,所以它的地址范围为 0x0000~0xFFFF,在这个 64KB 寻址范围内,分成多个不同区段,每个区段的作用不同。除 RAM、EEPROM 和 Flash 占据相应的地址空间外,各种 I/O 外设接口寄存器也占用地址空间。这些地址分配并不是固定不变的,用户可以通过修改地址映射寄存器的方法重新分配,这也是 NXP 单片机特有的。存储器中每个存储单元可存放一个 8 位二进制信息,通常用 2 位十六进制数来表示(如 0x55),这就是存储器存储单元内的内容。存储器的存储单元地址用 4 位十六进制数来表示(如 0xC000),它和存储单元里的内容是不同的两个概念,不能混淆。

1. 本地地址分配及分页扩展

图 2-11 为 S12XEP100 芯片单片运行模式下的一种典型的存储空间分配图,其中 I/O 寄存器 2KB、RAM 64KB、EEPROM 4KB 和 Flash 1024KB 的地址空间被覆盖在整个 64KB 地址空间范围内。S12X MCU 片内可以支持多达 1024KB 的程序存储器和 64KB 的数据存储器,显然存储空间超过了 S12X 可寻址的 64 KB 空间,因此引入了页面访问机制进行映射。通过分页扩展机制、窗口映射方式,S12X 单片机可以管理远超 64KB 的存储器空间。当 S12X 的存储分配出现地址重叠时,MCU 内部的优先级控制逻辑会自动屏蔽级别较低的资源,保留级别最高的资源,存储器的优先级按照 I/O 寄存器、RAM、EEPROM、Flash 的顺

序递减。

图 2-11　S12X 系列单片机的存储器本地地址分配及分页窗口

按图 2-11 存储器地址分配，CPU 本地存储区映射地址区间及其右侧扩展出来的分页窗口的各逻辑地址空间作用如下：

(1) 0x0000～0x07FF(2KB)为 MCU 寄存器区。用以安排 S12X MCU 的众多 I/O 接口模块的寄存器和各种控制管理的寄存器，其中也有很多保留未用的地址。例如，A 口数据寄存器 PORTA 的实际地址是 0x0000，PWM 允许寄存器 PWME 的实际地址是 0x00A0。寄存器区可以映射到其他位置，但这个区域地址一般不予改变，就留给 MCU 寄存器使用。

(2) 0x0800～0x0BFF(1KB)为分页 EEPROM 区。通过分页扩展的方法以达到管理 255×1KB 空间的 EEPROM，此区间对应 0x00～0xFE 共 255 个页面窗口，每个页面为 1KB 空间。其中本地地址空间固定占用 0xFE 页面。

(3) 0x0C00～0x0FFF(1KB)为固定 EEPROM 区。该本地地址空间固定占用 0xFF 页面。

(4) 0x1000～0x1FFF(4KB)为分页 RAM 区。通过分页扩展的方法以达到管理 254×4KB 空间的 RAM，此区间对应 0x00～0xFD 共 254 个页面窗口，每个页面为 4KB 空间，其中本地地址空间固定占用 0xFD 页面。

(5) 0x2000～0x3FFF(8KB)为固定 RAM 区。该本地地址固定占用 0xFE、0xFF 页面，每个页面为 4KB 空间。

(6) 0x4000～0x7FFF(16KB)为固定 Flash 区。该本地地址固定占用 0xFD 页面。

(7) 0x8000～0xBFFF(16KB)为分页 Flash 区。通过分页扩展的方法以达到管理 254×16KB 的 Flash，此区间对应 0x00～0xFC 和 0xFE 共 254 个页面窗口，每个页面为 16KB 空间，其中本地地址空间固定占用 0xFE 页面。这样，加上前、后两个固定 16KB Flash 区，CPU 就能管理远超 64KB 空间的 Falsh。

(8) 0xC000～0xFFFF(16KB)为固定 Flash 区。该本地地址固定占用 0xFF 页面。

(9) 0xFF00～0xFFFF(256B)为复位、中断向量区。重叠占用前述 0xC000～0xFFFF 固定 Flash 的最后 256 字节的空间，BDM 模式下能被 BDM 指令访问。其中地址 0xFFFE 为复位向量地址，该地址中的向量地址是 S12X MCU 整个程序的入口地址。

前述各个分页窗口的页面值是通过对应的页面管理寄存器进行设定的。关于 EEPROM 分页机制的管理(EPAGE)、RAM 分页机制的管理(RPAGE)、Flash 分页机制的管理(PPAGE)详见 2.6.2 节。

2. 全局访问方式

实际上，S12X 具有强大的存储器管理控制模块，使 CPU 除了可以通过页面扩展机制实现管理 8MB 的存储区空间，还可以通过 GPAGE 全局页面寄存器、采用 23 位的地址定位和全局存储器操作指令来管理全局 8MB 的存储器空间，如图 2-12 所示，其中右半部就是以 7 位全局页面寄存器扩展的 128 个 64KB 页面地址空间(128×64KB＝8MB)，用本地 64KB 空间地址外加全局页面寄存器值 0x00～0x7F 表示，则 8MB 的全局存储器地址空间就可以连续地表示为 0x00_0000～0x7F_FFFF。这样，S12X 单片机理论上所能支持的 RAM、EEPROM(DataFlash)、Flash 容量就可以足够大。关于全局分页机制的管理详见 2.6.2 节。

全局 23 位地址访问的指令包括 GLDAA、GLDAB、GLDD、GLDS、GLDX、GLDY、GSTAA、GSTAB、GSTD、GSTS、GSTX、GSTY 等，S12X 总共新增了 84 条这类全局寻址指令。全局地址[22:0]由 CPU 本地地址[15:0]和 GPAGE 寄存器[22:16]联合组成。

按全局地址方式进行存储器访问的可寻址连续地址空间安排如下：

(1) 0x00_0000～0x00_07FF——2KB 的 MCU 寄存器区。

(2) 0x00_0800～0x0F_FFFF——16×64KB−2KB＝1022KB 的 RAM 区。

(3) 0x10_0000～0x13_FFFF——4×64KB＝256KB 的 DataFlash 或 EEPROM 区。

(4) 0x14_0000～0x3F_FFFF——44×64KB＝2.75MB 的保留未用区。

(5) 0x40_0000～0x7F_FFFF——64×64KB＝4MB 的 Flash 区。

这样，在可以访问的 8MB 地址空间内，对于 I/O 寄存器、RAM 空间可以使用全局读写指令进行读写，而对于 Flash、DataFlash 空间则只能使用全局读指令进行读取。全局地址指令(如 GLDAA)本身的寻址方式和普通本地地址指令(例如 LDDA)实际上是一样的，仍然是 64KB 可见。全局地址指令可以理解为：GPAGE 寄存器把 8MB 空间分成了连续的 128 个 64KB 的存储器块，当连续读/写超过 64KB 空间时，需要改变 GPAGE 寄存器的值来切换存储器块，这种切换可以通过简单地给 GPAGE 加 1 或减 1 实现。理论上，在两个 64KB 地址边界处增加一条 GPAGE 修改指令，即可实现整个 8MB 空间的读写。GPAGE 寄存器本身的地址在整个存储器地址分配中默认为 $0010，可以使用有如下面的指令方便地修改。

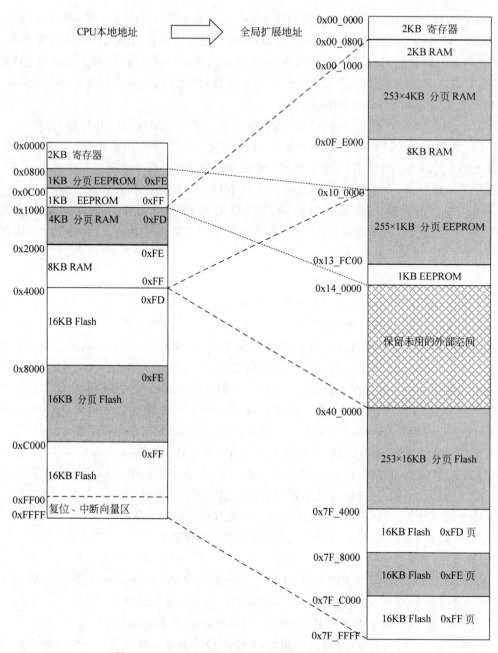

图 2-12 S12X 系列单片机的存储器全局地址映射分配

```
INC $ 0010              ;GPAGE 寄存器值加 1
DEC GPAGE               ;GPAGE 寄存器值减 1
```

注：在 NXP 汇编语言程序中，表示 16 位数据的前缀是 $，在 C 语言编程环境中使用 0x 前缀。

2.6.2 存储器映射管理控制

作为初学者或者默认存储器地址映射可以满足使用时，可以不改动默认的映射空间。

当需要改变或者需要用到足量的RAM,或者是需要使用更大RAM、Flash、EEPROM或DataFlash容量时,必须重新配置相关的映射管理寄存器。方便的是,在使用开发环境软件建立工程时,对应于具体型号的这些配置均能自动生成,也可以根据需要手动更改。与存储器映射管理控制相关的寄存器主要有RPAGE、PPAGE、EPAGE、GPAGE,还有一些辅助操作寄存器,它们占用MCU寄存器区的0x000A~0x0017地址。

1. RAM存储器页面管理

CPU直接寻址,以及立即数和寄存器类型变量、局部变量等都存储在RAM中。S12X MCU片内支持多达1022KB的数据存储器,显然存储空间超过了S12X可寻址的64 KB空间,因此引入了页面访问机制进行映射。

S12X单片机内部都集成了一定容量的RAM存储器,在默认情况下,存储器映射图开了一个4KB的RAM页面访问窗口。本地地址区域以外的RAM页可以通过向RPAGE寄存器写入页面编号来实现不同RAM页的换入。

RAM页面管理寄存器——RPAGE

复位默认值: 1111 1101B

读写	Bit7	Bit6	Bit5	Bit4	Bit3	Bit2	Bit1	Bit0
R W	RP7	RP6	RP5	RP4	RP3	RP2	RP1	RP0

RP[7:0]:通过0x1000~0x1FFF窗口访问的页面号,该8位值实际上是指定了全局地址中的19~12位(全局地址其余高3位为000)。可总共管理$256(=2^8)$个4KB存储页,页面号依次为0~255,用十六进制表示就是0x00~0xFF,即最多支持通过64KB本地寻址能力实现1024KB的全局映射寻址能力,但是在全局映射中有2KB空间被内部寄存器占据,所以RAM的全局映射空间为1022KB。

参见图2-11中的RAM页面扩展示意图,在RPAGE管理的256个页面中,最多只能有254个有效分页RAM,并且最后2个页面值0xFE和0xFF永远定位到本地地址空间0x2000~0x2FFF和0x3000~0x3FFF这两个连续的固定页的4KB RAM区。

S12XS128片内只集成了8KB RAM(少于12KB),并直接被物理安排在0x2000~0x3FFF的固定地址空间,但由于MCU复位后,RPAGE默认值为0xFD,此时RAM默认地址是0x1000~0x1FFF的4KB分页窗口空间,但其RAM是无效的,访问时会产生非法地址中断的错误,所以需要在单片机系统初始化时将RPAGE值设置为0xFE。这样,访问RAM时就会定位到0x2000开始的有效RAM空间。若某型号S12X单片机的片内RAM为12KB或更大时,默认页面值0xFD刚好对应其中的4KB,则RPAGE无须重新设置。又如,RPAGE值若设为0x00,则RAM地址被映射到0x0000~0x0FFF,与寄存器区、DataFlash区发生地址重叠,按照存储器资源可见的优先级顺序,此时访问RAM时,前2KB RAM空间将不可见,实际是访问寄存器,而随后的EEPROM(DataFlash)空间也将不可见。

2. Flash存储器页面管理

Flash意指程序闪存。S12X MCU的Flash采用16位二进制格式,可按字节或字方式访问。S12X在单片模式下,复位后Flash为激活状态,默认地址为0x4000~0xFFFF,CPU从地址0xFFFE取得程序的入口地址,然后开始引导程序执行后续过程。

S12XEP100 内部集成了 1024KB Flash 程序存储器，本地地址区域以外的 Flash 页可以通过向 PPAGE 寄存器写入页面编号来实现不同 Flash 页面的换入。

Flash 页面管理寄存器——PPAGE

复位默认值：1111 1110B

读写	Bit7	Bit6	Bit5	Bit4	Bit3	Bit2	Bit1	Bit0
R/W	PIX7	PIX6	PIX5	PIX4	PIX3	PIX2	PIX1	PIX0

PIX[7:0]：通过 0x8000～0xBFFF 窗口访问的页面号，该 8 位值实际上是指定了全局地址中的 21～14 位（全局地址其余高 1 位为 1）。可总共管理 $256(=2^8)$ 个 16KB 存储器页，页面号依次为 0～255，用十六进制表示就是 0x00～0xFF，即支持多达 4MB Flash 的寻址能力。

参见图 2-11 中的 Flash 页面扩展示意图，其 0x8000～0xBFFF 窗口访问的页面号与 PPAGE 寄存器 PIX0～PIX7 位是对应的。S12XSl28 有 128KB 的 Flash 可分为 8 个 16KB 存储器，每个存储器的页面编号为 0xFF～0xF8 的某个值。S12X CPU 在 64KB 存储器的 0x8000～0xBFFF 段开了一个窗口，同一时刻只能看到页面寄存器的某一页。其中，0xFD 永远定位在 0x4000～0x7FFF 这一段，0xFF 永远定位在 0xC000～0xFFFF 这一段，这两个 16KB 无须通过页面管理，而 0xFE～0xF8 等另外的页面只能通过 0x8000～0xBFFF 窗口访问，Flash 的换页通过向 PPAGE 寄存器写入页面编号来实现。同理，对于带 1024KB Flash 的 MCU 型号 S12XEP100，它的页面编号应为 0xFF～0xC0。

PPAGE 的复位默认页面值 0xFE 对应本地 0x8000～0xBFFF 空间，能够确保 0x4000～0xFFFF 的连续 Flash 空间可用。这样，当程序量小于 48KB 时，无须设置 PPAGE，默认直接使用的页就是 0xFD、0xFE 和 0xFF，这 3 个 16KB Flash 空间正好连续，也即不需要另行分页的 Flash 空间区域。

一般地，分页扩展的 Flash 区域放置的是子程序，对于这些本地 64KB 地址以外的 Flash 存储区，S12X 提供了专用指令 CALL 用以调用分页区子程序（本地子程序调用指令是 JSR，返回指令是 RTS），CALL 指令中须指定 PPAGE 值，然后通过 RTC 指令返回。其执行过程如下：

CPU 执行 CALL 指令时，原有 PPAGE 内容随当前 PC 指针自动压入堆栈，CALL 指令调用的程序所在页的页号被装入 PPAGE；执行完程序使用 RTC 指令返回时，先从堆栈取得保存的页号送到 PPAGE，再将取得的返回地址送到 PC，回到原地继续执行。

3. EEPROM 存储器页面管理

S12XS128 内部无 EEPROM，而替换成了 8KB 的 DataFlash，复位默认首地址为 0x0800。DataFlash 意指数据闪存，是专门用于存储重要参数数据的存储器块，并且掉电后数据不丢失。CPU 通过编程来实现对 EEPROM(DataFlash)的访问和擦写。

S12X 允许通过页面扩展机制来管理最多 256KB 的 EEPROM(DataFlash)块。CPU 本地存储器空间 0x0800～0x0BFF 中开了一个 1KB 的窗口，本地地址区域以外的 EEPROM (DataFlash)页，可以通过向 EPAGE 寄存器写入页面编号来实现不同页面的换入。

EEPROM 页面管理寄存器——EPAGE

复位默认值：1111 1110B

读写	Bit7	Bit6	Bit5	Bit4	Bit3	Bit2	Bit1	Bit0
R/W	EP7	EP6	EP5	EP4	EP3	EP2	EP1	EP0

EP[7:0]：通过 0x0800～0x0BFF 窗口访问的页面号,该 8 位值实际上是指定了全局地址中的 17～10 位（全局地址的高 5 位为 00100）。可总共管理 $256(=2^8)$ 个 1KB 存储器页,页面号依次为 0～255,用十六进制表示就是 0x00～0xFF,即支持多达 256KB EEPROM (DataFlash) 的寻址能力。

4．全局页面管理

S12X 可以利用 GPAGE 寄存器、23 位地址定位和全局存储器操作指令来管理全局 8MB 的所有存储器空间。全局页面管理的相关寄存器定义如下：

1）全局页面管理寄存器——GPAGE

复位默认值：0000 0000B

读写	Bit7	Bit6	Bit5	Bit4	Bit3	Bit2	Bit1	Bit0
R/W	0	GP6	GP 5	GP 4	GP 3	GP 2	GP 1	GP 0

GP[6:0]：全局页面寻址位,指定全局地址中的 22～16 位,用来选择 128 个 64KB 页面中哪一个页面被当前访问。

2）直接页面管理寄存器——DIRECT

复位默认值：0000 0000B

读写	Bit7	Bit6	Bit5	Bit4	Bit3	Bit2	Bit1	Bit0
R/W	DP15	DP14	DP13	DP12	DP11	DP10	DP9	DP8

DP[15:8]：直接页面寻址位,指定全局地址的 15～8 位,用来决定 256B 直接页面在存储器映射的位置。该寄存器用于 CPU 访问直接地址模式,它同时可适用于全局映射和 CPU 本地映射。

3）存储器管理控制寄存器——MMCCTL1

复位默认值：0000 0000B

读写	Bit7	Bit6	Bit5	Bit4	Bit3	Bit2	Bit1	Bit0
R/W	MGRAMON	0	DFIFRON	PGMIFRON	0	0	0	0

MGRAMON：Flash 存储器控制器全局可见性。

0　Flash 存储器控制器在全局存储器映射图中不可见。

1　Flash 存储器控制器在全局存储器映射图中可见。

DFIFRON：DataFlash 存储器全局可见性。

0　DataFlash 在全局存储器映射图中不可见。

    1 DataFlash 在全局存储器映射图中可见。
    PGMIFRON：PFlash 存储器全局可见性。
    0 PFlash 在全局存储器映射图中不可见。
    1 PFlash 在全局存储器映射图中可见。

2.7 中断系统

当有重要事件发生或异常产生并提出处理请求时，CPU 暂时停止执行当前的程序，转向中断服务程序，中断处理完后返回原来的程序地址继续运行，这就是 CPU 的中断，而提出处理请求的一方称为中断源。中断是 MCU 必备的重要功能，中断方式与查询方式相比，可使 MCU 的程序设计更加高效与灵活，可以提高嵌入式系统的实时处理能力和工作效率，扩大其应用范围，尤其是在低功耗应用系统中，中断更是一个必要的技术手段。可以说 MCU 的中断系统的功能在某种程度上决定了 MCU 的用途，中断功能强大与否也是评判 MCU 性能的一个重要指标。中断系统一般具有以下功能：

（1）能实现中断响应、中断服务和中断返回。当一中断源发出中断请求时，MCU 决定是否响应这一请求。若允许响应这个中断请求，则 MCU 能够由硬件自动保护断点，转而执行相应的中断服务程序。中断处理完后能自动恢复断点，返回原中断处继续执行被中止的程序。

（2）能实现中断优先级配置。当两个或更多个中断源同时发出中断申请时，优先级较高的中断申请首先得到处理。

（3）能实现中断嵌套。在中断处理过程中，有优先级较高的中断请求时，MCU 能暂停正在执行的优先级较低的中断处理程序，转去响应与处理优先级较高的中断申请，结束后再返回原先优先级较低的中断处理过程。

（4）能通过软件实现模拟中断，便于中断的调试。

S12X MCU 具有一个功能强大的中断处理系统（XINT），并且有灵活的配置方式供使用者选择。

2.7.1 中断源与中断向量

1. 中断源

S12X MCU 采用向量方式管理并确定中断服务程序入口，它提供了丰富的中断源，可分为 3 类：3 个不可屏蔽的复位中断、3 个不可屏蔽的特殊中断和众多的可屏蔽的普通中断。注意，中断向量是指中断服务程序的入口地址，而中断向量地址是指存储该中断向量的存储器单元地址，这是两个不同的概念。

1）复位中断

S12X 的复位是一种比较特殊的中断，但与其他中断源的处理有着本质的不同。CPU 执行中断服务程序后返回断点处继续执行，而复位则不返回原来的程序，一切重新开始。另外，复位中断在任何时候都是不可屏蔽的，具有复位事件发生后强制执行的能力。

S12X 复位发生后，一些内部资源寄存器恢复到默认状态，S12X MCU 的引脚状态取决于对应的控制寄存器，内部 RAM 的内容不随复位发生而变化，S12X CPU 寄存器 D、IX、

IY、SP 和 PPAGE 寄存器复位默认清零，CCR 寄存器复位后禁止可屏蔽中断与不可屏蔽中断、禁止 STOP 指令；下一步 S12X MCU 的 PC 指针将根据复位向量指定的内容(地址)，跳转到指定地址开始重新执行整个程序。

S12X 的复位向量有 3 个，但能触发复位的动作能 6 种：上电复位、外部复位、低电压复位、非法地址复位、时钟监视复位、看门狗定时器溢出复位。其中前 4 种复位共用一个中断向量(中断向量地址为 0xFFFE 和 0xFFFF)。时钟监视复位与看门狗定时器溢出复位使用了各自的中断向量(中断向量地址为 0xFFFC、0xFFFD 和 0xFFFA、0xFFFB)，而且都可以通过软件进行配置：寄存器 PLLCTL 中的位 CME＝1、SCME＝1 使能时钟失效时产生复位，COPCTL 的位 CR[2:0]非零使能看门狗定时器溢出时产生复位。

2) 特殊中断

特殊中断有 3 种：非法指令陷阱中断、软件中断(SWI)和外部中断($\overline{XIRQ}$)，它们都属于不可屏蔽中断类型。稍有不同的是，外部中断($\overline{XIRQ}$)可以在系统复位初始化时通过设置 CCR 寄存器的中断屏蔽位 X 来进行屏蔽或开放设置。

(1) 非法指令陷阱中断。MCU 执行程序时，都是执行的由编译系统生成的有效的二进制指令代码，当受到干扰或产生混乱时，可能无法取得正确的操作码，得到的是无法识别的非法指令，此时 MCU 就会自动产生一次中断，这种中断类型就叫非法指令陷阱中断，其中断向量地址为 0xFFF8 和 0xFFF9。用户可以根据需要定义相应的中断服务程序，以防止某些软件错误，如程序跑飞、死机等。

(2) 软件中断(SWI)。软件中断 SWI 实际上是一条指令，执行过程与中断相同，即也通过中断向量确定下一步要执行的目标地址，其中断向量地址为 0xFFF6 和 0xFFF7，CPU 遇到 SWI 指令自动保护断点，中断服务程序完成后必须以 RTI 指令返回。软件中断和其他中断有所不同，体现在它是由人为设定的程序决定的、是确知的，而非随机的外部事件。软件中断可以用来设置程序断点、进行软件调试，其作用类似于某个子程序的调用。

(3) 非屏蔽的外部中断($\overline{XIRQ}$)。$\overline{XIRQ}$ 中断用来响应来自 $\overline{XIRQ}$ 引脚的外部低电平触发的中断，中断向量地址为 0xFFF4 和 0xFFF5。该中断一般仅用于系统掉电、硬件故障等十分关键的环节，还可用于等待模式和停止模式的唤醒。

$\overline{XIRQ}$ 中断可以通过 CCR 的 X 位进行设置，该位复位后一旦被清零就不能再次对其进行设置，无论是通过直接设置、堆栈弹出、位清除等都不能再次对该位置 1。故而，$\overline{XIRQ}$ 中断是 S12X MCU 中断源中唯一一个可以一次性打开的非屏蔽中断，一旦打开，就无法关闭，而可屏蔽中断则可以随时通过设置 CCR 的 I 位进行多次打开与关闭。

3) 普通中断

除了上述几种中断外，S12X 还有大量的其他类型的中断，如 $\overline{IRQ}$ 外部中断以及时钟、定时器、并行 I/O 接口、SCI/SPI/CAN 接口、A/D 等内部功能部件的中断，有多达几十个中断源，它们都属于可屏蔽中断，即可以通过设置 CCR 的 I 位进行打开和关闭。注意，CCR 的 I 控制位相当于是对所有可屏蔽中断的全局屏蔽位，实际这些普通中断的各个中断源的局部使能允许还可以由各个中断源对应的控制位进行预先的设定。

2. 中断向量

S12X CPU 采用向量机制实现对中断的管理和处理，为每个中断源都指定一个标号(中断向量号)及其对应的取地址位置(中断向量地址)。S12X 在 64KB 存储器地址空间的尾端

（属于 Flash 空间）中设置了一个中断向量映射表，每一个中断向量对应一种中断处理程序的入口地址。CPU 在中断响应时，依据中断信号的来源在中断向量地址表中对应的地址位置取得中断向量的 2 字节地址即读取中断处理程序的入口地址，进而再转到相应的中断服务程序。

S12X 常规的中断向量地址的具体安排及其屏蔽、使能情况如表 2-5 所示。中断向量地址表中的每个向量占用 2 字节空间，0xFF10～0xFFF3 共 256 字节地址，所以可有 100 多个中断向量。目前，S12X 实际只使用到 50～100 个向量地址，部分保留未用。

例如，外部中断 $\overline{IRQ}$ 的向量地址为 0xFFF2～0xFFF3，定时器通道 7 中断的中断向量地址为 0xFFE0～0xFFE1；复位的向量地址为 0xFFFE 和 0xFFFF，这正是 S12X MCU 整个程序的入口地址，它表示复位时 CPU 从这 2 个单元中读取 16 位内容并以该内容为起始地址开始执行程序。中断向量地址通常可只用前面的一个 16 位地址值表示，即用 0xFFF2、0xFFE0、0xFFFE……表示。各个中断向量地址所对应的序号就是中断向量号，它在 CodeWarrior 开发环境的 C 语言编程中有指向并需要用到（在芯片型号.h 文件中有具体定义）。

表 2-5 中断向量地址表

中断向量号	中断向量地址（复位默认）	中断源	CCR 中屏蔽位	使能位
0	0xFFFE	复位	无	无
1	0xFFFC	时钟监视器复位	无	PLLCTL(CME,SCME)
2	0xFFFA	看门狗溢出复位	无	COP 溢出速率已选定
3	0xFFF8	非法指令陷阱	无	无
4	0xFFF6	软件中断 SWI	无	无
5	0xFFF4	外部中断 $\overline{XIRQ}$	控制位 X	无
6	0xFFF2	外部中断 $\overline{IRQ}$	控制位 I	IRQCR (IRQEN)
7	0xFFF0	实时中断 RTI	控制位 I	CRGINT(RTIE)
8	0xFFEE	ECT 定时器通道 0	控制位 I	TIE(C0I)
9	0xFFEC	ECT 定时器通道 1	控制位 I	TIE(C1I)
10	0xFFEA	ECT 定时器通道 2	控制位 I	TIE(C2I)
11	0xFFE8	ECT 定时器通道 3	控制位 I	TIE(C3I)
12	0xFFE6	ECT 定时器通道 4	控制位 I	TIE(C4I)
13	0xFFE4	ECT 定时器通道 5	控制位 I	TIE(C5I)
14	0xFFE2	ECT 定时器通道 6	控制位 I	TIE(C6I)
15	0xFFE0	ECT 定时器通道 7	控制位 I	TIE(C7I)
16	0xFFDE	ECT 定时器溢出	控制位 I	TSCR2(TOF)
17	0xFFDC	脉冲累加器 A 溢出	控制位 I	PACTL(PAOVI)
18	0xFFDA	脉冲累加器有效沿输入	控制位 I	PACTL(PAI)
19	0xFFD8	SPI0 串行口	控制位 I	SPICR1(SPIE,SPTIE)
20	0xFFD6	SCI0 串行口	控制位 I	SCI0CR2（TIE,TCIE,RIE,ILIE）

中断向量号	中断向量地址（复位默认）	中断源	CCR中屏蔽位	使能位
21	0xFFD4	SCI1 串行口	控制位 I	SCI1CR2（TIE，TCIE，RIE，ILIE）
22	0xFFD2	ATD0	控制位 I	ATD0CTL2(ASCIE)
23	0xFFD0	ATD1	控制位 I	ATD1CTL2(ASCIE)
24	0xFFCE	端口 J	控制位 I	PIEJ(PIEJ7，PIE6J，PIEJ1，PIEJ0)
25	0xFFCC	端口 H	控制位 I	PIEH(PIEH7～PIEH0)
26	0xFFCA	模数递减计数器下溢	控制位 I	MCCTL(MCZI)
27	0xFFC8	脉冲累加器 B 溢出	控制位 I	PBCTL(PBOVI)
28	0xFFC6	CRG 时钟锁定	控制位 I	CRGINT(LOCKIE)
29	0xFFC4	CRG 自给时钟方式	控制位 I	CRGINT(SCMIE)
30	0xFFC2	SCI6 串行口	控制位 I	SCI6CR2(TIE，TCIE，RIE，ILIE)
31	0xFFC0	I^2C0 总线	控制位 I	IBCR(IBIE)
32	0xFFBE	SPI1 串行口	控制位 I	SPI1CR1(SPIE，SPTIE)
33	0xFFBC	SPI2 串行口	控制位 I	SPI2CR2(SPIE，SPTIE)
34	0xFFBA	Flash 故障检测	控制位 I	FCNFG2(FDIE)
35	0xFFB8	Flash 存储器	控制位 I	FCNFG(CCIE，CBEIE)
36	0xFFB6	CAN0 唤醒	控制位 I	CAN0RIER(WUPIE)
37	0xFFB4	CAN0 错误	控制位 I	CAN0RIER(CSCIE，OVRIE)
38	0xFFB2	CAN0 接收	控制位 I	CAN0RIER(RXFIE)
39	0xFFB0	CAN0 发送	控制位 I	CAN0RIER(TXEIE[2:0])
…	0xFFAE～0xFF90	保留或其他		
56	0xFF8E	端口 P 中断	控制位 I	PIEP(PIEP7～PIEP0)
57	0xFF8C	PWM 紧急关断	控制位 I	PWMSDN(PWMIE)
…	0xFF8A～0xFF82	保留或其他		
63	0xFF80	低电源中断	控制位 I	VREGCTRL(LVIE)
64	0xFF7E	API 自给时钟周期中断	控制位 I	VREGAPICTRL（APIE）
65	0xFF7C	芯片温度过高中断	控制位 I	VREGHTCL(HTIE)
66	0xFF7A	PIT 定时器通道 0	控制位 I	PITINTE(PINTE0)
67	0xFF78	PIT 定时器通道 1	控制位 I	PITINTE(PINTE1)
68	0xFF76	PIT 定时器通道 2	控制位 I	PITINTE(PINTE2)

续表

中断向量号	中断向量地址（复位默认）	中断源	CCR中屏蔽位	使能位
69	0xFF74	PIT定时器通道3	控制位I	PITINTE(PINTE3)
…	0xFF72~0xFF10	保留或其他		

另外，S12X单片机的中断向量地址也可以通过基地址+偏移地址的方式表示，并且基地址可以由用户改变，配置为Flash区域的任何地址，这可以通过配置中断向量基址（Interrupt Vector Based，IVB）寄存器实现。

中断向量基址寄存器——IVBR

复位默认值：1111 1111B

读写	Bit7	Bit6	Bit5	Bit4	Bit3	Bit2	Bit1	Bit0
R W	IVB_ADDR[7:0]							

IVB_ADDR[7:0]：为一个16位的中断向量基址，用户可以按需求任意设置，但要保证使用安全。

表2-6即为S12X系列单片机的基址可变的中断向量地址表，其中前3个中断源（0xFFFE、0xFFFC、0xFFFA）的基址是固定不变的，为0xFF。可以看出，S12X可以管理更多的中断源，不同型号的单片机的中断向量地址有的会有所保留、有的会有所增加。其中的中断源是按优先级递减顺序排列的。S12X复位时基址IVBR的默认值为0xFF，表明中断向量地址安排如表2-5所示。

表2-6 基址可变的中断向量地址表

中断向量地址	中断源	优先级
0xFFFE	上电复位、外部复位、低电压复位、非法地址复位	高
0xFFFC	时钟监视器复位	↑
0xFFFA	看门狗溢出复位	
基地址 + 0x00F8	非法指令陷阱	
基地址 + 0x00F6	软件中断 SWI 或 BDM 请求	
基地址 + 0x0012	系统调用中断指令	
基地址 + 0x0018	保留	
基地址 + 0x0016	XGATE 访问强制中断请求	
基地址 + 0x0014	CPU 访问强制中断请求	
基地址 + 0x00F4	外部中断 $\overline{XIRQ}$	
基地址 + 0x00F2	外部中断 $\overline{IRQ}$	↓
基地址 + 0x00F0~0x001A	其他可屏蔽普通中断源	低
基地址 + 0x0010	伪中断	

2.7.2 中断处理过程、优先级与嵌套

1. 中断处理基本流程

S12X MCU的中断处理过程是硬件和软件编程相结合的处理过程，有些是通过硬件完

成的,有些是通过编写程序实现的。

(1) 中断请求。

当 S12X MCU 的外部设备或者内部模块发生中断事件,需要 CPU 为其服务时,首先应向 CPU 发中断请求信号。若该中断源未被屏蔽,并且中断允许触发器被置位时,可以向 CPU 发出中断请求。

(2) 中断响应。

中断源的中断请求是随机的,S12X 一般会在现行指令结束时去检测中断请求。当检测到有中断请求时,若满足中断响应条件,则 S12X 在当前指令执行结束时,使响应中断进入中断响应周期,在中断响应周期内 S12X 通过内部硬件自动完成三个任务:

① 关中断,即将 CCR 寄存器 I 位置 1,以禁止其他中断干扰将要执行的中断服务程序;
② 现场保护,即将断点地址、CPU 寄存器内容和 CCR 寄存器内容压入堆栈区;
③ 跳转到中断服务程序的入口地址,即将中断向量地址的内容载入 PC。

(3) 中断服务程序处理。

执行用户规定的处理,一个中断服务程序基本上是这样的:

① 服务中断,例如,清除标志位、复制数据、保护现场等。
② 通过执行 CLI 指令清除 CCR 中的 I 位(这样允许高优先级别的中断请求)。
③ 处理数据,完成要处理的功能,通常要求中断处理程序的设计应力求简短。
④ 通过执行 RTI 指令返回。

中断服务程序的最后一条指令必须返回指令 RTI,S12X 执行中断返回指令时,自动将保存在现行堆栈中的 CPU 寄存器内容和断点地址弹出,使程序回到中断前的地址继续执行,即 S12X 从中断服务程序返回而继续执行被中止的原来正常运行的程序。

2. 中断发生的现场保护

发生中断时,所有涉及的 S12X MCU 寄存器最好都要进行临时保护,通常会保存到堆栈中。S12X 也将寄存器地址保存到堆栈,堆栈的方向是向低地址增长的。触发中断后,S12X 由硬件自动将 CPU 寄存器(PC、Y、X、D、CCR)按顺序压入堆栈,完成内部寄存器的保存,但并没有保存分页寄存器 PPAGE。寄存器内容保存后,其内容保持不变。

发生中断时一般要等待当前指令完成后才响应中断,但 S12X 的有些指令的执行周期较长,S12X 可以在这些指令执行过程中打断当前指令,在中断完成后继续进行指令执行。但由于中断过程中曾经转而执行其他程序,所以指令队列中存入的指令将被清空。

S12X 中断发生后的现场保护的整个过程都由硬件自动完成,用户不需要编写任何代码。

3. 中断服务程序

中断发生并进行现场断点保护后,将当前进行的操作打断,进入中断处理程序,把 CPU 的使用权平稳地过渡到中断处理程序。S12X 根据中断向量地址读取中断处理程序的入口地址,向量地址的内容载入 PC 指针,继而跳转到中断处理程序。

S12X 每个中断向量指向的处理程序可以是 64KB 地址空间的任何值。这就意味着中断程序可以在 RAM、EEPROM 或 DataFlash、Flash 中,中断程序可以被灵活地安排在任何位置,例如,可以跳转到 Flash 分页区空间或 EEPROM 空间,但一般大部分程序设计只需要将中断服务处理程序放入常规的不分页 Flash 区域中。

MCU 的中断处理程序要求尽量简洁,条件苛刻时还需要使用汇编语言进行编写,以尽量把占用时间较多的程序放在主程序中完成。中断处理程序与普通程序一样,最终都一样被编译链接,处理成机器码后放到指定的区域。

4. 中断优先级与嵌套处理

S12X 的每个 I 位可屏蔽中断请求有一个可配置的优先级,并可选定由 CPU 或 XGATE 处理。I 位可屏蔽中断请求可以嵌套,这取决于优先级。优先级的作用只有在多个中断源同时请求中断时才能体现。默认情况下,I 位可屏蔽中断请求不能被另一个 I 位可屏蔽中断请求中断。为了使一个中断服务程序(ISR)可以被中断,ISR 必须明确地清除 CCR 中的 I 位。清除了 I 位以后,具有更高优先级的 I 位可屏蔽中断请求才可以中断当前 ISR。

每一个 I 位可屏蔽中断可分为 7 个优先级,支持灵活的优先级控制。对于那些被 CPU 处理的中断请求,优先级可以用于处理嵌套中断,若一个高优先级的中断正在进行,则优先级低的中断就被自动阻断。由 XGATE 模块处理配置的中断请求是不能被嵌套的,因为 XGATE 在运行时不能被中断。

系统复位后,向量地址低于或等于(向量基地+0x00F2)的中断请求被使能且优先级设定为 1,才可以由 CPU 处理。不过有一个例外——地址为(向量基地+0x0010)的伪中断向量不能被禁止,它的优先级总是为 7,且总是由 CPU 处理这个虚假的异常中断请求。若优先级为 0,则禁用相关的中断请求。

若不止一个中断请求被配置为相同的中断优先级,向量地址高的中断请求将获得优先权。

下列条件满足一个 I 位可屏蔽中断请求,必须进行处理:
(1) 外设模块中的中断使能位被置位。
(2) 相应的中断请求通道的配置寄存器的设置,必须符合下列条件:
① XGATE 使能位必须是 0,中断请求由 CPU 处理。
② 优先级必须为非零。
③ 优先级必须大于 CPU 中条件码寄存器 CCR 当前的中断级别。
(3) CPU 中条件码寄存器 CCR 的 I 位必须被清零。
(4) 没有 SWI、TRAP 和 $\overline{\text{XIRQ}}$ 中断在等待。

所有的非 I 位可屏蔽中断请求总是比 I 位可屏蔽中断请求的优先级更高。若一个 I 位可屏蔽中断请求被一个非 I 位可屏蔽中断请求所中断,中断处理级别(IPL)不受影响。非 I 位可屏蔽中断请求是可以嵌套的。

当前的中断处理级别 IPL 是存储在 CPU 的条件码寄存器 CCR 中的。这样,当前的 IPL 自动被标准中断堆栈程序压入堆栈。新的 IPL 从具有最高优先级的中断请通道复制到 CCR,该中断请求通道是由 CPU 处理的。复制动作是在中断向量到达时发生的。先前的 IPL 通过执行 RTI 的指令而自动恢复。

2.7.3 中断的使用与配置

S12X 的中断系统(XINT)支持以下 4 种模式。
(1) 运行模式:这是基本的工作模式。

(2) 等待模式：在等待模式下，XINT 模块被冻结。不过，若中断发生或 XGATE 请求发生，CPU 将被唤醒。

(3) 停止模式：在停止模式下，XINT 模块被冻结。不过，若中断发生或 XGATE 请求发生，CPU 将被唤醒。

(4) 冻结模式(BDM 启用)：在冻结模式下，中断向量基址寄存器是全局控制的。

S12X 的中断除了 CPU 遇到软件中断 SWI 指令后必须执行、遇到非法指令立即中断不能禁止以及 $\overline{XIRQ}$ 只能一次性打开不能关闭(复位默认为关闭)外，其余大量的各种中断的使用在实际应用时应根据需要进行相应的启用和配置，即进行中断初始化。

1. 中断屏蔽

S12X CCR 寄存器(CPU 内部的条件码寄存器)中有两个控制位与中断控制有关：中断屏蔽位 X 位专门用来控制非屏蔽中断 $\overline{XIRQ}$ 的打开与关闭；中断屏蔽位 I 位专门用来控制可屏蔽中断的打开与关闭，I 位置 0 相当于开总中断，即为不屏蔽。

2. 中断优先级控制

在 MCU 应用系统中，外部端口的某些变化会比其他中断重要得多，如复位信号、时钟异常信号等。在 S12X 的优先级处理中，不可屏蔽中断总体要比可屏蔽中断优先级高。实际上，6 个不可屏蔽中断也有优先级之分，高优先级中断将被优先处理。如复位信号来临时，无论同时出现多少个中断，S12X 都将立即响应复位信号。

不可屏蔽中断是通过硬件自动实现以下递减顺序优先级：

(1) 上电复位或 $\overline{RESET}$ 引脚复位。

(2) 时钟监视复位。

(3) 看门狗复位。

(4) 非法指令陷阱。

(5) 软件中断(SWI)。

(6) 非屏蔽外部中断 $\overline{XIRQ}$。

I 位可屏蔽中断的优先级默认由中断向量在向量表中的排序确定，位于向量表较高位置中断向量的优先级比较低位置中断向量优先级高。但可屏蔽中断的优先级也可通过中断请求配置数据寄存器(INT_CFDATA0～INT_CFDATA7)配合中断请求配置地址寄存器(INT_CFADDR)进行改变。

1) 中断请求配置地址寄存器——INT_CFADDR

复位默认值：0001 0000B

读写	Bit7	Bit6	Bit5	Bit4	Bit3	Bit2	Bit1	Bit0
R/W		INT_CFADDR[7:4]			0	0	0	0

INT_CFADDR[7:4]：中断请求配置数据寄存器选择位。

该寄存器决定 INT_CFDATA0～INT_CFDATA7 将要进行配置的中断向量的起始地址。例如，若 INT_CFADDR[7:4]设置为 0A，则可以在(向量基址＋0x000A)处访问 INT_CFDATA0～7。若 INT_CFADDR[7:4]设置为 0，则 INT_CFDATA0～INT_CFDATA7

将不可见。MCU 复位默认值 0x10 代表此时可以在（向量基址＋0x0010）处访问 INT_CFDATA0～INT_CFDATA7。

2）中断请求配置数据寄存器——INT_CFDATA0～INT_CFDATA7

复位默认值：0000 0001B

读写	Bit7	Bit6	Bit5	Bit4	Bit3	Bit2	Bit1	Bit0
R/W	RQST	0	0	0	0	PRIOLVL[2:0]		

RQST：XGATE 中断请求使能，该位决定中断由 CPU 响应还是由 XGATE 协处理器来响应。

0 中断请求由 CPU 响应。

1 中断请求由 XGATE 响应。

PRIOLVL[2:0]：中断请求响应的优先级别位，其作用是设置中断请求的优先级。该寄存器的 3 位数据值能定义中断优先级 000～111 共 8 级，其中，000 为禁止中断请求，001～111 依次定义优先级从最低优先级 1 级到最高优先级 7 级，因此可实现 7 级中断嵌套。当系统复位后，复位默认 001 使能为最低优先级 1 级，这样使得 S12X MCU 向前兼容。

INT_CFDATA0～INT_CFDATA7 为 8 个中断请求寄存器窗口，总共可以定义超过 128 个的中断请求，INT_CFDATA0 对应当前最低向量地址的中断，而 INT_CFDATA7 对应最高向量地址的中断。

3）XGATE 中断优先级寄存器——INT_XGPRIO

复位默认值：0000 0001B

读写	Bit7	Bit6	Bit5	Bit4	Bit3	Bit2	Bit1	Bit0
R/W	0	0	0	0	0	XILVL[2:0]		

XILVL[2:0]：用于配置来自 XGATE 模块的中断请求的响应优先级。

该寄存器的 3 位数据值能定义中断优先级 000～111 共 8 级，其中，000 为禁止中断请求，001～111 依次定义优先级从最低优先级 1 级到最高优先级 7 级，因此可实现 7 级中断嵌套。当系统复位后，复位默认 001 使能为最低优先级 1 级。当 XGATE 模块不使能时或不存在时，访问将被忽略。

3. 中断使能及方式控制

S12X MCU 有关中断全局管理的相关寄存器如前所述，它们占据 MCU 寄存器地址区域的 0x0120～0x012F 地址，在需要改变中断的向量地址、使能、优先级时可进行初始化配置。简单应用情况下使用复位默认配置即可。

MCU 的诸多资源模块都有事件型的中断功能，合理使用各个模块的中断，可以使程序更加高效、简洁。MCU 的各个模块除了实现具体的功能外，一般都可以通过一个标志位使能中断，具体参见各个功能模块的寄存器设置。现以外部中断 $\overline{\text{IRQ}}$ 初始化为例，说明中断的使能及触发方式控制，即中断的初始化过程，其他功能模块的可屏蔽中断的设置类似。

MCU 复位时默认外部中断 $\overline{\text{IRQ}}$ 是禁止的。若要设定允许外部中断 $\overline{\text{IRQ}}$、下降沿触

发,则须在主程序中必须有下面所示的初始化程序,并要声明中断子程序的所对应的向量地址($\overline{\text{IRQ}}$中断的向量地址是0xFFF2)或指定向量号($\overline{\text{IRQ}}$中断的向量号是6),当然还要编写相应的中断服务子程序的具体内容。其中C语言主程序片段和中断服务函数框架示例如下:

```c
/*********************************************/
#define EnableInterrupts {__asm CLI;}      // CodeWarrior IDE 中宏定义,C程序中可直接使用
#define DisableInterrupts {__asm SEI;}     // CodeWarrior IDE 中宏定义,C程序中可直接使用
void main()
{
    IRQCR = 0xC0;                          //1100 0000B, IRQ 中断的初始化
    EnableInterrupts;                      //开中断
    for(;;)
    {
    }
}
/*********************************************/
interrupt 6 void IRQ_ISR(void)
{
    ...
}
```

第3章 指令系统与汇编语言程序设计

S12X系列单片机具有强大的指令系统,以高速16位S12X CPU核为基础。S12X CPU指令集完全兼容以前的CPU12指令集,并增加了一些新指令,支持16位数据通道,支持高效快速的算术操作,支持奇数字节指令(包括很多单字节指令),能更有效地利用ROM空间,指令缓冲队列技术可以使CPU在最短时间内寻址多字节的机器码;寻址方式灵活多样,特别是具有强大的变址寻址能力,允许堆栈指针SP和程序计数器PC作为变址寄存器,通过累加器A、B、D提供偏移量以及自动调整变址指针等,这大大增强了寻址的灵活性。此外,S12X CPU指令类别齐全、功能丰富,包含数据传送、算术运算、逻辑运算、位操作、移位、控制、全局地址读写、特殊等类别,共有多达几百条不同功能的指令(S12X完备指令详解参见S12XCPUV1手册)。

3.1 CPU寄存器

在MCU的程序设计中,除了需要处理、操作RAM数据外,还要使用到大量的各种用途的寄存器。为了区分,本书将S12X MCU的寄存器分为两个类别:MCU寄存器和CPU寄存器(如图3-1所示)。

MCU寄存器就是指S12X的众多的I/O接口、功能模块和配置管理的几百个寄存器,占用2KB的存储器映射空间,各个寄存器功能固定、各有侧重,都有各自的有自明含义的寄存器名,用来完成对MCU的各个资源模块的管理、设置或写入/读出操作。MCU寄存器也可称为功能寄存器,包含大量的I/O寄存器,如第2章所述,它们被安排在存储器映射空间的前2KB处。

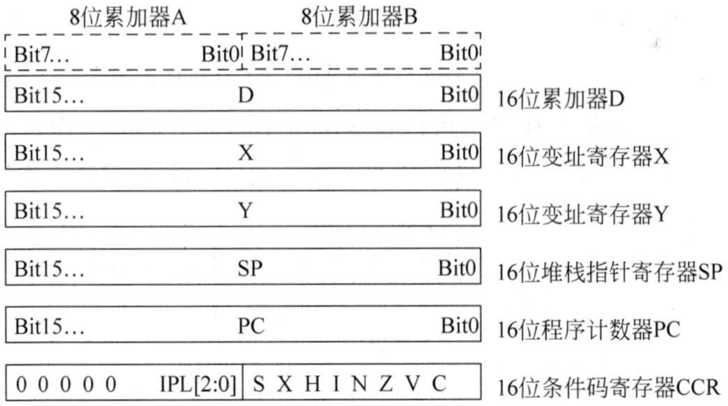

图 3-1 CPU 寄存器

CPU寄存器专指S12X CPU内部寄存器,简称CPU寄存器,只有D、X、Y、SP、PC和CCR这6个寄存器(可以看成7个)。它们直接与CPU的ALU相连,具有比RAM存储器更快的读/写速度。CPU寄存器在程序代码中频繁使用,用于直接参与操作、暂存中间数据、存放操作结果、作为寻址指针等。编程时需要使用这些16位CPU寄存器,如图3-1所示。下面分别具体介绍。

1. 累加器D

S12X CPU有2个8位累加器:累加器A和累加器B。累加器A和累加器B合起来就是一个16位累加器D(A、B,Accumulator),其高8位在累加器A,低8位在累加器B。累加器 A、B 是指令系统中最灵活、最常用的寄存器,各种寻址方式均可对之寻址,复位时,累加器的内容不受影响。累加器 D、A、B 实际上是同一个寄存器。累加器 D(A、B)主要用于存放操作数和运算结果,对于大多数算术运算指令,累加器用作目的寄存器。

2. 变址寄存器 X、Y

2 个 16 位变址寄存器 X、Y(Index Register X、Y)主要用于寻址操作,作为地址指针使用;它们也可用于临时存放数据并参与运算。在变址寻址方式下,变址寄存器的内容加上 5 位、9 位或 16 位的值或者加上一个累加器中的内容得到指令操作的有效地址。寄存器 X、Y 的内容不受复位影响。

3. 堆栈指针寄存器 SP

S12X CPU 的 16 位堆栈指针寄存器 SP(Stack Pointer)主要用于堆栈管理,服务于中断和子程序调用。堆栈指针 SP 采用递减结构,即进栈时 SP 减 1,出栈时 SP 加 1,堆栈内容后进先出。堆栈指针 SP 总是指向堆栈区的顶部。SP 也可在 8 位或 16 位的偏移量寻址方式中作为变址寄存器。SP 的内容不受复位影响。

4. 程序计数器 PC

程序计数器 PC(Program Counter)是一个 16 位指针,寻址范围 64KB,其内容始终指向程序序列中下一条将要执行的指令地址,包括在执行转移指令时存放转移地址、在执行中断时存放中断子程序入口地址。用户可以读取 PC 指针,但不能直接向 PC 指针进行写入操作。复位后,PC 自动回到默认状态。PC 是特殊的寄存器,一般不能挪作他用,但可以像 SP 一样,作为变址寄存器使用。

5. 条件码寄存器 CCR

在 S12 CPU 中它是 8 位寄存器,在 S12X CPU 中它已被扩展成了 16 位寄存器。为了兼容以前的指令,16 位 CCR 寄存器也可以看成 2 个 8 位寄存器:CCRH 和 CCR。

CCR(Condition Code Register)也称程序状态寄存器,包括 5 个算术特征位:H、N、Z、V、C,它们反映上一条指令执行结果的特征;还有 3 个 MCU 控制位:STOP 指令控制位 S 和中断屏蔽位 X、I,这 3 位通常由软件设定,控制 S12X CPU 的操作。其具体定义如下。

条件码寄存器——CCRH:CCR

复位默认值:0000 0000 1101 0000B

读写	Bit15~11	Bit10	Bit9	Bit8	Bit7	Bit6	Bit5	Bit4	Bit3	Bit2	Bit1	Bit0
R W	0		IPL[2:0]		S	X	H	I	N	Z	V	C

IPL[2:0]:记录当前最新中断的较高优先级级别,当 RTI 指令后自动将入栈的原先的中断优先级级别恢复。它是 S12X CPU 较以前 S12 CPU 所增加的。

S:停止模式(STOP 指令)禁止位。该位置 1 将禁止 CPU 执行 STOP 指令。

X:$\overline{XIRQ}$ 中断屏蔽位。该位置 1 将屏蔽来自 $\overline{XIRQ}$ 引脚的中断请求,复位默认值为 1。

H:辅助进位标志位。该位 BCD 操作时累加器 A 的 Bit3 向 Bit4 进位。

I:中断屏蔽位。该位置 1 将屏蔽所有的可屏蔽中断源,复位默认值为 1。

N：负标志位。当操作结果为负时，该位置 1。
Z：零标志位。当操作结果为 0 时，该位置 1。
V：溢出标志位。当操作结果出现补码溢出时，该位置 1。
C：进位/借位标志位。当加法运算产生进位或者减法运算产生借位时，该位置 1。一些测试、跳转、移位操作或者直接针对 C 的指令也可改变 C 的值。

3.2 寻址方式

寻址方式是指 CPU 在执行指令时确定操作数所在的单元地址的方式。在 MCU 中，指令是对数据的操作，通常把指令中所要操作的数据称为操作数，CPU 所需的操作数可能来自寄存器、指令代码或存储单元，CPU 在执行指令时(NOP 指令除外)，都要先找到操作数的地址，从中得到内容，然后再完成相应的动作。显然，寻址方式越多，指令系统的功能就越强、灵活性越大。

S12X CPU 指令共可综合为 9 种寻址方式。

1. 隐含寻址

指令本身已经隐含了操作数所在地址的寻址方式。指令的操作数隐含在助记符中或无需操作数，这类指令一般为单字节指令。例如，ROLA、PSHB、INX 等指令，操作数隐含是 CPU 寄存器 A、B、X 中；NOP 指令无需操作数。

2. 立即寻址

指令的操作数在指令中立即给出，在汇编语言中用"♯"号代表一个立即数。立即寻址类指令常用于给某一寄存器赋值。例如：

```
LDAA  ♯$8F            ;将十六进制数 8F 立即装载到 A 中
LDX   ♯1234           ;将十进制数 1234 立即装载到 X 中
```

3. 直接寻址

指令中直接给出操作数的地址。这种方式可以直接访问存储器空间中 $0000～$00FF 段的 256 个单元，直接寻址方式默认的地址高 8 位为 $00，指令中只需给出单字节地址。在 S12X 单片机默认的存储器地址分配中，这一段是 MCU 寄存器地址，因此可以使用直接寻址访问这些寄存器。例如：

```
LDAA  $55             ;将 8 位地址 $0055 单元的内容装载到 A 中
```

4. 扩展寻址

扩展寻址与直接寻址类似，指令中给出操作数地址，只是这时的地址是 16 位地址，可以寻址整个 64KB 地址空间，寻址范围远大于立即寻址方式。例如：

```
LDAA  $200A           ;将 16 位地址 $200A 单元的内容装载到 A 中
```

5. 相对寻址

相对寻址只用于转移指令，用于程序跳转和子程序调用。在程序中写出需要跳转的目的地址的标号，汇编语言程序会自动计算出相对转移地址并完成跳转，例如：

```
BRA    LABEL              ;无条件跳转到 LABEL 标号的地址处
BRA    *                  ;无条件跳转到当前地址(*),此语句实现原地等待
BCC    DONE               ;若 C 标志为 0,则跳转到 DONE 标号的地址处
```

6. 变址寻址

变址寻址方式以变址寄存器 X、Y 或者 SP、PC 寄存器的内容为基址,再加上或减去一个偏移量,作为操作数的最终地址。这个偏移量可以是 5 位(−16~15)、9 位(−256~255,IDX1)或 16 位(−32768~32767,IDX2)常数,也可以是 0,对应指令的占用字节数分别为 2 字节、3 字节和 4 字节,功能相同。例如:

```
STD    7, X              ;5 位常数偏移量,偏移量为 7
                         ;X 寄存器内容加上 7 作为地址,2 字节的 D 内容存储到这里
                         ;其中,低地址字节存 D 的 A,高地址字节内容存 D 的 B
LDAA   0, X              ;5 位常数偏移量,偏移量为 0
                         ;X 寄存器内容作为地址,其指向单元的内容装载到 A 中
LDAB   -$FA, PC          ;9 位常数偏移量,偏移量为 -$FA
                         ;PC 寄存器内容减去 $FA 作为地址,其指向单元内容装载到 B 中
LDAA   1000, X           ;16 位常数偏移量,偏移量为 1000
                         ;X 寄存器内容加 1000 作为地址,其指向单元内容装载到 A 中
```

7. 累加器变址寻址

累加器变址寻址简称为 IDX,这种变址寻址的偏移量来自累加器 A、B 或 D,基址寄存器内容加上这个无符号偏移量构成操作数的地址。例如:

```
LDAA   D,X               ;将 X 值加上 D 值作为地址,其指向的字节内容装载到 A
LDAD   A,Y               ;将 Y 值加上 A 值作为地址,其指向的字内容装载到 D
```

8. 自加自减的变址寻址

这是有附带功能的变址寻址,这种寻址方式提供 4 种方式(先加、先减、后加、后减)去自动改变变址寄存器值,加、减数值的范围是 1~8,然后确定操作数的地址。变址寄存器可以是 X、Y 和 SP,这种变址寻址对于连续数据块的操作十分方便,适合字节、字、双字、四字变量的快速定位。例如:

```
STAA   1,-SP             ;SP 寄存器先减 1,然后将 A 内容存储到 SP 指向的单元
                         ;等效于入栈指令 PSHA
LDX    2,SP+             ;SP 指向的字内容先装载到 X 寄存器,然后 SP 寄存器加 2
                         ;等效于出栈指令 PULX
MOVW   2,X+,4,+Y         ;X 寄存器内容指向的字数据传送到 Y+4 指向的地址单元
                         ;传送后 X 自动后加 2,传送前 Y 已经自动先加 4
```

9. 间接变址寻址

该寻址方式将变址寄存器的值加上一个 16 位偏移量或累加器 D 的值,形成一个地址,该地址中的内容并不是实际操作数,而是最终操作数的有效地址。例如:

```
LDAA   [1000, X]         ;((1000+X))→A
                         ;X+1000 的地址单元内容作为地址,其指向内容装载到 A 中
LDAA   [D, Y]            ;((D+Y))→A
                         ;Y+D 的地址单元内容作为地址,其指向内容装载到 A 中
```

以上寻址方式中,后面的几种变址寻址是 S12X CPU 的重要、高效的寻址方式,相当于

C语言中的指针操作,而间接变址寻址则相当于 C 语言中的"指针的指针"。变址寻址方式的通常表象是:若指令操作码后面跟的操作数是变址寄存器 X、Y 或者 SP、PC 寄存器,则该指令的寻址方式就是变址寻址(LEA 指令除外),X、Y、SP、PC 将扮演指针的作用。

另外,若把一个 16 位数写入存储器,则高 8 位在存储器低地址处,低 8 位在存储器高地址处。NXP 公司的 CPU 将 16 位、32 位数据与存储器字节的对应关系规定为高位低地址、低位高地址[即大端(big endian)模式],这和 Intel 公司的规定正好相反,Intel 公司 CPU 系列使用高位高地址、低位低地址的方式[即小端(little endian)模式]。

注意:在 NXP 汇编语言程序中,表示 16 位数据的前缀是 $,在 C 语言编程环境中则使用 0x 前缀。";"是汇编语言编程的注释标志。

3.3 指令概览

S12X CPU 的常用指令按照操作类别大致可以分为数据传送类指令、算术运算类指令、逻辑运算类指令、程序控制类指令、CPU 控制类指令、中断类指令、全局读写指令和其他指令。每一类别中又有很多小类和多种指令,指令条数繁多,还涉及各种寻址方式,难以尽述,也不需要使用者全面掌握。本节内容旨在帮助使用者对 S12X 的一般指令集的功能、特点和使用方法有一个基础认识,各指令的使用可以在实际编程应用中随时查阅。其中左边 3 列是指令助记符、操作功能和寻址方式,第 4 列是指令编译后形成的机器码,第 5 列是指令的执行周期数及每个周期的具体动作(每个字母代表 1 个时钟周期,分别表示读、写、空闲等),最右边 2 列是指令影响标志位的情况(△表示影响该位,—表示不影响该位,1 表示该位置 1,0 表示该位清零)。

S12X CPU 的指令采用 NXP 公司自定义的指令助记符方法,指令的英语名称上能够反映指令的基本功能,需要在使用的过程中体会理解,例如:

```
CLI   = CLear I
LDAA  = LoaD Accumulator A
STAB  = STore Accumulator B
TAB   = Transfer A to B
MOVB  = MOVe Byte
BEQ   = Branch EQual zero
PSHA  = PuSH A
RTI   = ReTurn of Interrupt
GLDAD = Global LoaD Accumulator D
…
```

1. 数据传送类指令

数据传送指令包括寄存器与寄存器之间、寄存器与存储器单元之间、存储器单元与存储器单元之间的传送形式。在后续的指令表中,()表示寄存器或存储器内容,M 表示存储器地址,M:M+1 表示连续的两个地址;(M:M+1)表示 M、M+1 两个相邻存储单元的内容组成的一个字内容,(M)为高位字节内容,即高 8 位数存放在低位地址单元存储器中,H、L 分别表示高 8 位和低 8 位,其他类同。

1) 寄存器装载指令

寄存器装载(Load)指令将存储器的内容复制到寄存器中,而源存储器中的内容不变。

该类指令(LEA 指令除外)会自动更新 N、Z 标志位，V 标志位清零。寄存器装载指令如表 3-1 所示。

表 3-1 寄存器装载指令

助 记 符	功 能	操 作
LDAA	Load A	(M)→A
LDAB	Load B	(M)→B
LDD	Load D	(M：M+1)→(A：B)
LDS	Load SP	(M：M+1)→SPH：SPL
LDX	Load index register X	(M：M+1)→XH：XL
LDY	Load index register Y	(M：M+1)→YH：YL
LEAS	Load effective address into SP	Effective address→SP
LEAX	Load effective address into X	Effective address→X
LEAY	Load effective address into Y	Effective address→Y

指令使用举例如下：

```
LDAA  #$3F       ;立即数$3F装载到累加器A中,操作后 N=0,Z=0,V=0
LDAB  $20FA      ;把$20FA单元的内容取到累加器B中
LDD   8,X        ;变址寄存器X的内容加8作为地址,对应单元的内容送D的高位(A),
                 ;下一个单元的内容送D的低位(B)
LDS   $1000,Y    ;变址寄存器Y的内容加$1000作为地址,对应单元的内容送到SP高8位
                 ;下一个单元的内容送到SP低8位
LDX   A,PC       ;将(PC+A)单元的内容送X高8位,下一个单元的内容送到X低8位
LDY   2,SP+      ;将SP、SP+1对应单元的内容分别送Y的高、低8位,然后SP内容加2
LEAS  2,X        ;X内容加2后送到SP;基址+偏移直接形成了有效地址
LEAX  B,Y        ;Y的内容加上B的内容送到X;基址+偏移直接形成了有效地址
LEAY  D,SP       ;SP的内容加上D的内容送到Y;基址+偏移直接形成了有效地址
```

2) 寄存器存储指令

寄存器存储(Store)指令将寄存器的内容复制到存储器中，而源寄存器的内容不变。该类指令会自动更新 N、Z 标志位，V 标志位清零。寄存器存储指令如表 3-2 所示。

表 3-2 寄存器存储指令

助 记 符	功 能	操 作
STAA	Store A	(A)→M
STAB	Store B	(B)→M
STD	Store D	(A)→M,(B)→M+1
STS	Store SP	(SPH：SPL)→M：M+1
STX	Store X	(XH：XL)→M：M+1
STY	Store Y	(YH：YL)→M：M+1

指令使用举例如下：

```
STAA  $10        ;将累加器A的内容保存到$0010单元
STD   -$2000,X   ;将累加器D的A、B内容保存到X-$2000、X-$2000+1单元
STY   2,+SP      ;SP内容先加2,然后将Y的高、低8位分别保存到SP、SP+1单元
```

3) 寄存器传输指令

寄存器传输(Transfer)指令复制一个寄存器内容到另一个寄存器，而源寄存器的内容不变。寄存器传输指令如表 3-3 所示。

S12XCPU 指令主要使用 3 个：TAB、TBA 和 TFR。TAB、TBA 指令会影响 N、Z 和 V 标志位。TFR 是一个寄存器与寄存器之间通用传输指令，TFR 指令不影响标志位。

TFR 指令可以在 16 位和 8 位寄存器之间传送，它的处理方法是：8 位到 8 位或 16 位到 16 位时直接传输；8 位到 16 位时高 8 位补 0 变成 16 位后传输；16 位到 8 位时舍弃高位，只传输低位。

表 3-3 寄存器传输指令

助 记 符	功 能	操 作
TAB	Transfer A to B	(A)→B
TBA	Transfer B to A	(B)→A
TFR	Transfer register to register	(A,B,CCR,D,X,Y,SP)→A,B,CCR,D,X,Y,SP

指令使用举例如下：

```
TFR  A, X            ;将累加器 A 的内容传输到 X 的低 8 位,X 高 8 位清零
```

建议：平常使用时，尽量不使用位数不匹配的方式进行寄存器传输。

4）寄存器交换指令

寄存器交换（Exchange）指令的作用是交换一对寄存器的内容。交换指令的运行不影响标志位。S12X CPU 的指令实际只有 EXG 这一条，其他 2 条指令是为了兼容以前的 S12 CPU。EXG 指令中，当第一个操作数是 8 位，第二个操作数是 16 位，8 位数补 0 扩展后复制到 16 位寄存器中，而 16 位数的低 8 位复制到 8 位寄存器中，其高 8 位被舍弃。寄存器交换指令如表 3-4 所示。

表 3-4 寄存器交换指令

助 记 符	功 能	操 作
EXG	Exchange register to register	(A,B,CCR,D,X,Y,SP)←→(A,B,CCR,D,X,Y,SP)
XGDX	Exchange D with X	(D)←→(X)
XGDY	Exchange D with Y	(D)←→(Y)

指令使用举例如下：

```
EXG  X, SP           ;SP 与 X 内容交换
EXG  A, B            ;A 与 B 内容交换
EXG  B, X            ;B 内容送到 X 低 8 位, $00 送 X 高 8 位,X 低 8 位送 B
```

建议：平常使用时，尽量不使用位数不匹配的方式进行寄存器交换。

5）存储器数据传送指令

存储器数据传送（Move）指令将源操作数（1 个字节或字）传送到目的地址，源操作数不变。直接寻址、扩展寻址、变址寻址的 6 种组合允许指定源地址和目的地址。源操作数可为立即数或存储器数，目的地址不能是立即数。存储器数据传送不影响标志位。这类指令共有 2 个助记符，是不经过寄存器的直接存储区数据传送。存储器数据传送指令如表 3-5 所示。

表 3-5 存储器数据传送指令

助 记 符	功 能	操 作
MOVB	Move byte (8bit)	(M1)→M2
MOVW	Move word (16bit)	(M1：M1+1)→M2：M2+1

指令使用举例如下：

```
MOVB    #$5A,6,Y            ;将立即数$5A送到(Y+6)单元
MOVW    #$103F,$2011        ;将立即数$10、$3F分别送($2011)、($2012)单元
MOVB    $103F,$2011         ;将($103F)单元内容送到($2011)单元
MOVB    1,X,1,Y             ;将(X+1)内容送到(Y+1)单元
```

6) 堆栈操作指令

有关堆栈的指令分为两种：一种是堆栈指针的操作指令，用于特殊形式的数据传送，指令形式与变址寄存器X、Y的操作类似；另一种是堆栈操作(入栈、出栈)指令，用来从系统堆栈中保存和恢复信息，遵从"先入后出、后入先出"的堆栈原则。堆栈作为存储器单元的表现形式，本质上就是一个RAM存储区，因此也可以通过其他寻址方式直接访问堆栈内的数据。除了PULC外，其他均不影响标志位。堆栈操作指令如表3-6所示。

表3-6 堆栈操作指令

助记符	功能	操作
PSHA	Push A	(SP)−1→SP；(A)→M(SP)
PSHB	Push A	(SP)−1→SP；(B)→M(SP)
PSHC	Push CCR	(SP)−1→SP；(CCR)→M(SP)
PSHCW	Push CCRH：CCR	(SP)−2→SP；(CCRH：CCR)→M(SP)：M(SP+1)
PSHD	Push D	(SP)−2→SP；(A：B)→M(SP)：M(SP+1)
PSHX	Push X	(SP)−2→SP；(X)→M(SP)：M(SP+1)
PSHY	Push Y	(SP)−2→SP；(Y)→M(SP)：M(SP+1)
PULA	Pull A	(M(SP))→A；(SP)+1→SP
PULB	Pull B	(M(SP))→B；(SP)+1→SP
PULC	Pull CCR	(M(SP))→CCR；(SP)+1→SP
PULCW	Pull CCRH：CCR	(M(SP)：M(SP+1))→CCRH：CCR；(SP)+2→SP
PULD	Pull D	(M(SP)：M(SP+1))→A：B；(SP)+2→SP
PULX	Pull X	(M(SP)：M(SP+1))→X；(SP)+2→SP
PULY	Pull Y	(M(SP)：M(SP+1))→Y；(SP)+2→SP

指令使用举例如下：

```
PSHB        ;累加器B入栈
PSHD        ;累加器D入栈,B先入栈,A后入栈
PULX        ;从堆栈中弹出2字节到寄存器Y,第1字节送到Y高8位,第2字节送到Y低8位
PULC        ;从堆栈中弹出1字节到CCR
```

2. 算术运算类指令

S12X算术运算指令不仅包括加、减、乘、除、比较以及十进制调整的BCD指令，还支持乘加运算、表插值运算等，并设置了符号扩展指令。算术指令影响标志位。

1) 加、减法指令

有符号和无符号的8位或16位加、减法运算能在寄存器之间或寄存器和存储器之间执行。带进位的加、减法指令能实现多字节的准确运算。加减运算结果仍然保存在助记符所包含的寄存器中。加、减法指令如表3-7所示。

表 3-7 加、减法指令

助 记 符	功　　能	操　　作
加法指令		
ABA	Add B to A	(A)+(B)→A
ABX	Add B to X	(B)+(X)→X
ABY	Add B to Y	(B)+(Y)→Y
ADCA	Add with carry to A	(A)+(M)+C→A
ADCB	Add with carry to B	(B)+(M)+C→B
ADDA	Add without carry to A	(A)+(M)→A
ADDB	Add without carry to B	(B)+(M)→B
ADDD	Add to D	(A：B)+(M：M+1)→A：B
减法指令		
SBA	Subtract B from A	(A)−(B)→A
SBCA	Subtract with borrow from A	(A)−(M)−C→A
SBCB	Subtract with borrow from B	(B)−(M)−C→B
SUBA	Subtract memory from A	(A)−(M)→A
SUBB	Subtract memory from B	(B)−(M)→B
SUBD	Subtract memory from D (A：B)	(A：B)−(M：M+1)→A：B

指令使用举例如下：

```
ADDA   #$35        ;累加器 A 的内容加上立即数$35,结果存回 A 中
ADCB   8,Y         ;累加器 B 的内容加上(Y+8)单元的内容,再加上进位位,结果存回 B 中
ADDD   $200A       ;累加器 D 的内容加上($200A)单元的内容,结果存回 D 中
SUBA   $2011       ;累加器 A 的内容减去($2011)单元的内容,结果存回 A 中
SBCB   $80,X       ;累加器 B 的内容减去(X+$80)单元的内容,再减去进位位,结果存回 B 中
```

2) 加 1、减 1 指令

加 1 和减 1 指令是优化的 8 位和 16 位加、减法操作,实际上是对寄存器 X、Y、A、B 或存储器字节的加 1、减 1 计算。这类指令通常用来实现计数,一般用于指针的调整或循环控制。它们不会影响 CCR 中的进位位 C 标志。加 1、减 1 指令如表 3-8 所示。

表 3-8 加 1、减 1 指令

助 记 符	功　　能	操　　作
加 1 指令		
INC	Increment memory	(M)+$01→M
INCA	Increment A	(A)+$01→A
INCB	Increment B	(B)+$01→B
INS	Increment SP	(SP)+$0001→SP
INX	Increment X	(X)+$0001→X
INY	Increment Y	(Y)+$0001→Y
减 1 指令		
DEC	Decrement memory	(M)−$01→M
DECA	Decrement A	(A)−$01→A
DECB	Decrement B	(B)−$01→B
DES	Decrement SP	(SP)−$0001→SP
DEX	Decrement X	(X)−$0001→X
DEY	Decrement Y	(Y)−$0001→Y

指令使用举例如下：

```
INCA              ;累加器 A 自加 1
DECB              ;累加器 B 自减 1
INC X             ;(X)单元内容自加 1
INX               ;寄存器 X 内容自加 1
DEC 2, SP         ;(SP+2)单元内容自减 1
DEC $200A         ;$200A 单元内容自减 1
```

3) 清零、取反和求补指令

任何清零、取反和求补指令都是对累加器或存储器中的值进行特定的运算：清零运算把原来的值清除为 0，取反运算把原来的值替换为它的反码，求补运算把原来的值替换为二进制的补码。取反运算实际上是用 $FF 减去累加器或存储器单元中的值的操作；求补运算实际上是用 $00 减去累加器或存储器单元中的值的操作，利用补码的特点，可以用求补运算求操作数的绝对值或将减法运算化为加法运算。清零、取反和求补指令如表 3-9 所示。

表 3-9　清零、取反和求补指令

助 记 符	功 能	操 作
CLC	Clear C bit in CCR	0→C
CLI	Clear I bit in CCR	0→I
CLV	Clear V bit in CCR	0→V
CLR	Clear memory	$00→M
CLRA	Clear A	$00→A
CLRB	Clear B	$00→B
COM	Complement memory	$FF-(M)→M
COMA	Complement A	$FF-(A)→A
COMB	Complement B	$FF-(B)→B
NEG	Complement memory	$00-(M)→M
NEGA	Complement A	$00-(A)→A
NEGB	Complement B	$00-(B)→B

4) 十进制调整指令

十进制调整的 BCD 码指令有 1 条：DAA，该指令的作用是将参与运算的数字 BCD 码进行二进制数计算后调整成正确的结果。DAA 指令的操作数只能是累加器 A，标志位 H、C 必须是 BCD 加法运算的结果。十进制调整指令如表 3-10 所示。

DAA 的调整规则是：

(1) 若 A 的低 4 位大于 9 或者标志 H=1，则 A=A+$06。

(2) 若 A 的高 4 位大于 9 或者标志 C=1，则 A=A+$60+H，同时标志 C 置为 1。

表 3-10　十进制调整指令

助 记 符	功 能	操 作
DAA	Decimal adjust A	(A)10

指令使用举例如下：

```
LDAA  #$75    ;BCD 码形式的被加数 75 装入 A
ADDA  #$58    ;A 加上 BCD 码形式的加数 58,CPU 执行 $75+$58 = $CD,C=0,H=0
DAA           ;十进制调整.调整前 A=$CD,经+$06、+$60 的调整后 A=$33,且 C=1
```

5）符号扩展指令

符号扩展指令 SEX 将 8 位有符号数扩展成 16 位,扩展原则是根据源操作数的最高位是 0 还是 1 决定扩展后的高位字节是 $00 还是 $FF。该指令要求源操作数为寄存器 A、B 或 CCR 的内容,扩展结果存放在寄存器 D、X、Y 或 SP 中。SEX 指令的运行不影响标志位。符号扩展指令如表 3-11 所示。

表 3-11 符号扩展指令

助 记 符	功 能	操 作
SEX	Sign extend 8-bit operand	Sign-extended（A,B,CCR）→D,X,Y,SP

6）乘、除法指令

乘法指令用于有符号和无符号的 8 位和 16 位二进制数乘法。8 位二进制数的乘法有 16 位的结果,16 位二进制数的乘法有 32 位的结果。乘法指令共有 3 条,其中 MUL 是 8 位无符号数的乘法,相关的寄存器是 A、B；EMUL、EMULS 分别是 16 位无符号数和有符号数的乘法,相关的寄存器是 D、Y。指令如表 3-12 所示。

整型和小数除法指令有 16 位的被除数、除数、商和余数。扩展的除法指令有 32 位的被除数和 16 位的除数产生 16 位的商和余数。除法指令共有 5 条,其中 EDIV 和 EDIVS 为常规除法指令,它们以 Y:D 为被除数,X 为除数,分别按照无符号和有符号规则运算,商在 Y 中,余数在 D 中；其余 3 条指令是 16 位除以 16 位的除法运算,它们以 D 为被除数,X 为除数,商在 X 中,余数在 D 中。乘、除法指令如表 3-12 所示。

表 3-12 乘、除法指令

助 记 符	功 能	操 作
EMUL	16 by 16 multiply（unsigned）	(D)×(Y)→Y:D
EMULS	16 by 16 multiply（signed）	(D)×(Y)→Y:D
MUL	8 by 8 multiply（unsigned）	(A)×(B)→A:B
EDIV	32 by 16 divide（unsigned）	(Y:D)÷(X)→Y 余数→D
EDIVS	32 by 16 divide（signed）	(Y:D)÷(X)→Y 余数→D
FDIV	16 by 16 fraction divide（unsigned）	(D)÷(X)→X 余数→D
IDIV	16 by 16 integer divide（unsigned）	(D)÷(X)→X 余数→D
IDIVS	16 by 16 integer divide（signed）	(D)÷(X)→X 余数→D

指令使用举例如下：

```
MUL:    LDD  #$4001
        LDY  #$0080
        EMUL              ;乘法结果为$00200080,其中$0020在Y中,$0080在D中
DIV:    LDD  #2468
        LDX  #1234
        IDIV              ;除法结果为2,在X中
```

3. 逻辑运算类指令

S12X 具有丰富的逻辑运算指令,包括布尔逻辑运算、位测试、位操作、移位等操作。单片机主要是面向 I/O 的操作,在嵌入式系统中,这种面向位和字节的操作是最常用的,例如,进行数字输入/输出引脚的读/写、串行数据通信等。

1) 布尔逻辑运算指令

布尔逻辑指令包括"与"(AND)、"或"(OR)、"异或"(EOR)等基本运算,与之相关的寄存器是累加器(A 和 B)、条件码寄存器 CCR 和存储器。布尔逻辑运算指令如表 3-13 所示。

表 3-13 布尔逻辑运算指令

助 记 符	功 能	操 作
ANDA	And A with memory	(A)&(M)→A
ANDB	And B with memory	(B)&(M)→B
ANDCC	And CCR with memory (clear CCR)	(CCR)&(M)→CCR
EORA	Exclusive OR A with memory	(A)^(M)→A
EORB	Exclusive OR B with memory	(B)^(M)→B
ORAA	OR A with memory	(A)∣(M)→A
ORAB	OR B with memory	(B)∣(M)→B
ORCC	OR CCR with memory (set CCR)	(CCR)∣(M)→CCR

2) 比较、测试指令

比较、测试指令是在两个寄存器之间、寄存器与存储器之间执行减法,运算的结果不会保存,但会根据差值影响 CCR 的状态位。这些指令一般用来为转移指令建立条件,主要用于分支、循环等条件判断。比较指令影响 CCR 的 V、C、N、Z 标志;测试操作相当于一次减零运算,因此 V、C 标志清零,N、Z 受影响。比较、测试指令如表 3-14 所示。

表 3-14 比较、测试指令

助 记 符	功 能	操 作
比较指令		
CBA	Compare A to B	(A)−(B)
CMPA	Compare A to memory	(A)−(M)
CMPB	Compare B to memory	(B)−(M)
CPD	Compare D to memory (16bit)	(A:B)−(M:M+1)
CPS	Compare SP to memory (16bit)	(SP)−(M:M+1)
CPX	Compare X to memory (16bit)	(X)−(M:M+1)
CPY	Compare Y to memory (16bit)	(Y)−(M:M+1)
测试指令		
TST	Test memory for zero or minus	(M)−$00
TSTA	Test A for zero or minus	(A)−$00
TSTB	Test B for zero or minus	(B)−$00

3) 位测试和操作指令

位测试和操作指令用一个掩码值去测试或改变累加器或存储器中单独的一位或几位。BITA、BITB 是一种方便的测试位指令,是将累加器 A、B 与存储器字节或立即数进行"位与"运算。BCLR、BSET 指令是将操作数的某位清 0 和置 1,BCLR 相当于 0 的位与操作,BSET 相当于 1 的位或操作。此类指令结果影响标志位 N、Z、V,只是 BIT 指令并不修改操作数。位测试和操作指令如表 3-15 所示,其中 mm 为 8 位立即数屏蔽字节。

表 3-15 位测试和操作指令

助 记 符	功 能	操 作
BCLR	Clear bits in memory	(M)&(/mm)→M
BITA	Bit test A	(A)&(M)
BITB	Bit test B	(B)&(M)
BSET	Set bits in memory	(M)｜(mm)→M

指令使用举例如下：

```
BCLR   $20, #$F0      ;$0020 单元内容高 4 位清 0
BSET   $20, #$0F      ;$0020 单元内容低 4 位置 1
BITA   #$55           ;测试 A 的 6、4、2、0 位是否为 0,若是,Z 标志置 1
```

4）移位指令

移位指令适用于所有的累加器和存储器单元。移位指令分为逻辑移位、算术移位和循环移位 3 种，其中逻辑移位和算术移位在左移时都低位补 0，因此逻辑左移（LSL）和算术左移（ASL）功能相同。逻辑右移时高位补 0，算术右移符号位保持不变，而循环移位又有所不同。移位指令都要借助于进位标志位 C 完成操作，且每次只能移动一位。移位指令如表 3-16 所示。

表 3-16 移位指令

助 记 符	功 能	操 作
逻辑移位		
LSL	Logic shift left memory	C←□□□□□□□□←0 b7 b0
LSLA	Logic shift left A	
LSLB	Logic shift left B	
LSLD	Logic shift left D	C←□□□□□□□□←□□□□□□□□←0 b7 b0 b7 b0
LSR	Logic shift right memory	0→□□□□□□□□→□ b7 b0 C
LSRA	Logic shift right A	
LSRB	Logic shift right B	
LSRD	Logic shift right D	0→□□□□□□□□→□□□□□□□□→C b7 b0 b7 b0
算术移位		
ASL	Arithmetic shift left memory	C←□□□□□□□□←0 b7 b0
ASLA	Arithmetic shift left A	
ASLB	Arithmetic shift left B	
ASLD	Arithmetic shift left D	C←□□□□□□□□←□□□□□□□□←0 b7 b0 b7 b0
ASR	Arithmetic shift right memory	□→□□□□□□□□→□ b7 b0 C
ASRA	Arithmetic shift right A	
ASRB	Arithmetic shift right B	

续表

助 记 符	功 能	操 作
循环移位		
ROL ROLA ROLB	Rotate left memory through carry Rotate left A through carry Rotate left B through carry	←C←□□□□□□□□← 　　　b7　　　　b0
ROR RORA RORB	Rotate right memory through carry Rotate right A through carry Rotate right B through carry	→□□□□□□□□→C→ 　　b7　　　　b0

指令使用举例如下：

```
LSL    1,X+      ;(X)单元左移一位,相当于乘以2,然后X加1
LSR    $2011     ;$2011单元里的内容右移一位,相当于除以2
LSRD             ;累加器D右移一位,高位补0,低位进C
ASLD             ;累加器D左移一位,低位补0,高位进C
LDX    #$82      ;X指向一个字节的有符号变量
ASR    8,X       ;(X+8)单元右移一位,最低位进入C,符号位不变
ROR    0,X       ;循环移位,字节最低位右移一位进入C,C进入最高位
```

4. 程序控制类指令

程序控制类指令主要用于控制程序的执行,可以分为转移、循环、调用与返回指令。

转移指令在特定条件存在时引起执行顺序的变化。S12X CPU有3种类型转移指令,分别是短转移指令、长转移指令和按位条件转移指令。转移指令也可按满足转移条件的类型分类,一些指令不只属于一种类别,例如：

(1) 无条件转移指令总是执行。

(2) 先前操作的结果使条件码寄存器产生特定的状态引起简单转移发生。

(3) 当比较和测试无符号值的结果使条件码寄存器特定位变化引起无符号转移。

(4) 当比较和测试有符号值的结果使条件码寄存器特定为变化引起有符号转移。

1) 无条件转移指令

无条件转移指令包括BRA、BRN、LBRA、LBRN和JMP,它们能立即改变指令队列从而使程序无条件转移。BRA、BRN为短转移指令的特例；LBRA、LBRN为长转移指令的特例；JMP跳转指令的转移范围是整个64 KB空间,允许直接16位寻址和各种形式的变址寻址。指令见表3-17和表3-18中的无条件转移。

2) 短条件转移指令

短条件转移指令操作过程：当特定的条件满足时,8位有符号的偏移量加到程序计数器指针上,形成目标地址,程序从新的地址开始执行。短转移指令采用相对寻址,偏移量的范围为-128~+127。短条件转移指令如表3-17所示。

表3-17　短条件转移指令

助 记 符	功 能	操作条件
无条件转移		
BRA	Branch always	1=1
BRN	Branch never	1=0

续表

助 记 符	功　　能	操 作 条 件
简单转移		
BCC	Branch if carry clear	C=0
BCS	Branch if carry set	C=1
BEQ	Branch if equal	Z=1
BMI	Branch if minus	N=1
BNE	Branch if not equal	Z=0
BPL	Branch if plus	N=0
BVC	Branch if overflow clear	V=0
BVS	Branch if overflow set	V=1
无符号转移		
BHI	Branch if higher （Result>M）	C｜Z=0
BHS	Branch if higher or same （Result≥M）	C=0
BLO	Branch if lower （Result<M）	C=1
BLS	Branch if lower or same （Result≤M）	C｜Z=1
有符号转移		
BGE	Branch if greater than or equal （Result≥M）	N^V=0
BGT	Branch if greater than （Result>M）	Z｜(N^V)=0
BLE	Branch if less than or equal （Result≤M）	Z｜(N^V)=1
BLT	Branch if less than （Result<M）	N^V=1

3) 长条件转移指令

与短条件转移类似，指令助记符中加以"L"(Long)表示。

长条件转移指令操作过程：当特定的条件满足时，16 位的有符号偏移量加到程序计数器指针，形成目标地址，程序从新的地址开始执行。长条件转移指令常用于偏移量大的分支结构之间。长转移指令从下一个存储器地址到转移后的地址的偏移量的范围为 $-32768 \sim +32767$，也即允许转移到 64KB 空间的任意位置。长条件转移指令如表 3-18 所示。

长条件转移指令与短条件转移指令的条件是一样的，只不过短条件转移的偏移值限于 8 位有符号数，长条件转移的偏移值是 16 位有符号数。

表 3-18　长条件转移指令

助 记 符	功　　能	操 作 条 件
无条件转移		
LBRA	Long branch always	1=1
LBRN	Long branch never	1=0
简单转移		
LBCC	Long branch if carry clear	C=0
LBCS	Long branch if carry set	C=1
LBEQ	Long branch if equal	Z=1
LBMI	Long branch if minus	N=1
LBNE	Long branch if not equal	Z=0
LBPL	Long branch if plus	N=0
LBVC	Long branch if overflow clear	V=0
LBVS	Long branch if overflow set	V=1

续表

助 记 符	功 能	操 作 条 件
无符号转移		
LBHI	Long branch if higher （Result＞M）	C｜Z=0
LBHS	Long branch if higher or same （Result≥M）	C=0
LBLO	Long branch if lower （Result＜M）	C=1
LBLS	Long branch if lower or same （Result≤M）	C｜Z=1
有符号转移		
LBGE	Long branch if greater than or equal （Result≥M）	N^V=0
LBGT	Long branch if greater than （Result＞M）	Z｜(N^V)=0
LBLE	Long branch if less than or equal （Result≤M）	Z｜(N^V)=1
LBLT	Long branch if less than （Result＜M）	N^V=1

4）位条件转移指令

当存储器单元中的某一位处于特定状态时，可以发生按位条件转移的操作。一个掩码操作数用来测试这个地址的值，若所有的位符合该地址的掩码值置位（BRSET）或复位（BRCLR），转移就会发生。从一个存储器地址到转移后的地址的偏移量的范围为－128～＋127。位条件转移指令如表 3-19 所示。

该类指令有 2 条：BRCLR 和 BRSET，指令不依赖标志，也不影响标志。其中 BRCLR 检测存储器字节的某些选定位是否为 0，若是则转移；BRSET 检测存储器字节的某些选定位是否为 1，若是则转移。这里的某些选定位是由指令中的一个立即数（掩码）决定的，表中的 mm 即为 8 位立即数屏蔽字节。

表 3-19 位条件转移指令

助 记 符	功 能	操 作 条 件
BRCLR	Branch if selected bits clear	(M)&(mm)=0
BRSET	Branch if selected bits set	(M)&(mm)!=0

指令使用举例如下：

```
BRCLR   $20,♯$81,LP1      ;若$0020单元内容的最高位和最低位为0,转移到LP1
BRSET   $20,♯$80,LP2      ;若$0020单元内容的最高位为1,转移到LP2
```

5）循环控制指令

循环控制指令可以看作是计数器转移。这种指令测试寄存器或累加器（A、B、D、X、Y 或 SP）中的计数值是否为 0 作为转移条件。在这些指令中有递减、递增和直接测试 3 种类型。这类指令均不影响标志位，也不依赖标志位。从一个存储器地址到转移后的地址的偏移量的范围为－256～＋255。循环控制指令如表 3-20 所示。

该类指令共有 6 条，其中前 4 条自动调整循环计数器，可以实现类似高级语言中的 for 循环；另外 2 条实际上是条件分支，可以实现 while 循环。

表 3-20 循环控制指令

助 记 符	功 能	操 作
DBEQ	Decrement counter and branch if=0 (counter=A,B,D,X,Y,or SP)	(counter)－1→counter If (counter)=0,then branch; else continue to next instruction

续表

助 记 符	功 能	操 作
DBNE	Decrement counter and branch if ≠ 0 (counter=A,B,D,X,Y,or SP)	(counter)−1→counter If (counter) not=0,then branch; else continue to next instruction
IBEQ	Increment counter and branch if=0 (counter=A,B,D,X,Y,or SP)	(counter)+1→counter If (counter)=0,then branch; else continue to next instruction
IBNE	Increment counter and branch if ≠ 0 (counter=A,B,D,X,Y,or SP)	(counter)+1→counter If (counter) not=0,then branch; else continue to next instruction
TBEQ	Test counter and branch if=0 (counter=A,B,D,X,Y,or SP)	If (counter)=0,then branch; else continue to next instruction
TBNE	Test counter and branch if ≠ 0 (counter=A,B,D,X,Y,or SP)	If (counter) not=0,then branch; else continue to next instruction

指令使用举例如下：

```
        LDAB #4
LOOP:   …
        DBNE B, LOOP
```

6）跳转、子程序调用与返回指令

跳转、子程序调用与返回指令如表3-21所示。

跳转指令(JMP)在执行顺序中立即变化。JMP指令将64位的存储器映射地址装入PC指针中，程序继续从这个地址执行。这个地址可以是16位绝对地址或由多种变址寻址方式决定的地址。

子程序是一段能够完成特定任务的程序代码，是一个优化执行特定任务的转移控制过程。转移指令BSR、子程序跳转指令JSR或扩展调用指令CALL均能引起子程序的调用。

BSR、JSR用于64KB以内的调用，调用子程序时，首先在堆栈中保存下一条指令的地址（返回地址），然后执行调用的子程序，子程序在遇到返回指令RTS将结束执行调用，并从堆栈中取得返回地址，回到原来的位置继续运行。BSR采用相对寻址方式，调用范围为−128～+127；而JSR可支持7种寻址方式，其中直接寻址的子程序入口地址必须在0～255内，其他寻址方式调用范围为−32768～+32767，即可寻址64KB空间。

扩展调用指令CALL用于64KB以外的扩展存储器地址空间调用。CALL存储PPAGE寄存器中的值到堆栈中并返回地址，然后将子程序所在存储器的页号写入PPAGE寄存器中。除直接变址寻址外，页号是一个立即操作数。在这些方式下，在新的页中指向存储器地址指针的值和子程序地址被存储起来。返回调用指令RTC用于在扩展存储器地址中结束程序。RTC将PPAGE寄存器的值和返回地址出栈以使恢复执行CALL指令的下一条语句。为了软件兼容性，CALL和RTC指令在没有扩展地址能力的器件中能正确执行。

表 3-21 跳转、子程序调用与返回指令

助 记 符	功 能	操 作
BSR	Branch to subroutine	SP−2→SP RTNH：RTNL→M(SP)：M(SP+1) Subroutine address→PC
CALL	Call subroutine in Expanded Memory	SP−2→SP RTNH：RTNL→M(SP)：M(SP+1) SP−1→SP (PPAGE)→M(SP) Page→PPAGE Subroutine address→PC
JMP	Jump	Address→PC
JSR	Jump to subroutine	SP−2→SP RTNH：RTNL→M(SP)：M(SP+1) Subroutine address→PC
RTC	Return from call	M(SP)→PPAGE SP+1→SP M(SP)：M(SP+1)→PCH：PCL SP+2→SP
RTS	Return from subroutine	M(SP)：M(SP+1)→PCH：PCL SP+2→SP

5. 中断类指令

中断类指令在程序控制中起着一个重要的作用。有 RTI、SWI 和 TRAP，它们控制 CPU 停止当前操作转向去执行一项更重要的任务（SWI 除外）。中断类指令如表 3-22 所示。

中断返回 RTI 指令用来终止所有的异常处理程序，包括一般中断服务程序。RTI 首先从堆栈中返回 CCRH（只在 S12X 中）、CCR、B、A、X、Y 的值和返回地址。若没有其他中断发生，中断恢复到在中断产生前的最后一条指令处。

软件中断 SWI 是一种以软件方式启动的特殊中断类型，通过中断响应方式进入服务例程。首先，返回 PC 指针的值到堆栈中。然后，CPU 中所有寄存器内容保存到堆栈中，程序从 SWI 向量指向的地址执行。执行 SWI 指令会引起中断而不需要中断服务请求。SWI 不受 CCR 寄存器中全局屏蔽位 I 和 X 的控制，执行 SWI 操作会对 I 位置位。一旦 SWI 中断执行，可屏蔽中断被禁止直至 CCR 中的 I 位被清除。在 SWI 结束时中断返回指令 RTI 恢复所有保存的寄存器值。SWI 中断向量地址为 $FFF6～$FFF7。

TRAP 是非法陷阱指令，当 CPU 遇到非法指令时，自动进入 TRAP 中断响应过程。这是 CPU 为无效操作码提供改变的软件中断，若 CPU 试图执行一个无效操作，此时会发生操作码陷阱中断。TRAP 中断向量地址为 $FFF8～$FFF9。

表 3-22 中断类指令

助记符	功能	操作
RTI	Return from interrupt	(M(SP)：M(SP+1))→CCRH：CCR；(SP)-$0000→SP (M(SP)：M(SP+1))→B：A；(SP)-$0002→SP (M(SP)：M(SP+1))→XH：XL；(SP)-$0004→SP (M(SP)：M(SP+1))→PCH：PCL；(SP)-$0006→SP (M(SP)：M(SP+1))→YH：YL；(SP)-$0008→SP
SWI	Software interrupt	SP-2→SP；RTNH：RTNL→M(SP)：M(SP+1) SP-2→SP；YH：YL→M(SP)：M(SP+1) SP-2→SP；XH：XL→M(SP)：M(SP+1) SP-2→SP；B：A→M(SP)：M(SP+1) SP-2→SP；CCRH：CCR→M(SP)：M(SP+1)
TRAP	Unimplemented opcode interrupt	SP-2→SP；RTNH：RTNL→M(SP)：M(SP+1) SP-2→SP；YH：YL→M(SP)：M(SP+1) SP-2→SP；XH：XL→M(SP)：M(SP+1) SP-2→SP；B：A→M(SP)：M(SP+1) SP-2→SP；CCRH：CCR→M(SP)：M(SP+1)

6. CPU 控制类指令

CPU 控制类指令有 STOP、WAI、BGND、BRN、LBRN 和 NOP，如表 3-23 所示。

停止指令 STOP 与等待指令 WAI 为使 CPU 处于闲置状态以降低功耗。STOP 将返回地址和 CPU 的寄存器和累加器中的值入栈，然后停止系统时钟；WAI 将返回地址和 CPU 的寄存器和累加器中的值入栈，然后等待一个中断服务请求，但是系统时钟信号仍然存在。STOP 和 WAI 指令在重新恢复正常指令执行之前，要求有一个中断或者复位的操作。尽管这两条指令在一个中断服务请求产生后恢复到正常程序执行需要相同的时钟周期，但系统从 STOP 模式恢复到正常状态所需时间多于系统从 WAI 模式恢复所需的时钟周期，因为在 STOP 模式下需要额外的时间恢复时钟系统。

STOP 使系统进入停止工作状态，时钟振荡器在内部被关掉，使整个系统停止运行，此时功耗最低，但当 CCR 中的 S=1 时，STOP 操作被禁止，这时 STOP 指令相当于空操作指令。WAI 使系统进入低功耗待机状态，但系统时钟仍然继续运行，可以加速中断响应。

背景调试模式(BDM)是用于系统开发和调试的一种特殊的 CPU 操作模式。在这种模式下当 CPU 的 BDM 使能时，BGND 指令可以使系统进入背景调试模式。

不跳转 BRN、LBRN 指令替代有条件转移指令，例如，使用不跳转指令来调试程序，而不需要影响偏移量。

在软件调试中，空操作 NOP 指令常用来取代其他指令或者凑时钟周期；空操作也可以用作软件延时程序消耗程序执行时间而不影响其他 CPU 寄存器或存储器中的内容。

背景调试模式是一种非常有用的系统开发和调试模式。当 BDM 使能时，BGND 指令可以使系统进入背景调试模式。

表 3-23　CPU 控制类指令

助 记 符	功 能	操 作
STOP	Stop	SP−2→SP；RTNH：RTNL→M(SP)：M(SP+1) SP−2→SP；YH：YL→M(SP)：M(SP+1) SP−2→SP；XH：XL→M(SP)：M(SP+1) SP−2→SP；B：A→M(SP)：M(SP+1) SP−2→SP；CCRH：CCR→M(SP) M(SP+1) Stop CPU clocks
WAI	Wait for interrupt	SP−2→SP；RTNH：RTNL→M(SP)：M(SP+1) SP−2→SP；YH：YL→M(SP)：M(SP+1) SP−2→SP；XH：XL→M(SP)：M(SP+1) SP−2→SP；B：A→M(SP)：M(SP+1) SP−2→SP；CCRH：CCR→M(SP)：M(SP+1)
BGND	Enter background debug mode	If BDM enabled, enter BDM
BRN	Branch never	Does not branch
LBRN	Long branch never	Does not branch
NOP	Null operation	

7. 全局读写类指令

S12X CPU 指令系统新增提供了全局 23 位地址访问的指令包括 GLDAA、GLDAB、GLDD、GLDS、GLDX、GLDY、GSTAA、GSTAB、GSTD、GSTS、GSTX、GSTY 等，S12X 总共新增了 84 条这类全局寻址指令。它们以页面寄存器 GPAGE 的内容为高 7 位地址，以相应寻址方式给出的地址为低 16 位地址，形成全局 8MB 空间访问。全局地址[22:0]即由 GPAGE 寄存器[22:16]和 CPU 本地地址[15:0]联合组成。全局读写类指令的助记符在一般读写类指令前加有"G"标识，寻址方式与一般读写类指令也相同。指令使用举例如下：

```
MOVB    # $ 0F, $ 10    ;将立即数字节 $ 0F 送到 $ 10 单元，即 GPAGE 寄存器的值设为 $ 0F
GLDAB   $ 20FA          ;把全局地址 $ 0F_20FA 单元的内容装载到累加器 B 中
```

8. 其他指令

1) 条件码操作指令

条件码操作指令是针对条件码寄存器 CCR 的特殊访问指令，通常被用来改变 CCR。例如，CLI 用来开中断，SEI 用来屏蔽中断。条件码操作指令如表 3-24 所示。

表 3-24　条件码操作指令

助 记 符	功 能	操 作
ANDCC	Logical AND CCR with memory	(CCR) & (M)→CCR
CLC	Clear C bit	0→C
CLI	Clear I bit	0→I
CLV	Clear V bit	0→V
ORCC	Logical OR CCR with memory	(CCR)| (M)→CCR
PSHC	Push CCR onto stack	(SP)−1→SP；CCR→M(SP)

续表

助 记 符	功　　能	操　　作
PSHCW	Push CCRH：CCR onto stack	(SP)－2→SP； (CCRH：CCR)→M(SP)：M(SP+1)
PULC	Pull CCR from stack	(M(SP))→CCR；(SP)+1→SP
PULCW	Pull CCRH：CCR from stack	(M(SP)：M(SP+1))→CCRH：CCR； (SP)+2→SP
SEC	Set C bit	1→C
SEI	Set I bit	1→I
SEV	Set V bit	1→V
TAP	Transfer A to CCR	(A)→CCR
TPA	Transfer CCR to A	(CCR)→A

2）高级函数指令

S12X 指令系统还提供高级函数指令。高级函数指令可以简化用户程序，减小编程工作量，提高可靠性和可读性，这类指令主要有取大值/小值指令、乘加指令和查表插值指令等。这些指令都是 S12X 的特色指令，实际使用时可自行查阅相关资料。高级函数指令如表 3-25～表 3-27 所示。

表 3-25　取大值/小值指令

助 记 符	功　　能	操 作 条 件
取小值指令		
EMIND	MIN of two unsigned 16-bit values to D	MIN((D),(M：M+1))→D
EMINM	MIN of two unsigned 16-bit values to memory	MIN((D),(M：M+1))→M：M+1
MINA	MIN of two unsigned 8-bit values to A	MIN((A),(M))→A
MINM	MIN of two unsigned 8-bit values to memory	MIN((A),(M))→M
取大值指令		
EMAXD	MAX of two unsigned 16-bit values to D	MAX((D),(M：M+1))→D
EMAXM	MAX of two unsigned 16-bit values to memory	MAX((D),(M：M+1))→M：M+1
MAXA	MAX of two unsigned 8-bit values to A	MAX((A),(M))→A
MAXM	MAX of two unsigned 8-bit values to memory	MAX((A),(M))→M

表 3-26　乘加指令

助 记 符	功　　能	操　　作
EMACS	Multiply and accumulate（signed）	((M(X)：M(X+1))×(M(Y)：M(Y+1)))+(M～M+3)→M～M+3

表 3-27　查表插值指令

助 记 符	功　　能	操　　作
ETBL	16-bit table lookup and interpolate	(M：M+1)+[(B)×((M+2：M+3)-(M：M+1))]→D
TBL	8-bit table lookup and interpolate	(M)+[(B)×((M+1)-(M))]→A

取大值/小值指令（MAX 和 MIN）用来比较累加器和一个存储器单元。MAX 和 MIN 指令用累加器 A 执行 8 位数的比较，结果（大值或小值）存入累加器 A 或存储器中；而 EMAX 和 EMIN 指令用累加器 D 执行 16 位数的比较，结果（大值或小值）存入累加器 D 或

存储器中。

乘加指令 EMACS 将两个 16 位的操作数相乘,相乘的结果再加上在另一个存储器地址中的 32 位数,最后的乘加结果存入 32 位的存储器地址中。EMACS 可以 16 位操作数来实现简易数字滤波和常规模糊化操作。

查表插值指令(TBL 和 ETBL)将表中的值插入存储器中。任一功能均可被描述为一系列适当表格大小的线性方程。插值可以用作多种用途,包括表格模糊逻辑从属函数。TBL 用 8 位长度的表输入返回一个 8 位的结果,ETBL 用 16 位长度的表输入返回一个 16 位的结果。考虑到存入到表中的每个连续值可以看作一个线段端点的 y 值。在指令执行之前累加器 B 中的值表示 X 的值从线段开始到查找点(从开始到线段末被分割的点)的变化值。B 看作在 MSB 左边有小数点的 8 位二进制小数,所以每个线段被有效地分割成 256 个小线段。在指令执行中,y 值在线段始端和末端变化(TBL 为一个字节,ETBL 为一个字)乘以累加器 B 中的值得到一个中间值 Δy。这个结果(TBL 指令存在累加器 A 中,ETBL 存在累加器 D 中)是从线段始端的 y 值加上有符号的 Δy 值。

3.4 使用汇编语言的程序设计

程序是完成特定任务的指令的集合,多个程序构成系统运行的软件。MCU 的程序设计语言主要有:

(1) 机器语言。使用二进制指令代码编写程序,是 MCU 可以直接执行的机器码。

(2) 汇编语言。使用特定助记符指令语句编写程序,须经编译后形成机器码。

(3) 高级语言。使用通用高级语句如 C 语言编写程序,须经编译后形成机器码。

单片机应用系统的程序多用汇编语言(*.asm 文件)或 C 语言(*.c 文件)编制。程序需要特定的编译程序进行编译,最终仍然生成二进制机器码。对于汇编语言编程,一个汇编语言程序语句对应一条单片机指令,多个汇编语言语句就构成汇编语言程序(源代码)。

汇编语言是一种面向物理界面和硬件接口的系统执行语言,是与 MCU 硬件和指令集密切相关的,因此不易移植;但它以高效、直接面向硬件和代码量小等优点,一直在 MCU 的学习和小型嵌入式应用系统方面占据很重要的地位。

3.4.1 汇编语言的指令格式与伪指令

1. 汇编指令格式

汇编语言程序以行为单位,每行一条指令,一行程序以回车符结束。每行由标号、操作码、操作数和注释 4 部分组成:

[标号:] 操作码 [操作数1] [,操作数2] [;注释]

(1) 标号。指令所在地址的符号表示,在最终的机器代码中,标号会被编译成本行程序所在存储区的实际物理地址,标号通常是程序转移位置、子程序入口,在需要时标定,标号后面要有":"符号。

(2) 操作码。指令的汇编助记符,例如 LDAA、INC 等。编译后,产生指令的操作码部分,是唯一不可缺少的部分。

(3) 操作数。指令的操作对象,根据指令的操作要求不同,可能有一个或两个操作数,操作数与操作码之间用","分开。操作数可以是寄存器、数据、地址等,也可以是常数或表达式。

(4) 注释。对程序的解释说明,在最终的机器代码中,注释不产生任何有意义的信息。注释前加上分号";"与程序分开。

注意:指令必须在半角字符模式下书写,全角字符不能被汇编语言程序识别。还要注意程序书写的规范和风格,如各部分最好按列对齐、统一用大写字母等,以便阅读和维护。

下面为一个汇编语言程序实例:

```
L1:     LDAA    #$FF            ;赋初值
        STAA    DDRB            ;设置B口方向为输出
        LDAA    #$FE            ;赋初值
SHIFT:  STAA    PORTB           ;B口循环输出;前面必须有标号,表示循环入口地址
        BSR     DELAY           ;调用延时子程序
        ROLA                    ;隐含寻址,不需要操作数
        BRA     SHIFT           ;循环

;  …                            ;该行仅有注释,可以是下面子程序的说明
DELAY:  …                       ;DELAY子程序
```

2. 操作数的表示

汇编语言编程时,操作数除了是CPU寄存器外,一般以数据或地址的形式出现,也可以是表达式、常数、标号或用伪指令预定义的赋值常量。

常数可采用十进制、十六进制、二进制、八进制4种格式。NXP MCU用下列前缀来表示所使用的常数的格式:

```
无              十进制(Decimal)
$               十六进制(Hexadecimal)
%               二进制(Binary)
@               八进制(Octal)
```

ASCII码形式的字符串常数(String)用单引号或双引号包含进来表示。若字符串的内容包括单引号,则只能用双引号表示,若字符串的内容包括双引号,则只能用单引号表示。例如,"ABCD"、'ABCD'、'A'B'、'A"B'。

常数通常用来创建参数值、查找表和初始化变量的初始值。编译程序会把汇编语言程序中所有常数变换成二进制码,并在IDE的汇编列表时以十六进制格式显示。

3. 汇编伪指令

MCU汇编语言程序除了指令系统语句以外,还定义了许多汇编管理的语句,即伪指令。伪指令是设计汇编语言程序的一个重要组成部分,是汇编语言程序完成特定操作的一种指示,它们仅为汇编编译程序提供某些汇编命令或操作数。伪指令是汇编语言程序使用的辅助性语句,并不生成机器码。

下面是NXP MCU的一些常用伪指令。

1) 起始地址伪指令ORG

ORG(Original)伪指令给汇编语言程序定义起始地址,指出紧跟在该伪指令后的机器码指令的汇编地址,也就是经编译生成的机器码目标程序或数据块在存储器中的起始存放地址。其语法为:

```
ORG            地址值
```

例如：

```
ORG  $C000              ;通知编译器从$C000起始地址处定位下面的程序代码
```

在一个汇编语言源程序中，可以在有效存储器地址的范围内指定子程序或转移程序的存放位置。在程序设计时，某段程序既可以续接前面的程序依次存放，也可以选择特殊的地址存放。因而允许在一段源程序中使用多条ORG伪指令，但后一个ORG伪指令的操作数应大于前面机器代码已占用的存储地址。当采用多条ORG语句时，程序所设定占用的地址不要重叠，否则在汇编编译时会提示出错。

2) 赋值伪指令 EQU

EQU(Equal)伪指令的操作含义是将一个符号设置为等同于某值，即使得EQU两端的值相等，汇编程序在编译中遇到该符号即代之以赋值语句右端的值。其语法为：

```
符号    EQU  数值
```

符号名一旦被EQU赋值，其值就不能再重复定义。这里的符号所代表的数值，既可以是特殊功能寄存器地址、存储器地址、常数，也可以表示一个通用数据或者一个表达式。一般在程序设计中，预定义一些赋值方法对于代码可读性和可修改性是很重要的。用符号代替数值，程序员可对操作的意义一目了然。例如：

```
COUNT  EQU  100
```

这是预定义了一个计数器符号COUNT。在后面的程序中直接使用符号即可，欲改变计数器值，就直接修改赋值常数，而后面的程序代码不变。

又如，有如下2条赋值定义行：

```
PORTB       EQU    $0001           ;PORTB寄存器的实际地址
mPORTB_PB0  EQU    %00000001       ;PORT寄存器第0位的掩码
```

汇编编译程序将用$0001代替所有PORTB，用%00000001代替所有mPORTB_PB0。经过这样的预先定义的赋值操作，在后面的程序中就可以使用符号表达：

```
BSET   PORTB, mPORTB_PB0
```

借助于这些符号，代码的意图就很清晰，更好理解。它是将PORTB的第0位设置为1。等效于如下形式语句：

```
BSET   $01, %00000001
```

3) 字节常量定义伪指令 FCB

FCB(Form Constant Byte)伪指令用于定义一个或多个单字节常量表，依次存放在存储器单元中。其语法为

```
标号:  FCB   字节常数1[,字节常数2][,字节常数2]…
```

若定义多个单字节常数，则各常数之间用逗号分开。例如：

```
BASE        EQU    8
            ORG    $0800
TABLE:      FCB    $5A, 200, BASE+16, $AB
```

上述伪指令FCB具有4个常量，它们依次存放在存储器的4个字节中。其中第2行是

ORG 语句,实际上规定了标号 TABLE 所代表的地址为 $0800,所以第 1 字节的存放地址为 $0800,该地址中存放的内容为 $5A,则地址 $0801 中的内容为 200($C8),地址 $0802 中的内容为 24($18),地址 $0803 中的内容为 $AB。

4) 双字节常量定义伪指令 FDB

FDB(Form Double Byte)伪指令用于定义一个或多个双字节常量(字)表,依次存放在存储器单元中。其语法为

标号： FDB 字常数1 [,字常数2] [,字常数2] …

若定义多个双字节常数,则各常数之间用逗号分开。例如：

LIST： FDB $55AA, 2000

上述伪指令 FDB 创建 2 个双字节常量,它们依次存放在存储器的 4 个字节中,起始地址为标号 LIST 所代表的地址。

5) 字符常量定义伪指令 FCC

FCC(Form Constant Character)伪指令用于定义 ASCII 字符串常量,一个单字节常量对应一个字符,依次存放在存储器单元中。其语法为

标号： FCC "字符串"

例如：

LIST: FCC "ABCD"

其中,"ABCD"是定义的字符串,单引号(')或双引号(")包含均可。本例创建 4 个单字节字符常量,即 A、B、C、D 这 4 个字母的 ASCII 十六进制数值。若没有定义起始地址,则常量按程序代码当前地址位置接续排放,低地址处的内容为 ASCII 字符 A 的十六进制数值 $41,以此类推,各单元内容为 $41、$42、$43、$44。

6) 空间保留伪指令 RMB、RMD

RMB(Reserve Memory Byte) 和 RMD(Reserve Memory Double)伪指令为变量保留 RAM 存储器空间。例如：

VAR1： RMB 2
VAR2： RMD 2

前者实际上是定义了变量 VAR1,它的数据宽度为 2 字节；后者定义变量 VAR2,它的数据宽度为 4 字节。

7) 编译结束伪指令 END

END 伪指令通知编译器后面的程序内容忽略。因此写在 END 之后的指令将不会被编译,也不生成相应的机器码。

8) 外部变量定义指令 XDEF

XDEF(eXternal Define)伪指令定义外部变量或符号,表示此处定义的变量或符号可以被其他模块或文件引用。

9) 外部参考指令 XREF

XREF(eXternal Reference)伪指令声明外部变量或符号,表示此处声明的变量或符号是在其他模块或文件中定义的。

10) 段信息指令 SECTION

SECTION 伪指令用来声明可重定位的段信息，指定某段代码放于什么位置。例如：

MY_EXTENDED_RAM：SECTION

相同名字的段代表后面出现的同名段中的代码将被排放在前一个同名段的最后一条语句之后，也就是通知编译器将具有相同段名字的代码内容接续放在一起。经过 SECTION 指令定义以后，还可以在 CodeWarrior IDE 的 *.prm 文件中重新定位 MY_EXTENDED_RAM 段在存储器中的位置。不过，通常情况下就使用默认的定位方式，如变量数据段在 RAM 区，代码段在 ROM 区，常量也在 ROM 区。

3.4.2 汇编语言编程举例

本节通过几个实例来讨论编写 S12X MCU 的汇编语言程序的基本方法与一般技巧，而涉及 MCU 各功能模块的汇编语言编程应用，本书不做讲述（代之以 C 语言编程）。

1．基本数据传递与算术运算程序

数据传递与算术运算是实现各种程序功能的基本操作，是汇编语言程序中最基础的代码实现。

【例 3-1】 利用 BCD 运算求十进制数 3275 和 2658 的和，结果存放在寄存器 D 中。

汇编语言程序代码如下：

```
;************************************************************
        LDD     #$3275          ;$3275→D ((A)=$32,(B)=$75)
        ADDB    #$58            ;B+$58,结果(B)=$CD,C=0,H=0
        EXG     A,B             ;将B内容交换到A,以便进行调整
        DAA                     ;结果(A)=$33(由$CD先加$06再加$60调整而得),C=1
        EXG     A,B             ;将A内容交换回B($33),同时A取回原来的$32
        ADCA    #$26            ;A+$26+C,结果(A)=$59,C=0,H=0
        DAA                     ;结果(A)=$59(未做调整),C=0
```

上述程序运行后将得到正确的最终结果(D)=$5933(应看成十进制 BCD 码 5933)。

【例 3-2】 比较 RAM 区内两相邻单元中无符号数的大小，按小数在前、大数在后重新存放（首址在 $2000）。若相等则 Y 寄存器加 1。

汇编语言程序代码如下：

```
;************************************************************
        LDX     #$2000          ;数据首地址
        CLC                     ;C清零
        LDY     #0              ;Y清零
BEGIN:  LDAA    0,X             ;(0+X)→A
        LDAB    1,X             ;(1+X)→B
        CBA                     ;(A)-(B)
        BCS     DONE            ;减有借位(前小后大),无须调整,跳转
        BEQ     FLAG            ;相等,跳转
        STAA    1,X             ;A→(1+X)
        STAB    0,X             ;B→(0+X)
        BRA     DONE            ;调整完毕,跳转
FLAG:   INY                     ;Y+1→Y
DONE:   BRA     *               ;结束,踏步等待
```

2. 循环控制程序

循环是一种基础的程序结构,通过判断指令确定是否满足循环条件。判断功能主要适用于增量和减量的操作,数据存储器中每一个单元都可以作为判断指令的操作对象。当经过增减量操作后,依据单元结果进行跳转,循环计数器设置的初始数值可以控制循环次数。

【例 3-3】 2 个 8 字节数求和,结果保存在被加数所在地址中。

汇编语言程序代码如下:

```
;*******************************
        ...
ADD8:   LDX     #$2011
        LEAY    8,X
        LDAB    #8
        CLC
LOOP:   LDAA    X
        ADCA    1,Y+
        STAA    1,X+
        DBNE    B, LOOP
        ...
```

以上程序中的循环结构中,使用减 1 不为 0 转移指令 DBNE 控制循环次数,在实际应用中是典型、常见的用法。

【例 3-4】 批量数据块传送:将存储器源地址处的若干字数据传送到目的地址处。

汇编语言程序代码如下:

```
;****************************************************************
BlockMove:  LDX     #SOURCE
            LDY     #TARGE
            LDD     #COUNT      ;用 D 做循环计数可以超过 256 次
LOOP:       MOVW    2,X+,2,Y+
            DBNE    D, LOOP
```

其中的符号应在程序代码前进行赋值(EQU)指定。

3. 延时子程序

在程序设计中,延时程序占有很重要的地位。延时功能的实现可以采用两种方式:硬件延时和软件延时。硬件延时由 MCU 的内部定时器实现,软件延时通过循环程序实现。前者适用于精确定时,不占用 CPU;后者常用于粗略定性延时,通过 MCU 多次循环地执行一段程序代码,利用消耗程序指令的周期数完成延时。软件延时显然是占用 CPU 时间的,适合短时间延时或 CPU 空闲时使用,并一般被安排成子程序。

【例 3-5】 5ms 软件延时。

汇编语言程序代码如下:

```
;主程序
        ...
        JSR     DELAY0      ;4 T_BUS
        ...
;****************************************************************
;延时子程序 DELAY0
;****************************************************************
```

```
TCNT    EQU     9996            ;无
DELAY0: PSHX                    ;2T_BUS
        LDX     #TCNT           ;3T_BUS
LOOP:   DEX                     ;1T_BUS
        BNE     LOOP            ;3/1T_BUS
        PULX                    ;3T_BUS
        RTS                     ;5T_BUS
```

CPU 执行时间:

$$T = N \times T_{BUS}$$

其中,T 为总执行时间,此例要求 5ms;N 为总的时钟周期数;T_{BUS} 为总线时钟周期(假设为 $1/8M=125ns$);则需:

$$N = T/T_{BUS} = 5ms/125ns = 40000$$

例中程序的注释标明了各条指令运行的时钟周期,其中 BNE 指令不发生分支转移时只占 1 个周期,而发生转移即循环时占用 3 个周期。总的运行时间与循环次数有关,程序运行的总的周期数:

$$N = 4 + 2 + 3 + (1+3) \times (TCNT-1) + (1+1) + 3 + 5$$

故得 TCNT=9996.25≈9996。

该值在实际使用时也可直接粗略设为 10000。不同时间的延时可通过修改 TCNT 的值予以改变。

【例 3-6】 双重循环的 100ms 软件延时子程序。

汇编语言程序代码如下:

```
;********************************************************
;子程序 DELAY:利用寄存器 X、Y,执行双重循环实现延时
;********************************************************
DELAY:  PSHX
        PSHY
        LDX     #100
DL1:    LDY     #400
DL2:    NOP                     ;1T_BUS
        NOP                     ;1T_BUS
        DBNE    Y,DL2           ;3T_BUS
        DBNE    X,DL1
        PULY
        PULX
        RTS
```

该子程序中空的指令 NOP 的作用为凑时钟周期,总的延时可以忽略配合指令的执行时间误差,进行粗略估算:

$$内循环 = 400 \times (1+1+3)T_{BUS} = 2000T_{BUS}$$

$$总时间 = 100 \times 2000T_{BUS} = 200000T_{BUS}$$

因此,当 MCU 外接 4MHz 晶振时,则总线频率为 2MHz,则 $T_{BUS}=500ns$。上面子程序延时即为 100ms。其他延时可通过更改循环次数而套用上述方法实现。

注意:MCU 总线频率的不同将带来延时的变化。

4. 数据查表程序

数据查表方法在 LED 数码管显示、ASCII 码转换、固定数值查表等程序设计应用中下

较为方便实用。

【例 3-7】 ASCII 码查表转换。将 A 中的两个 4 位十六进制数转换为 ASCII 码,分别存入 $2080、$2081 中。

计算机技术中定义:0~9 的 ASCII 码为 $30~$39,A~F 的 ASCII 码为 $41~$46。本例将这些数值预先存在 Flash 中通过查表获得所需的 ASCII 码,而不是直接硬算。

该实现的汇编语言程序代码的主程序段和子程序段分别如下:

```
;**************************************************************
;主程序段
;**************************************************************
HEXA:   TFR     A,X             ;传 A 给 X 暂存
        ANDA    #$0F            ;高 4 位置 0,屏蔽
        JSR     TRANS           ;查表转换
        STAB    $2080           ;存储

        TFR     X,A             ;取回原值到 A
        LSRA                    ;逻辑右移位
        LSRA
        LSRA
        LSRA                    ;高 4 位移至低 4 位,高位被补 0
        JSR     TRANS           ;查表转换
        STAB    $2081           ;存储
        ...
;**************************************************************
;子程序 TRANS:十六进制数转换为 ASCII 码
;入口参数:(A) = 十六进制数,高 4 位为 0
;出口参数:(B) = ASCII 码
;**************************************************************
TRANS:  PSHX                    ;X 入栈
        LDX     #TABLE          ;置表地址
        LDAB    A,X             ;查表,(X+A)→B
        PULX                    ;X 出栈
        RTS                     ;返回

TABLE:  FCC "0123456789ABCDEF"  ;伪指令预定义 16 个十六进制数的 ASCII 码表
```

5. 多分支转移程序

分支转移指令实际上是多条件判断指令,条件本身是一个数据或事件,而跳转出口应该是数据信息的返回或事件功能内容的具体表现。例如在 MCU 系统中,键盘扫描程序是最基本的人机输入程序,应用分支转移方式,能方便地实现每一个功能键的程序方向。下列程序中,分支转移子程序与数据查表结构类似,键号输入的转移方向安排在 Jmp_Table 表中。

【例 3-8】 根据 4×4 键盘的键号执行相应子程序。

汇编语言程序代码如下:

```
;**************************************************************
            ...
KeyMain:  JSR     Key16        ;调用键号获取子程序(键号:0~15,16 无键按下)
          LDAA    Key_Numb     ;装载键号到 A,Key_Numb 地址预先有定义
          LSLA                 ;(A) = (A) × 2,形成 Jmp_Table 表的偏移
          LDX     #Jmp_Table   ;给 X 赋表首地址
```

```
                LDY     A, X            ;查表:给 Y 赋为(X+A),即取得分支地址
                JSR     Y               ;跳转到 Y 指向的分支地址
                ...
    Jmp_Table:  FDB     Key0Sub         ;各个分支地址列表,占用双字节
                FDB     Key1Sub
                ...
                FDB     Key15Sub
                FDB     KeyNo
    Key0Sub:    ...                     ;键号 0 功能
                RTS
    Key1Sub:    ...                     ;键号 1 功能
                RTS
                ...
    Key15Sub:   ...                     ;键号 15 功能
                RTS
    KeyNo:      RTS                     ;无键按下,直接返回
```

注意:因为程序的最终转向的分支地址 Y 应是 16 位的,所以 Jmp_Table 表的每个分支地址标号定义也应是 16 位的(占用双字节地址),因而上面程序中键号 0,1,2,3…经过乘 2 运算后才能在 Jmp_Table 基地址的 0,2,4,6…偏移位置取得最终地址。

3.4.3 汇编语言编程小提示

NXP MCU 的汇编语言程序设计将在后面进一步阐述和深入实践。要想真正掌握汇编语言编程,应认真进行编程练习、分析体会、上机调试,通过实践来获得训练和提高。

以下是汇编语言编程中的一些小提示:

(1) 程序是被编译成二进制码放在程序存储器(Flash)中的,通过 PC 递加,自动逐条执行;PC 值指向的下一条将要执行的指令。

(2) 程序处理主要是通过访问各种寄存器、数据存储器(RAM)的各单元实现所需功能要求的,而 CPU 寄存器(A、B、X、Y、CCR)是编程中要频繁用到的工作寄存器。

(3) 理解 MCU 的存储器空间分配图,MCU 寄存器、RAM、Flash 是统一编址在 64KB 地址空间的,每单元 8 位;访问寄存器使用其功能符号形式,访问 RAM 区使用 16 位地址形式($xxxx)。而它们的单元内容一般是 8 位的字节数据形式($xx)。

(4) 主程序通常是:初始化以后,循环等待或原地等待。子程序用标号定义开始,用 RTS 结束,主程序用 BSR 或 JSR 调用之;中断服务子程序也用标号定义开始,结束则用 RTI;需要声明中断向量对应的子程序入口,其执行是当中断发生时自动被执行的。

(5) 由于堆栈指针寄存器 SP 在 CPU 复位时并不一定指向 RAM 存储区空余空间,所以在汇编程序的开始必须进行 SP 指针的初始化设定,使其指向 RAM 区的最底部,否则程序在有堆栈操作时的执行会出现异常。

(6) 适当伪指令:辅助编程,便于修改、理解等。

(7) 规范与格式:大写、缩进、对齐、注释;文件名、子程序名和标号等要有自明性。

(8) 编程方法:熟悉指令,理解范例,套用实践,举一反三;由小到大,优化整理,结合硬件,完备应用。

第4章 仿真调试与C语言编程

NXP 各系列单片机的调试、仿真、下载工作不使用传统的仿真器方式,而是采用单线背景调试模式(BDM),该方法支持在线调试系统、在线下载程序,能实现完全的仿真。NXP 各款 MCU 还内置有较大容量的可以反复擦写 10 万次以上的 Flash 存储区,提供功能完备的集成开发环境 CodeWarrior IDE 软件,配合 C 语言编程基本技能,这些都使得单片机软件、硬件的开发调试更为方便快捷。

4.1 开发板与仿真调试器

在教学实验或产品研发中一般都需要用到硬件开发板(也称为评估板),开发板有助于软件调试、程序验证、产品预研以及学习模仿等,用户自己的目标板产品往往是开发板的精简或扩充形式。NXP 单片机的各系列开发板可以自行设计制作(本书第 14 章有建议方案、电路原理和软件参考等叙述)或购买成品,它们的功能及使用方法大同小异。

本章以编者团队自研设计的 S12XDEV 开发板套件为例,该开发板套件可以作为教学实验平台,由 S12X 开发板和 BDM 仿真调试器两部分构成。

(1) S12X 开发板。在 MC9S12XEP100 MCU(与 MC9S12XS128 兼容)最小系统基础上整合了基本的输入/输出接口电路,包含独立按键开关、拨位开关、LED 灯、数码管、行列键盘、模拟信号输入(电位器分压电路、光敏电路)、SCI/LIN 串行通信、SPI/I^2C 接口、CAN 总线、特殊功能接口等硬件资源,以及芯片引脚的引出接口。芯片供电设计为 5V,晶振频率为 16MHz。开发板实物外观如图 4-1 所示。

(2) BDM 仿真调试器。支持用户进行在线仿真调试、程序擦除下载,采用标准 BDM 接口。该设备可以自制或购买成品。

开发时,通过一根方口 USB 线缆插接 BDM 仿真调试器,另一头插接至 PC 的 USB 接口;仿真调试器的 BDM 插头直接插接到开发板上对应的 BDM 插座;供电通过外接电源或由 BDM 仿真调试器由 PC 的 USB 直接供电。实际使用时往往需要配备独立的 BDM 仿真调试器,它与 PC、开发板(目标板)的连接关系如图 4-2 所示。

图 4-1　S12XDEV 开发板实物图

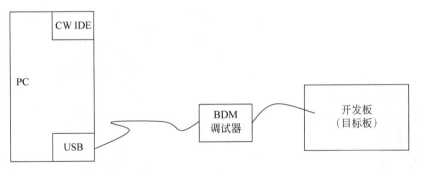

图 4-2　BDM 仿真调试器与 PC、开发板连接示意图

4.2　集成开发环境 CodeWarrior IDE

CodeWarrior IDE 简称 CW,它是一种国际通用的软件集成开发环境(Integrated Development Environment,IDE),由 NXP 的联合子公司 Metrowerks 开发,功能比较强大。CW 除了具备将用户程序(汇编或高级语言)编译生成 MCU 机器码的基本功能外,还包括一个直观的、先进的项目管理器和构造系统,一个高度优化的编译器,一个图形化、源代码级调试器和完整的芯片仿真器等,其主要特性如下:

(1) 支持 NXP 所有系列各型号 MCU。

(2) 支持不同的操作系统,如 Windows、macOS、Linux 等。

(3) 支持汇编语言以及 C/C++、Java 高级语言。

(4) 支持各种调试、仿真功能。

(5) 包括多个功能模块:编辑器、编译器、源码浏览器、搜索引擎、构造系统、调试器、工程管理器。

(6) 提供各种版本:评估版、特别版、基本版、标准版和专业版。评估版是自由下载、用于评估的,但有时间限制;特别版是免费的、用于教学目的,主要在代码长度和源文件数量上有所限制;后 3 种需要付费购买,授权文件和功能限制有区别。

本书以 CodeWarrior for S12(X) V5.1 特别版软件为例,基于 Microsoft Windows 操作系统。该版本支持 Windows 32 位/64 位各版本操作系统。CW 软件的安装与常规 Windows 软件一样,按照安装向导一步步进行即可完成。要注意的是,安装与运行均以管理员身份进行,并按默认目录安装。CW 软件的进入就是在 Windows 菜单的程序列表中找到并运行 CodeWarrior IDE,可以将其发送到桌面快捷方式,方便下次使用。

4.2.1　CodeWarrior 开发入门

使用 CodeWarrior IDE 开发 NXP 单片机系统的主要步骤如下。

1. 新建工程

(1) 在首次进入 CodeWarrior IDE 软件环境出现的启动向导(见图 4-3(a))中单击 Create New Project 按钮;或者直接在 CW 软件菜单中执行 File→New Project 命令,如图 4-3(b)所示。

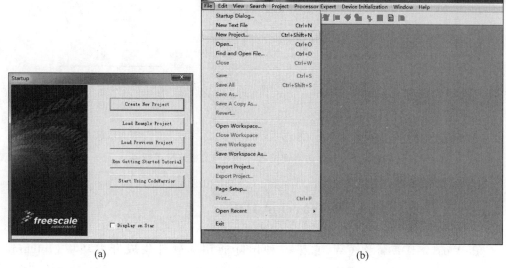

图 4-3　新建工程

（2）在新出现的 New Project 向导页中，选择 MCU 型号，例如 MC9S12XEP100；同时还要预选调试连接类型。此处选用最常用的 P&E USB BDM Multilink（OSBDM 同此）；若是使用其他 BDM 调试器，如 TBDML、USBDM，则对应选择。在纯软件仿真调试的情况下就选择 Full Chip Simulation。如图 4-4 所示，单击"下一步"按钮。当然，调试连接类型在工程建立完成以后的开发调试过程中也可以随时更改。

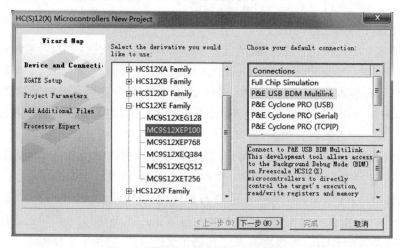

图 4-4　选择芯片型号和调试连接类型

（3）在新出现的 New Project 向导页中，提示是否选择 XGATE 的使用方式（之前选择了支持 XGATE 的 MCU 型号时才会出现），在不启用 XGATE 模块的情况下，此处默认选中 Single Core(HCS12X)，即为单核工作模式。如图 4-5 所示，单击"下一步"按钮。

（4）在新出现的 New Project 向导页中，选择编程语言。若使用汇编语言编程，此处取消选中默认的 C 复选框，改选 Relocatable Assembly（可重定位汇编）；当然也可改选 Absolute Assembly（绝对定位汇编），但此选项仅支持单个源文件，且不能与 C 进行混合编程。若使用 C、C++编程开发，改选 C 或 C++即可。同时修改输入工程的名字，如 RunLED.mcp；建

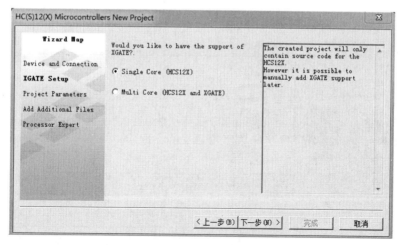

图 4-5 选择单核或启用 XGATE

议选择或修改工程的存放位置,例如 E:\CodeCW,保存后工程 RunLED 将自动存放在 E:\CodeCW\RunLED 文件夹下。如图 4-6 所示,单击"下一步"按钮。

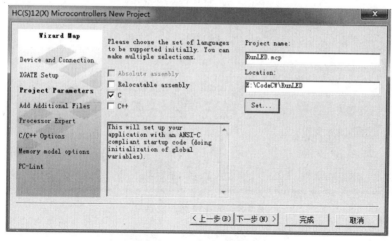

图 4-6 选择编程语言

(5) 在新出现的 New Project 向导页中,提示是否需要添加已有的其他模块程序文件,若有,则选择加入到列表或从列表中删除;若没有其他要添加的文件,则直接单击"下一步"按钮,如图 4-7 所示。当然,也可在工程建立后添加其他模块程序文件。

(6) 在新出现的 New Project 向导页中,是 CW 软件提供的快速开发选项,允许开发人员通过图形化操作界面进行器件初始化、处理器专家(PE)的高级功能操作。此处可直接选择 None。如图 4-8 所示,单击"下一步"按钮。

(7) 在新出现的 New Project 向导页中,提示选择 C/C++ 编程选项,如启动代码级别、存储器模式、浮点格式支持,此处均可按照默认分别选择 ANSI startup code、Banked(C 语言编程的存储器模式在程序量小于 64KB 时可选择 Small,此时向导会直接跳到最后一步)和 None。如图 4-9 所示,单击"下一步"按钮。

(8) 在新出现的 New Project 向导页中,提示选择存储器模式,此处均可默认分别选择 I don't know、FLASH 和 No。如图 4-10 所示,单击"下一步"按钮。

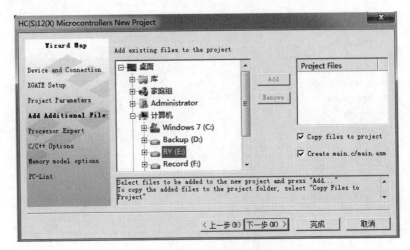

图 4-7 选择添加已有文件

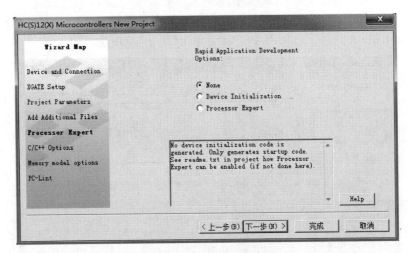

图 4-8 选择快速开发选项

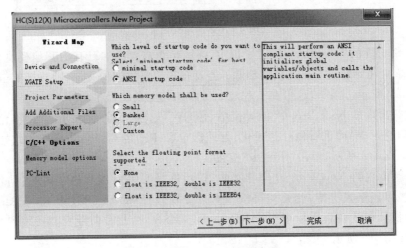

图 4-9 选择 C/C++ 编程选项

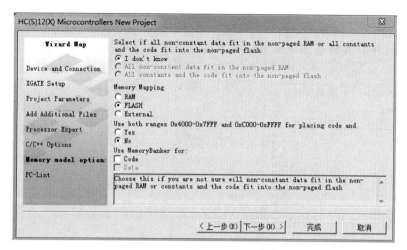

图 4-10 选择存储器模式选项

（9）在新出现的 New Project 向导页中，提示选择 PC-Lint，此处默认选择 No 即可。这也是新建工程向导的最后一页，如图 4-11 所示，单击"完成"按钮。

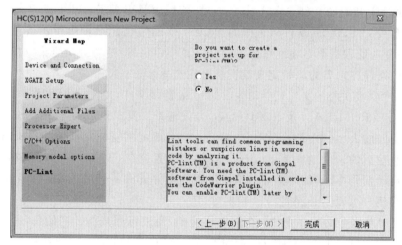

图 4-11 选择 PC-Lint

至此，已经完成了一个新工程的建立，此前的几个步骤中也可随时单击"完成"按钮，直接按默认选项建立工程。CW 工程文件的扩展名为 .mcp，工程一旦建立，以后通过 File→Open 命令，找到 .mcp 文件即可重新打开这个工程，也可以双击 .mcp 文件打开工程。CW 环境允许同时打开多个工程。

2. 输入、编辑程序

工程建立后 CW 的主界面如图 4-12 所示（C 语言编程环境）。左侧文件列表栏内是 CW 系统自动生成的各种配合文件，其中用户需要主要开发的应用程序是 Sources 目录中的 C 语言主文件 main.c。主文件双击打开后是一个自动生成的 C 程序例子框架和注释提示内容，保留其主体部分，在注释"put your own code here"的位置输入、编辑用户自己的源代码。

开发环境中各种配合文件的作用以及 CW 功能的使用可在 CW 的使用过程中自行探

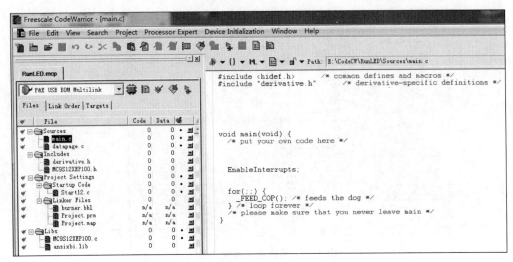

图 4-12　CodeWarrior 的 C 语言开发主界面

索体会，其中需要注意的是：

（1）主文件中开始的文件包含 derivative.h，实际上是引入了自动生成的、与 MCU 型号相关的预包含头文件，例如，文件列表中的 MC9S12XEP100.h，其内容主要是芯片的中断向量号、中断向量地址和寄存器地址别名的定义。其中，可以通过右键快捷菜单找到的源代码中大量使用的寄存器别名的原始定义其实就是在这里。

（2）另一个需要关心的文件是自动生成的.prm 链接文件，文件中主要是存储器代码地址定位信息，给 EEPROM、RAM 及 ROM(Flash)分配地址。其中最后的 STACKSIZE 0x100 用于规定堆栈空间的大小；"VECTOR 0 _Startup"指定了复位向量地址是标号_Startup，也就是指定复位后的入口地址是_Startup 位置，该位置放在 CW 自动生成的 Start12.c 中一组汇编语言启动代码中，其最终会导向执行工程主文件 main.c 中的 main()函数，其启动代码的具体内容用户可以不必深究。

（3）需要中断服务的程序安排：在汇编环境中，要进行堆栈指针初始化，并要在整个源程序的末尾声明中断子程序所对应的向量地址。在 C 环境中，堆栈指针初始化已自动完成，主要是需要给中断服务函数指定对应的中断向量号，该向量号实际上是与中断向量地址对应的。在编程中，还需要进行局部模块的中断使能以及全局的关中断、开中断操作。

3．编译程序

单击 Make 图标（或执行 Project→Make 命令或按 F7 键）进行工程编译和链接，若源程序有错误，则 CW IDE 会弹出错误或警告信息。按提示修改，重新编译，直到没有错误为止。此时为编译通过，编译后文件会自动存盘。

另外，CW 环境的 Add Files 功能还可以对当前工程添加已有的模块文件。

4.2.2　程序下载与仿真调试

程序下载与仿真调试有两种方式：纯软件和使用 BDM 的仿真调试方式，分别由工程设置的调试连接类型决定：

（1）纯软件仿真调试。在工程栏左上方选择 Full Chip Simulation（或执行 Project→Set

default Target→Full Chip Simulation 命令)。此时,程序是虚拟下载。在没有开发板或目标板的情况下,可进行纯软件仿真调试,也可在用板、制板之前进行程序逻辑正确性验证。

(2) 使用 BDM 的仿真调试。在工程栏左上方选择具体的仿真调试器类型:P&E USB BDM Multilink(或执行 Project → Set default Target → P&E USB BDM Multilink),OSBDM 调试器同此选择。此时,程序是实际、真实下载到 MCU 芯片,必须通过 BDM 仿真调试器连接开发板或目标板。

上述两种方式进入仿真调试的过程是一致的,均可以进行仿真调试操作,如全速运行、停止、单步、复位等。在开发或实验中通常使用 BDM 的仿真调试方式。此时,先准备好 BDM 调试器硬件连接:一端接 PC 的 USB 接口,另一端插接在开发板或目标板上标准的 BDM 插口(注意别插反),在安装 BDM 设备驱动的前提下 PC 会自动识别并安装此设备。所连硬件都通电,BDM 可带电插拔。

以使用 BDM 的仿真调试方式为例,具体的程序下载与仿真调试如下:

(3) 单击 Debug 图标 (或执行 Project →Debug 命令,或按 F5 键),将弹出 True-Time Simulator & Real-Time Debugger 仿真调试窗口界面。在进入在线调试之前,CW 会弹出如图 4-13(a)和图 4-13(b)所示的 NVM(Non Volatile Memory)存储器是否擦除、写入编程的提示对话框,单击 OK 按钮,随后有擦除、写入进度指示。

(a) Flash擦除提示　　(b) Flash写入编程提示

图 4-13　Flash 擦除/写入指示

BDM 调试器错误连接或没有连接、写入错误等,CW 均会弹出错误提示。若弹出连接错误信息,则要进行 BDM 调试器通信连接的正确设置,例如,需要在连接调试器菜单→Set Derivative 选择为正确的 MCU 型号;还可能因为擦除、写入异常,需要尝试执行调试器→unsecure 命令,在出现的询问参数填入对应的晶振频率数值。

写入成功后会进入正确状态的在线调试界面,如图 4-14 所示,此时已是针对电路板的实时、在线的调试运行状态。最后的正确状态应是 Source 窗口内有程序代码。上述过程实际已完成对 MCU 的 NVM Memory(EEPROM 和 Flash)的擦除和程序下载,可以在线调试或脱机运行。

其中,Source 为源程序代码窗口,Procedure 为当前过程窗口,Data1、Data2 为指定观察变量的数据窗口,Command 为当前执行以及支持手动输入的调试命令窗口,Assembly 为当前转换的汇编语句及其地址窗口,Register 为寄存器窗口,Memory 为内存窗口。各个窗口均有对应的鼠标右键功能可供选用。

(4) 随后,开发者就可以进行各种信息观察和调试操作:

① 其中 Source 窗口中为源程序代码行,通过右键快捷菜单可设置断点、执行到光标处等。

② 各寄存器、存储器区域值等均可通过双击或用右键功能,进行手工编辑。

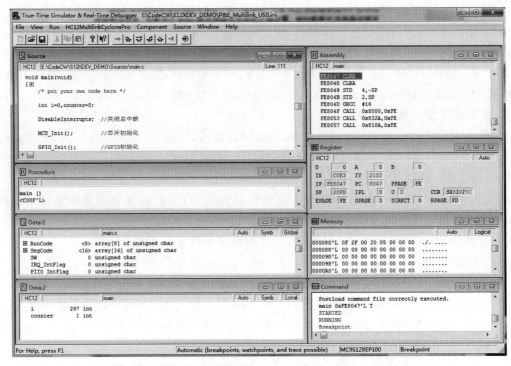

图 4-14 CodeWarrior 仿真调试窗口界面

③ 增加表达式。在 Data 窗口增加自定义的表达式观察对象。

④ 调试运行。全速运行开始/继续、单步进入(Single Step)、单步跳过(Step Over)、单步跳出(Step Out)、汇编单步、停止、复位，依次对应如图 4-15 所示的按钮。

图 4-15 调试运行方式按钮

⑤ 调试观察。程序存放位置、运行位置、寄存器值、存储器区域值、Data 区域变量等。

调试界面中还有其他一些菜单功能，如目标程序的文件操作、调试连接设置、界面方式、字体背景设置、组件打开等功能，这些功能并不常用，开发者可以根据需要选用。

（5）对于重新编译过的工程，可以在 CW 主界面中再次单击 Debug 按钮，重新进入调试窗口；也可以在调试窗口执行调试器→load 菜单，直接调入新的目标文件 *.abs 进行程序下载，它可在工程所在的文件夹下的 bin 子文件夹中找到，而 bin 子文件夹下的 *.s19 文件是不带调试信息的标准 Motorola 格式的目标代码文件，也可被调入并下载。

（6）程序运行结果无误、在线调试完成后，就可以拔除 BDM 调试器、脱离 PC 从而使电路板完全脱机独立运行。

4.2.3 prm 文件内容的简要说明

CodeWarrior IDE 已经为开发者做好了工程的文件组配、预置链接等安排，通常情况下使用默认设置，也可以根据需要进行调整、修改。其中.prm 链接文件在 CodeWarrior 工程开发过程中起着重要作用。通过工程向导建立的新项目中都会有一个或多个扩展名为.prm 的文件，例如，Project.prm 文件，位于 CW IDE 左栏的工程文件列表中。下面给出一个标准的.prm文件示例,其中"//"之后以及"/ * … * /"中内容均为注释或被屏蔽语句。

```
/* This is a linker parameter file for the MC9S12XS128 */

/*
This file is setup to use the HCS12X core only.
If you plan to also use the XGATE in your project, best create a new project with the
'New Project Wizard' (File|New... menu in the CodeWarrior IDE) and choose the appropriate
project parameters.
*/

NAMES
     /* CodeWarrior will pass all the needed files to the linker by command line. But here you
may add your additional files */
END

SEGMENTS /* here all RAM/ROM areas of the device are listed. Used in PLACEMENT below. All
         addresses are 'logical' */
/* Register space */
/*     IO_SEG          = PAGED                              0x0000 TO 0x07FF; */

/* non-paged RAM */
       RAM             = READ_WRITE    DATA_NEAR            0x2000 TO 0x3FFF;

/* non-banked FLASH */
       ROM_4000        = READ_ONLY     DATA_NEAR IBCC_NEAR  0x4000 TO 0x7FFF;
       ROM_C000        = READ_ONLY     DATA_NEAR IBCC_NEAR  0xC000 TO 0xFEFF;
/*     VECTORS         = READ_ONLY                          0xFF00 TO 0xFFFF; */
       //OSVECTORS     = READ_ONLY                          0xFF10 TO 0xFFFF;

/* paged EEPROM                                             0x0800 TO 0x0BFF; */
       EEPROM_00       = READ_ONLY     DATA_FAR IBCC_FAR    0x000800 TO 0x000BFF;
       EEPROM_01       = READ_ONLY     DATA_FAR IBCC_FAR    0x010800 TO 0x010BFF;
       EEPROM_02       = READ_ONLY     DATA_FAR IBCC_FAR    0x020800 TO 0x020BFF;
       EEPROM_03       = READ_ONLY     DATA_FAR IBCC_FAR    0x030800 TO 0x030BFF;
       EEPROM_04       = READ_ONLY     DATA_FAR IBCC_FAR    0x040800 TO 0x040BFF;
       EEPROM_05       = READ_ONLY     DATA_FAR IBCC_FAR    0x050800 TO 0x050BFF;
       EEPROM_06       = READ_ONLY     DATA_FAR IBCC_FAR    0x060800 TO 0x060BFF;
       EEPROM_07       = READ_ONLY     DATA_FAR IBCC_FAR    0x070800 TO 0x070BFF;

/*     paged RAM:                                           0x1000 TO 0x1FFF; */
/*     RAM_FE          = READ_WRITE                         0xFE1000 TO 0xFE1FFF; */
/*     RAM_FF          = READ_WRITE                         0xFF1000 TO 0xFF1FFF; */

/*     paged FLASH:                                         0x8000 TO 0xBFFF; */
       PAGE_F8         = READ_ONLY     DATA_FAR IBCC_FAR    0xF88000 TO 0xF8BFFF;
       PAGE_F9         = READ_ONLY     DATA_FAR IBCC_FAR    0xF98000 TO 0xF9BFFF;
       PAGE_FA         = READ_ONLY     DATA_FAR IBCC_FAR    0xFA8000 TO 0xFABFFF;
       PAGE_FB         = READ_ONLY     DATA_FAR IBCC_FAR    0xFB8000 TO 0xFBBFFF;
       PAGE_FC         = READ_ONLY     DATA_FAR IBCC_FAR    0xFC8000 TO 0xFCBFFF;
/*     PAGE_FD         = READ_ONLY                          0xFD8000 TO 0xFDBFFF; */
       PAGE_FE         = READ_ONLY     DATA_FAR IBCC_FAR    0xFE8000 TO 0xFEBFFF;
/*     PAGE_FF         = READ_ONLY                          0xFF8000 TO 0xFFBFFF; */
END
```

```
    PLACEMENT /* here all predefined and user segments are placed into the SEGMENTS defined above.
    */
            _PRESTART,
            STARTUP,
            ROM_VAR,
            STRINGS,
            VIRTUAL_TABLE_SEGMENT,
            //.ostext,
            NON_BANKED,
            COPY

            INTO ROM_C000/* , ROM_4000 */;

            DEFAULT_ROM INTO PAGE_FE, PAGE_FC, PAGE_FB, PAGE_FA, PAGE_F9, PAGE_F8;

    //.stackstart,       /* eventually used for OSEK kernel awareness: Main-Stack Start */
            SSTACK,      /* allocate stack first to avoid overwriting variables on overflow */
    //.stackend,         /* eventually used for OSEK kernel awareness: Main-Stack End */
            PAGED_RAM,   /* there is no need for paged data accesses on this derivative */

            DEFAULT_RAM  /* all variables, the default RAM location */
                    INTO RAM;

            DISTRIBUTE DISTRIBUTE_INTO
                ROM_4000, PAGE_FE, PAGE_FC, PAGE_FB, PAGE_FA, PAGE_F9, PAGE_F8;
            CONST_DISTRIBUTE DISTRIBUTE_INTO
                ROM_4000, PAGE_FE, PAGE_FC, PAGE_FB, PAGE_FA, PAGE_F9, PAGE_F8;
            DATA_DISTRIBUTE DISTRIBUTE_INTO
                    RAM;
        //.vectors INTO OSVECTORS; /* OSEK vector table */
    END

    ENTRIES /* keep the following unreferenced variables */
            /* OSEK: always allocate the vector table and all dependent objects */
        //_vectab OsBuildNumber _OsOrtiStackStart _OsOrtiStart
    END

    STACKSIZE 0x100    /* size of the stack (will be allocated in DEFAULT_RAM) */

    /* use these definitions in plane of the vector table ('vectors') above */
    VECTOR 0 _Startup /* reset vector: this is the default entry point for a C/C++ application. */
    //VECTOR 0 Entry /* reset vector: this is the default entry point for an Assembly application. */
    //INIT Entry    /* for assembly applications: that this is as well the initialization entry
    point */
```

上述 .prm 文件由 5 个组成部分构成：

(1) NAMES-END。用来指定在连接时加入本项目文件列表之外的额外的目标代码模块文件，这些文件都是事先经 C 编译器或汇编器编译好的机器码目标文件而不是源代码文件。不过这种用法比较少见，因为用户可以在项目文件列表的 Libraries 一栏添加这些目标代码文件以实现同样的任务，而且由项目列表管理这些模块文件更加直观、方便。

(2) SEGMENTS-END。定义和划分了 MCU 芯片所有可用的存储器资源的区段名字、读写属性和映射地址，包括程序空间和数据空间。一般程序空间在 ROM 区段，有非分页 Flash 区段和分页 Flash 区段；数据空间在非分页 RAM 区段和分页 RAM 区段。实际上,这些名字都不是系统保留的关键词,可以由用户随意修改。用户也可以把存储器空间按地址和属性随意分割成大小不同的块,每块可以自由命名。不过这些部分一般不予改动。例如,

- RAM：非分页的读/写 RAM 区段,其地址为 0x2000~0x3FFF；
- ROM_4000：非分页的只读 Flash 区段,其地址为 0x4000~0x7FFF；
- ROM_C000：非分页的只读 Flash 区段,其地址为 0xC000~0xFEFF；
- EEPROM_00：分页的只读 DataFlash 区段,其地址为 0x000800~0x000BFF；
- RAM_FE：分页的读/写 RAM 区段,页号 FE,其地址等效为 0x2000~0x2FFF；
- PAGE_F8：分页的只读 Flash 区段,页号 F8,其地址为 0xF88000~0xF8BFFF。

(3) PLACEMENT-END。指定源程序中所定义的各种段(例如,数据段 DATA_SEG、CONST_SEG 和代码段 CODE_SEG)被具体放置到哪个存储器区段中。它是连接源程序中的定义描述和实际物理存储器的桥梁。比如这部分通过 INTO 指定：_PRESTART 起始代码、ROM_VAR 常量、NON_BANKED 非分页程序代码等程序段都放置到 ROM_C000 区段中；SSTACK 堆栈、DEFAULT_RAM 数据等放置到 RAM 区段中。

(4) STACKSIZE。定义系统堆栈长度,其后给出的长度字节数可以根据实际应用需要进行修改。堆栈的实际定位取决于 RAM 存储器的划分和使用情况。在常见的 RAM 线性划分变量连续分配的情况下,堆栈将紧接着用户所定义的所有变量区域的高端。但若将 RAM 区分成几个不同的块,则必须确保其中至少有一个块能容纳已经定义的堆栈长度。

(5) VECTOR。定义所有向量入口地址。模板在生成.prm 文件时已经定义了复位向量的入口地址。对于各类中断向量,用户必须自己按向量编号与中断服务函数名相关联,请参考本章中断程序代码规范。若中断函数的定义是用 interrupt 加上向量号,则无须在这里重复定义。

① 对于 CW 的汇编语言编程,.prm 文件的最后这两句生效：

```
VECTOR 0 Entry
INIT Entry
```

指明 MCU 复位、初始化进入程序的入口点是 Entry,所以 MCU 会从 main.asm 中的 Entry 处开始执行程序。

② 对于 CW 的 C 语言编程,prm 文件的最后两条语句会被屏蔽,下面这一句生效：

```
VECTOR 0 _Startup
```

指明 MCU 复位进入程序的入口点是_Startup,而_Startup 在 Start12.c 文件中定义,Start12.c 是由 CW 自动生成的标准启动代码,其中进行了一系列的初始化、宏定义操作,其出口调用的是 main()函数,这也正是 MCU 启动后能自动执行到 main.c 中的 main()函数的原因。

4.3 使用 C 语言的单片机编程开发

本节内容供使用 C 语言进行单片机开发的读者参考,所依据的最主要原则就是单片机 C 语言编程符合标准 C 规范。

目前对于 MCU 的编程主要是汇编语言和 C 语言。在单片机学习和实际开发工作中,

汇编语言编程依然占有重要的地位,但是随着嵌入式系统的日益复杂庞大、功能越来越多、开发周期越来越短等因素的制约,汇编语言可能不适应开发工作的实际需要。因此,C语言就被逐渐应用到嵌入式的开发中。C语言作为一种通用的高级语言,有着语言精简、结构简单、数据类型丰富等优点,同时可以提供和汇编语言一样的指针操作功能,因此C语言被广泛应用于MCU的编程。实际上,只要思路表达清晰、逻辑正确,使用C语言一样能够实现高效的程序流程。

NXP的CodeWarrior IDE为用户快速步入单片机的C语言编程提供了一个很好的平台,它按照工程进行文件的管理,用户只需在IDE软件新建工程时选择C语言编程,随后的工程会生成一些预置的.c文件、.h文件、.lib文件和存储器分配文件等,并且会自动生成一些必要的初始化过程,如程序入口指定、堆栈指针初始化等,用户可以只关注自己所面向的对象编程。

CodeWarrior中针对NXP单片机C语言编程基本符合ANSI C规范,因此关于标准C语言编程不再赘述(而C++编程在嵌入式系统编程中很少使用)。本节主要描述与NXP单片机资源、CodeWarrior使用等密切相关以及与标准C不同的单片机C编程内容。

4.3.1 常用的C语句操作示例

与汇编语言编程一样,C语言编程同样大量涉及寄存器、位操作和数据变量,但用C语句较汇编语句简洁,也能保证高效率,例如:

```
unsigned char bPortA = PORTA;        //定义变量bPortA,并将A口的状态赋给bPortA
byte Flag, bits;                     //定义byte类型变量
PORTA = 0xFF;                        //将0xFF赋值给A口,A口输出全高电平
TSCR1 &= 0xDF;                       //对TSCR1寄存器进行位与操作
if( (bits&0x10) != 0 )               //测试bits变量的第4位是否为1
if( bits&0x10 )                      //功能同上
if( bits&(1<<4) )                    //功能同上
if( (bits|0xEF) == 0xEF )            //测试bits变量的第4位是否为0
if( (PORTA&0x81) == 0 )              //检查PORTA第7位、0位是否都为0
while( (bits&0x80) != 0x80 );        //循环测试bits的第7位,直至第7位变为1退出
while( (bits&0x20) == 0 );           //循环测试bits的第5位,直至第5位不为0退出
PORTA |= (1<<7);                     //PORTA的第7位置1
PORTA &= ~(1<<7);                    //PORTA的第7位清零
PORTB ^= 0x80;                       //PORTB与10000000b异或,即第7位取反
PORTB = ~PORTB;                      //PORTB按位取反
#define EnableSCI0RcvInt() SCICR2 |= (1<<5)  //宏定义,位置1,开放SCI0接收中断
#define DisableSCI0RcvInt() SCICR2 &= ~(1<<5) //宏定义,位清零,禁止SCI0接收中断
memcpy((void*) destin, (void*) source, 8);   //复制source开始的存储器单元的8个字节
                                             //内容到destin开始的8个存储器单元中
...
```

注意:在C语言编程中,同样要注意规范与格式,例如,语句小写、缩进对齐和适当注释。MCU寄存器名也被视为变量,使用其预定义的大写字母形式。文件名、函数名和变量名等要有自明性。工程组织和程序框架必须符合要求,程序主函数初始化后必须安排一个无限循环体,而中断服务函数是在这个循环条件满足时自动被执行的。

4.3.2 基本变量类型和定义

CodeWarrior 中单片机 C 编译器支持的基本变量类型及其默认的长度位数如表 4-1 所示，其中整型数变量 char、short、int、long 等都有对应的无符号形式（前面冠以 unsigned）。CW 给定的头文件已经将最常用的一些无符号变量类型做了类型名简化替换：

```
typedef unsigned char byte;
typedef unsigned int word;
typedef unsigned long dword;
```

在用户 C 程序中，就用 byte 代替 unsigned char，用 word 代替 unsigned short 等，这与 Windows Visual C/C++ 的规范是类似的。稍有不同的是，int 类型变量的数据长度在 CW 开发环境中为 2 字节（16 位），在 Visual C/C++ 开发环境中则为 4 字节（32 位）。

表 4-1 CW 中 C 变量的类型与长度定义

类　　型	8 位	16 位	32 位	64 位
char	√			
short		√		
int		√		
long			√	
long long			√	
enum		√		
float			√	
double				√
long double				√
long long double				√

在单片机程序设计中对于变量类型的选择确认必须遵循两条最基本的原则：能用短的变量就不用长的；能用无符号数就不用有符号数。这两条基本原则将在很大程度上决定代码的长度和效率。因此建议多使用 byte 或 word 类型变量。

由于 NXP 系列单片机内部硬件寄存器定义的特点，对于多字节组成的变量，例如 int、long 等，C 编译器默认的变量存储器排列方式是 Motorola 的大端（big endian）模式，即高位字节放在低地址，低位字节放在高地址。这一点与 Intel 格式（例如 MCS-51 系列）正好相反，Intel 格式是小端（little endian）模式，在程序跨平台移植时要特别注意。NXP MCU 的 16 位 I/O 寄存器组，它们在硬件上都是由顺序排列的两个 8 位寄存器组成，高字节在前，低字节在后。

各类型变量可以定义为全局变量、局部变量，也可以使用外部变量。全局变量是在当前程序中始终有效，是常用的、简单的参数传递方式；而局部变量只在函数内部才有效；外部变量是指由其他模块文件中定义的变量，通过 external 声明后可以在当前文件中使用。

4.3.3 位域变量的定义和使用

单片机程序设计中经常会用到的位变量作为一些标志。CW 中没有专门的位变量定义关键词，位变量必须由位域结构体的形式来定义。例如：

```
struct {
    byte powerOn :1;
    byte alarmOn :1;
    byte commActive :1;
    byte sysError :1;
} myFlag;
```

若引用这个位变量,则只需:

```
myFlag.alarmOn = 1;
myFlag.sysError = 0;
```

这样定义的各个位变量将被顺序排放在一起,以字节为基本单位,字节的第 0 位放第 1 个位变量,1 个字节含 8 个位变量。若位定义的位数不足 8 位,则位域结构也占用 1 字节;若位域结构中定义的位变量数目很多,则在最后存储器分配上将占据多字节。

有时为了编程方便,位变量需单独定义和操作但又希望一次整个字节一起初始化(清零或赋值),这时可以定义字节(或字)和位域结构的联合体,例如:

```
union {
    byte flagByte;
    struct {
        byte powerOn :1;
        byte alarmOn :1;
        byte commActive :1;
        byte sysError :1;
    } bits;
} myFlag;
```

整字节操作可以为

```
myFlag.flagByte = 0;
```

单独的某一个位操作可以为

```
myFlag.bits.powerOn = 1;
myFlag.bits.commActive = !myFlag.bits.commActive;
```

最后要提醒的是,因为位操作通常会针对单片机内部的 I/O 寄存器,而它们的存储器地址分配在最前面的 2KB,尤其会在最前面的 256B 范围内,所以在定义位变量时尽量将它们指定分配到存储器空间的 I/O 寄存器空间(地址范围为 0x0000～0x07FF),这样对位变量操作的 C 代码将直接被编译成对应的汇编位操作指令,代码效率最高。具体的定位方法将在 4.3.5 节说明。

4.3.4 变量的绝对定位和特殊声明

上面介绍的各类基本变量和由其合成的高级变量如数组、结构和联合体,将满足大部分的单片机 C 语言程序设计工作。由于单片机资源的有限性和特殊型,还有一小部分因素需要在定义变量时加以考虑。

1. 变量的绝对定位

变量绝对定位是特别针对芯片内部的硬件寄存器定义的。所有的硬件寄存器在编写 C 程序时均被视为变量,它们都已在 CW 给定的头文件中预先定义。由于是硬件资源,其地

址是唯一且不可更改的,所以在头文件中定义这些寄存器时都采用绝对定位的方式,如定义 PORTE 数据寄存器:

```
/*** PORTE - Port E Data Register; 0x00000008 ***/
typedef union {
    byte Byte;
    struct {
        byte PE0    :1;             /* Port E Bit 0 */
        byte PE1    :1;             /* Port E Bit 1 */
        byte PE2    :1;             /* Port E Bit 2 */
        byte PE3    :1;             /* Port E Bit 3 */
        byte PE4    :1;             /* Port E Bit 4 */
        byte PE5    :1;             /* Port E Bit 5 */
        byte PE6    :1;             /* Port E Bit 6 */
        byte PE7    :1;             /* Port E Bit 7 */
    } Bits;
} PORTESTR;
extern volatile PORTESTR _PORTE @(REG_BASE + 0x00000008UL);
#define PORTE                       _PORTE.Byte
#define PORTE_PE0                   _PORTE.Bits.PE0
#define PORTE_PE1                   _PORTE.Bits.PE1
#define PORTE_PE2                   _PORTE.Bits.PE2
#define PORTE_PE3                   _PORTE.Bits.PE3
#define PORTE_PE4                   _PORTE.Bits.PE4
#define PORTE_PE5                   _PORTE.Bits.PE5
#define PORTE_PE6                   _PORTE.Bits.PE6
#define PORTE_PE7                   _PORTE.Bits.PE7
```

在定义这个端口寄存器时用@给出其绝对地址为:寄存器基址+0x00000008。经过这样的定义和声明后,编程时就可以直接引用 PORTE、PORT_PE0 等符号形式来访问整个寄存器或者其中的某一位。理论上,用户自己定义的变量也可以用这种方式对其分配一个固定地址来绝对定位。但这样定义的变量其地址不被保留,完全可能被其他变量覆盖。例如,用绝对定位的方式定义一个变量 k 在地址 0x0070,但此地址同时还有其他变量定义,在最后连接定位后的存储器映射文件中变量 k 的地址和其他变量将是重叠的,这可能会引起程序混乱。所以建议不使用绝对定位来定位自己的普通变量,只定位或直接引用寄存器变量。

2. 变量的 volatile 声明

volatile 类型变量顾名思义就是这些变量是易变的,其值是不随用户程序代码的运行而随意改变的。声明方法如下:

```
volatile word PIT0_IntCount;
volatile byte uartBuff[16];
volatile word adValue;
```

基本所有的单片机片内硬件寄存器的性质都是易变的,因为其值的变化是由内部硬件模块运作或外部信号输入决定而不受程序代码的控制,所以 MCU 寄存器都会被声明为 volatile 类型;用户自己定义的变量若在中断服务程序中被修改,那么对正常的代码运行流程来说它们也是易变的。volatile 类型定义在单片机的 C 语言编程中较为重要,是因为它可以告诉编译器的优化处理器这些变量是一直存在的,在优化过程中不能无故消除。假定用户程序定义了一个变量并对其进行了一次赋值,但随后就再也没有对其进行任何读写操作,若是非 volatile 类型变量,则优化后的结果是这个变量将有可能被彻底删除以节约存储空间。另一种情形是在使用某一个变量进行连续的运算操作时,这个变量的值将在第一次操作时被复制到中间临时变量中,若它是非 volatile 类型变量,则紧接其后的其他操作将有可能直接从临时变量中取数以提高运行效率,显然这样做后对于那些随机变化的参数就会出问题。只要将其定义成 volatile 类型,编译后的代码就可以保证每次操作时直接从变量地址处取数。

任何类型的变量都可以冠以 volatile 声明。

3. 变量的 static 声明

static 声明用来声明一个静态变量。在函数外,static 声明的变量是静态的全局变量,全局可用,变量值保持不变、得以共享。在函数内,static 声明的变量是静态的局部变量,局部的范围可能是一个文件、函数、过程中,在局部的范围内,变量值保持不变、得以共享。例如:

```
static int waittime ;
```

任何类型的变量都可以冠以 static 声明。

4. 变量的 const 声明

const 声明用来声明变量为永不变化的常数,等同于一个宏定义的常数,例如:

```
const double PI = 3.14159265;
```

一般来说,这些变量都应该被放在 ROM 区(也就是 Flash 程序空间)以节约宝贵的 RAM 空间。但简单的一个 const 声明并不能保证变量最后会被分配到 ROM 区,安全的做法是必须配合♯pragma 声明的 CONST_SEG 数据段或 INTO_ROM 一起实现。

任何类型的常量都可以冠以 const 声明,同时必须赋初值。

注意:以上所述变量的绝对定位与特殊声明在用户自定义的变量中并不是必需的。

4.3.5 ♯pragma 程序管理声明

♯pragma 程序管理语句是对程序代码的某种特别声明,它是基于单片机开发的特点而对标准 C 语法的一个扩充,类似于汇编语言中伪指令,本质上是通知编译器该如何安排管理程序代码。它对充分利用单片机内各类有限的资源起到不可或缺的作用。下面简单介绍几个最常用的♯pragma 声明。

1. ♯pragma DATA_SEG

♯pragma DATA_SEG 用来声明变量所处的数据段。其语法形式为

♯pragma DATA_SEG <属性> 名称

数据段 DATA_SEG 定义的名称可以由用户自定义,但在 CW 中会有一些约定的名称,例如:

(1) DEFAULT——默认的数据段,在 NXP S12(X)单片机中的地址为 0x1000 以上。一般的变量定义可以放在这一区域。

(2) MY_REGISTER——自定义的数据段,例如,0x0000~0x07FF 的地址空间已经分配给了 MCU 寄存器。需要频繁或快速存取的变量应该指定放在这一特殊区域,特别是位

变量。

数据段名称必须和.prm文件中的数据段配置相关联才能真正发挥其定位作用。若用户自己命名的数据段在.prm文件中没有特别说明,则此数据段的性质等同于DEFAULT。

数据段的属性可以省略,其主要目的是告诉编译器此段数据可适用的寻址模式。不同的寻址模式所占用的指令数量和运行时间都不同。对于NXP单片机,关键的是I/O寄存器区段可以进行直接快速寻址,故对应此数据段应尽量指明其属性为__NEAR_SEG。对于一般数据段没有属性描述,默认是__FAR_SEG,将用16位地址普通寻址。

下面举几个数据段定义的例子加以进一步说明:

```
#pragma DATA_SEG __NEAR_SEG MY_REGISTER      //开始自定义数据段定义
volatile struct {
    byte powerOn : 1;
    byte alarmOn : 1;
    byte commActive : 1;
    byte sysError : 1;
} myFlag;
#pragma DATA_SEG DEFAULT                     //开始默认数据段定义
volatile word msCounter;
byte i,j,k;
byte tmpBuff[16];
```

2. #pragma CONST_SEG

#pragma CONST_SEG用来声明一个常数数据段,必须和变量的const修饰关键词配合使用。其语法形式为

#pragma CONST_SEG 名称

该数据段下定义的所有数据将被放置在程序只读的ROM区,也就是单片机内的Flash程序空间区。常数段名称可以由用户自定义,但一般都用DEFAULT,让编译链接器按可用的ROM区域自由分配变量位置。举例如下:

```
#pragma CONST_SEG DEFAULT
const byte strName[] = "NXP Application";
const word version = 0x0301;                 //有const,该变量将被放置在ROM区

#pragma CONST_SEG DEFAULT
word version = 0x0301;                       //没有const,该变量将被放置在RAM区
```

3. #pragma CODE_SEG

#pragma CODE_SEG用来定义程序代码段并赋以特定的段名,语法形式如下:

#pragma CODE_SEG <属性> 名称

一般的程序设计是无须对代码段做特殊处理的。因为所有传统的NXP系列单片机其程序空间都不超过64KB(16位寻址最大范围)且在存储器地址中呈线性连续分布。对于工程中所有的代码文件或库文件,链接器会在最后按程序模块出现的先后顺序逐一自动安排所有程序函数在存储器中所处的实际位置,开发者不必太关心某一个函数的具体位置。但若程序超过64KB,则必须在存储器空间中以页面形式映射到首64KB地址范围,其对应的程序段属性要特殊声明。某些特殊的设计需要将不同部分的程序分别定位到不同的地址空

间，例如，实现程序代码下载自动更新。这样的设计需要将负责应用程序下载更新的驱动代码固定放置在一个保留区域内，而将一般的应用程序放置在另外一个区域，以便在需要时整体擦除后更新。这时就需要用 CODE_SEG 来分别指明不同的程序段，但还必须配合 .prm 文件对程序空间进行分配和指派。

例如，在 NXP CodeWarrior 开发环境中，往往要求指定中断服务函数的定位信息，以保证中断服务函数的代码内容被安排在非分页的 Flash 区域，可以通过在用户的中断服务函数前加一个强制定位声明：

```
#pragma CODE_SEG NON_BANKED
```

代码段的属性一般都用默认的 __FAR_SEG，表明所有的函数调用都是长调用（对应汇编指令为 JSR）。但 S12(X) 系列单片机支持效率更高的函数短调用（对应汇编指令为 BSR），若程序的某一个功能模块含有多个相互调用的小函数且函数调用间距不超过＋127 或－128 字节，则可以将这部分代码段声明为短调用属性 __NEAR_SEG。但实际编程时由于 C 代码对应的汇编指令长度不是很容易就能估测得到，所以很少使用短调用属性。

下面是一个程序实例：

```
#pragma CODE_SEG DEFAULT                    //定义默认的代码段，默认属性为远调用
void main(void)
{
    …
}

#pragma CODE_SEG __NEAR_SEG NON_BANKED      //定义近调用的代码段，段名 NON_BANKED
interrupt void Timer0_ISR(void)
{
    …
}

#pragma CODE_SEG __FAR_SEG BOOTLOAD         //定义远调用的程序段，段名为 BOOTLOAD
void BootLoader(void)
{
    …
}

#pragma CODE_SEG __NEAR_SEG KEYBOARD        //定义近调用的程序段，段名为 KEYBOARD
void KeyAntiVibration(void)
{
    …
}
byte KeyCheck(void)
{
    …
}
void KeyBoard(void)
{
    if (keyCheck())
    {
        KeyAntiVibration();
        …
    }
}
```

4. #pragma INTO_ROM

#pragma INTO_ROM 的功能类似于 CONST_SEG，与变量修饰词 const 配合使用。但它只定义一个常数变量到 ROM 区，且只作用于紧接着的下一行定义。例如：

```
#pragma INTO_ROM
const byte strName[] = "NXP Application";    //有 const, 变量将被放置在 ROM 区
word version = 0x0301;                        //没有 const, 变量将被放置在缺省 RAM 区
```

5. #pragma TRAP_PROC

#pragma TRAP_PROC 用于定义一个函数为中断服务类型。此类型的函数编译器在将 C 代码编译成汇编指令时会在代码前后增加必要的现场保护和恢复汇编代码，同时函数最后返回时实际使用汇编指令 RTI 而不是使用普通子程序的返回指令 RTS。例如：

```
#pragma TRAP_PROC
interrupt 21 void SCI1_ISR(void) //定义 SCI1 的中断服务程序
{
    ...
}
```

6. #pragma MESSAGE

#pragma MESSAGE 用来控制编译信息的显示。一般情况下这些编译信息都是有用的，特别是警告和错误信息。有时我们会按单片机的工作特性编写一些代码，但正常编写程序时这些代码会产生一些告警信息。若想特别关注某类信息，则可以用 ENABLE 让其永远显示出来。若不想每次都看见编译器给出的这一类信息，则可以先确认这一信息的编号，然后用 #pragma MESSAGE 加上 DISABLE 关键词和信息号将它屏蔽，例如：

```
#pragma MESSAGE DISABLE C1420       //忽略编号为 C1420 的编译警告(Warning)
```

注意：以上所述程序管理声明只在特殊需要时使用，主要就是中断服务函数前需要加一个强制定位声明 #pragma CODE_SEG NON_BANKED，其他情况下不是必需的。

4.3.6 C 语言结合汇编语言编程

在绝大多数场合采用 C 语言编程即可完成预期的目的，但是对一些特殊情况进行编程时要结合汇编语言。具体有两种情况。

1. 调用汇编指令构成的子程序

首先在子程序的 .h 文件中声明子程序名：

```
void asm_Function(void);
```

在子程序的 .asm 文件中，实现汇编子程序（可重定位模式），格式如下：

```
...
asm_Function:
        代码
        ...
        RTC
```

在 C 程序文件的开始加入汇编子程序的文件包含语句，然后在需要的位置调用汇编子程序，直接使用：

```
asm_Function();
```

2. 嵌入汇编语句

对于嵌入式汇编,可以在 C 程序中使用汇编关键字嵌入一些汇编语言程序,这种方法主要用于实现数学运算或中断处理,以便生成精练的代码,减少运行时间。当汇编函数不大,且内部没有复杂的跳转时,可以用嵌入式汇编实现。

使用关键字 asm 可以引导嵌入一条或多条汇编语句。例如:

```
_asm("CLI");              //单条指令
asm SEI;                  //单条指令
asm                       //多条指令
{
    LDDA    #$5A
    ANDB    #1
    STD     $2080
};
```

4.3.7　C 语言中断服务程序的编写

编写中断函数(中断服务程序)几乎是每个单片机项目开发必需的内容。CodeWarrior IDE 的 C 语言开发环境中的中断服务函数一般是通过中断向量号的形式来管理的,在工程列表下的"芯片型号.h"头文件中有每个中断向量地址及其中断向量号的预定义规定。S12、S12X 系列的不同型号 MCU,它们的中断向量号定义是兼容的,但向量号的具体数字定义在 NXP 其他类型单片机中可能会有所不同或者不支持。

CW 针对 NXP 单片机的中断函数编写有两种方式可以实现。

1. 用关键词 interrupt 和中断向量号定义中断函数

例如,对于名为 SCI1_Receive_ISR 的中断服务函数,其定义范例如下(关键字 interrupt 告诉编译器此函数为中断服务函数,数字 21 告诉链接器该中断向量的中断向量号。这种方式最直观也最简单,缺点是程序的可移植性稍差):

```
// SCI1 data receive interrupt service routine //////////////////////
interrupt 21 void SCI1_Receive_ISR(void)
{
    ...
}
```

2. 用关键字 interrupt 定义中断函数,中断向量入口由 prm 文件指定

仍以上面的中断服务函数为例,这时函数的定义方式为:

```
// SCI1 data receive interrupt service routine //////////////////////
interrupt void SCI1_Receive_ISR(void)
{
    ...
}
```

然后在工程对应的.prm 文件最后添加一行向量号声明:

```
VECTOR 21 SCI1_Receive_ISR        //指定的中断服务向量与入口
```

也可以直接使用中断向量地址形式,则上面的语句改为

```
VECTOR ADDRESS 0xFFD4 SCI1_Receive_ISR        //指定的中断服务向量与入口
```

注意:

(1) .prm 文件中已自动含有系统默认的复位向量与入口:VECTOR 0 _Startup。

(2) C 语言编写的中断函数在编译后隐含了 RTI 返回指令,不必单独再写。

(3) 中断函数的参数和返回类型都只能是 void。

(4) 中断函数所在的位置应该在 Flash 非分页区。若在 CW 工程建立时选择了 Small 存储器模式,中断函数则默认放置在 Flash 非分页区,无须采用♯program 定位声明;为稳妥起见,一般应在前面加一个强制定位管理语句(复杂工程应用中加__NEAR_SEG 限制更佳):

```
♯program CODE_SEG NON_BANKED
```

或

```
♯program CODE_SEG __NEAR_SEG NON_BANKED
```

4.4 S12X 单片机 C 语言编程开发初探

本节所列各个程序实例基于 S12X 开发板调试运行,也可根据实际情况适当改动以用于其他型号 MCU、开发板或软件仿真。程序代码附有注释说明,可结合相关内容进行调试和理解。

4.4.1 应用实例:MCU 时钟超频初始化函数

【例 4-1】 初始化设置 MCU 为启用 PLL 锁相环时钟作为工作时钟,以获得高达 64MHz 的总线频率。该函数的 C 程序代码实现如下:

```
// 超频目标: fOSC = 16MHz→fVCO = 128MHz→fPLL = 128MHz→fBUS = 64MHz(TBUS = 15.625ns)
// 设置 SYNR 和 REFDV 寄存器,计算公式: fVCO = 2 * OSCCLK * ((SYNR + 1)/(REFDIV + 1))
// 设置 POSTDIV 寄存器,计算公式: fPLL = fVCO/(2 * POSTDIV)
void MCU_Init(void)
{
    CLKSEL &= 0x7F;    //选择时钟源为 OSCCLK; CLKSEL[7] = 0→fBUS = fOSC/2
    PLLCTL &= 0xBF;    //PLL 电路禁止,PLLCTL[6] = 0
    SYNR    = 0xC0|0x07;  //PLLCLK 增频的因子,0xC0|0x07→fVCO = 128MHz;
    REFDV   = 0x80|0x01;  //PLLCLK 分频的因子,高位取 0x80 ;低位 REFDIV 就取 0x01
    POSTDIV = 0x00;    //PLLCLK 后分频的因子,0x01→fPLL = fVCO/2; 0x00→ fPLL = fVCO
    PLLCTL |= 0x40;    //PLL 电路使能,PLLCTL[6] = 1
    while((CRGFLG&0x08) == 0x00);   //判断 CRGFLG 寄存器的 LOCK 位,以等待 PLL 锁定稳定
    CLKSEL |= 0x80;    //允许 PLL 锁相环时钟源作为系统时钟源,此后 fBUS = fPLL/2
    ECLKCTL_NECLK = 1;  //常规单片模式,禁止 ECLK 输出
    COPCTL  = 0x07;    //COPCTL[2:0] = 000/111→禁止/启用看门狗
}
```

该函数实现超频目标以使 MCU 工作在 64MHz 的总线频率(f_{BUS})下,确定是否启用看门狗,其他总线频率在此函数基础上稍加改造即可。应用程序也可以不调用该函数,而是工作在默认的总线频率下,即为外部晶振频率的 1/2。

4.4.2 应用实例：软件延时函数

【例 4-2】 软件延时功能在单片机开发应用中极为常用，区别于硬件定时器的精确定时，软件延时用作粗略定性延时，其基本原理是通过 CPU 多次循环利用程序消耗的总线周期数得以实现，例如，使用 for 语句时每次循环约 6 个总线周期。以延时毫秒(ms)级时间为例，该函数的 C 程序代码实现如下：

```
void delay_ms(unsigned int ms)
{
    int i,j;
    for(i = 0;i < ms;i++)              //每次 for 循环大约 6 个总线周期
        //for(j = 0;j < 1333;j++);     //fBUS = 8MHz 时 --> 1ms
        //for(j = 0;j < 2666;j++);     //fBUS = 16MHz 时 --> 1ms
        //for(j = 0;j < 5332;j++);     //fBUS = 32MHz 时 --> 1ms
        for(j = 0;j < 10664;j++);      //fBUS = 64MHz 时 --> 1ms
        //for(j = 0;j < 13330;j++);    //fBUS = 80MHz 时 --> 1ms
        //for(j = 0;j < 15996;j++);    //fBUS = 96MHz 时 --> 1ms
}
```

该函数是局部变量 i、j 的双重循环，内循环 j 用来实现一个基本延时单位 1ms，外循环 i（即函数传递进来的毫秒数）可以决定最终延时多少毫秒。函数中被"//"屏蔽的语句是备用为根据 f_{BUS} 的不同而选用。例如：

f_{BUS} = 8MHz 时，j 循环的消耗时间 = 1333 × 125ns × 6 = 999750ns ≈ 1ms

f_{BUS} = 64MHz 时，j 循环的消耗时间 = 10664 × 15.625ns × 6 = 999750ns ≈ 1ms

4.4.3 应用实例：LED 灯控制程序

【例 4-3】 指定的 1 个 LED 灯闪烁，亮灭周期约为 1s，可作为系统工作"呼吸"指示灯（硬件定时器中断方式的定时会更准确且不占用 CPU 时间）。C 程序代码如下：

```
#include <hidef.h>                    /* common defines and macros */
#include "derivative.h"               /* derivative-specific definitions */

#define LED_P PORTB                   //LED 灯所接 I/O 接口的数据寄存器,低电平点亮
#define LED_D DDRB                    //LED 灯所接 I/O 接口的方向寄存器
#define LED_Pin 4                     //LED 灯所在引脚为 bit4

void delay_ms(word ms)
{
    int i,j;
    for(i = 0;i < ms;i++)              //每次 for 循环大约 6 个总线周期;
        for(j = 0;j < 1333;j++);       //fBUS = 8MHz 时 --> 1ms
}

void main(void)
{
    DisableInterrupts;

    //MCU_Init();

    // 指定的 1 个 LED 灯的闪烁效果
```

```
    LED_D |= 1 << LED_Pin;           //置 LED 灯所在引脚为输出
    LED_P |= 1 << LED_Pin;           //初始时 LED 灯灭

    for(;;)                          //程序总循环
    {
        LED_P &= ~(1 << LED_Pin);    //LED 灯亮
        delay_ms(500);               //延时

        LED_P |= (1 << LED_Pin);     //LED 灯灭
        delay_ms(500);               //延时

        _FEED_COP();                 //工程默认生成的"喂狗"语句
    }
}
```

注意：在上述程序代码中，MCU_Init()函数可根据实际需要屏蔽或开放。

【**例 4-4**】 8 个 LED 灯切换熄灭或点亮，形成流水灯或跑马灯效果。已知 8 个 LED 灯均接在 B 口，低电平点亮。例 4-3 主函数 main()的程序代码改造为

```
void main(void)
{
    const char code[] = {0x01, 0x02, 0x04, 0x08, 0x10, 0x20, 0x40, 0x80}; //流水灯预置数
    //const char code[] = {0xFE, 0xFD, 0xFB, 0xF7, 0xEF, 0xDF, 0xBF, 0x7F}; //跑马灯预置数
    char k;

    DisableInterrupts;

    // 8 个 LED 灯的流水灯/跑马灯效果
    LED_D = 0xFF;                    //8 个口均为输出
    LED_P = 0x00;                    //先全亮

    for(;;)
    {
        for(k = 0;k <= 7;k++)        //向左
        {
            delay_ms(100);
            LED_P = code[k];
        }

        for(k = 7;k >= 0;k--)        //向右
        {
            delay_ms(100);
            LED_P = code[k];
        }

        _FEED_COP();                 //工程默认生成的"喂狗"语句
    }
}
```

注意：在上述程序代码中，开放/屏蔽不同的 code 数组定义，即可实现流水灯或跑马灯的不同效果。

第5章 并行I/O接口

I/O(输入/输出)接口是单片机与外界进行信息交互的重要通道,在整个单片机系统中占有极其重要的地位。单片机所处理的信息(包括程序和数据)由输入设备提供,而处理的结果则通过输出设备输出。在单片机应用系统中,通常要有人机交互功能,它包括用户对应用系统的状态干预与数据输入,以及应用系统向用户报告运行状态和运行结果。单片机的 I/O 接口技术主要包括数字量的输入/输出和模拟量的输入/输出等。本章重点描述 S12X 单片机的并行 I/O 接口功能,人机交互的 I/O 接口设计处理的是数字量信号的输入/输出。

5.1 并行 I/O 接口功能描述

5.1.1 特殊的外部中断输入接口

外部中断信号输入是很重要的数字量信号输入,S12X 安排了两个专门的外部中断输入引脚:可屏蔽的 $\overline{IRQ}$ 中断和非屏蔽的 $\overline{XIRQ}$ 中断,均为低电平或下降沿触发中断申请。这两个引脚虽与 PE1、PE0 复用,但是通常作为特殊的输入引脚给外部中断专用,尤其 $\overline{IRQ}$ 是常用的外部中断输入引脚,其相关配置寄存器定义如下:

外部中断 $\overline{IRQ}$ 控制寄存器——IRQCR

复位默认值:0100 0000B

读写	Bit7	Bit6	Bit5	Bit4	Bit3	Bit2	Bit1	Bit0
R W	IRQE	IRQEN	0	0	0	0	0	0

IRQE:$\overline{IRQ}$ 边沿触发使能位。
0　$\overline{IRQ}$ 引脚接收低电平触发。
1　$\overline{IRQ}$ 引脚接收下降沿触发。
IRQEN:$\overline{IRQ}$ 中断使能位。
0　禁止 $\overline{IRQ}$ 触发中断。
1　使能 $\overline{IRQ}$ 触发中断。

5.1.2 通用 I/O 接口及复用

1) I/O 引脚的基本特性

S12X 单片机的各种外围接口采用模块化设计方式,它的 I/O 接口由许多标准模块组成,这些接口包括并行 I/O 接口 PA、PB、PE、PK、PH、PJ、PM、PP、PS、PT 和 PAD,各自独立,具有最基本的通用输入/输出(General Purpose Input/Output,GPIO)功能。单片机可以通过接口集成模块(PIM)重组建立这些 I/O 引脚与外设模块之间的接口关系。

2) I/O 引脚的复用特性

S12X 有丰富的并行 I/O 引脚资源,大部分 I/O 接口在通用功能的基础上还有一些特殊的复用功能,这些功能可通过寄存器设置与程序配合发挥各种功能,因此同一引脚往往具有不同的功能。对于 A 口、B 口、E 口、K 口以及 H 口、J 口、M 口、P 口、S 口、T 口、AD 口,其引脚资源和复用情况如下(具体参见图 2-1 或图 2-2)。

A口、B口、E口、K口,在扩展方式时,可作总线使用,不作总线扩展时只能用作 GPIO 接口,其中 E口与一些控制线(如 $\overline{IRQ}$、$\overline{XIRQ}$、ECLK 等)复用:

(1) PA[7:0]——扩展/GPIO。
(2) PB[7:0]——扩展/GPIO。
(3) PE[7:0]——控制/GPIO。
(4) PK[7:0]——扩展/GPIO。

H口、J口、M口、S口、P口、T口:

(1) PH[7:0]——SPI/GPIO。
(2) PJ[7:0]——IIC/GPIO。
(3) PM[7:0]——CAN/GPIO。
(4) PP[7:0]——PWM /GPIO。
(5) PS[7:0]——SCI、SPI/GPIO
(6) PT[7:0]——TIM/GPIO。
(7) PAD[15:0]——ATD/GPIO。

在上述接口线说明中,"/GPIO"前面的标示即是其复用功能并具有高优先级,但在没有将复用功能设置为启用的情况下,各接口复位默认作为 GPIO 接口使用。I/O 接口的复用功能启用后,GPIO 接口功能将自动关闭;有的接口的特殊功能只占用部分引脚,其余引脚的接口功能仍可以正常工作。

5.1.3 GPIO 接口功能

S12X GPIO 接口的大多数的引脚可通过设置相应的寄存器而具有输入/输出方向、驱动能力、内部上拉/下拉功能,P口、H口和J口引脚还具有中断唤醒输入功能。各种功能的选择设定可以通过设置相应的 I/O 接口寄存器来实现,分别如下:

(1) DDRx 寄存器——I/O 数据方向,定义是输入还是输出。
(2) PORTx 或 PTx 寄存器——I/O 数据内容,定义输出或获得输入电平的高低。
(3) RDRx 寄存器——定义驱动能力。
(4) PERx 寄存器——当 I/O 接口作为输入口时,定义是否使用内部上拉或下拉电阻。
(5) PIEx 寄存器——定义有无中断功能。
(6) PPSx 寄存器——端口中断允许时,选择上升沿还是下降沿触发。或者当 PER 有效时(同时中断禁止),选择上拉还是下拉电阻。

例如:

```
DDRP = 0x01;              //设置P口第0位为输出
PPST = 0x40;              //设置T口第6位为上拉电阻
```

S12X 的大多数 I/O 接口在作为 GPIO 使用时均能够通过软件编程定义某个引脚为输入或输出、使用内部上拉或下拉电阻或者其他。这种 I/O 功能的重设置能力也是 NXP 单片机区别于其他传统单片机的特性功能之一,因此用户使用 NXP 单片机时更为方便、灵活。

上拉电阻和下拉电阻在通常的数字状态输入接口设计中十分重要,其目的是使该引脚始终处于非激活电平和非浮动状态。如图 5-1 中分别为 3 种不同的数字输入接法:

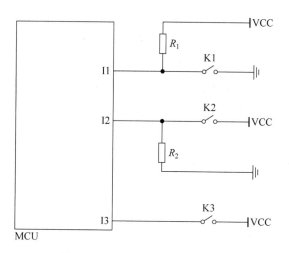

图 5-1 3 种不同的数字输入接法

（1）有上拉电阻 $R1$ 时，输入引脚 I1 在开关 K1 打开或悬空时，因为有上拉电阻，保证是确定的高电平；K1 闭合时得到一个确定的低电平。

（2）有下拉电阻 $R2$ 时，输入引脚 I2 在开关 K2 打开或悬空时，因为有下拉电阻，保证是确定的低电平；K2 闭合时得到一个确定的高电平。

（3）没有上、下拉电阻时，输入引脚 I3 在开关 K3 打开或悬空时将可能得到一个不确定的电平状态；K3 闭合时才能得到一个确定的高电平。

因此，在输入接口设计时，要避免上面的第（3）种情况，需要加接上拉电阻或下拉电阻（通常上拉电阻较多，阻值取 $1.8 \sim 10\mathrm{k}\Omega$ 量级）。而 NXP MCU 的很多 GPIO 都在内部集成了上/下拉电阻功能，只需要设置相应的寄存器，不需要外接。

S12X 复位时，GPIO 的数据方向默认为输入（当 DDRx 位写 1 变输出），此时内部上拉功能也并不一定启动。使用时根据需要在系统初始化时预先设定。若同一个引脚既要作输入又要作输出，则要注意避免这样的情况：当数据方向从输入转变输出时，数据寄存器的可能的激活电平（如 1）会直接输出，引起误动作。所以，应先将非激活电平（如 0）写入数据寄存器，然后再改变数据方向。例如，如下程序：

```
PTP &= 0xFE;        //P 口的数据寄存器第 0 位写 0
DDRP |= 0x01;       //改变方向,第 0 位为输出
...                 //其他操作,还没有要输出 1
PTP |= 0x01;        //P 口数据寄存器第 0 位置 1,此时才输出 1,正常的输出
...
```

注意：为避免上述数据方向从输入转变为输出可能带来的问题，应用中一般会预先设定 GPIO 接口的数据方向固定不变。

5.2 GPIO 接口寄存器的使用与设置

S12X MCU 的 GPIO 接口的使用需要配置相应的功能寄存器，总体有以下原则：

（1）各寄存器的复位默认值通常为 0000 0000B。

（2）各口的数据方向为输入时，内部上/下拉电阻才可设置为有效。

(3) 各口的数据方向为输出时,内部上/下拉电阻被禁止。

(4) 各口除作为通用 I/O 使用外的其他复用功能将放在相关功能模块中描述。

(5) 各寄存器可以按位独立设置,而不影响其他引脚功能。

(6) 各寄存器均有自己的独立地址,它们被分配在存储器地址 $0000～$07FF 中,编程时使用对应的寄存器名即可。

(7) MCU 型号不同时有些引脚资源未提供,此时对应寄存器设置位自然失效。

(8) 其中 P 口、H 口、J 口在作并行输入口时可配置为中断输入信号(用于键盘)。

(9) 有关中断的寄存器:边沿方式 PPSx、中断使能 PIEx、中断标志 PIFx。

(10) AD 口:作为 A/D 转换模块的模拟量输入口;也可以作为通用数字输入/输出口。

下面介绍 S12X MCU 的并行 I/O 接口寄存器功能和设置的具体规定。

1. A 口、B 口、E 口、K 口

1) A 口、B 口、E 口、K 口数据寄存器——PORTA、PORTB、PORTE、PORTK

复位默认值:0000 0000B

寄存器	读写	Bit7	Bit6	Bit5	Bit4	Bit3	Bit2	Bit1	Bit0
PORTA	R/W	PA7	PA6	PA5	PA4	PA3	PA2	PA1	PA0
PORTB	R/W	PB7	PB6	PB5	PB4	PB3	PB2	PB1	PB0
PORTE	R/W	PE7	PE6	PE5	PE4	PE3	PE2	PE1	PE0
PORTK	R/W	PK7	PK6	PK5	PK4	PK3	PK2	PK1	PK0

当 A 口、B 口、E 口、K 口作为通用并行 I/O 接口时,对于输入,读数据寄存器 PORTx 操作将返回输入引脚的逻辑值,引脚将返回内部锁存器的值;对于输出,写 PORTx 操作将输出值送到内部锁存器,同时更新输出引脚状态。

E 口涉及总线控制以及中断输入信号,可通过设定相应的寄存器来选择每个引脚的功能。对 PORTE 的读/写操作只访问用作 GPIO 接口的引脚,不影响其他引脚,其中,PE1、PE0 位只能用作为中断输入。

2) A 口、B 口、E 口、K 口数据方向寄存器——DDRA、DDRB、DDRE、DDRK

复位默认值:0000 0000B

寄存器	读写	Bit7	Bit6	Bit5	Bit4	Bit3	Bit2	Bit1	Bit0
DDRA	R/W	DDRA7	DDRA6	DDRA5	DDRA4	DDRA3	DDRA2	DDRA1	DDRA0
DDRB	R/W	DDRB7	DDRB6	DDRB5	DDRB4	DDRB3	DDRB2	DDRB1	DDRB0
DDRE	R/W	DDRE7	DDRE6	DDRE5	DDRE4	DDRE3	DDRE2	0	0
DDRK	R/W	DDRK7	DDRK6	DDRK5	DDRK4	DDRK3	DDRK2	DDRK1	DDRK0

DDRx[7:0]:定义引脚的数据方向。

0　相应引脚被定义为输入。

1　相应引脚被定义为输出。

当 DDRA、DDRB、DDRE、DDRK 的其中一位置 1 时,并行 I/O 接口对应引脚的传输方向为输出,为 0 时方向为输入;复位默认状态下各位为 0,传输方向为输入。一般地,PE1 和 PE0 分别用作 $\overline{XIRQ}$ 和 $\overline{IRQ}$,它们总是处于输入状态,无法设置成输出引脚。

3) A口、B口、E口、K口、BKGD上拉控制寄存器——PUCR

复位默认值：0000 0000B

读写	Bit7	Bit6	Bit5	Bit4	Bit3	Bit2	Bit1	Bit0
R/W	PUPKE	BKPUE	0	PUPEE	0	0	PUPBE	PUPAE

PUCR[7,6,4,1,0]：引脚上拉电阻功能使能。

0　上拉电阻功能禁止。

1　上拉电阻功能使能。

定义相应口的所有引脚是否具有内部上拉电阻功能。当位 PUPAE、PUPBE、PUPEE、PUPKE 分别为1时，A口、B口、E口、K口的所有引脚具有内部上拉电阻功能；为0时，上拉无效。当 A口、B口、E口用作地址/数据总线时，控制位 PUPAE、PUPBE 和 PUPEE 无效。

A口、B口、E口、K口只能选择使用上拉电阻功能，没有下拉电阻功能。

另外，BKPUE 位专门用来设置 BKGD 引脚是否具有上拉电阻功能。

4) A口、B口、E口、K口降驱动寄存器——RDRIV

复位默认值：0000 0000B

读写	Bit7	Bit6	Bit5	Bit4	Bit3	Bit2	Bit1	Bit0
R/W	RDPK	0	0	RDPE	0	0	RDPB	RDPA

RDRIV[7,4,1,0]：选择引脚输出降驱动。

0　全驱动能力输出。

1　相应引脚的输出驱动能力约为全驱动能力的1/5。

位 RDPA、RDPB、RDPE 和 RDPK 分别控制 A口、B口、E口和 K口的驱动能力，置1时，对应口的所有输出引脚驱动能力下降为全驱动能力的1/5；为0时，保持全驱动能力。

2．T口、S口、M口

这3个口能作为通用并行 I/O 接口。其中，T口关联的复用功能为定时器模块，S口关联的复用功能为 SCI 或 SPI 串行通信模块，M口关联的复用功能为 CAN 总线模块。当相对应的复用功能模块处于使能状态时，其特定功能将代替 GPIO 接口功能。

1) T口、S口、M口数据寄存器——PTT、PTS、PTM

复位默认值：0000 0000B

寄存器	读写	Bit7	Bit6	Bit5	Bit4	Bit3	Bit2	Bit1	Bit0
PTT	R/W	PTT7	PTT6	PTT5	PTT4	PTT3	PTT2	PTT1	PTT0
PTS	R/W	PTS7	PTS6	PTS5	PTS4	PTS3	PTS2	PTS1	PTS0
PTM	R/W	PTM7	PTM6	PTM5	PTM4	PTM3	PTM2	PTM1	PTM0

若对应引脚的数据方向为输出，则读 PTT、PTS、PTM 寄存器返回的是输出锁存器的值；若数据方向为输入，则返回引脚的输入逻辑状态。

T口引脚 PT7～PT0 既可作为 GPIO 接口使用，也可作为定时器模块的输入捕捉或输出比较引脚 IOC7～IOC0。S 口在作为 SCI、SPI 使用时，相应的 PS7～PS0 引脚被安排为其复用功能的特定功能引脚。M 口在作为 CAN 使用时，相应的 PM7～PM0 引脚被安排为其复用功能的特定功能引脚。

2) T 口、S 口、M 口输入寄存器——PTIT、PTIS、PTIM

复位默认值：0000 0000B

寄存器	读写	Bit7	Bit6	Bit5	Bit4	Bit3	Bit2	Bit1	Bit0
PTIT	R	PTIT7	PTIT6	PTIT5	PTIT4	PTIT3	PTIT2	PTIT1	PTIT0
PTIS	R	PTIS7	PTIS6	PTIS5	PTIS4	PTIS3	PTIS2	PTIS1	PTIS0
PTIM	R	PTIM7	PTIM6	PTIM5	PTIM4	PTIM3	PTIM2	PTIM1	PTIM0

只读。PTIT、PTIS、PTIM 寄存器一直进行读操作并返回相关引脚的缓冲输入状态，但不能进行写操作。它们可以用来检测输出引脚上是否过载或短路。

3) T 口、S 口、M 口数据方向寄存器——DDRT、DDRS、DDRM

复位默认值：0000 0000B

寄存器	读写	Bit7	Bit6	Bit5	Bit4	Bit3	Bit2	Bit1	Bit0
DDRT	R/W	DDRT7	DDRT6	DDRT5	DDRT4	DDRT3	DDRT2	DDRT1	DDRT0
DDRS	R/W	DDRS7	DDRS6	DDRS5	DDRS4	DDRS3	DDRS2	DDRS1	DDRS0
DDRM	R/W	DDRM7	DDRM6	DDRM5	DDRM4	DDRM3	DDRM2	DDRM1	DDRM0

DDRx[7:0]：定义引脚的数据方向。

0　相应引脚被定义为输入。

1　相应引脚被定义为输出。

DDRT、DDRS、DDRM 寄存器用来设定相应并行口的每个引脚是输入还是输出。若这些口上的复用功能模块使能时，DDRx 寄存器作用无效；当关联的复用功能被禁止时，DDRx 寄存器恢复对每个引脚输入/输出方向的控制。

对于 T 口，当引脚定义为输出时，同时定时器模块使该引脚成为定时器通道的输出，在这种情况下，数据方向位将不会改变；定时器输入捕捉通常监视 T 口引脚的状态，此时的数据方向默认为输入。对于 S 口，若 SPI 模块使能，则引脚方向由 SPI 决定；若 SCI 发送使能，则引脚为输出状态，若 SCI 接收使能，则引脚为输入状态。对于 M 口，若 CAN 模块使能，则 M 口上相应引脚为接收输入或发送输出。

4) T 口、S 口、M 口降驱动寄存器——RDRT、RDRS、RDRM

复位默认值：0000 0000B

寄存器	读写	Bit7	Bit6	Bit5	Bit4	Bit3	Bit2	Bit1	Bit0
RDRT	R/W	RDRT7	RDRT6	RDRT5	RDRT4	RDRT3	RDRT2	RDRT1	RDRT0
RDRS	R/W	RDRS7	RDRS6	RDRS5	RDRS4	RDRS3	RDRS2	RDRS1	RDRS0
RDRM	R/W	RDRM7	RDRM6	RDRM5	RDRM4	RDRM3	RDRM2	RDRM1	RDRM0

RDRx[7:0]：选择引脚输出降驱动。

0　全驱动能力输出。

1　相应引脚的输出驱动能力约为全驱动能力的 1/5。

RDRT、RDRS、RDRM 寄存器定义相应并行口每个引脚的输出驱动是全驱动还是降驱动。若引脚用作输入,则设置位无效。

5) T口、S口、M口拉电阻使能寄存器——PERT、PERS、PERM

复位默认值:0000 0000B

寄存器	读写	Bit7	Bit6	Bit5	Bit4	Bit3	Bit2	Bit1	Bit0
PERT	R/W	PERT7	PERT6	PERT5	PERT4	PERT3	PERT2	PERT1	PERT0
PERS	R/W	PERS7	PERS6	PERS5	PERS4	PERS3	PERS2	PERS1	PERS0
PERM	R/W	PERM7	PERM6	PERM5	PERM4	PERM3	PERM2	PERM1	PERM0

PERx[7:0]:引脚拉电阻功能使能。

0 上拉或下拉电阻功能禁止。

1 上拉或下拉电阻功能使能。

若T口、S口、M口用作输入,则PERT、PERS、PERM寄存器将可以激活相关引脚的内部上拉或下拉功能;若用作输出,则其引脚的上拉或下拉电阻功能将被禁止。

注意:PERS寄存器复位后为1111 1111B,S口上拉或下拉电阻功能默认使能。

6) T口、S口、M口极性选择寄存器——PPST、PPSS、PPSM

复位默认值:0000 0000B

寄存器	读写	Bit7	Bit6	Bit5	Bit4	Bit3	Bit2	Bit1	Bit0
PPST	R/W	PPST7	PPST6	PPST5	PPST4	PPST3	PPST2	PPST1	PPST0
PPSS	R/W	PPSS7	PPSS6	PPSS5	PPSS4	PPSS3	PPSS2	PPSS1	PPSS0
PPSM	R/W	PPSM7	PPSM6	PPSM5	PPSM4	PPSM3	PPSM2	PPSM1	PPSM0

PPSx[7:0]:选择拉电阻极性。

0 若PERx寄存器相关位使能且用作输入,则相应引脚为上拉电阻功能。

1 若PERx寄存器相关位使能且用作输入,则相应引脚为下拉电阻功能。

PPST、PPSS、PPSM寄存器用来设定并行口相应输入引脚上是激活上拉还是下拉电阻功能。若CAN处于活动状态,则RXCAN输入可采用上拉电阻方式而不能用下拉电阻方式。

3. P口、H口、J口

这3个口能作为通用并行I/O接口,并且可以配置为唤醒中断输入,该中断唤醒可使MCU退出停止或等待模式。其中,P口关联的复用功能为PWM或SPI模块,H口关联的复用功能为SPI或SCI模块,J口关联的复用功能为SCI或IIC模块。当相对应的复用功能模块处于使能状态时,其特定功能将代替通用I/O接口功能。

1) P口、H口、J口数据寄存器——PTP、PTH、PTJ

复位默认值:0000 0000B

寄存器	读写	Bit7	Bit6	Bit5	Bit4	Bit3	Bit2	Bit1	Bit0
PTP	R/W	PTP7	PTP6	PTP5	PTP4	PTP3	PTP2	PTP1	PTP0
PTH	R/W	PTH7	PTH6	PTH5	PTH4	PTH3	PTH2	PTH1	PTH0
PTJ	R/W	PTJ7	PTJ6	PTJ5	PTJ4	PTJ3	PTJ2	PTJ1	PTJ0

PTP、PTH、PTJ寄存器通常读回相应引脚的状态值。若相应引脚的数据方向为输出,则读操作将返回端口锁存器的值;若数据方向为输入,则返回引脚的输入逻辑状态值。

2) P口、H口、J口输入寄存器——PTIP、PTIH、PTIJ

复位默认值：0000 0000B

寄存器	读写	Bit7	Bit6	Bit5	Bit4	Bit3	Bit2	Bit1	Bit0
PTIP	R	PTIP7	PTIP6	PTIP5	PTIp4	PTIP3	PTIP2	PTIP1	PTIP0
PTIH	R	PTIH7	PTIH6	PTIH5	PTIH4	PTIH3	PTIH2	PTIH1	PTIH0
PTIJ	R	PTIJ7	PTIJ6	PTIJ5	PTIJ4	PTIJ3	PTIJ2	PTIJ1	PTIJ0

只读。PTIP、PTIH、PTIJ 寄存器一直进行读操作并返回相关引脚的缓冲输入状态,但不能进行写操作。它们可以用来检测输出引脚上是否过载或短路。

3) P口、H口、J口数据方向寄存器——DDRP、DDRH、DDRJ

复位默认值：0000 0000B

寄存器	读写	Bit7	Bit6	Bit5	Bit4	Bit3	Bit2	Bit1	Bit0
DDRP	R/W	DDRP7	DDRP6	DDRP5	DDRP4	DDRP3	DDRP2	DDRP1	DDRP0
DDRH	R/W	DDRH7	DDRH6	DDRH5	DDRH4	DDRH3	DDRH2	DDRH1	DDRH0
DDRJ	R/W	DDRJ7	DDRJ6	DDRJ5	DDRJ4	DDRJ3	DDRJ2	DDRJ1	DDRJ0

DDRx[7:0]：定义引脚的数据方向。

0　相应引脚被定义为输入。

1　相应引脚被定义为输出。

DDRP、DDRH、DDRJ 寄存器用来设定相应并行接口的每个引脚是输入还是输出。当这些接口上复用功能模块使能时,DDRx 寄存器作用无效；当关联的复用功能被禁止时,DDRx 寄存器恢复对每个引脚输入/输出方向的控制。

对于 P口,当相对应的 PWM7～PWM0 通道处于使能状态时,对应的引脚始终处于输出状态。对于 H口,若 SPI 模块使能,则引脚方向由 SPI 决定。对于 J口,若 SCI 模块使能,则 J口上相应引脚为 SCI 接收输入或发送输出；若 I^2C 模块使能,则 J口上相应引脚为 I^2C 接收输入或发送输出。

4) P口、H口、J口降驱动寄存器——RDRP、RDRH、RDRJ

复位默认值：0000 0000B

寄存器	读写	Bit7	Bit6	Bit5	Bit4	Bit3	Bit2	Bit1	Bit0
RDRP	R/W	RDRP7	RDRP6	RDRP5	RDRP4	RDRP3	RDRP2	RDRP1	RDRP0
RDRH	R/W	RDRH7	RDRH6	RDRH5	RDRH4	RDRH3	RDRH2	RDRH1	RDRH0
RDRJ	R/W	RDRJ7	RDRJ6	RDRJ5	RDRJ4	RDRJ3	RDRJ2	RDRJ1	RDRJ0

RDRx[7:0]：选择引脚输出降驱动。

0　全驱动能力输出。

1　相应引脚的输出驱动能力约为全驱动能力的 1/5。

RDRP、RDRH、RDRJ 寄存器定义相应并行接口每个引脚的输出驱动是全驱动还是降驱动。若引脚用作输入,则设置位无效。

5) P口、H口、J口拉电阻使能寄存器——PERP、PERH、PERJ

PERP/PERH 复位默认值：0000 0000B　PERJ 复位默认值：1111 1111B

寄存器	读写	Bit7	Bit6	Bit5	Bit4	Bit3	Bit2	Bit1	Bit0
PERP	R/W	PERP7	PERP6	PERP5	PERP4	PERP3	PERP2	PERP1	PERP0
PERH	R/W	PERH7	PERH6	PERH5	PERH4	PERH3	PERH2	PERH1	PERH0
PERJ	R/W	PERJ7	PERJ6	PERJ5	PERJ4	PERJ3	PERJ2	PERJ1	PERJ0

PERx[7:0]：引脚拉电阻功能使能。

0　上拉或下拉电阻功能禁止。

1　上拉或下拉电阻功能使能。

P口、H口、J口若用作输入，则 PERP、PERH、PERJ 寄存器将可以激活相关引脚的内部上拉或下拉电阻功能；若用作输出，则其引脚的上拉或下拉电阻功能将被禁止。

6) P口、H口、J口极性选择寄存器——PPSP、PPSH、PPSJ

复位默认值：0000 0000B

寄存器	读写	Bit7	Bit6	Bit5	Bit4	Bit3	Bit2	Bit1	Bit0
PPSP	R/W	PPSP7	PPSP6	PPSP5	PPSP4	PPSP3	PPSP2	PPSP1	PPSP0
PPSH	R/W	PPSH7	PPSH6	PPSH5	PPSH4	PPSH3	PPSH2	PPSH1	PPSH0
PPSJ	R/W	PPSJ7	PPSJ6	PPSJ5	PPSJ4	PPSJ3	PPSJ2	PPSJ1	PPSJ0

PPSx[7:0]：有两个作用——选择拉电阻极性或者选择中断触发的边沿极性。

0　中断使能时，在相应引脚信号下降沿使 PIFx 寄存器中相应的标志位置位；拉电阻使能且定义为输入时，相应引脚为上拉电阻功能。

1　中断使能时，在相应引脚信号上升沿时，使 PIFx 寄存器中相应的标志位置位；拉电阻使能且定义为输入时，则相应引脚为下拉电阻功能。

7) P口、H口、J口中断使能寄存器——PIEP、PIEH、PIEJ

复位默认值：0000 0000B

寄存器	读写	Bit7	Bit6	Bit5	Bit4	Bit3	Bit2	Bit1	Bit0
PIEP	R/W	PIEP7	PIEP6	PIEP5	PIEP4	PIEP3	PIEP2	PIEP1	PIEP0
PIEH	R/W	PIEH7	PIEH6	PIEH5	PIEH4	PIEH3	PIEH2	PIEH1	PIEH0
PIEJ	R/W	PIEJ7	PIEJ6	PIEJ5	PIEJ4	PIEJ3	PIEJ2	PIEJ1	PIEJ0

PIEx[7:0]：中断使能/禁止控制位。

0　中断处于禁止状态。

1　中断处于使能状态。

8) P口、H口、J口中断标志寄存器——PIFP、PIFH、PIFJ

复位默认值：0000 0000B

寄存器	读写	Bit7	Bit6	Bit5	Bit4	Bit3	Bit2	Bit1	Bit0
PIFP	R/W	PIFP7	PIFP6	PIFP5	PIFP4	PIFP3	PIFP2	PIFP1	PIFP0
PIFH	R/W	PIFH7	PIFH6	PIFH5	PIFH4	PIFH3	PIFH2	PIFH1	PIFH0
PIFJ	R/W	PIFJ7	PIFJ6	PIFJ5	PIFJ4	PIFJ3	PIFJ2	PIFJ1	PIFJ0

PIFx[7:0]：中断标志位。

0 相应引脚上没有出现有效边沿信号。

1 相应引脚上出现有效边沿信号。

每个标志位在相应的输入引脚发生有效边沿时置位,是上升沿还是下降沿起作用由 PPSx 寄存器决定。向对应的 PIFx 寄存器位写 1 可以清除标志位,写 0 则无效。

4. AD 口

与 S12 单片机的 AD 口在作为并行接口时只能用作输入不同,S12X 系列单片机支持 AD 口作为通用并行 I/O 接口的双向操作。S12X 不同型号 MCU 的 AD 口引脚资源个数也不同,在 XS128/XEP100 单片机中,作为并行 I/O 的 AD 口有 16 个引脚:PAD15～PAD0,它们分别与 ATD 模数转换模块的模拟输入引脚 AN15～AN0 复用。该 16 位的 AD 口作为通用输入/输出接口时,被标识为 AD0 口,相应的设置还要通过分离的高 8 位寄存器和低 8 位寄存器来分别管理,例如,PT0AD0 表示 AD0 口的高 8 位数据寄存器,PT1AD0 表示 AD0 口的低 8 位数据寄存器,其余寄存器表示类同。

1) AD0 口数据寄存器——PT0AD0、PT1AD0

复位默认值:0000 0000B

寄存器	读写	Bit7	Bit6	Bit5	Bit4	Bit3	Bit2	Bit1	Bit0
PT0AD0	R/W	PT0AD07	PT0AD06	PT0AD05	PT0AD04	PT0AD03	PT0AD02	PT0AD01	PT0AD00
PT1AD0	R/W	PT1AD07	PT1AD06	PT1AD05	PT1AD04	PT1AD03	PT1AD02	PT1AD01	PT1AD00

当 AD0 口作为通用并行 I/O 接口时,若相应引脚的数据方向为输出,则读操作将返回端口锁存器的值;若数据方向为输入,则返回引脚的输入逻辑状态值。

2) AD0 口数据方向寄存器——DDR0AD0、DDR1AD0

复位默认值:0000 0000B

寄存器	读写	Bit7	Bit6	Bit5	Bit4	Bit3	Bit2	Bit1	Bit0
DDR0AD0	R/W	DDR0AD07	DDR0AD06	DDR0AD05	DDR0AD04	DDR0AD03	DDR0AD02	DDR0AD01	DDR0AD00
DDR1AD0	R/W	DDR1AD07	DDR1AD06	DDR1AD05	DDR1AD04	DDR1AD03	DDR1AD02	DDR1AD01	DDR1AD00

DDRxAD0[7:0]:定义引脚的数据方向。

0 相应引脚被定义为输入。

1 相应引脚被定义为输出。

3) AD0 口上拉使能寄存器——PER0AD0、PER1AD0

复位默认值:0000 0000B

寄存器	读写	Bit7	Bit6	Bit5	Bit4	Bit3	Bit2	Bit1	Bit0
PER0AD0	R/W	PER0AD07	PER0AD06	PER0AD05	PER0AD04	PER0AD03	PER0AD02	PER0AD01	PER0AD00
PER1AD0	R/W	PER1AD07	PER1AD06	PER1AD05	PER1AD04	PER1AD03	PER1AD02	PER1AD01	PER1AD00

PERxAD0[7:0]:引脚上拉电阻功能使能。

0　上拉电阻功能禁止。

1　上拉电阻功能使能。

AD 口只能选择使用上拉电阻功能,没有下拉电阻功能。

4) AD0 口降驱动寄存器——RDR0AD0、RDR1AD0

复位默认值:0000 0000B

寄存器	读写	Bit7	Bit6	Bit5	Bit4	Bit3	Bit2	Bit1	Bit0
RDR0AD0	R/W	RDR0AD07	RDR0AD06	RDR0AD05	RDR0AD04	RDR0AD03	RDR0AD02	RDR0AD01	RDR0AD00
RDR1AD0	R/W	RDR1AD07	RDR1AD06	RDR1AD05	RDR1AD04	RDR1AD03	RDR1AD02	RDR1AD01	RDR1AD00

RDRxAD0[7:0]:选择引脚输出降驱动。

0　全驱动能力输出。

1　相应引脚的输出驱动能力约为全驱动能力的 1/5。

5.3　应用实例:简单数字量 I/O 接口设计

单片机与外设如何进行连接,也就是接口设计,用于实现信息传递、控制交互等必需的系统功能。MCU 所连外设按方向可分为输入设备和输出设备,常见的输入设备有按键、开关、键盘等,常见的输出设备有 LED(Light Emitting Diode,发光二极管)灯、蜂鸣器、LED 数码管、LCD(Liquid Crystal Display,液晶显示)显示屏等。解决这些外设和 MCU 之间接口问题的基本原则是:由外设确定硬件电路接口,再编制软件程序配合完成功能。

若外部设备连接的是高电压器件、工业电器设备、电器执行机构等,还需要考虑加入光电隔离、继电器等手段,但对于单片机的输入/输出来说,始终只关心数字逻辑。

【例 5-1】　点亮 LED 灯,并使蜂鸣器发声。

硬件电路原理如图 5-2 所示,由 B 口输出驱动。其中 LED 灯负极送低电平点亮,PNP 型三极管 Q1 基极送 0 导通而使蜂鸣器发声。

C 语言程序代码如下:

```
…
DDRB = 0xFF;            //设置 B 口输出
PORTB = 0x7E;           //输出驱动电平
…
```

【例 5-2】　根据拨位开关 SW1～SW3 的状态,点亮或熄灭对应的 LED1～LED3 灯,并转向不同的处理程序(假设同时只有一个开关接通)。

实现该接口功能的硬件电路如图 5-3 所示。其中 B 口低 4 位用作输入口分别接 4 个拨位开关,高 4 位用作输出口分别接 4 个 LED 灯。

C 语言程序代码如下:

```
…
// 4 个分支功能函数的声明
void pro1(void);
void pro2(void);
```

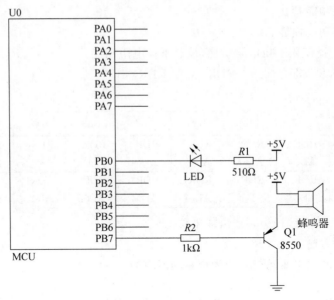

图 5-2 数字量输出控制电路

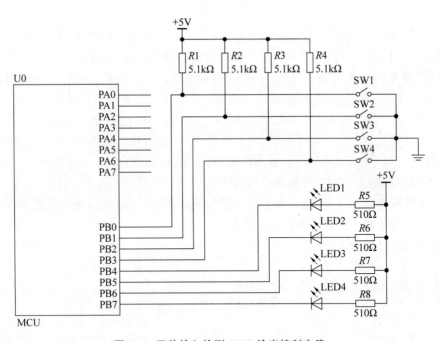

图 5-3 开关输入检测、LED 输出控制电路

```
void pro3(void);
void pro4(void);

void main(void)
{
    byte SW;
    DDRB = 0xF0;            //设置 B 口方向，高 4 位为输出，低 4 位为输入

    for(;;)                 //形成无限循环
```

```
    {
        SW = PORTB;                    //读取 B 口
        PORTB = (SW << 4);             //左移 4 位,低位补 0;结果输出给 B 口,亮、灭对应 LED 灯

        // 取低 4 位进行分支判断
        if( (SW&0x0F) == 0x0E )
            pro1();
        if( (SW&0x0F) == 0x0D )
            pro2();
        if( (SW&0x0F) == 0x0B )
            pro3();
        if( (SW&0x0F) == 0x07 )
            pro4();
    }
}
```

S12X 单片机输入接口硬件电路中也可以不加上拉电阻,如 $R1 \sim R4$,而直接使用内部的上拉电阻,这样只需在程序的初始化位置增加下列语句即可(图 5-3 电路中 B 口实际只有 PB0~PB3 输入口有上拉电阻):

```
PUCR = 0x02;                           //使能 B 口的内部上拉电阻
```

【例 5-3】 实现外部中断 $\overline{\text{IRQ}}$ 引脚下降沿触发的 LED 跑马灯显示,当按下某个取消按键后恢复等待下一次 $\overline{\text{IRQ}}$ 中断。该实例可模拟作为报警触发/解除等场景。

实现该应用功能的硬件电路如图 5-4(该电路图与 S12XDEV 实验开发板一致)所示。$\overline{\text{IRQ}}$ 输入引脚所接按键 SW5 作为外部中断模拟信号,PT6 引脚用作输入接 SW6 按键以模拟取消信号,B 口 8 位全部用作输出,分别接 8 个 LED 灯。其中 PT6 外部未接上拉电阻,所以必须启用其内部上拉电阻功能。

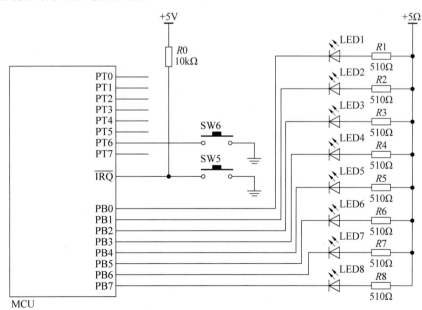

图 5-4 外部中断、按键输入检测与 LED 输出控制电路

结合上述硬件电路设计,该实例的 main.c 实现中的完整 C 语言代码如下:

```c
#include <hidef.h>                /* common defines and macros */
#include "derivative.h"           /* derivative-specific definitions */

byte IRQ_IntFlag;
byte bits;

void delay_ms(word ms)
{
    int i,j;
    for(i=0;i<ms;i++)              //每次 for 循环大约 6 个总线周期
        for(j=0;j<1333;j++);       //fBUS = 8MHz 时 --> 1ms
}

void main(void)
{
    const char code[] = {0xFE, 0xFD, 0xFB, 0xF7, 0xEF, 0xDF, 0xBF, 0x7F}; //跑马灯预置数
    char k;

    DisableInterrupts;             //关总中断

    DDRB = 0xFF;                   //B 口均为输出
    DDRT = 0xBF;                   //T 口 bit6 为输入
    PERT = 0xFF;                   //T 口内部拉电阻使能
    PPST = 0x00;                   //T 口上拉
    IRQCR = 0xC0;                  //外部中断 IRQ 使能,下降沿触发

    PORTB = 0xFF;                  //B 口 LED 灯先全灭
    IRQ_IntFlag = 0;               //送停止标志 0

    EnableInterrupts;              //开总中断

    for(;;)
    {
        if(IRQ_IntFlag == 1)       //IRQ 中断发生
        {
            for(k=0;k<=7;k++)      //使 LED 以跑马灯形式显示
            {
                PORTB = code[k];   //取数
                delay_ms(100);
            }
        }

        bits = PTT;                //读取 T 口
        if((PTT|0xBF) == 0xBF)     //位测试,PT6 为 0 表示 SW6 按下发生
        {
            PORTB = 0xFF;          //LED 全熄灭
            IRQ_IntFlag = 0;       //送停止标志 0
        }

        _FEED_COP();               //工程默认生成的"喂狗"语句
    }
}
```

```
# pragma CODE_SEG NON_BANKED            //中断服务函数定位声明
// IRQ 外部中断处理函数----------------------------------------
interrupt 6 void IRQ_ISR(void)
{
    IRQ_IntFlag = 1;                    //置启动标志 1
}
```

注意：本例因含有中断处理，所以必须将中断函数写成 interrupt 6 void xxx() 形式，其中的"6"用来声明 $\overline{\text{IRQ}}$ 中断对应的向量号，"xxx"是自定义的函数名。

5.4 应用实例：键盘输入接口设计

MCU 应用系统的键盘通常使用机械触点式按键开关，其主要功能是把机械上的通断转换为电气上的逻辑关系。也就是说，它能提供标准的 TTL 逻辑电平，以便与通用数字系统的逻辑电平相容。

1. 按键去抖动

机械式按键在按下或抬起时，由于机械弹性作用的影响，会伴随一定时间的触点机械抖动，通常所按的键会在闭合位置和断开位置之间抖动几下才稳定下来。抖动持续的时间因操作者和按键特性而异，一般为 5～10ms。

在触点抖动期间检测按键的通与断状态，可能会导致判断出错。即按键一次按下或抬起被错误地认为是多次按动操作，这种情况是不允许出现的。为了避免按键触点机械抖动所致的检测误判，必须采取去抖动措施。

按键去抖动的方法一般有两种：

(1) 硬件方法。按键后端加双稳态触发器。

(2) 软件方法。检测到有键按下时，延时 10ms 左右再检测，若该键保持在按下状态，则确定为按键按下。

通常使用软件去抖动，键盘接口的其他问题还有：一键多能、多键同按等，需要在实际设计系统时考虑。

2. 独立式按键接口设计

独立式按键接口是直接用 I/O 接口线构成的单个按键电路，其特点是每个按键单独占用一根 MCU 的 I/O 接口线，每个按键的工作不会影响其他 I/O 接口线的状态。独立式按键电路配置灵活，软件结构简单，但每个按键必须占用一根 I/O 接口线，因此，在按键较多时，I/O 接口线浪费较大。应用中当按键数目较少时可采用独立式按键接口。

按键输入一般均为低电平有效，此外，上拉电阻保证了按键断开时，I/O 接口线上有确定的高电平。当 I/O 接口线内部有上拉电阻时，外部电路就不需再接上拉电阻了。

独立式按键的程序设计通常采用查询式结构：先逐位扫描查询 MCU 的每根 I/O 接口线的输入状态，若发现某一根 I/O 接口线的输入为低电平，则可确认该 I/O 接口线所对应的按键已按下，然后，再转向该键的功能处理程序。

独立式键盘的典型接口电路类同于如图 5-3 所示电路，只需将图中拨位开关换为按键即可；程序也可类同前例 5-2。下面是独立式按键的一种函数实现，程序中增加有按键软件去抖动的处理,该函数可在主循环中被调用得到按下键号,从而去执行对应的功能。

【**例 5-4**】 独立式按键扫描查询函数,已知 T 口低 4 位接 4 个按键。函数返回值为键号。

C 语言程序代码如下:

```
// 独立按键扫描查询函数 ------------------------------------------------------
// 出口参数:有键按下时返回对应键号1~4,无键按下时返回 0
byte KeyScan(void)
{
    if((PTT&0x01) == 0)                //查询 0 位按键
    {
        delay_ms(10);                  //延时去抖动
        while((PTT&0x01) == 0);        //等待松开按键
        return 1;                      //返回键号
    }

    if((PTT&0x02) == 0)
    {
        delay_ms(10);                  //延时去抖动
        while((PTT&0x02) == 0);        //等待松开按键
        return 2;                      //返回键号
    }

    if((PTT&0x04) == 0)
    {
        delay_ms(10);                  //延时去抖动
        while((PTT&0x04) == 0);        //等待松开按键
        return 3;                      //返回键号
    }

    if((PTT&0x08) == 0)
    {
        delay_ms(10);                  //延时去抖动
        while((PTT&0x08) == 0);        //等待松开按键
        return 4;                      //返回键号
    }

    return 0;                          //无键按下返回 0
}
```

3. 行列式键盘接口设计

当 MCU 系统中所需键盘按键数量较多时,为了减少 MCU 的 I/O 接口占用,通常将按键排列成行列形式,如图 5-5 所示。行列式键盘也被称为矩阵式键盘,它在口线的行、列交叉处跨接按键,平时不连通。使用一个组 I/O 接口线(8 根)就可以构成 4×4=16 个按键的键盘,类似地还可以构成 4×4、2×8、4×8、8×8 等行列键盘形式。

在如图 5-5 所示的电路中,总共使用 H 口的 8 根线,其中 4 根行线分别接至 PH0~PH3,4 根列线分别接至 PH4~PH7。将行线所接的 I/O 接口作为 MCU 的输出端,而列线所接的 I/O 接口则作为 MCU 的输入,列线须通过上拉电阻接电源正极。当没有按键按下

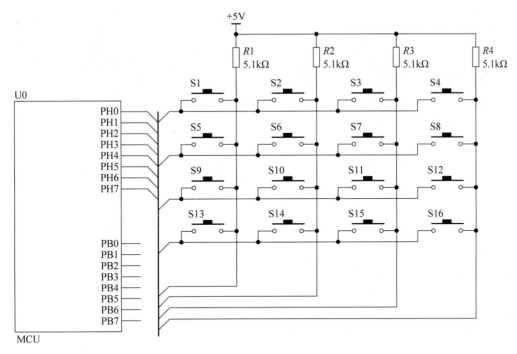

图 5-5 行列式键盘接口电路

时,所有的输入端都是高电平。当行线输出是低电平时,一旦有键按下,则相应的输入线就会被拉为低电平,这样,通过读入输入线的状态就可得知是否有键按下。

行列式结构的键盘显然需要更特殊的构成,识别软件的设计也要复杂一些。程序中按键响应方式可以采用主程序循环查询或中断后检测的响应方式,然后进行具体的按键识别。行列式键盘中按键识别的方法最常用的是行扫描法和行反转法。

行扫描法识别按键的基本原理和步骤是:

(1) 全扫描。各行送 0,查是否有键按下。

先将所有的行线置 0,然后读列线的值,若此时列线上的值全为 1,则说明无键按下;若有某位为 0,则说明对应这一列上有键按下,初步确定有键按下。

(2) 行扫描。逐行送 0,确定哪行、哪列键按下。

随后改变行扫描码,使行线逐行为 0,依次扫描(送行扫描码),当读到某一列线的值为 0 时,就可根据此时的行扫描码和列线的读回值确定按键按下的具体位置。

经过上述键盘扫描,此时读取 H 口 8 根线的值,就可得到键值,例如,最左上角键按下后 PH0~PH7 读回的值是 1110 1110B(即键值 0xEE),左上第 2 个键按下后会读回 1101 1110(即键值 0xDE),以此类推,16 个按键会对应有 16 个键值,所得的键值能表明是 4×4 键盘的哪个键按下。在图 5-6 中,每个按键的下方数值就是按图 5-5 接法得出的键值表,该键值表是确定的,若读回的键值在这 16 个键值中没有找到,则认为是没有按键按下。实际系统设计时往往还要将键值转换为真正的自定义功能。如图 5-6 所示为可能的自定义值情况,每个按键下方的值是键值,上方值才是自定义值。程序设计中,键值一般通过查表法编程转换为真正的自定义值,其中图 5-6(a)的定义值即是按原始键号定义的,而图 5-6(b)的定义值则是安排成另外的特定功能意义的。

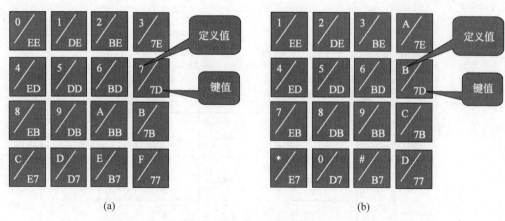

图 5-6　行列式键盘接口的键值与可能的定义值对应关系示例

【例 5-5】 行列式键盘行扫描法程序。硬件连接如图 5-5 所示，4 根行线分别接至低 4 位 PH0～PH3，4 根列线分别接至高 4 位 PH4～PH7。程序中读取输出口 PH0～PH3 则是得到其输出的原值；松开按键检测无须处理。

C 语言程序代码如下：

```
…
byte KeyVal;
byte LineCode[4] = {0xFE,0xFD,0xFB,0xF7}; //行扫描码
byte KeyboardScan(void);

void main(void)
{
    DisableInterrupts;

    DDRB = 0xFF;
    PORTB = 0xFF;
    DDRH = 0x0F;                    //PH7～PH4 输入作列线用,PH3～PH0 输出作行线用
    PTH = 0xF0;                     //PH3～PH0 输出低电平进行全扫描

    for(;;)
    {
        KeyVal = KeyboardScan();
        PORTB = ～KeyVal;
    }
}

// 4×4 行列键盘扫描函数 ----------------------------------------
// 出口参数:有键按下时返回对应键值,无键按下时返回 0xFF
byte KeyboardScan(void)
{
    byte i,key;

    delay_ms(10);                   //延时去抖动

    key = PTH;                      //读取键值
    if((key&0xF0)!= 0xF0)           //高 4 位列线值不为 F 表示有键按下
```

```
    {
        for(i = 0;i < 4;i++)              //逐行扫描
        {
            PTH = LineCode[i];            //送行扫描码
            _asm("NOP");
            _asm("NOP");                  //等待生效
            key = PTH;                    //读取键值
            if(key!= LineCode[i])         //无键按下时二者相等,则继续扫描下一行
                break;                    //当前行有键按下,按键找到,退出扫描
        }
    }
    else                                  //无键按下时赋键值为 0xFF
        key = 0xFF;

    PTH = 0xF0;                           //恢复全扫描

    return key;                           //返回键值
}
```

该应用在主函数的循环中调用键盘扫描函数得到键值,即可根据键值去执行自己需要的功能,例如,在后续的例 5-7 中就是将键值查表求得键号在 LED 数码管上显示出来。

4. 行列式键盘的中断响应

以上所述行列键盘为循环查询的键盘响应方法,为减少程序主循环不断查询对 CPU 带来的负担,也可采用中断响应类型的键盘检测方法,如:

(1) 加接中断电路。将所有输入型列线接到一个多输入与门上(如 4 与门 74LS21),与门的输出接到 MCU 的中断输入引脚(如 $\overline{\text{IRQ}}$)。初始化时仍然实施全扫描,一旦有键按下,与门的输出就会出现低电平,响应这个输入中断,在中断服务程序中实施逐行扫描查键值和后续键盘功能处理。

(2) 利用 MCU 端口中断功能。在 S12X 单片机应用系统中,键盘若接在有中断功能的 P 口、H 口或 J 口,就可以不需要加接中断电路。初始化时仍然实施全扫描,一旦有键按下,就进入端口中断服务程序,然后实施逐行扫描查键值和后续键盘功能处理。这样更便捷。

5.5　应用实例:LED 数码管显示输出接口设计

LED 数码管显示是单片机应用系统中典型的显示方式,它可用在需要显示的内容只有数码和某些字母的场合。LED 数码管显示清晰、成本低廉、配置灵活,与单片机的接口简单易行。

1. LED 数码管的结构

7 段(实际是 8 段,其中 1 段为小数点)LED 数码管显示器(LED Segment Displays)由 8 个发光二极管(简称字段)构成,通过不同的组合可用来显示:数字 0~9、字符 A~F、H、L、P、R、U、y、符号"—"及小数点"."。数码管的外形结构与引脚如图 5-7(a)所示。数码管又分为共阴极和共阳极两种结构,其原理分别如图 5-7(b)和图 5-7(c)所示。

共阳极数码管的 8 个发光二极管的阳极(二极管正端)连接在一起,通常,公共阳极接高电平,其他引脚接段驱动电路输出端。当某段驱动电路的输出端为低电平时,则该端所连接

的字段导通并点亮,并根据发光字段的不同组合可显示出各种数字或字符。

共阴极数码管的 8 个发光二极管的阴极(二极管负端)连在一起,通常,公共阴极接低电平,其他引脚接段驱动电路输出端。当某段驱动电路的输出端为高电平时,则该端所连接的字段导通并点亮,并根据发光字段的不同组合可显示各种数字或字符。

LED 数码管无论共阴极(段给 1 亮)还是共阳极(段给 0 亮),在段点亮时均应提供足够的段驱动电流,并加适当阻值的限流电阻。

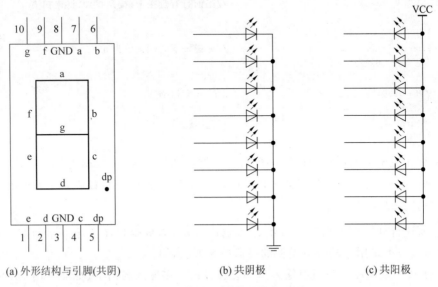

(a) 外形结构与引脚(共阴)　　　　(b) 共阴极　　　　(c) 共阳极

图 5-7　LED 数码管的结构与原理

2. 数码管字形编码

要使数码管显示出相应的数字或字符,必须使段数据口输出相应的字形编码。对照图 5-7,字形码各位定义如下:

数据线 0 位与 a 字段对应,1 位与 b 字段对应,以此类推。若使用共阳极数码管,数据为 0 表示对应字段亮,数据为 1 表示对应字段暗;若使用共阴极数码管,数据为 0 表示对应字段暗,数据为 1 表示对应字段亮。例如,若要显示"7",共阳极数码管的字形编码应为 1111 1000B(即 0xF8);共阴极数码管的字形编码应为 0000 0111B(即 0x07),与共阳极编码正好相反。以此类推,可得数码管全部的字形编码(段码)如表 5-1 所示。

LED 数码管显示的编码可以利用查表法进行软件译码,也可以采用专用译码、驱动芯片进行硬件译码。

表 5-1　LED 数码管字形编码表

字形	共阳极								共阴极							
	dp	g	f	e	d	c	b	a	Hex 编码	dp	g	f	e	d	c	b	a	Hex 编码
0	1	1	0	0	0	0	0	0	C0	0	0	1	1	1	1	1	1	3F
1	1	1	1	1	1	0	0	1	F9	0	0	0	0	0	1	1	0	06
2	1	0	1	0	0	1	0	0	A4	0	1	0	1	1	0	1	1	5B
3	1	0	1	1	0	0	0	0	B0	0	1	0	0	1	1	1	1	4F

续表

字形	共阳极								共阴极							
	dp	g	f	e	d	c	b	a	Hex 编码	dp	g	f	e	d	c	b	a	Hex 编码
4	1	0	0	1	1	0	0	1	99	0	1	1	0	0	1	1	0	66
5	1	0	0	1	0	0	1	0	92	0	1	1	0	1	1	0	1	6D
6	1	0	0	0	0	0	1	0	82	0	1	1	1	1	1	0	1	7D
7	1	1	1	1	1	0	0	0	F8	0	0	0	0	0	1	1	1	07
8	1	0	0	0	0	0	0	0	80	0	1	1	1	1	1	1	1	7F
9	1	0	0	1	0	0	0	0	90	0	1	1	0	1	1	1	1	6F
A	1	0	0	0	1	0	0	0	88	0	1	1	1	0	1	1	1	77
B	1	0	0	0	0	0	1	1	83	0	1	1	1	1	1	0	0	7C
C	1	1	0	0	0	1	1	0	C6	0	0	1	1	1	0	0	1	39
D	1	0	1	0	0	0	0	1	A1	0	1	0	1	1	1	1	0	5E
E	1	0	0	0	0	1	1	0	86	0	1	1	1	1	0	0	1	79
F	1	0	0	0	1	1	1	0	8E	0	1	1	1	0	0	0	1	71
H	1	0	0	0	1	0	0	1	89	0	1	1	1	0	1	1	0	76
L	1	1	0	0	0	1	1	1	C7	0	0	1	1	1	0	0	0	38
P	1	0	0	0	1	1	0	0	8C	0	1	1	1	0	0	1	1	73
R	1	1	0	0	1	1	1	0	CE	0	0	1	1	0	0	0	1	31
U	1	1	0	0	0	0	0	1	C1	0	0	1	1	1	1	1	0	3E
y	1	0	0	1	0	0	0	1	91	0	1	1	0	1	1	1	0	6E
—	1	0	1	1	1	1	1	1	BF	0	1	0	0	0	0	0	0	40
·	0	1	1	1	1	1	1	1	7F	1	0	0	0	0	0	0	0	80
灭	1	1	1	1	1	1	1	1	FF	0	0	0	0	0	0	0	0	00

LED 数码管显示实现有静态显示与动态扫描两种方式。静态显示亮度高,常用于单个数码管,程序简单,CPU 负担小,但所需硬件驱动器件较多。而动态扫描常用于多位数码管,利用人眼视觉残留效应进行轮流选中显示(间隔 5ms 左右),段码线共用,外围器件很少,但需要耗费较多的 CPU 时间。二者各有优缺点,在实际应用中应根据系统的具体情况而定。

【例 5-6】 LED 数码管静态显示,硬件电路如图 5-8 所示,MCU 接 2 位连排的共阳极 LED 数码管,位选线(PK0~PK1)与段码线(PB0~PB7)均接有限流电阻(约 100Ω),字段公共端 COM(共阳)接至 MCU 位选信号。软件译码实现指定位静态显示 1 位 BCD 码。

C 语言程序代码片段如下:

```
…
byte SegCode[] = {0xC0,0xF9,0xA4,0xB0,0x99,0x92,0x82,0xF8,0x80,0x90}; //共阳极段码 0~9
byte Val = 5;              //假设要显示的 BCD 码
DDRB = 0xFF;               //设置 B 口为输出
DDRK = 0xFF;               //设置 K 口为输出
PORTK = 0x01;              //PK0 位选通
PORTB = SegCode[Val];      //查表得段码并从 B 口输出
…
```

【例 5-7】 LED 数码管动态扫描显示行列式键盘的按键功能号。此例中数码管硬件电路另行设计为如图 5-9 所示(该电路图与 S12XDEV 实验开发板一致)。MCU 接 4 位连排的

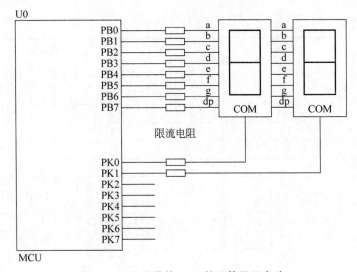

图 5-8　2 位连排的 LED 数码管显示电路

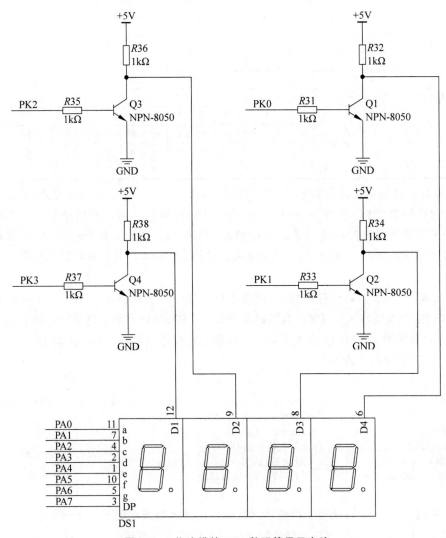

图 5-9　4 位连排的 LED 数码管显示电路

共阴极 LED 数码管,位选线 PK0～PK3 经过三极管开关电路的基极送 1 来选通各位数码管,使用 PA0～PA7 直接连接每个数码管的段码线。

结合如图 5-5 所示的行列式键盘电路,将得到的 16 个键值之一的键值转换成 01～15(键号)的 16 个 2 位字符之一在 LED 数码管上动态显示出来。数码管若为共阳级时,电路图不变,只是位选线 PK0～PK3 经过三极管开关电路的基极送 0 来选通各位数码管,同时字符编码按共阳极安排。

C 语言程序代码如下(此例中已将键盘扫描改为中断响应方式):

```
…
byte KeyVal,KeyNum,tmp;
byte SegCode[16]
    = {0x3F,0x06,0x5B,0x4F,0x66,0x6D,0x7D,0x07,0x7F,0x6F,0x77,0x7C,0x39,0x5E,0x79,
0x71};
    //共阴极数码管段码 0～F
byte LineCode[4] = {0xFE,0xFD,0xFB,0xF7};        //行扫描码
…
void display()
{
    PORTK = 0x00;

    tmp = KeyNum&0x0F;
    PORTA = SegCode[tmp];
    PORTK = 0xF1;
    delay_ms(5);

    tmp = ((KeyNum&0xF0)>> 4);
    PORTA = SegCode[tmp];
    PORTK = 0xF2;
    delay_ms(5);
}

void main(void)
{
    DisableInterrupts;

    DDRA = 0xFF;                        //PA 口输出
    PORTA = 0x00;                       //输出低电平
    DDRK = 0xFF;                        //PK 口输出
    DDRH = 0x0F;                        //PH7～PH4 输入,PH3～PH0 输出
    PPSH = 0x00;                        //PH 口中断使能时下降沿触发
    PIFH = 0xFF;                        //PH 口中断标志写 1 清零
    PIEH = 0xF0;                        //PH4～PH7 口中断使能
    PTH = 0xF0;                         //PH3～PH0 输出低电平

    EnableInterrupts;

    for(;;)
    {
        display();
    }
}
```

```c
#pragma CODE_SEG NON_BANKED

interrupt 25 void PTH_ISR(void)
{
    int i;

    delay_ms(10);                          //延时去抖动,等待按键确实按下

    for(i = 0;i < 4;i++)                   //逐行扫描
    {
        PTH = LineCode[i];                 //送行扫描码
        _asm("NOP");
        _asm("NOP");                       //等待生效
        KeyVal = PTH;                      //读取键值

        if(KeyVal!= LineCode[i])           //当前行有键按下时则按键找到,退出扫描;
                                           //无键按下时二者相等
        {
            break;
        }
    }

    if((KeyVal&0xF0) == 0xF0) {KeyNum = 0x00;}   //高 4 位列线值为 F 表示无键按下

    // 根据键值确定键号
    switch(KeyVal)
    {
        case 0xEE: KeyNum = 0x01;break;
        case 0xDE: KeyNum = 0x02;break;
        case 0xBE: KeyNum = 0x03;break;
        case 0x7E: KeyNum = 0x04;break;
        case 0xED: KeyNum = 0x05;break;
        case 0xDD: KeyNum = 0x06;break;
        case 0xBD: KeyNum = 0x07;break;
        case 0x7D: KeyNum = 0x08;break;
        case 0xEB: KeyNum = 0x09;break;
        case 0xDB: KeyNum = 0x10;break;
        case 0xBB: KeyNum = 0x11;break;
        case 0x7B: KeyNum = 0x12;break;
        case 0xE7: KeyNum = 0x13;break;
        case 0xD7: KeyNum = 0x14;break;
        case 0xB7: KeyNum = 0x15;break;
        case 0x77: KeyNum = 0x16;break;
    }

    PIFH = 0xFF;                           //PH 口中断标志写 1 清零
    PTH = 0xF0;                            //恢复全扫描
}
```

第6章 定时器

定时器/计数器是任何一种单片机都必须具备的重要单元,用来定时或计数,基本的工作机制就是对脉冲或时钟计数(加或减),若是对已知频率的时钟进行计数就形成了定时。

NXP S12X 系列单片机片内能够实现与时间有关的丰富功能模块,包括定时器(Timer,TIM)、周期中断定时器(Periodic Interrupt Timer,PIT)以及实时中断(Real Time Interrupt,RTI)。

6.1 Timer 定时器

6.1.1 Timer 定时器功能描述

S12X 系列单片机的 Timer 定时器除了具有定时、计数的基本功能外,还在标准定时器基础上增加了一些新功能,所以也称为增强型捕捉定时器(Enhanced Capture Timer,ECT)。它的应用非常广泛,尤其是在汽车电子领域,可以用于汽车防抱死刹车系统、发动机控制等要求极高的场合。此定时器有多种用途,包括在产生输出波形的同时测量输入波形,脉冲宽度精确到微秒级。

Timer 定时器的内部结构框图如图 6-1 所示,包含以下组成部分:

(1) 8 个具有 16 位输入缓冲寄存器的输入捕捉/输出比较通道(IOC)。
(2) 2 个 16 位的脉冲累加器。
(3) 1 个 16 位自由运行递增计数器。
(4) 1 个具有 4 位预分频因子的 16 位模数递减计数器。
(5) 4 个可选的延迟计数器,可用来增强输入抗干扰能力。

注意:S12XS 系列单片机在上述 ECT 内部的功能组件中有所精简,简称为 TIM 模块,主要是它没有模数递减计数器,也没有延迟计数器,并且只有 1 个 16 位的脉冲累加器(A)。而 S12XD/XE 系列单片机定时器各组件是完全的、增强的,简称为 ECT 模块,但它涵盖、兼容 TIM 模块。TIM 模块和 ECT 模块可以统称为 Timer 定时器。

Timer 定时器实际上是一个可编程计数器,同时也是一个高速 I/O 通道。定时器内部以一个 16 位自由运行计数器(TCNT)为核心,它的原始时钟源来自 MCU 的总线时钟,通过预分频器生成不同频率的时钟,对预分频器输出的时钟进行递增计数。它除了可以作为定时时间基准外,还可以用来产生波形输出、测量输入波形、统计脉冲或边沿个数,也可以在不需要 MCU 干预的情况下产生脉宽调制输出。模数计数器(MDC)是递减计数方式,也是一个功能完善的定时器,具有自动重装载和中断能力。

Timer 定时器支持以下 4 种运行模式:

(1) 停止模式(STOP)——当时钟停止运行时,定时器/计数器也都停止工作。
(2) 冻结模式(FREEZE)——除 TSCR1 寄存器中 TSFRZ=1 被设冻结时,定时器/计数器保持工作。
(3) 等待模式(WAIT)——除 TSCR1 寄存器中 TSWAI=1 被设等待时,定时器/计数器保持工作。
(4) 正常模式(NORMAL)——定时器/模数计数器保持工作,直到 TSCR1 寄存器中的 TEN=0 和 MCCTL 寄存器中的 MCEN=0 时被禁止。

Timer 定时器拥有 13 个中断向量:

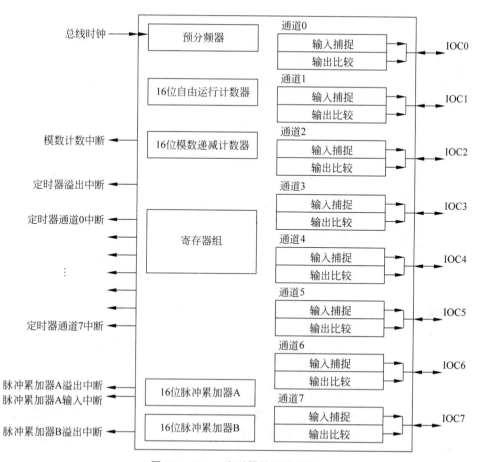

图 6-1　Timer 定时器的组成结构

(1) 8 个定时器通道产生的中断。
(2) 1 个自由计数器溢出中断。
(3) 1 个模数计数器下溢出中断。
(4) 1 个脉冲累加器 B 溢出中断。
(5) 1 个脉冲累加器 A 输入中断。
(6) 1 个脉冲累加器 A 溢出中断。

Timer 定时器共有 8 个外部引脚，分别是 IOC0～IOC7，这 8 个引脚都具有输入捕捉和输出比较的功能；在 S12X 单片机中，IOC0～IOC7 与 T 口的 PT0～PT7 这 8 个引脚是复用的。

6.1.2　输入捕捉/输出比较

S12X 定时器具有的 8 个输入捕捉（Input Capture，IC）/输出比较（Output Compare，OC）通道可以通过设置 TIOS 寄存器的 IOSx 位选择是作为输入捕捉（IC）还是输出比较（OC）功能，8 个输入捕捉/输出比较通道有自己的中断向量和控制寄存器。

1. 输入捕捉

输入捕捉通过捕获自由运行计数器来监视外部事件，主要用于信号检测、频率测量、脉冲宽度和输入计数。定时器的输入捕捉功能的工作过程可以用图 6-2 描述。

（1）当来自引脚 ICx 的外部事件发生或外部信号输入发生规定变化时，记录当前 16 位自由运行计数器 TCNT 的时间：计数寄存器 TCNT 内容锁存到输入捕捉寄存器 TCx。

（2）输入捕捉发生，在 CxI＝1 的情况下，允许中断，向 CPU 发中断请求，同时置标志位 CxF。

（3）保持寄存器 TCxH 实现两次输入捕捉，产生中断或置位；自由运行计数器 TCNT 的计数值先取到输入捕捉寄存器 TCx，再缓冲到保持寄存器 TCxH。

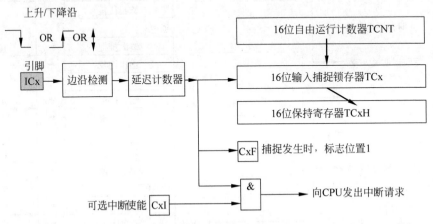

图 6-2 输入捕捉功能的工作过程

输入捕捉过程中的延迟计数器的作用是防止干扰，对低频输入信号尤其有效，表示输入信号的有效持续时间应大于设定的延迟时间，延迟计数器会将有效信号时间内出现的干扰脉冲忽略。

IC 通道组由 4 个标准的缓冲通道 IC0～IC3 和 4 个非缓冲通道 IC4～IC7 组成。

4 个缓冲通道除了各自具有一个捕捉寄存器外，各自还有一个缓冲器（称为保持寄存器），它允许在不产生中断的情况下，连续捕捉保存两次不同时刻的值，按先进先出的队列形式缓冲到 TCx 和 TCxH 寄存器中。4 个非缓冲通道各自具有一个捕捉寄存器，没有保持寄存器，只有 TCx 寄存器记录了输入引脚有效事件的发生时刻，新的事件时刻会覆盖其原先的内容。

当输入捕捉寄存器（TCx）的值被读取或锁存到保持寄存器时，该寄存器清空。同样，当保持寄存器（TCxH）被读取时，该寄存器清空。

2．输出比较

输出比较通过预置的数值与自由运行计数器的值相比较来确定动作，主要用于精确定时事件。定时器的输出比较功能的工作工程可以用图 6-3 描述。

（1）16 位输出比较寄存器由软件预置一个数（如 0x5678），16 位自由运行计数器 TCNT 的计数值通过比较器与这个预置数进行比较，当两者相等时，采取后续动作。

（2）输出比较成功，在 CxI＝1 的情况下，允许中断，向 CPU 发中断请求，同时置标志位 CxF。

（3）输出比较成功的同时，还可以通过引脚控制逻辑对该引脚 OCx 实施置位、清零或翻转操作。

(4) 输出动作或定时事件与 16 位自由运行计数器同步。

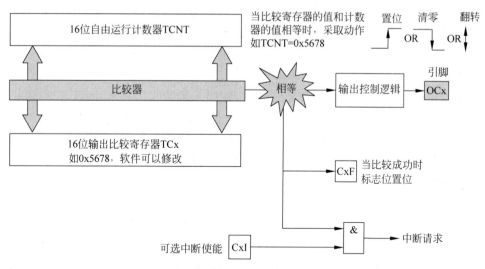

图 6-3 输出比较功能的工作过程

输出比较（OC）成功所关联的定时时间可按下列方法计算：

定时时间 ＝ TCx 预置常数 × 总线周期 × 预分频系数

6.1.3 脉冲累加器

S12X 系列单片机可以有 4 个 8 位脉冲累加器（Pulse Accumulator，PA），它们也可以通过级联形成 2 个 16 位的脉冲累加器（A、B）。脉冲累加器的工作时钟基于核心计数器，但也可以设定成独立工作方式。

脉冲累加器可以用来记录输入引脚上发生的有效边沿事件的数量。4 个 8 位脉冲累加器的事件输入引脚对应 IC0～IC3 通道，每个通道都具有 8 位脉冲累加器 PAx 及 8 位保持寄存器 PAxH。其中 PA0＋PA1 级联成一个 16 位脉冲累加器 B，输入引脚则使用 IOC0（PT0）；PA2＋PA3 级联成一个 16 位脉冲累加器 A，输入引脚则使用 IOC7（PT7）。

实际应用时主要使用 16 位脉冲累加器 A，输入脉冲加载到 IOC7。

脉冲累加器的计数模式分为事件计数模式和门控时间累加模式：

(1) 在事件计数模式下，边沿设置位 PEDGE 用来选择哪种边沿类型来触发 PACNT 寄存器计数值增加，计数器溢出时，可以产生中断，也可以设定成在引脚每个主动电平产生中断。这种模式常用来进行事件计数。

(2) 在门控时间累加模式下，用 PEDGE 选择用何种状态（1 或 0）禁止计数，而计数脉冲的来源是自由运行时钟 BUSCLK/64，这种模式是用主动电平作为门控信号以打开或关闭计数，当计数器溢出时可以产生中断，也可以在有效的引脚电平后面的边沿处产生中断。这种模式常用来精确测量外部事件时间间隔或测量脉冲宽度。

6.1.4 模数递减计数器

S12XD/XE 单片机定时器模块还特别增加了一个模数递减计数器（Modulus Down Counter，MDC），它是一个向下计数的 16 位计数器，计数器常数来源于常数寄存器

MCCNT,计数时钟信号由预分频器提供。模数递减计数器主要是用于精确定时。

相比使用输出比较时的一直运行的自由计数器,模数递减计数器是装载初始值后向下计数到 0x0000,可以完全控制计数起始值,当计数到 0 下溢出时可以产生中断或产生标志位。模数递减计数器单独运行,还可以控制计时的开始和重设初值以及设定为单次计数还是循环计数。

当寄存器 MCCTL 中的 MCEN = 0 时,MDC 的 MCCNT 寄存器首先被复位成 0xFFFF,是为了避免在计数器启动的初期置位中断标志。若将 MCEN 置 1,则 MDC 启动并从预置的 MCCNT 当前值开始对预分频器输出的时钟进行递减计数,分频因子为 1、4、8、16 可选,具体由 MCCTL 寄存器中的 MCPR1 和 MCPR0 确定。

模数递减计数器定时时间的计算方法如下:

由

$$MCCNT 下溢出中断周期 = 总线周期 \times 预分频因子 \times MCCNT$$

有

$$MCCNT = 下溢出中断周期 / 总线周期 / 预分频因子$$

使用 MDC 时预先算好初值装入 MCCNT 寄存器并进行其他相关的寄存器设置,就能实现所需的定时器应用。

6.1.5 Timer 定时器的使用与设置

Timer 定时器的各个功能的使用,需要在编程时依据 MCU 的具体型号确定可用的寄存器资源。若是 S12XD/S12XE 系列 MCU,则需要在下述寄存器的名称前额外加前缀"ECT_",而 S12X 系列则不需加前缀。其中用到的主要寄存器设置情况如下:

1) 定时器系统控制寄存器 1——TSCR1

复位默认值:0000 0000B

读写	Bit7	Bit6	Bit5	Bit4	Bit3	Bit2	Bit1	Bit0
R W	TEN	TSWAI	TSFRZ	TFFCA	0	0	0	0

TEN:定时器使能位。使用 IC/OC 功能必须将 TEN 置位。

0　主定时器禁止(包括计数器),可降低功耗。

1　定时器正常工作。

TSWAI:等待模式下的定时器模块停止位。

0　MCU 在等待模式允许定时器保持工作。

1　MCU 在等待模式禁止定时器,定时器中断不能将 MCU 从等待中唤醒。

TSFRZ:冻结模式下的定时器停止位。

0　MCU 在冻结模式下允许定时器计数器保持工作。

1　MCU 在冻结模式下禁止定时器计数器。该设置对于仿真有用。

TFFCA:定时器标志位快速清除选择位。

0　定时器标志普通清除方式。

1 对于 TFLG1,读输入捕捉寄存器或者写输出比较寄存器会自动清除相应的 CxF 标志位;对于 TFLG2,对寄存器 TCNT 的任何访问会自动清除 TOF 标志位;对 PACNT 寄存器的任何访问都会自动清除 PAFLG 寄存器中的 PAOVF 和 PAIF 标志位。

2) 定时器系统控制寄存器 2——TSCR2

复位默认值:0000 0000B

读写	Bit7	Bit6	Bit5	Bit4	Bit3	Bit2	Bit1	Bit0
R/W	TOI	0	0	0	TCRE	PR2	PR1	PR0

TOI:定时器溢出中断使能位。

0 定时器计数器(TCNT)溢出中断禁止。

1 TOF 标志置 1 时申请硬件中断。

TCRE:定时器通道 7 比较成功时计数器复位允许位。

0 禁止复位计数器,保持自由运行。

1 当输出比较通道 OC7 比较成功时复位计数器,TCNT 将从 0x0000 开始重新计数。若 TC7=0x0000 且 TCRE=1,TCNT 将保持为 0x0000;若 TC7=0xFFFF 且 TCRE=1,只有当 TCNT 从 0xFFFF 计数复位到 0x0000 时,TOF 才会被置位,否则 TOF 不置位。

PR[2:0]:定时器预分频因子选择位。用于决定定时器使用的时钟与总线时钟的分频关系,预分频时钟选择如表 6-1 所示。

表 6-1 预分频时钟选择

PR[2:0]	000	001	010	011	100	101	110	111
预分频因子	1	2	4	8	16	32	64	128

3) 定时器输入捕捉/输出比较选择寄存器——TIOS

复位默认值:0000 0000B

读写	Bit7	Bit6	Bit5	Bit4	Bit3	Bit2	Bit1	Bit0
R/W	IOS7	IOS6	IOS5	IOS4	IOS3	IOS2	IOS1	IOS0

IOS[7:0]:配置相应通道为输入捕捉或输出比较。

0 相应的通道工作为输入捕捉。

1 相应的通道工作为输出比较。

4) 定时器控制寄存器 1/2——TCTL1、TCTL2

TCTL1 复位默认值:0000 0000B   TCTL2 复位默认值:0000 0000B

寄存器	读写	Bit7	Bit6	Bit5	Bit4	Bit3	Bit2	Bit1	Bit0
TCTL1	R/W	OM7	OL7	OM6	OL6	OM5	OL5	OM4	OL4
TCTL2		OM3	OL3	OM2	OL2	OM1	OL1	OM0	OL0

共有 8 对控制位,用来配置各 OC 通道输出比较成功时的输出动作,具体如表 6-2 所示。

表 6-2 输出比较动作设置

OMx	OLx	动作	OMx	OLx	动作
0	0	没有输出动作	1	0	OCx 输出清零
0	1	OCx 输出翻转	1	1	OCx 输出置 1

5) 定时器控制寄存器 3/4——TCTL3、TCTL4

TCTL3 复位默认值：0000 0000B　TCTL4 复位默认值：0000 0000B

寄存器	读写	Bit7	Bit6	Bit5	Bit4	Bit3	Bit2	Bit1	Bit0
TCTL3	R/W	EDG7B	EDG7A	EDG6B	EDG6A	EDG5B	EDG5A	EDG4B	EDG4A
TCTL4		EDG3B	EDG3A	EDG2B	EDG2A	EDG1B	EDG1A	EDG0B	EDG0A

共有 8 对控制位，用来配置各个 IC 通道输入捕捉的边沿检测器电路，具体如表 6-3 所示。

表 6-3 输入捕捉边沿检测电路设置

EDGxB	GDGxA	捕捉方式	EDGxB	GDGxA	捕捉方式
0	0	捕捉禁止	1	0	仅捕捉下降沿
0	1	仅捕捉上升沿	1	1	上升沿和下降沿均捕捉

6) 定时器中断使能寄存器——TIE

复位默认值：0000 0000B

读写	Bit7	Bit6	Bit5	Bit4	Bit3	Bit2	Bit1	Bit0
R/W	C7I	C6I	C5I	C4I	C3I	C2I	C1I	C0I

C7I～C0I：输入捕捉或输出比较相应通道的中断使能。

0　输入捕捉或输出比较相应通道的中断屏蔽。

1　输入捕捉或输出比较相应通道的中断使能。

7) 定时器中断标志寄存器 1——TFLG1

复位默认值：0000 0000B

读写	Bit7	Bit6	Bit5	Bit4	Bit3	Bit2	Bit1	Bit0
R/W	C7F	C6F	C5F	C4F	C3F	C2F	C1F	C0F

C7F～C0F：指明 8 个 IC/OC 相应通道是否发生输入捕捉或输出比较成功事件的标志。

0　自上次清除标志以来，相应通道没有输入捕捉或输出比较事件发生。

1　相应通道发生了输入捕捉或输出比较事件，产生定时器通道中断请求。

清除该寄存器的相应标志位是向 CxF 位写 1。当快速清除标志 TFFCA 有效时，任何读输入捕捉寄存器 TCx 或者写输出比较寄存器 TCx 会自动清除相应的 CxF 标志位。

8) 定时器中断标志寄存器 2——TFLG2

复位默认值：0000 0000B

读写	Bit7	Bit6	Bit5	Bit4	Bit3	Bit2	Bit1	Bit0
R/W	TOF	0	0	0	0	0	0	0

TOF：定时器溢出标志。

当 16 位自由计数器 0xFFFF 回到 0x0000 时，TOF 位置位，产生定时器溢出中断请求。对 TOF 写 1 将清除该位。

9）定时器输入捕捉/输出比较寄存器——TCx

TCx 复位默认值：0000 0000 0000 0000B

寄存器	读写	Bit15 ～ Bit0	
TC0	R/W	TC0H[7:0]	TC0L[7:0]
TC1	R/W	TC1H[7:0]	TC1L[7:0]
TC2	R/W	TC2H[7:0]	TC2L[7:0]
TC3	R/W	TC3H[7:0]	TC3L[7:0]
TC4	R/W	TC4H[7:0]	TC4L[7:0]
TC5	R/W	TC5H[7:0]	TC5L[7:0]
TC6	R/W	TC6H[7:0]	TC6L[7:0]
TC7	R/W	TC7H[7:0]	TC7L[7:0]

对应于 8 个 IC/OC 通道，共有 8 个独立的 16 位寄存器，由 TIOS 寄存器的各位设置确定每个通道是工作于 IC 方式还是 OC 方式。若某通道工作于 IC 方式，则当该通道的输入捕捉边沿探测器捕捉到定义的有效事件时，TCx 寄存器用于锁存自由计数器值；若某通道工作于 OC 方式，则 TCx 将被写入一个预置数值，每当自由定时器的值与其相等时，就会触发预定的输出动作。

在任何时刻都可以读取 TCx 寄存器。该类寄存器实际由高 8 位 TCxH 和低 8 位 TCxL 寄存器合成，若分别读取高、低字节，则要保证先读取高 8 位，否则会因为低 8 位可能的进位而得到不正确的结果。

当通道工作在 OC 方式时，TCx 任何时刻都可以进行写操作，用来设置输出比较的预置计数值；当通道工作在 IC 方式时，通过读 TCx 可以获得输入捕捉计数值，但写操作无意义。

10）定时器计数寄存器——TCNT

复位默认值：0000 0000 0000 0000B

读写	Bit15 ～ Bit0	
R	TCNTH[7:0]	TCNTL[7:0]
W		

这是定时器的一个 16 位递增的主计数器 TCNT[15:0]，实际由高 8 位 TCNTH 寄存器和低 8 位 TCNTL 寄存器合成。TCNT 对内部时钟信号进行计数，写无效，可以随时进行读取，但应按字访问，并必须在一个时钟周期内完成读取。若分别读取高、低字节，则会得到不同于按字读的结果。

11）输出比较引脚断开寄存器——OCPD

复位默认值：0000 0000B

读写	Bit7	Bit6	Bit5	Bit4	Bit3	Bit2	Bit1	Bit0
R W	OCPD7	OCPD6	OCPD5	OCPD4	OCPD3	OCPD2	OCPD1	OCPD0

OCPD[7:0]：输出比较相应通道的输出引脚断开控制位。

0　输出比较通道引脚连接。

1 输出比较通道引脚断开。

12）脉冲累加器控制寄存器——PACTL

复位默认值：0000 0000B

读写	Bit7	Bit6	Bit5	Bit4	Bit3	Bit2	Bit1	Bit0
R W	0	PAEN	PAMOD	PEDGE	CLK1	CLK0	PAOVI	PAI

PAEN：脉冲累加器系统使能位，独立于定时器系统控制寄存器 TSCR1 的 TEN。

0 脉冲累加器禁止。

1 脉冲累加器使能。

PAMOD：脉冲累加器模式控制位。这时必须设 PAEN=1。

0 外部事件计数模式。

1 门控时间累加模式。

PEDGE：脉冲累加器有效边沿设定位。

当 PAMOD=0 事件计数模式时：

0 对脉冲输入引脚 IOC7 的下降沿计数。

1 对脉冲输入引脚 IOC7 的上升沿计数。

当 PAMOD=1 门控时间累加模式时：

0 当脉冲输入引脚 IOC7 为高电平时，允许脉冲累加器的输入时钟计入脉冲累加器，并在随后的输入引脚下降沿置位 PAIF 标志。

1 当脉冲输入引脚 IOC7 为低电平时，允许脉冲累加器的输入时钟计入脉冲累加器，并在随后的输入引脚上升沿置位 PAIF 标志。

CLK[1:0]：门控时间累加模式下的计数时钟选择。用于选择脉冲累加器计数时钟的来源，如表 6-4 所示，其中 PACLK 固定为 BUSCLK/64。

表 6-4 脉冲累加器时钟选择

CLK1	CLK0	时钟源	CLK1	CLK0	时钟源
0	0	预分频器时钟	1	0	PACLK/256
0	1	PACLK	1	1	PACLK/65536

PAOVI：脉冲累加器溢出中断使能位。

0 禁止溢出中断。

1 若 PAOVF 被置位，则申请溢出中断。

PAI：脉冲累加器有效沿输入中断使能位。

0 禁止输入中断。

1 若 PAIF 被置位，则申请输入中断。

13）脉冲累加器标志寄存器——PAFLG

复位默认值：0000 0000B

读写	Bit7	Bit6	Bit5	Bit4	Bit3	Bit2	Bit1	Bit0
R W	0	0	0	0	0	0	PAOVF	PAIF

PAOVF：脉冲累加器溢出标志位。当 16 位脉冲累加器从 0xFFFF 回到 0x0000，溢出

并置位 PAOVF。若想清除该标志,则需要对 PAOVF 位写 1。

PAIF：脉冲累加器输入边沿有效标志位。当输入引脚 IOC7 检测到有效边沿时被置位。在事件计数模式下,输入的有效边沿在计数的同时触发 PAIF 置 1；在门控时间累加模式下,输入引脚 IOC7 门控信号的后沿触发该位置 1。若想清除该标志,则需要对 PAIF 位写 1。

14）脉冲累加器计数寄存器——PACNT

复位默认值：0000 0000 0000 0000B

读写	Bit15 ～ Bit0	
R W	PACNTH[7:0]	PACNTL[7:0]

PACNT[15:0]：16 位脉冲累加器对外部输入脉冲计数的当前值。实际由高 8 位 PACNTH 寄存器和低 8 位 PACNTL 寄存器合成,读取该寄存器的值必须在一个时钟周期内完成。若分别读取高、低字节,则会得到不同于按字读的结果。

该寄存器名 PACNT 在只有 1 个 16 位脉冲累加器的 S12XS MCU 中直接使用,但对于具有 2 个 16 位脉冲累加器的其他型号的 MCU,该计数寄存器的名字为 PACN32 和 PACN10,分别对应 16 位脉冲累加器 A 和脉冲累加器 B。

注意：以下寄存器在 S12XS 系列 MCU 中被裁剪,对于 S12XD/XE 系列 MCU 也不常用。

15）输入延迟计数控制寄存器——DLYCT

复位默认值：0000 0000B

读写	Bit7	Bit6	Bit5	Bit4	Bit3	Bit2	Bit1	Bit0
R W	0	0	0	0	0	0	DLY1	DLY0

DLY[1:0]：延迟时间选择位。若延迟功能有效时,则当输入引脚检测到一个有效的边沿时,延迟计数器开始对总线时钟进行计数,当到达预先设定的计数值时,延迟计数器才输出一个脉冲,延迟计数结束后,计数器自动清除。两个有效的边沿之间的时间间隔应大于输入延迟控制寄存器选定的延迟时间,才能被有效通过。延迟时间具体参见表 6-5。该寄存器设置可用来排除低频信号输入时的高频干扰噪声。

表 6-5 延迟时间的设置

DLY1	DLY0	延迟时间	DLY1	DLY0	延迟时间
0	0	禁止	1	0	512 个总线时钟周期
0	1	256 个总线时钟周期	1	1	1024 个总线时钟周期

16）模数递减计数器控制寄存器——MCCTL

复位默认值：0000 0000B

读写	Bit7	Bit6	Bit5	Bit4	Bit3	Bit2	Bit1	Bit0
R W	MCZI	MODMC	RDMCL	0 ICLAT	0 FLMC	MCEN	MCPR1	MCPR0

MCZI：模数计数器计数到 0 下溢出中断使能位。

0　中断禁止。

1　中断使能。

MODMC：单次/循环计数方式选择。在修改 MODMC 位之前,应清除 MCEN 位使模数计数器复位到 0xFFFF。

0　单次计数方式,计数器从设定值递减到 0 后停止。

1　循环计数方式,当计数器递减回 0 后,重新装载设定值,并开始新一轮计数。

RDMCL：模数读取选择位。

0　读 MCCNT 将返回模数计数器的当前值。

1　读 MCCNT 将返回装载寄存器所用的数值。

ICLAT：输入捕捉寄存器强制锁存控制位。

0　无效。

1　强制将捕捉寄存器 TC0~TC3 以及对应的 8 位脉冲累加器的内容锁存到保持寄存器,同时相关的脉冲累加器自动清零。

FLMC：模数计数器强制装载控制位。该位只在模数递减计数器使能（MCEN=1）时有效。

0　无效。

1　将装载寄存器的值送入到模数计数器,同时复位模数计数器的预分频设置。

MCEN：模数递减计数器使能位。当 MCEN=0 时,计数器被预置为 0xFFFF,以避免在计数器启动的初期出现中断标志。

0　模数计数器禁止。

1　模数计数器使能。

MCPR[1:0]：模数计数器定时器预分频因子设定位。在模数计数器进行装载操作后,设定的分频因子方可有效,对应的分频因子的设定如表 6-6 所示。

表 6-6　模数计数器定时器分频因子的设定

MCPR1	MCPR0	分频因子	MCPR1	MCPR0	分频因子
0	0	1	1	0	8
0	1	4	1	1	16

17）模数递减计数器标志寄存器——MCFLG

复位默认值：0000 0000B

读写	Bit7	Bit6	Bit5	Bit4	Bit3	Bit2	Bit1	Bit0
R W	MCZF	0	0	0	POLF3	POLF2	POLF1	POLF0

MCZF：模数计数器下溢出标志。递减回 0 时置位,申请中断。向该位写 1 将清除该标志,写 0 无效。

POLF[3:0]：首次输入捕捉极性标志。只读,写操作无效,它们指示了引发第 1 个捕捉动作的边沿的极性,分别对应 IOC3~IOC0 通道。

0　下降沿引发。

① 上升沿引发。

18）模数递减计数器计数寄存器——MCCNT

复位默认值：1111 1111 1111 1111B

读写	Bit15 ～ Bit0	
R W	MCCNTH[7:0]	MCCNTL[7:0]

MCCNT[15:0]：16 位模数递减计数器的当前计数值，实际由高 8 位 MCCNTH 寄存器和低 8 位 MCCNTL 寄存器合成。对寄存器 MCCNT 来说应按字访问，分别对高位、低位字节的访问可能会得到不同于按字读的结果。

若将 0x0000 写入 MCCNT 后，模数计数器将保持为 0，也不会将寄存器 MCFLG 中的 MCZF 标志置位。

当 MODMC=0 时，单次计数，写寄存器 MCCNT 将对计数器进行清零，并用新值更新计数器，然后开始一次递减计数，减到 0 时停止，完成一次计数。

当 MODMC=1 时，循环计数，对 MCCNT 进行写操作将更新装载寄存器的值，但计数器不会立即更新，要等到计数器回到 0 溢出后才会被更新，然后开始新的计数。

6.1.6　应用实例：利用 Timer 定时器的输出比较功能实现定时

【例 6-1】　使用定时器通道 0 输出比较功能实现定时时间 1 秒，定时时间到后进入中断服务程序，执行相应操作，例如，在 B 口输出一个递增数。已知：总线频率=8MHz，则总线周期 T_{BUS}=1/8MHz=125ns，预分频因子选 128。根据定时器输出比较（OC）的定时时间计算方法推算需要设置的 TCx 预置数。

因为

$$定时时间 = TCx 预置常数 \times 总线周期 \times 预分频因子$$

故有

TCx 预置常数 = 定时时间 /（总线周期 × 预分频因子）= 1s /（125ns × 128）= 62500

注意：因为定时器 OC 中的 16 位定时器计数器 TCNT 是自由运行的，所以每次比较成功进入中断后，需要将 TCx 预置常数加上 TCNT 当前值后重写到输出比较寄存器 TCx。也就是说，实际所需写入的 TCx 值应是以 TCNT 当前值为基值、以预置常数为提前量的相加值。

另外，从该例的 TCx 预置常数看，已经接近 16 位数的最大值 65535，分频因子也已是最大 128，所以 Timer 定时器能实现的最大定时时间也就是 1s 左右。若要实现更大时间单位的定时，则应该安排计数变量来统计定时中断的次数从而间接实现。

C 语言程序代码如下：

```
…
static word outValue = 0;           //全局变量定义
void main(void)
{
    DisableInterrupts;              //关总中断

    DDRB = 0xFF;                    //设 B 口为输出
```

```c
    PORTB = 0xFF;                       //熄灭 LED

    ECT_TSCR2 = 0x07;                   //定时器溢出中断禁止,计数器自由运行,预分频因子为 128
    ECT_TIOS = 0x01;                    //定时器通道 0 为输出比较
    ECT_TCTL2 = 0x00;                   //定时器通道 0 比较成功时引脚没有输出动作
    ECT_TFLG1 = 0x01;                   //写 1 清除定时器通道 0 的中断标志
    ECT_TIE = 0x01;                     //定时器通道 0 中断使能
    ECT_TC0 = (word)(ECT_TCNT + 62500); //通道 0 定时时间 = 预置数×总线周期×分频因子
                                        // = 62500×125ns×128 = 1s
    ECT_TSCR1 = 0x80;                   //定时器模块使能、中断标志普通清除

    EnableInterrupts;                   //开总中断

    for(;;)
    {
    }
}

#pragma CODE_SEG NON_BANKED             //中断服务函数定位声明
interrupt 8 void Timer0_ISR()
{
    ECT_TFLG1 = 0x01;                   //写 1 清除通道 0 中断标志
    ECT_TC0 = (word)(ECT_TCNT + 62500); //重置预置数寄存器 TC0

    outValue++;
    if(outValue > 255) outValue = 0;
    PORTB = ~outValue;
}
```

注意:将中断函数名写成 interrupt 8 void Timer0_ISR(),其中的向量号"8"对应为定时器通道 0 中断。

【**例 6-2**】 定时器通道 7 定时中断的控制程序,实现 OC7 引脚能够自动输出周期 100ms 的方波信号,同时由 T 口最低位的输入电平状态决定方波信号是持续输出还是关断为 0 电平。

此例利用 OC7 比较成功时能自动复位自由运行计数器 TCNT、自动清除中断标志的特性,简化定时时间控制。假设总线频率为 8MHz(T_{BUS}=125ns),分频因子选 8,TC7 预置为 25000,则有:

定时时间=预置数×总线周期×预分频因子=25000×125ns×16=50ms

C 语言程序代码如下(此例中定时器寄存器未加前缀"ECT_"表明适用于 S12XS 系列,若需适用于 S12XD/XE 系列,则加上前缀"ECT_"即可):

```c
...
static word preScale = 25000;       //定时时间 = 预置数×总线周期×分频因子 = 25000×125ns×
                                    //16 = 50ms

void main(void)
{
    DisableInterrupts;              //关总中断

    DDRT &= 0xFE;                   //设 PT0 为输入
```

```
    TSCR2 = 0x0C;              //预分频因子为16,TCNT溢出中断禁止,OC7比较成功时复位计数器
    TIOS = 0x80;               //定时器通道7设为输出比较
    TCTL1 = 0x40;              //OC7比较成功后的匹配动作 = 输出电平翻转
    TFLG1 = 0x80;              //OC7中断标志清零
    TIE = 0x80;                //OC7中断使能,输出比较成功时申请中断
    TC7 = preScale;            //OC7输出比较寄存器预置数
    TSCR1 = 0x90;              //定时器模块使能,中断标志快速自动清除使能

    EnableInterrupts;          //开总中断

    for(;;)                    //无限循环等待
    {
        if((PTT&0x01) == 0x01) //检查T口0位是否为1
            TCTL1 = 0x40;      //OC7比较成功后的匹配动作 = 电平翻转,方波信号持续输出
        else
            TCTL1 = 0x80;      //OC7比较成功后的匹配动作 = 输出清零,信号保持0电平
    }
}

#pragma CODE_SEG NON_BANKED    //中断服务函数定位声明
interrupt 15 void Timer7_ISR() //该中断发生时TCNT自动清零,重新计数
{
    TC7 = preScale;            //重写TC7以使OC7中断标志自动清零
}
```

注意:其中中断服务函数定义中的关键词"interrupt"后的序号"15"即是定时器通道7的中断向量号。

6.1.7 应用实例:利用Timer定时器的输入捕捉功能实现脉冲计数

【**例6-3**】 利用Timer定时器的输入捕捉功能(IC)对外部脉冲信号进行计数。外部脉冲信号接至通道6,下降沿有效,计数值送交B口输出表达。

C语言程序代码如下:

```
...
byte nPulseNums;               //定义全局变量
void main()
{
    DisableInterrupts;         //关总中断

    DDRB = 0xFF;               //设B口为输出
    PORTB = 0x00;              //设B口初值
    nPulseNums = 0;            //计数脉冲数先清零

    TSCR2 = 0x07;              //禁止定时器溢出中断,预分频因子为128
    TIOS = 0xBF;               //定时器通道6为IC方式
    TCTL3 = 0x20;              //IC6下降沿捕捉
    TFLG1 = 0x40;              //写1清除通道6中断标志
    TIE = 0x40;                //定时器计数器通道6中断使能
    TSCR1 = 0x80;              //定时器使能

    EnableInterrupts;          //开总中断
```

```c
    for(;;)                           //无限循环等待
    {
        //...                         //其他处理
    }
}

#pragma CODE_SEG NON_BANKED           //中断服务函数定位声明
interrupt 14 void Timer6_ISR()
{
    DisableInterrupts;
    TFLG1 = 0x40;                     //写1清除通道6中断标志
    nPulseNums++;                     //脉冲数加1
    PORTB = ~nPulseNums;              //B口输出脉冲计数值
    EnableInterrupts;
}
```

注意：其中中断服务函数定义中的关键词"interrupt"后的序号"14"即是定时器通道6的中断向量号。

6.1.8 应用实例：利用Timer定时器的脉冲累加器和模数递减计数器

【例6-4】 模数递减计数器MDC定时时间为100ms，检测此时间范围内的外来脉冲的个数，假设总线频率为4MHz（总线周期即为250ns），选择预分频因子为16。脉冲累加器PA计数时钟选择为PACLK，此时被计数时钟已默认为总线时钟的64分频。

此例采用脉冲累加器PA计数脉冲个数（IOC7，即PT7引脚），以模数递减计数器MDC为定时时间控制。以下程序中变量nPulseNums在定时时间到达后将自动得到这个脉冲累加数，实际即能进一步求得外部脉冲的周期。

因为

$$\text{MCCNT下溢出中断周期} = \text{总线周期} \times \text{预分频因子} \times \text{MCCNT}$$

故有

$$\text{MCCNT} = 100\text{ms} / (250\text{ns} \times 16) = 25000$$

C语言程序代码如下：

```c
...
word nPulseNums;                      //定义全局变量
void main()
{
    DisableInterrupts;                //关总中断

    nPulseNums = 0;                   //计数值清零

    ECT_TIOS = 0x00;                  //定时器通道为输入捕捉
    ECT_DLYCT = 0x01;                 //设输入信号的持续时间应大于256个总线周期，防干扰

    ECT_PACTL = 0x54;                 //脉冲累加器使能,外部事件计数,上升沿有效
                                      //禁止脉冲累加器溢出中断和输入中断
    ECT_PAFLAG = 0x03;                //清除脉冲累加器溢出标志、输入有效标志

    ECT_MCFLG = 0x80;                 //清除模数计数器下溢出标志
    ECT_MCCNT = 25000;                //写模数计数器预置常数
```

```
        ECT_MCCTL = 0xC7;            //模数计数器使能,下溢出中断使能,循环计数,预分频因子为16

        EnableInterrupts;            //开总中断

        for(;;)                      //总的循环
        {
            //...                    //其他处理
        }
    }
    #pragma CODE_SEG NON_BANKED      //中断服务函数定位声明
    interrupt 26 void MDC_ISR()
    {
        ECT_MCFLG = 0x80;            //清除模数计数器下溢出标志
        nPulseNums = ECT_PACN32;     //读取脉冲累加器的计数值
        ECT_PACN32 = 0;              //清除脉冲累加器的计数值
    }
```

注意：其中中断服务函数定义中的关键词"interrupt"后的序号"26"即模数递减计数器下溢出的中断向量号。

6.2 PIT 周期中断定时器

6.2.1 PIT 定时器功能描述

S12X 的 PIT(Period Interrupt Timer)定时器同样可用来定时,该周期性中断定时器是一个 24 位的、可用于触发外围模块和引起定时中断的多通道定时器。

由图 6-4 可知,该 PIT 定时器有以下特征:
(1) 4 个具有独立定时周期的模数递减计数器。
(2) 4 个定时中断。
(3) 4 个定时输出信号,可用来触发外围模块。
(4) 4 定时器通道开始时间可以对齐。
(5) 每通道定时器可以被独立地使用。
(6) 每通道定时器都是 24 位计数,定时周期可以在 $1 \sim 2^{24}$ 个总线时钟周期内选择。

1. PIT 工作原理

图 6-4 实际上是一个简化的 PIT 定时器组成结构示意,4 通道的 24 位定时器由 2 个 8 位微定时器、4 个 16 位定时器和中断/触发接口外构成,还包含未画出的一些必要的控制和数据寄存器组。

每通道 PIT 定时器可以看成 1 个 8 位微定时器和 1 个 16 位定时器的级联,合成 1 个 24 位定时器,每级定时器均为对确知时钟计数的模数递减计数器。16 位定时器的时钟频率源自 2 个可选微时间基准,该微时间基准由 8 位递减微计数器产生,微计数器的时钟源自总线时钟。当 16 位定时器计数器递减到 0,就向中断、触发接口发出超时信号。

通过设置多路复用寄存器(PITMUX)中的 PMUX[3:0]位,每个 16 位定时器可选连接到微时间基准 0 或 1。如果控制和强制载入微定时器寄存器(PITCFLMT)中的 PITE 位置位,且相应的 PIT 通道使能寄存器(PITCE)中的 PCE 位置位,则 PIT 定时器启用。两个 8

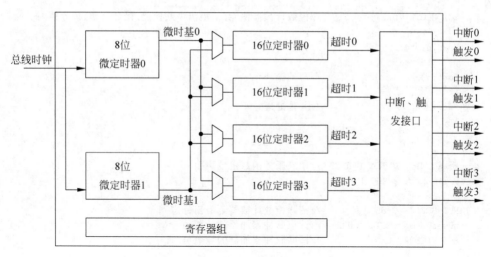

图 6-4 简化的 PIT 定时器组成框图

位递减微计数器用于产生两个微时间基准。只要已经启用的定时器通道选择了一个微时间基准,相应的微定时器递减计数器就会读入它的初值(PITMTLD0 或 PITMTLD1),并开始递减计数。每当微定时器递减计数器计数为零,PITMTLD 寄存器的值会被重新装载,与之连接的 16 位定时器计数一个周期。

每当 16 位定时器计数器和与之连接的 8 位微定时器计数器到达 0,PITLD 寄存器值会重新装载,超时标志寄存器(PITTF)中相应的 PTF 位置位。定时时间(Time-out-period)是一个关于定时器装载寄存器(PITLD)、微定时器装载寄存器(PITMTLD)和总线时钟频率 f_{BUS} 的公式:

$$\text{Time-out-period} = (\text{PITMTLD}+1) \times (\text{PITLD}+1) / f_{BUS}$$

所以,PIT 定时时间能比 Timer 定时多 1 倍,例如,在 8MHz 的总线时钟下,最大定时时间等于:

$$256 \times 65536 \times 125\text{ns} = 2.09715\text{s}$$

又如,对于一个 40MHz 的总线时钟的 MCU,最大定时时间等于:

$$256 \times 65536 \times 25\text{ns} = 419.43\text{ms}$$

16 位定时器递减计数器的瞬时值可以通过 PITCNT 寄存器读取。微定时器递减计数器则无法读取值。通过向 PITCFLMT 寄存器中相应的强制载入微定时器位(PFLMTx)写入 1,8 位微定时器可独立地重新启动。通过向 PITFLT 寄存器中相应的强制载入定时器位(PFLTx)写入 1,16 位定时器可独立地重新启动。若需要,则可以向邻近的 PITCFLMT 和 PITFLT 寄存器写入一个 16 位的数据(使相关位置位),这样任何定时器组和微定时器都可以同时重新启动。

2. PIT 定时中断

每个超时事件可以用来触发一个中断服务请求。对于每个定时器通道,PIT 中断使能寄存器(PITINTE)中的 PINTEx 位独立地使能这个功能。当 PINTEx 置位时,当超时标志寄存器(PITTF)中相应的 PTFx 位置位时,将会发生中断服务请求。

PIT 定时器中 4 个周期中断定时的中断申请的向量地址为

(1) 通道 0 中断——基地址＋0x7A(复位默认 0xFF7A)。
(2) 通道 1 中断——基地址＋0x78(复位默认 0xFF78)。
(3) 通道 2 中断——基地址＋0x76(复位默认 0xFF76)。
(4) 通道 3 中断——基地址＋0x74(复位默认 0xFF74)。

3. PIT 运行模式

PIT 定时器同样支持 S12X 的基本运行模式和各种低功耗运行模式。

(1) 运行模式(RUN)。这是基本的正常工作模式。

(2) 等待模式(WAIT)。启用等待模式只依赖于 PITCFLMT 寄存器的 PITSWAI 位。在等待模式下,若总线时钟是全局启用且 PITSWAI 位是清零的,则 PIT 的工作方式和运行模式相同。在等待模式下,若 PITSWAI 位被置位,则 PIT 定时器停止。

(3) 停止模式(STOP)。在全停止模式或伪停止模式下,PIT 定时器停止。

(4) 冻结模式(FREEZE)。启用冻结模式只依赖于 PITCFLMT 寄存器的 PITFRZ 位。在冻结模式下,若 PITFRZ 位是清零的,则 PIT 的工作方式和运行模式相同。在等待模式下,若 PITFRZ 位被置位,则 PIT 定时器停止。

4. 硬件触发

PIT 定时器包含 4 个硬件触发信号线 PITTRIG[3:0],每个信号线是定时器通道之一。这些信号可以连接在 SoC 和外设模块上。当一个计时器通道发生时超时,相应的 PTF 标志置位且相应的 PITTRIG 触发信号产生一个上升沿。因为触发产生了至少一个总线时钟周期的高电平,触发功能需要至少两个总线时钟周期。对于装载寄存器值 PITLD＝0x0001 和 PITMTLD＝0x0002 时,标志置位、触发时机和强制载入。

注意：有关 PIT 硬件触发可参阅 NXP SoC 说明书中对 PITTRIG[3:0]信号的描述。

6.2.2 PIT 定时器的使用与设置

一般地,在 PIT 定时器初始化完成前,先不要使能它,这样可以避免刚开始一段的定时不准确;等完成了装载寄存器的设置、8 位微计数器的选择、定时器通道的打开等初始化工作后,再使能整个 PIT 定时器。

PIT 定时器的各个功能的使用和相关寄存器的设置情况如下:

1) PIT 控制和强制装载微定时器寄存器——PITCFLMT

复位默认值：0000 0000B

读写	Bit7	Bit6	Bit5	Bit4	Bit3	Bit2	Bit1	Bit0
R W	PITE	PITSWAI	PITFRZ	0	0	0	0	0
							PFLMT1	PFLMT0

PITE：PIT 定时器使能位。若 PITE 清零,则 PIT 定时器禁止且 PITTF 寄存器中的标志位清零,此时降低功耗;若 PITE 置位,则各定时器通道使能(PCEx 置位),递减计数器读入相应的装载寄存器值。

0 　PIT 定时器禁止。

1 　PIT 定时器使能。

PITSWAI：PIT 停止并进入等待模式位。该位在等待模式下被用于节约功耗。

    0　PIT 在等待模式正常工作。
    1　PIT 在等待模式下时钟停止并冻结 PIT 定时器。
    PITFRZ：冻结模式下的 PIT 计数器冻结位。在加入了断点的调试模式下（冻结模式），此功能在许多情况下可以冻结 PIT 计数器，以避免中断产生。在冻结模式下，PITFRZ 位控制 PIT 工作。
    0　PIT 在冻结模式下正常工作。
    1　PIT 在冻结模式下停止运行。
    PFLMT[1:0]：微定时器[1:0]强制装载位。只有当相应的微定时器启用且 PIT 定时器被启用（PITE 置位）时有效。向 PFLMT 位写入 1 会将微定时器的装载寄存器值读入 8 位微定时器递减计数器。写 0 无意义，读这 2 位总是得到 0。

  2) PIT 强制装载定时器寄存器——PITFLT

复位默认值：0000 0000B

读写	Bit7	Bit6	Bit5	Bit4	Bit3	Bit2	Bit1	Bit0
R	0	0	0	0	0	0	0	0
W					PFLT3	PFLT2	PFLT1	PFLT0

    PFLT[3:0]：PIT 定时器[3:0]强制装载位。只有当相应的定时器通道启用（PCE 置位）且 PIT 定时器被启用（PITE 置位）时有效。向 PFLT 位写入 1 会将 16 位定时器装载寄存器值读入 16 位定时器递减计数器。写 0 无意义，读这 4 位总是得到 0。

  3) PIT 通道使能寄存器——PITCE

复位默认值：0000 0000B

读写	Bit7	Bit6	Bit5	Bit4	Bit3	Bit2	Bit1	Bit0
R	0	0	0	0	0	0	0	0
W					PCE3	PCE2	PCE1	PCE0

    PCE[3:0]：PIT 定时器通道[3:0]使能位。若 PCE 清零，则 PIT 通道禁止且 PITTF 寄存器中相应的标志位清零。当 PCE 置位，且 PIT 定时器被启用（PITE 置位）时，16 位计数器装载计数初值并开始递减计数。
    0　相应的 PIT 通道禁止。
    1　相应的 PIT 通道使能。

  4) PIT 多路复用寄存器——PITMUX

复位默认值：0000 0000B

读写	Bit7	Bit6	Bit5	Bit4	Bit3	Bit2	Bit1	Bit0
R	0	0	0	0	0	0	0	0
W					PUMX3	PUMX2	PUMX1	PUMX0

    PUMX[3:0]：PIT 定时器通道[3:0]多路复用位。若 16 位定时器连接着微时间基准 1 或 0，则当 PMUX 位改变时，相应的 16 位定时器立刻转换到另一个微时间基准。
    0　相应的 16 位定时器采用微时间基准 0。
    1　相应的 16 位定时器采用微时间基准 1。

5) PIT 中断使能寄存器——PITINTE

复位默认值:0000 0000B

读写	Bit7	Bit6	Bit5	Bit4	Bit3	Bit2	Bit1	Bit0
R/W	0	0	0	0	PINTE3	PINTE2	PINTE1	PINTE0

PINTE[3:0]:PIT 定时器通道[3:0]超时中断使能位。当相应的 PTFx 标志位置位时,这些位允许产生中断服务请求。PINTE[3:0]置位时,一个正在等待的中断标志(PTFx 置位)将立刻产生一个中断;为了避免此情况,相应的 PTFx 位应该首先被清零。

0 相应通道的中断禁止。

1 相应通道的中断使能。

6) PIT 超时标志寄存器——PITTF

复位默认值:0000 0000B

读写	Bit7	Bit6	Bit5	Bit4	Bit3	Bit2	Bit1	Bit0
R/W	0	0	0	0	PTF3	PTF2	PTF1	PTF0

PTF[3:0]:PIT 定时器通道[3:0]超时标志位。当相应的 16 位递减计数器和选择的 8 位微定时器递减计数器到达 0 时,PTFx 置位。此标志可以通过向此位写入 1 而清零。写入 0 无意义。若向此位写入 1 和该标志置位是在同一个时钟周期内发生,则此标志位保持置位状态。若 PIT 模块被禁用或相应的通道被禁用,则这些标志位被清零。

0 相应通道还没有超时。

1 相应通道已经超时。

7) PIT 微定时器装载寄存器——PITMTLD0、PITMTLD1

复位默认值:0000 0000B

读写	Bit7	Bit6	Bit5	Bit4	Bit3	Bit2	Bit1	Bit0
R/W	PMTLD7	PMTLD6	PMTLD5	PMTLD4	PMTLD3	PMTLD2	PMTLD1	PMTLD0

PMTLD[7:0]:微定时器装载位,设置 8 位递减计数器载入的值。写入新值不会重启定时器。当微定时器计数减到 0,PMTLD 寄存器的值才被载入。若想立刻载入,PITCFLMT 寄存器中的 PFLMT 位可以用于此功能。

8) PIT 定时器装载寄存器——PITLD0~PITLD3

复位默认值:0000 0000 0000 0000B

读写	Bit15 ~ Bit0
R/W	PITLDx[15:0]

PITLDx[15:0]:PIT 定时器装载位,设置 16 位递减计数器载入的值。其中 x=0~3,对应相应通道。为了保持数据的一致性,写入值必须是 16 位,此动作不会重启定时器。当定时器计数减到 0 时,PTF 标志位被置位时寄存器的值才被载入。

9) PIT 计数寄存器——PITCNT0～PITCNT3

复位默认值：0000 0000 0000 0000B

读写	Bit15 ～ Bit0
R	PITCNTx[15:0]
W	

PITCNTx[15:0]：16 位递减计数器的当前值。其中 x=0～3，对应相应通道。读取该寄存器的值必须在一个时钟周期内完成。

6.2.3 应用实例：利用 PIT 定时器实现定时

【例 6-5】 定时时间 500ms，每时间到输出翻转电平到 B 口，B 口接有 8 个 LED 灯，程序实现 1s 周期的 LED 灯闪烁。假设总线频率为 8MHz（总线周期即为 125ns）。

此例采用 PIT 周期中断定时器通道 0，在已知定时时间和总线时钟周期的情况下，在初始化时除设置 B 口、选择 PIT 通道外，主要需要计算并设置 PIT 的 8 位微计数器的装载寄存器值和 16 位计数器的装载寄存器值；然后使能中断，在中断服务程序中进行点亮/熄灭 LED 的翻转电平输出。

因为

$$\text{Time-out-period} = (\text{PITMTLD}+1) \times (\text{PITLD}+1) / f_{\text{BUS}} = 500\text{ms}$$

又由

$$\text{PITMTLD} = 99, 使(\text{PITMTLD}+1) = 100$$

则有

$$\text{PITLD} = (500\text{ms} / 100 / T_{\text{BUS}}) - 1 = 5\text{ms} / 125\text{ns} - 1 = 40000 - 1 = 39999$$

C 语言程序代码如下：

```
...
void main()
{
    DisableInterrupts;              //关总中断, = asm SEI

    DDRB = 0xFF;                    //设 B 口为输出
    PORTB = 0xFF;                   //熄灭 LED

    PITCFLMT = 0x00;                //关闭 PIT 定时器
    PITTF = 0x01;                   //PIT 通道 0 超时标志位写 1 清零
    PITMUX = 0x00;                  //PIT 通道 0 使用微计数器 0
    PITMTLD0 = 99;                  //设置微计数器 0 的装载寄存器
    PITLD0 = 39999;                 //设置 16 位计数器 0 的装载寄存器
    PITINTE = 0x01;                 //使能 PIT 通道 0 的中断
    PITCE = 0x01;                   //使能 PIT 通道 0 计数
    PITCFLMT = 0x80;                //使能 PIT 定时器

    EnableInterrupts;               //开总中断, = asm CLI
    for(;;)                         //无限循环等待
    {
        ...                         //其他处理
    }
```

}
```
#pragma CODE_SEG NON_BANKED          //中断服务函数定位声明
interrupt void PIT0_ISR()
{
    PITTF = 0x01;                    //PIT通道0超时标志位写1清零
    PORTB = ~PORTB;                  //B口取反,输出翻转电平
}
```

注意：本例中中断服务函数 PIT0_ISR 定义中没有直接表明中断向量号(66),所以需要在 CodeWarrior 工程对应的 prm 文件中添加一行中断向量声明：

VECTOR 66 PIT0_ISR

当然,也可直接将中断函数写成 interrupt 66 void PIT0_ISR(),这样就不必另行声明了。

6.3 RTI 实时中断定时

  S12X MCU 还特别拥有一个称为"实时中断"(RTI)的中断功能,该功能由 MCU 的时钟发生器(CRG)模块直接提供。实时中断 RTI 用来产生固定周期的硬件中断,它仅仅依赖于 MCU 时钟独立运行,其时钟链如图 6-5 所示,RTI 实现定时的原理是：在 RTI 使能的情况下,源时钟 OSCCLK 经过 RTI 模块的 3 位预分频器分频后,然后被 RTI 模块的 4 位计数器计数,计数溢出即表示完成一次固定周期的定时,此时可以产生中断申请。RTI 的中断向量为 0xFFF0(向量号为 7)。

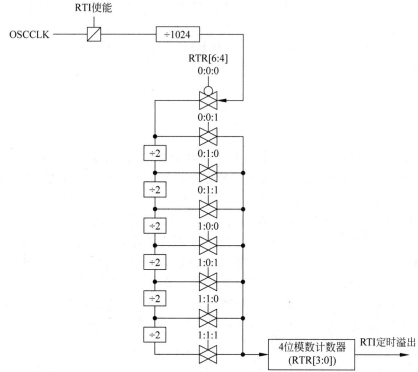

图 6-5 实时中断 RTI 时钟链

RTI 中断在 MCU 复位时默认被禁止。与实时中断 RTI 相关的寄存器有两个：CRG 中断寄存器 CRGINT(参见第 2 章)和实时中断控制寄存器 RTICTL。CRGINT 中的 RTIE＝1 时实时中断 RTI 激活，中断周期则通过 RTICTL 设置。

实时中断控制寄存器——RTICTL

复位默认值：0000 0000B

读写	Bit7	Bit6	Bit5	Bit4	Bit3	Bit2	Bit1	Bit0
R/W	RTDEC	RTR6	RTR5	RTR4	RTR3	RTR2	RTR1	RTR0

RTDEC：十进制或二进制形式的分频因子选择。

 0 二进制分频因子。

 1 十进制分频因子。

RTR[6:4]：实时中断预分频因子选择位。

RTR[3:0]：实时中断计数器值选择位。

RTI 的基频是振荡频率 f_{OSC}，通过 RTI 控制寄存器的 RTR[6:4] 位对振荡频率分频，分频后的频率作为 RTR 计数器的输入时钟信号，计数器的值通过 RTI 控制寄存器的 RTR[3:0] 位设定。

RTI 中断的溢出周期可以用下面公式计算：

$$T_R = (RL+1) \times 2^{RH-1} \times 2^{10} \times T_{OSC}$$

其中，RL＝RTR[3:0]，RH＝RTR[6:4]。

例如，假设系统的振荡周期为

$$T_{OSC} = 1/10MHz = 10^{-7}s$$

设

$$RTR[3:0] = 1010B, RTR[6:4] = 100B$$

则 RTI 中断周期为

$$T_R = (10+1) \times 2^{4-1} \times 2^{10} T_{OSC}$$

$$= 11 \times 2^{13} \times T_{OSC}$$

$$= 9.0112ms$$

实际上，需要的周期定时时间可以通过查表的方法设定。如表 6-7 所示，为 RTDEC＝0 情况下各种组合的 RTI 中断的对于原始时钟的最终分频因子，其中的数值即表示 RTI 经过振荡周期的多少倍后就产生 RTI 中断申请，OFF 表示不会产生 RTI 中断。

当 RTI 中断周期到时，RTIF 位置 1，进入中断服务子程序，同时下一个 RTI 中断周期立即开始。对 RTI 控制寄存器 RTICTL 的写操作将重新开始 RTI 中断周期计时操作。

RTI 中断的运行机制与看门狗定时器溢出中断类似，不同的是，RTI 中断的目的可能是需要在一个固定的时间到达后执行某个处理（与定时器的功用相同），看门狗的目的是定时器溢出时执行错误纠正处理，而平时由于"喂狗"的行为并不总是溢出。实时中断 RTI 的好处是定时时间长，能自动循环执行，且不占用定时器资源，所以它可以当成一个特殊的定时器来使用。

表 6-7 RTI 频率的分频因子选择（RTDEC=0）

RTR[3:0]	RTR[6:4]=							
	000 (OFF)	001 (2^{10})	010 (2^{11})	011 (2^{12})	100 (2^{13})	101 (2^{14})	110 (2^{15})	111 (2^{16})
0001(÷2)	OFF	2×2^{10}	2×2^{11}	2×2^{12}	2×2^{13}	2×2^{14}	2×2^{15}	2×2^{16}
0010(÷3)	OFF	3×2^{10}	3×2^{11}	3×2^{12}	3×2^{13}	3×2^{14}	3×2^{15}	3×2^{16}
0011(÷4)	OFF	4×2^{10}	4×2^{11}	4×2^{12}	4×2^{13}	4×2^{14}	4×2^{15}	4×2^{16}
0100(÷5)	OFF	5×2^{10}	5×2^{11}	5×2^{12}	5×2^{13}	5×2^{14}	5×2^{15}	5×2^{16}
0101(÷6)	OFF	6×2^{10}	6×2^{11}	6×2^{12}	6×2^{13}	6×2^{14}	6×2^{15}	6×2^{16}
0110(÷7)	OFF	7×2^{10}	7×2^{11}	7×2^{12}	7×2^{13}	7×2^{14}	7×2^{15}	7×2^{16}
0111(÷8)	OFF	8×2^{10}	8×2^{11}	8×2^{12}	8×2^{13}	8×2^{14}	8×2^{15}	8×2^{16}
1000(÷9)	OFF	9×2^{10}	9×2^{11}	9×2^{12}	9×2^{13}	9×2^{14}	9×2^{15}	9×2^{16}
1001(÷10)	OFF	10×2^{10}	10×2^{11}	10×2^{12}	10×2^{13}	10×2^{14}	10×2^{15}	10×2^{16}
1010(÷11)	OFF	11×2^{10}	11×2^{11}	11×2^{12}	11×2^{13}	11×2^{14}	11×2^{15}	11×2^{16}
1011(÷12)	OFF	12×2^{10}	12×2^{11}	12×2^{12}	12×2^{13}	12×2^{14}	12×2^{15}	12×2^{16}
1100(÷13)	OFF	13×2^{10}	13×2^{11}	13×2^{12}	13×2^{13}	13×2^{14}	13×2^{15}	13×2^{16}
1101(÷14)	OFF	14×2^{10}	14×2^{11}	14×2^{12}	14×2^{13}	14×2^{14}	14×2^{15}	14×2^{16}
1110(÷15)	OFF	15×2^{10}	15×2^{11}	15×2^{12}	15×2^{13}	15×2^{14}	15×2^{15}	15×2^{16}
1111(÷16)	OFF	16×2^{10}	16×2^{11}	16×2^{12}	16×2^{13}	16×2^{14}	16×2^{15}	16×2^{16}

第 7 章 A/D 转换

在微型计算机系统及单片机系统的实际应用中,经常需要对一些模拟量进行处理,例如温度、压力、流量等的输入检测,而计算机本身只能接收和处理数字量。因此,就需要将模拟量转换为数字量,即模/数(Analog To Digital,A/D)转换,再进行各种数字化处理。由计算机进行加工处理的数字量往往也需要转换成为模拟量,以便对某些特征量进行实时控制,这一过程称为数/模(Digital To Analog,D/A)转换。A/D 和 D/A 转换技术是嵌入式应用系统中不可或缺的组成部分,数据转换往往不是最终目的,而是达到测量、采集、处理和控制等最终目的的一种手段。

7.1 A/D 转换概述

A/D 转换过程就是以一定的时间间隔对模拟信号进行采样,然后将采集到的模拟值转换为相应的二进制代码。为了得到真实而稳定的转换数据,A/D 转换过程就要满足基本的性能指标,以使离散的采样点数据可以最大限度地表征连续模拟信号。A/D 转换主要有以下技术指标:

(1) 量化精度——数字量变化一个最小量时模拟信号的变化量,又称分辨率。通常用二进制位数表示,如 8 位、10 位精度的分辨率分别为 $1/2^8$、$1/2^{10}$。10 位精度能将采样到的模拟量值转换为一个 10 位二进制数,可以表示 $2^{10}=1024$ 个不同的电平级别。位数越高,量化精度就越高。例如,量化精度为 8 位,参考电压为 5V,则检测到的模拟量变化为 $5/2^8=0.0195313$V。

(2) 转换速率——完成一次从模拟量到数字量的转换所需的时间的倒数。积分式 A/D 转换的转换时间是毫秒级低速 A/D,逐次逼近式 A/D 是微秒级中速 A/D,纳秒级转换属于高速 A/D。

(3) 采样速率——两次 A/D 转换之间的时间间隔的倒数,与转换速率是不同的两个概念。为了保证数字量对于模拟量的正确反映,采样频率必须满足奈奎斯特采样定律,另外采样频率还必须小于或等于 A/D 转换速率。

(4) 量化误差——由于 A/D 转换的有限分辨率而引起的误差,即有限分辨率 A/D 的阶梯状转移特性曲线与无限分辨率 A/D 的理想线性转移曲线之间的最大偏差。通常用 1 个或半个最小数字量对应的模拟量表示,如 1LSB、1/2LSB。

(5) 偏移误差——输入模拟量为零时转换输出不为零的数字量值,可用外接电位器调至最小以校准。

(6) 满刻度误差——满刻度数字量输出时对应的输入信号与理想输入信号值之差。

在实际应用中,为了使采样的数据更准确,必须对采样的数据进行筛选去掉误差较大的毛刺。通常采用中值滤波和均值滤波来提高采样精度。中值滤波是取多次采样的中间值,均值滤波是取多次采样的算术平均值。若要得到更高的精度,可以通过建立其他误差模型分析方式来实现。

另外,在得到稳定的 A/D 采样值以后,还需要把 A/D 采样值与实际物理量对应起来,这一步称为物理量回归。A/D 转换的目的是把模拟信号转化为数字信号,供计算机进行处理,但必须知道 A/D 转换后的数值所代表的实际物理量的值,这样才有实际意义。例如,利用 MCU 采集室内温度,A/D 转换后的数值是 126,它代表多少温度呢? 若当前室内温度是

25.1℃,则 A/D 值的 126 就代表实际温度 25.1℃。有多种方法完成这种对应关系,本书不做详细介绍。

1. S12X A/D 转换的特点

S12X MCU 可支持 2 组 ATD 模块(ATD0 和 ATD1),共有 32 个模拟量输入通道。对于常见的 MCU 具体型号,一般只有 1 组 ATD 模块,16 个模拟量输入通道 AN0~AN15 属于 ATD0 组。而对于有 2 组 ATD 模块的 MCU,其低 16 个模拟量输入通道 AN0~AN15 被安排为 ATD0 组,高 16 个模拟量输入通道 AN16~AN31 被安排为 ATD1 组。

S12X MCU 各系列的模/数转换(ATD)模块功能特性大同小异,使用方法也兼容。本章主要以具备 ATD0 组的 S12X MCU 为例加以描述。

该 MCU 内置的 ATD 模块是一个 16 通道、12 位、逐次逼近型、多路复用、自带采样保持的 A/D 转换器。该 ATD 模块具有较快的转换速度,例如,在 8 位转换精度、8MHz 的转换速率下,单次 A/D 转换时间最快只需 2μs。由于参考电压可以在 0~5V 选择,可以直接测量满量程在 5V 以下的被测信号。当输入信号为毫伏级时,要经过放大后再送至 MCU 的 ATD 模块。S12X MCU 的 A/D 转换有以下特性:

(1) 8 位/10 位/12 位转换精度。

(2) 采样缓冲放大器。

(3) 可编程采样时间。

(4) 左/右对齐,有符号/无符号结果数据。

(5) 外部触发控制。

(6) 转换完毕中断。

(7) 16 个模拟量输入通道复用,扫描转换。

(8) 1~16 转换序列长度。

(9) 可选单次转换或连续转换模式。

(10) 多通道扫描。

2. ATD 模块的相关引脚

(1) VDDA、VSSA:ATD 模块模拟部分的供电电源的电源和接地端,VDDA 应该连接到和 VDDR、VDDX 有相同电压的地方,VSSA 需与 VSS 等电位。可以接至 MCU 的数字电源、地端。

(2) VRH、VRL:ATD 模块的参考高电压和参考低电压。参考电压应为 VDDA~VSSA,在要求不高的场合下,通常把 VRH 接到 VDDA,把 VRL 接到 VSSA。模拟输入信号的电压值应为 VRH~VRL。

(3) AN15/PAD15~AN0/PAD0:模拟量输入通道 15~0。对于 112 引脚封装的 S12XS MCU 这所有的 16 路通道均可用,对于 80 引脚和 64 引脚封装的 S12XS MCU 只提供了 0~7 路模拟信号输入。

(4) ETRIG3~ETRIG0:在 A/D 转换的工作方式下,这些引脚可以被配置成 A/D 转换的外部触发引脚。但是在 S12XS 系列 MCU 中,这些专用外部触发输入引脚 ETRIG3~ETRIG0 未被引出,不过可以直接使用模拟通道信号输入引脚本身作为外部触发输入,这可以通过配置 ATD 模块的相应寄存器来实现。

注意：所有可用的 ATD 模块模拟输入引脚也可用作通用数字输入/输出口，也就是说，作为 I/O 接口的 AD 口的引脚 PADx 和 ATD 模块的模拟输入引脚 ANx 是复用的。

3. A/D 转换的低功耗运行模式

(1) 停止模式(STOP)。进入停止模式后，因为所有的时钟都已暂停，ATD 模块也立即停止工作，任何未结束的转换都被取消。只有当 MCU 退出停止模式后，ATD 模块才恢复工作。在退出停止模式后，需要等一个转换周期来稳定模拟电路，再启动新的 ATD 转换。

(2) 等待模式(WAIT)。进入等待模式后，AWAIT 控制位可以决定 ATD 模块是继续工作还是等待，任何开启 ATD 中断都能使 MCU 跳出等待模式。

(3) 冻结模式(FREEZE)。进入冻结模式后，FRZ1、FRZ0 控制位决定 ATD 模块如何工作。在模拟和调试时，这个模式非常有用。

7.2 ATD 模块工作原理

ATD 模块的组成原理框图如图 7-1 所示。

ATD 模块工作时，CPU 向该模块发出启动命令，然后进行采样、A/D 转换，最后将结果保存到相应的寄存器。ATD 模块由模拟量前端的 16 选 1 多路转换开关、放大器、采样保持器构成，采样值与逐次逼近式寄存器和数模转换器送出的值相比较确定出对应的数字量，另外还有时钟分频电路、定时控制及转换结果存储单元。每个 ATD 模块都可通过相关寄存器对其进行设置。

1. ATD 模块的采样通道与转换序列

16 个模拟输入通道引脚名为 AN0~AN15。ATD 控制寄存器 ATDCTL5 的 CA、CB、CC、CD 用来选择哪个模拟信号输入通道进行数字转换，ATD 控制寄存器 ATDCTL1 的 SRES1、SRES0 用来选择采样后的数字量位数精度。当引脚用作 ATD 模块的输入口时，该引脚作为普通 I/O 接口的相关寄存器的配置将不起作用，而那些不用作 ATD 模块的引脚仍可以用作普通 I/O 接口。对于被选作 ATD 通道的引脚，写 I/O 端口数据寄存器对 A/D 采样没有影响。

A/D 转换的每次启动要进行若干次扫描循环，每次扫描循环称为一个转换序列。一个序列中的转换可以针对某一个单一通道，也可以针对几个相邻通道，每个通道可以是外部模拟输入，也可能是参考电压或其他保留信号。每次转换包括哪些通道由寄存器 ATDCTL5 决定。对单一通道连续进行多次转换有利于实现信号滤波；一次转换多个通道则可以通过一次启动命令快速浏览多个信号。

A/D 转换的电压转换范围有一定限制。当 ATD 模块输入的电压大于或等于 VRH 时，A/D 转换结果是 0x3FF(10 位精度时的满量程)；当 ATD 模块输入的电压小于或等于 VRL 时，A/D 转换结果是 0x000；输入电压在 VRH 和 VRL 之间时，A/D 转换的结果和采样电压呈线性关系。出于安全考虑，输入的模拟电压应保证不超出 S12X MCU 的供电电压。参考电压 VRH 不能大于 ATD 模块的电源电压，VRL 不能为负电压。

2. 转换时间与转换方式

A/D 转换所需要的时钟周期数是固定不变的，例如，在 8 位模式下转换周期为 10 个时

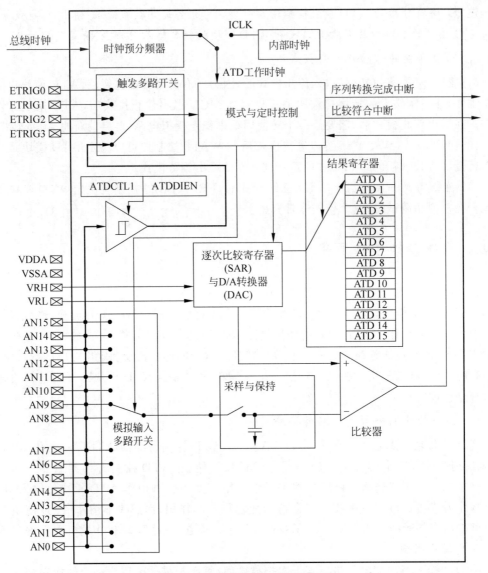

图 7-1 ATD 模块的组成原理框图

钟周期。但采样时间和时钟频率可以通过寄存器 ATDCTL4 在一定范围内选择,因此 A/D 总的转换时间也可以选择。转换时间的计算公式为

$$转换时间 = (程控采样周期数 + 转换周期数) \times A/D 时钟周期$$

其中,

$$程控采样周期数 = 4,6,8,10,12,16,20,24$$

$$转换周期数 = 10$$

例如,设定 ATD 模块的 A/D 时钟频率为 2MHz,程控采样周期数为 4,则可以算出一次 A/D 转换的总时间为 $(4+10) \times 1/2MHz = 7\mu s$。S12X MCU 的 A/D 转换时间能达微秒量级,在 10 位转换模式下,A/D 转换时间下最高可以达到 $3\mu s$。

ATD 模块正常工作所要求的时钟频率范围一般是 $0.25 \sim 8.3MHz$。总线时钟的设计最高频率可能达到 64MHz,分频后的时钟可能超出这个要求范围。因此,在总线时钟已经

确定的情况下,对分频因子的使用受到限制,只能使用部分分频因子,这是因为有些分频因子可能导致 ATD 模块的工作频率超出范围。

A/D 转换方式分为单次方式和连续方式。

(1) 单次方式是启动一次转换一次,每个转换序列完成后,寄存器 ATDSTAT0 中的 SCF 置位,然后 ATD 模块暂停。

(2) 连续方式是启动之后连续进行转换,新的结果会覆盖旧的值。转换以转换序列为单位连续进行,当第一个转换序列完成后,SCF 置位,同时 ATD 模块开始下一个转换序列。ATD 连续转换所选的 ATD 通道,在转换后就把新的转换结果放入数据寄存器中。若在此之前的转换结果还没有读出,则它将被新的转换结果覆盖,直到 SCAN 位被清零时转换才会结束,转换结束后,SCF 位置位。

3. 转换结果对齐方式

每个 A/D 通道都有 2 个 8 位寄存器存放转换结果,用 ATDDRxH 和 ATDDRxL($x=0$~15)表示。A/D 转换结果可以选择为左对齐或右对齐的存储模式,这两种模式由 ATD 控制寄存器中的 DJM 位决定。选择左对齐时,若转换精度为 8 位,则转换结果存放在 ATD0DRxH 中;若选择转换精度为 10 位/12 位,则 ATDDRxH 存放转换结果的高 8 位,ATDDRxL 存放低 2 位/4 位。选择右对齐时,若转换精度为 8 位,则转换结果存放在 ATDDRxL 中;若选择转换精度为 10 位/12 位,则 ATDDRxH 存放高 2 位/4 位,ATDDRxL 存放低 8 位。

7.3 ATD 模块的使用与设置

S12X MCU 的 ATD 模块根据型号不同可能含有一组 ATD,也可能含有 2 组 ATD,分别用 ATD0 和 ATD1 表示。ATD1 与 ATD0 的寄存器情况一样,只是位于存储器映射地址的偏移量不同;编程时,寄存器名的 ATD 后要加上组号 0 或 1 即可,例如,ATD0xxxx 是针对 ATD0,寄存器名 ATD1xxx 就是针对 ATD1,其他类同。常用的是 ATD0。

ATD0 模块的各个寄存器在存储器中的基地址为 \$02C0,它们在存储器的地址可用相对偏移地址表示,依次占用 0x00~0x2E 区间,实际的寄存器地址等于 ATD 模块基地址加上偏移地址。在 ATD 模块的相关寄存器组中,ATDCTL0~ATDCTL5 为控制寄存器,进行 A/D 转换的多种情况设置。ATDSTAT0~ATDSTAT1 为状态寄存器,在 A/D 转换过程中,将根据进展情况设置相应的标志,或者向 CPU 申请中断,同时也会反映正在转换的通道编号。ATDDR0~ATDDR15 为转换结果的 16 位数据寄存器,其中 ATDDR0H~ATDDR15H 为转换结果高 8 位寄存器,ATDDR0L~ATDDR15L 为转换结果低 8 位寄存器。

MCU 上电后,ATD 模块各个寄存器默认处于关闭状态,至少需要经过下面几个步骤,才可以使 ATD 完成所需要的转换工作:

(1) 设置 ATD 控制寄存器 ATDCTL1~ATDCTL4,根据对转换位数、扫描方式、采样时间、时钟频率的要求及标志检查方式进行相应寄存器的设置。

(2) 通过写 ATD 控制寄存器 ATDCTL5 启动新的 ATD 转换。

(3) 通过查询 ATD 状态寄存器 ATDSTAT0 或响应 A/D 转换完成标志进行中断

处理。

各个 ATD 寄存器的具体定义和设置如下（编程时须在 ATD 后加上 0 或 1 组号）：

1）ATD 控制寄存器 1——ATDCTL1

复位默认值：0100 1111B

读写	Bit7	Bit6	Bit5	Bit4	Bit3	Bit2	Bit1	Bit0
R W	ETRIGSEL	SRES1	SRES0	SMP_DIS	ETRIGCH3	ETRIGCH2	ETRIGCH1	ETRIGCH0

ETRIGSEL：外部触发源选择位。在 S12XS MCU 中，ETRIG3～ETRIG0 这 4 个外部触发输入引脚并没有引出，此位实际无效。

0 外部触发源选择禁止；只能使用模拟输入通道 AN15～AN0 作为 ATD 转换的外部触发信号。

1 外部触发源选择允许。准许使用外部触发输入引脚 ETRIG3～ETRIG0 作为 ATD 转换的触发信号。

SRES[1:0]：ATD 转换精度选择位，如表 7-1 所示。

表 7-1 ATD 转换精度设置

SRES1	SRES0	ATD 转换精度	SRES1	SRES0	ATD 转换精度
0	0	8 位	1	0	12 位
0	1	10 位	1	1	保留

SMP_DIS：采样前放电控制位。

0 采样前不放电。

1 采样前放电。采样前释放 ATD 模块内部的采样电容中的电荷，这会使采样时间增加 2 个 ATD 时钟周期，这段时间可用于开路检测。

ETRIGCH[3:0]：外部触发通道选择位。当 ETRIGCH[3:0]为 0～15 时，选择对应的 ANx 作为外部触发信号；当 ETRIGCH[3:0]为 16～19 且外部触发源有效时，分别选择 ETRIG0～ETRIG3 引脚作为外部触发信号。

2）ATD 控制寄存器 2——ATDCTL2

ATDCTL2 主要控制 ATD 模块的启动、状态标志以及上电模式。该寄存器用于启动 ATD、触发及控制 ATD 中断。对该寄存器进行写操作时，将中止当前的转换过程。

复位默认值：0000 0000B

读写	Bit7	Bit6	Bit5	Bit4	Bit3	Bit2	Bit1	Bit0
R W	0	AFFC	ICLKSTP	ETRIGLE	ETRIGP	ETRIGE	ASCIE	ACMPIE

AFFC：A/D 转换 CCF 标志快速清除使能位。A/D 转换结束标志的清除方式有两种：软件清除和自动快速清除。

0 CCF 标志通过软件方式清除，即在读取结果寄存器前向 CCFx 位写 1 清零。

1 当 A/D 转换结束后，读/写 A/D 转换结果寄存器会自动清零状态寄存器的 CCFx 位。

ICLKSTP：在停止模式下，ATD 内部时钟 ICLK 使能位。

0 在停止模式下,ATD模块停止当前的转换。
1 在停止模式下,ATD模块继续使用内部的时钟进行转换。
ETRILE、ETRIGP:外部触发信号的触发方式选择位,具体如表7-2所示。

表7-2 电平触发方式设置

ETRIGLE	ETRIGP	触发方式	ETRIGLE	ETRIGP	触发方式
0	0	下降沿	1	0	低电平
0	1	上升沿	1	1	高电平

ETRIGE:外部触发信号使能位。该功能使能后,由ETRIGCH[3:0]选择外部触发信号通道,由ETRIGLE、ETRIGP选择触发条件。
0 A/D转换外部触发使能。
1 A/D转换外部触发使能。
ASCIE:ATD转换序列转换结束中断使能位。控制ATD转换结束后是否发生中断。
0 A/D转换序列结束中断禁止。
1 A/D转换序列结束中断使能,当SCF=1时,将引发ATD中断。
ACMPIE:ATD比较中断使能位。
0 A/D比较中断禁止。
1 A/D比较中断使能,若一个A/D转换序列中的第n次转换所对应的CMPE[n]和CCF[n]都为1,将引发中断。

3) ATD控制寄存器3——ATDCTL3

ATDCTL3用于控制结果寄存器的对齐方式、转换序列长度、结果寄存器的使用方式等,还可以暂时冻结ATD模块,尤其是确定ATD模块在BDM状态下的行为。写该寄存器将中止当前的转换序列。

复位默认值:0010 0000B

读写	Bit7	Bit6	Bit5	Bit4	Bit3	Bit2	Bit1	Bit0
R W	DJM	S8C	S4C	S2C	S1C	FIFO	FRZ1	FRZ0

DJM:结果寄存器数据对齐方式选择位。
0 左对齐。
1 右对齐。
S8C,S4C,S2C,S1C:转换序列长度选择位。当这4位组合值为0时,表示一个转换序列由16次A/D转换构成;当为1~15的其他值n时,表示一个转换序列由n次A/D转换构成。MCU复位默认的转换序列长度为4个。具体如表7-3所示。

表7-3 转换序列长度设置

S8C	S4C	S2C	S1C	转换序列长度	S8C	S4C	S2C	S1C	转换序列长度
0	0	0	0	16	1	0	0	0	8
0	0	0	1	1	1	0	0	1	9
0	0	1	0	2	1	0	1	0	10
0	0	1	1	3	1	0	1	1	11

续表

S8C	S4C	S2C	S1C	转换序列长度	S8C	S4C	S2C	S1C	转换序列长度
0	1	0	0	4	1	1	0	0	12
0	1	0	1	5	1	1	0	1	13
0	1	1	0	6	1	1	1	0	14
0	1	1	1	7	1	1	1	1	15

FIFO：结果寄存器先进先出模式使能位。

0 FIFO 模式禁止。此时，在一个转换序列中，第一次 A/D 转换的结果放到第一个结果寄存器中，第二次转换的结果放到第二个结果寄存器中，以此类推。

1 FIFO 模式使能。此时，A/D 转换的结果会依次顺延地放到结果寄存器中，当使用完最后一个结果寄存器后，会重新回到第一个结果寄存器循环使用。ATDSTAT0 中的 CC[3:0] 位为转换循环计数，表示当前的转换结果将放到哪个结果寄存器中。

FRZ1、FRZ0：背景调试冻结使能位。在背景调试模式下，经常设一些断点，程序运行到断点便会停止，即为冻结。此时也可控制 A/D 转换是否进行，具体如表 7-4 所示。

表 7-4 背景调试冻结设置

FRZ1	FRZ0	冻结模式下状态	FRZ1	FRZ0	冻结模式下状态
0	0	继续转换	1	0	完成转换后冻结
0	1	保留	1	1	立即冻结

4）ATD 控制寄存器 4——ATDCTL4

ATDCTL4 用于选择时钟，选择采样转换时间，对 ATDCTL4 进行写操作将开始一个新的转换，若在转换过程中对该寄存器进行写操作，将使 A/D 转换中止，一直到对 ATDCTL5 进行写操作为止。

复位默认值：0000 0101B

读写	Bit7	Bit6	Bit5	Bit4	Bit3	Bit2	Bit1	Bit0
R/W	SMP2	SMP1	SMP0	PRS[4:0]				

SMP[2:0]：采样时间设置位，具体如表 7-5 所示。

表 7-5 采样时间设置

SMP2	SMP1	SMP0	采样时间（ATD 时钟周期）	SMP2	SMP1	SMP0	采样时间（ATD 时钟周期）
0	0	0	4	1	0	0	12
0	0	1	6	1	0	1	16
0	1	0	8	1	1	0	20
0	1	1	10	1	1	1	24

PRS[4:0]：A/D 转换时钟预分频设置位。这些位用于选择分频因子，从而决定相应的采样频率。ATD 模块工作的时钟频率计算公式为

$$f_{ATDCLK} = f_{BUS} / (2 \times (PRS+1))$$

注意：设置预分频因子时，应使 ATD 时钟频率处在具体型号 MCU 所要求的范围内，比如 S12XS/XE MCU 要求：$0.25MHz \leq f_{ATDCLK} \leq 8.3MHz$。

5) ATD 控制寄存器 5——ATDCTL5

ATDCTL5 用于选择转换方式、选择转换通道、设置单/多通道转换和单次/连续转换模式等。写寄存器 ATDCTL5 将会启动一次新的转换,若写该寄存器时 ATD 正在进行转换,则转换操作将被中止。

复位默认值:0000 0000B

读写	Bit7	Bit6	Bit5	Bit4	Bit3	Bit2	Bit1	Bit0
R/W	0	SC	SCAN	MULT	CD	CC	CB	CA

SC:特殊通道转换使能位。

0　特殊通道转换关闭,正常 ATD 通道转换。

1　特殊通道转换使能,选择对特殊通道 VRH、VRL 和(VRH+VRL)/2 进行转换。

SCAN:连续转换模式选择位,决定 A/D 转换序列是执行一次还是连续扫描执行。

0　单次转换模式。

1　连续转换模式。

MULT:多通道采样模式控制位。

0　单通道 A/D 转换。无论用哪个通道进行 A/D 转换,转换结果都存放在 ATDDR0 中。

1　多通道 A/D 转换。采样的通道个数(即转换序列长度)由位 S8C、S4C、S2C 和 S1C 决定,其中,起始的转换通道由位 CD、CC、CB 和 CA 位决定。

CD、CC、CB、CA:模拟输入通道选择位。在 SC=0 的情况下,当 MULT=0 时,用来选择采样通道;当 MULT=1 时,用来选择开始采样转换的起始通道。这 4 位的组合值 0000~1111 对应为 AN0~AN15 通道。在 SC=1 的情况下,它们用来选择使用哪个特殊通道:0100 选择 VRH 作为模拟输入通道,0101 选择 VRL 作为模拟输入通道,0110 选择(VRH+VRL)/2 作为模拟输入通道,其他值保留。

例如,选用 AN0、AN1、AN2 作为 A/D 采集通道,则转换序列为 3。若转换序列从通道 0 开始,则在控制寄存器 ATDCTL5 中,设 CD CC CB CA=0000。若转换序列从通道 1 开始,则 ATDDR0、ATDDR1、ATDDR2 存放转换结果,设 CD CC CB CA=0100。若转换序列从通道 4 开始,则仍然是 ATDDR0、ATDDR1、ATDDR2 存放转换结果。

6) ATD 控制寄存器 0——ATDCTL0

复位默认值:0000 1111B

读写	Bit7	Bit6	Bit5	Bit4	Bit3	Bit2	Bit1	Bit0
R/W	0	0	0	0	WRAP3	WRAP2	WRAP1	WRAP0

WRAP[3:0]:回绕通道选择位,在多通道转换模式下才有效。WRAP[3:0]=0 时保留未用,WRAP[3:0]的 1~15 数值对应 AN1~AN15 通道(ANx),它指定当完成 ANx 通道的 A/D 转换后,立即回绕到 AN0 通道进行 A/D 转换,而不是继续下一个 AN(x+1)通道。

7) ATD 状态寄存器 0——ATDSTAT0

ATDSTAT0 反映当前的转换通道、A/D 转换是否结束、寄存器是否被覆盖以及是否有外部触发事件发生等。

复位默认值：0000 0000B

读写	Bit7	Bit6	Bit5	Bit4	Bit3	Bit2	Bit1	Bit0
R	SCF	0	ETORF	FIFOR	CC3	CC2	CC1	CC0
W								

SCF：转换序列完成标志位。该标志位置位，当为单次转换模式时，转换完成后置位；当为连续转换模式时，每一次转换序列完成时都置位。出现以下任何一种情况时，该标志位会被清零：向 SCF 位写 1；写 ATDCTL5 寄存器；当 AFFC1=1 时读结果寄存器。

ETORF：外部边沿触发覆盖标志位。在边沿触发模式下（ETRIGLE=0），若 A/D 转换未结束时又发生外部触发事件，则该位置位。出现以下任何一种情况时，该标志位会被清零：向 ETORF 位写 1；写 ATDCTL0～ATDCTL5、ATDCMPE、ATDCMPHT 寄存器。

FIFOR：先入先出覆盖标志位。当结果寄存器的值在读出之前又要被写入，且 CCFx 没有清零时，该位置位。出现以下任何一种情况时，该标志位会被清零：向 FIFOR 位写 1；写 ATDCTL0～ATDCTL5、ATDCMPE、ATDCMPHT 寄存器。

CC3、CC2、CC1、CC0：转换计数器。只读，表示当前转换序列的结果将要写入的结果寄存器的编号。例如，CC[3:0]为 0110 表示当前转换的结果将要被写入第 6 个结果寄存器。当 FIFO=0 时，CC[3:0]始终为 0；当 FIFO=1 时，CC[3:0]用来循环计数，不会被初始化为 0，只有当转换计数达到最大值时才回到最小值 0。终止 A/D 转换序列或开始新的 A/D 转换序列都会将转换计数器清零。

8) ATD 状态寄存器 2——ATDSTAT2

复位默认值：0000 0000 0000 0000B

读写	Bit15 ～ Bit0
R	CCF[15:0]
W	

CCF[15:0]：通道转换或比较完成标志位。只读，反映转换序列中相应转换是否完成。一个转换序列有一个或多个转换组成，每个转换都对应一个标志位，转换序列中的一个转换结束后，与其相对应的 CCFx(x=0～15)置位。

0 转换未完成。

1 转换完成。

当 AFFC=0 时，对 CCFx 写 1 可将 CCFx 清零；当 AFFC=1 时，读取 ATDDRx 的值可将 CCFx 自动清零，或者重新设定寄存器 ATDCTL5，也可将 CCFx 自动清零。

9) ATD 结果寄存器——ATDDR0～15

复位默认值：0000 0000 0000 0000B

读写	Bit15 ～ Bit0	
R	ATDDRxH[7:0]	ATDDRxL[7:0]
W		

转换结果寄存器在普通 ATD 模式下只读，在 ATD 比较模式下可写。ATD 模块的转

换结果寄存器有 16 个,每个寄存器为 16 位,实际由 2 个 8 位寄存器构成,各寄存器的高、低位字节分别为 ATDDRxH、ATDDRxL,其中,x＝0～15 对应相应通道,每个寄存器给出一个通道的转换结果。转换结果可以是 12 位、10 位或 8 位,在不同的对齐方式下,存放方式也不同。每个寄存器中保存的转换结果来自哪个通道,取决于所选择的转换方式。

10) ATD 数字输入使能寄存器——ATDDIEN

复位默认值:0000 0000 0000 0000B

读写	Bit15 ～ Bit0
R W	IEN[15:0]

IEN[15:0]:数字信号输入使能位。当置位时,使能 ANx 引脚的数字输入缓冲器,使该引脚作为通用数字输入引脚 PADx。

0　相应位数字信号输入禁止。
1　相应位数字信号输入使能。

ATD 寄存器补充说明:S12X 不同型号的 MCU 中的 ATD 模块寄存器安排大致相同,略有差异。例如,S12XD 系列 MCU 中反映通道转换完成标志 CCFx 位的状态寄存器使用的是 ATDSTAT1 寄存器,在 S12XS 系列 MCU 中改变为 ATDSTAT2 寄存器,取消了 ATD 上电使能控制,另外还提供了 ATD 模块的外部触发、带转换比较的新功能。关于 ATD 寄存器的具体设置情况,在编程时可参见具体芯片的寄存器定义。

7.4　应用实例:对模拟量进行 A/D 转换并输出结果

【例 7-1】　调节如图 7-2 所示电路中的分压电位器,其引出端模拟电压送给 MCU 的 AN05 引脚。MCU 对 ATD0 通道 5(AN05)上的 0～5V 模拟电平进行 8 位精度 A/D 转换,转换后的数字量结果送 B 口输出,B 口接 8 个 LED 灯,低电平点亮。

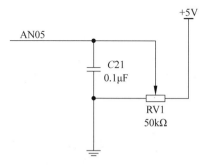

图 7-2　模拟量输入电路

本例使用查询方式检测 A/D 转换。已知 MCU 总线时钟频率为 8MHz,欲设 ATD 模块的工作时钟频率为 1MHz,满足 ATD 时钟范围要求,则依据公式 $f_{ATDCLK}=f_{BUS}/(2\times(PRS+1))$,PRS 应为 3;同时采样时间预设为 16 个 ATD 时钟。

C 语言程序代码如下:

…
///

```c
// 程序说明:利用 ATD 模块对 ANx 通道输入的模拟电平进行 8 位精度的 A/D 转换
///////////////////////////////////////////////////////////////////////////
void main(void)
{
    DisableInterrupts;          //关总中断

    DDRB = 0xFF;                //设置 B 口为输出
    PORTB = 0xFF;               //B 口输出先全 1

    ATD0CTL1 = 0x00;            //8 位精度
    ATD0CTL2 = 0x40;            //转换完成快速清除标志,禁止外触发,禁止中断
    ATD0CTL3 = 0x08;            //结果左对齐,转换序列长度为 1
    ATD0CTL4 = 0xA3;            //设采样时间为 16 个 ATD 时钟;预分频系数 PRS 设为 3
    ATD0DIEN = 0x00;            //禁止数字输入
    ATD0CTL5 = 0x25;            //连续转换,单通道,选择 AN05;写后即启动新的转换

    EnableInterrupts;           //开总中断

    for(;;)                     //无限循环等待
    {
        while( (ATD0STAT0&0x80)!= 0x80 );   //检测 SCF 标志以等待 A/D 转换完成
        PORTB = ~ATD0DR0H;      //取结果,同时标志被清零
    }
}
```

注意:单通道转换结果均在 16 位的 ATD0DR0 寄存器中。在 8 位转换精度情况下,若设置为转换结果左对齐,则应在高 8 位的 ATD0DR0H 中取结果;若设置为右对齐,则应在低 8 位的 ATD0DR0L 中取结果。

第 8 章 PWM脉宽调制

脉冲宽度调制(Pulse Width Modulation,PWM)简称脉宽调制,它利用 MCU 的数字输出来产生周期、相位、占空比可调的方波脉冲序列。脉宽调制是对模拟电路进行控制的一种非常有效的技术,广泛应用在直流电机调速、伺服电机旋转、音调合成、D/A 转换器、通信、功率控制与变换等场合。通过 MCU 高分辨率定时计数器的使用,方波的占空比被调制用来对一个具体的模拟信号的电平进行编码。PWM 信号仍然是数字的,因为在给定的任何时刻,满幅值的直流供电要么完全有,要么完全无。电压或电流源是以一种通或断的重复脉冲序列形式被加到模拟负载上去的。通的时候即是直流供电被加到负载上时,断的时候即是供电被断开的时候。只要带宽足够,任何模拟值都可以使用 PWM 进行编码。通过以数字方式控制模拟电路,可以大幅度降低系统的成本和功耗,还能增强系统的抗干扰能力。

8.1 PWM 脉宽调制特性概述

利用 MCU 定时器模块可以产生任意的 PWM 波形,但会占用 CPU 资源,而且不易产生精确的脉冲序列。另一种方法就是直接使用 MCU 集成的专门的 PWM 模块,软件设计简便易行,还极少占用 CPU 资源。

S12X MCU 提供了优异的 PWM 模块,可产生频率高、分辨率高、占空比可调、范围宽的 PWM 信号。PWM 模块的主要特性有:

(1) 8 个独立 PWM 通道,周期和占空比可编程。
(2) 每个 PWM 通道有专用的计数器。
(3) 每个 PWM 通道可使能/禁止。
(4) 每个 PWM 通道脉冲输出极性可选。
(5) 周期和占空比双缓冲。
(6) 每个通道有中心对齐和左对齐方式的波形输出。
(7) 可配置为 8 个 8 位通道或 4 个 16 位通道。
(8) 具有 4 个可编程选择的宽频率范围时钟源。
(9) 占空比为 0%～100%。
(10) 可编程的时钟选择逻辑。
(11) 带中断功能的紧急关闭操作。

S12X PWM 模块共有 8 个输出引脚 PWM0～PWM7,它们一般与 P 口引脚 PP0～PP7 复用。PWM 功能激活后,P 口的通用 I/O 功能自动关闭。当某个引脚的 PWM 功能未使能时,可用作通用 I/O。其中 PWM7 引脚还可作为 PWM 紧急关闭的触发输入。

8.2 PWM 结构原理和功能描述

S12X MCU 的 PWM 模块内部结构框图如图 8-1 所示,集成了 8 个 8 位独立 PWM 通道,通过相应设置可变成 4 个 16 位 PWM 通道。每个 PWM 通道都有专用的计数器、通道使能控制、输出极性选择、对齐方式选择以及周期和占空比设定,PWM 通道工作的时钟是对总线时钟分频得到的,时钟选择单元共提供 4 种类型的 PWM 时钟源:ClockA、ClockSA、ClockB 和 ClockSB,每个时钟源可通过软件编程设定分频因子。

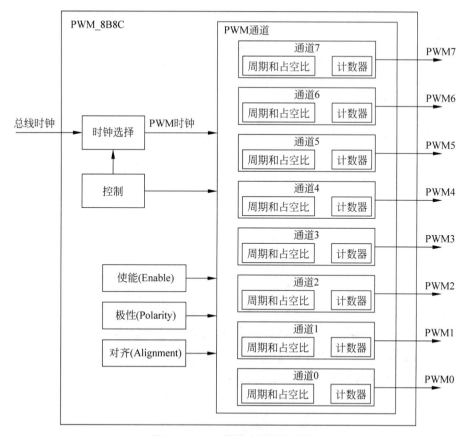

图 8-1　PWM 模块内部结构框图

1. PWM 波形输出原理

PWM 每通道产生波形的核心部件是独立运行的 8 位脉冲计数器(PWMCNTx)和两个 8 位比较器,波形参数由周期常数寄存器(PWMPERx)和占空比常数寄存器(PWMDTYx)设定(x＝0～7,代表通道 0～7,后同)。

PWM 输出预定占空比/周期波形的形成原理如图 8-2 所示。PWM 启动工作时,计数器对已知周期的时钟开始计数,同时引脚 x 输出有效电平,当计数器的值等于 PWMDTY 时,输出电平从有效跳到无效,计数器仍保持计数;当计数器的值等于 PWMPER 时,电平从无效跳到有效,此时完成了一个周期的高、低电平输出;然后计数器清零,重新计数,开始下一个周期的波形输出。如此循环反复即在输出引脚输出了程控的 PWM 波形。

PWM 通道产生 PWM 波形的内部定时控制逻辑中还有一些专门的触发器、门电路、多路器等配合以上的时钟源、计数器、寄存器、比较器来完成波形输出过程。

注意:占空比的原始定义是占空比＝脉冲宽度/周期,也就是说,在波形周期一定的情况下,波形的脉冲宽度时间决定了占空比。依此,MCU 在确定占空比的时候直接设置的就是脉宽占周期的比例,也就是占空比常数寄存器的值。

PWM 输出波形的极性可以通过 PPOLx 寄存器选择,即可设置为起始输出高电平或起始输出低电平。向计数器中写入任何值都会使计数器清零。要修改周期和占空比时,可以将新值先写入相应的寄存器,随后立即对计数器进行写操作。PWMCAE 寄存器中的

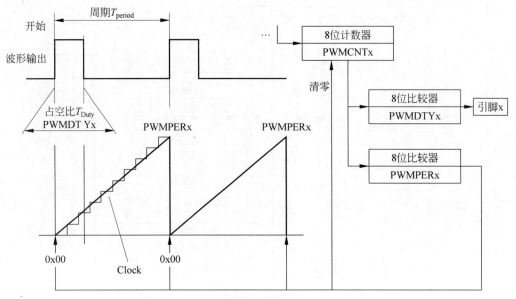

图 8-2 PWM 波形形成原理

CAEx 位是波形输出对齐方式的控制位,有左对齐和中心对齐两种格式。

另外,当 PWM 使能控制位 PWMEx＝0 时,输出多路器自动切换到 P 口的通用 I/O 功能,同时 PWMCNT 的时钟源切断,停止计数。

2. 时钟源

PWM 模块一共有 4 个时钟源,分别为 ClockA、ClockB、ClockSA、ClockSB,它们都源自 S12X MCU 总线时钟。ClockA 时钟和 ClockB 时钟是由总线时钟直接分频得到的,预分频因子可选择为 1、2、4、8、16、32、64 或 128。ClockA 时钟进一步通过 2、4、8、……、512 比例分频后形成时钟 ClockSA(Scaled Clock A),与 ClockA 时钟一起为通道 0、1、4、5 提供时钟选择；ClockB 时钟进一步通过 2、4、8、……、512 比例分频后形成时钟 ClockSB(Scaled Clock B),与 ClockB 时钟一起为通道 2、3、6、7 提供时钟选择。

PWM 通道的这 4 个时钟源可以通过 PWM 预分频寄存器 PWMPRCLK 分别选择其分频因子,而寄存器 PWMCLK 用来选择通道的时钟源。各 PWM 通道可选的时钟源规定为:

(1) 通道 0、通道 1、通道 4、通道 5 为 ClockA、ClockSA；

(2) 通道 2、通道 3、通道 6、通道 7 为 ClockB、ClockSB。

3. 左对齐输出波形

在 PWM 模块中,若设定占空比常数所决定的时间是从周期原点开始计时的,则称为左对齐方式,如图 8-3 所示。

在该方式下,脉冲计数器为循环递增计数,计数初值为 0。当 PWM 模块使能寄存器的 PWMEx＝1 时,PWM 启动,计数器 PWMCNTx 从 0 开始对时钟信号递增计数,开始一个输出周期。当计数值与占空比常数寄存器 PWMDTYx 相等时,相应的比较器输出有效,将触发器置位,而 PWMCNTx 继续计数；当计数值与周期常数 PWMPERx 寄存器相等时,相应的比较器输出有效,将触发器复位,同时也使 PWMCNTx 复位,结束一个输出周期,然后 PWMCNTx 又重新开始计数,开始一个新的输出周期。

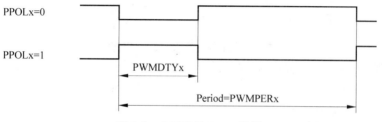

图 8-3　左对齐的 PWM 波形

4．中心对齐输出波形

在 PWM 模块中，若占空比常数所决定的时间位于周期中央，则称为中心对齐方式，如图 8-4 所示。

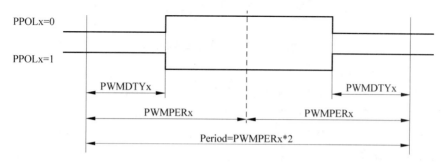

图 8-4　中心对齐的 PWM 波形

在该方式下，脉冲计数器为双向计数，计数初值为 0。当 PWM 模块使能寄存器的 PWMEx＝1 时，PWM 启动，计数器 PWMCNTx 从 0 开始对时钟信号递增计数，开始一个输出周期。当计数值与占空比常数 PWMDTYx 相等时，相应的比较器输出有效，触发器翻转。而 PWMCNTx 继续计数，当计数值与周期常数 PWMPERx 相等时，相应的比较器输出有效，改变 PWMCNTx 的计数方向，使其递减计数。当计数值再次与 PWMDTYx 相等时，相应的比较器输出又一次有效，使触发器再次翻转，然后 PWMCNTx 继续递减计数，等 PWMCNTx 减回至 0 时，完成一个输出周期。因此，在这种模式下，整个输出周期就是周期常数 PWMPERx 的 2 倍，而首次翻转后电平输出时间为周期常数 PWMPERx 与占空比常数 PWMDTYx 的差值的 2 倍。

5．周期与脉宽

PWM 输出波形的周期可通过周期控制寄存器 PWMPERx 设定，PWM 输出波形的占空比可通过占空比控制寄存器 PWMDTYx 设定，其中波形周期（或频率）与当前通道的时钟源选择有关，而且周期和占空比的计算方法在左对齐和中心对齐方式下不同。

具体的计算公式如下。

（1）左对齐方式：

$$\text{PWMx\_Frequency} = \frac{\text{Clock}(A, B, SA, SB)}{\text{PWMPERx}}$$

$$\text{Polarity} = 0: \text{Duty\_Cycle} = \frac{\text{PWMPERx} - \text{PWMDTYx}}{\text{PWMPERx}} \times 100\%$$

$$\text{Polarity}=1: \text{Duty\_Cycle}=\frac{\text{PWMDTYx}}{\text{PWMPERx}}\times 100\%$$

例如,欲输出如图 8-5 所示的左对齐的 PWM 波形,选择：
时钟源周期 Clock＝100ns→10MHz;
极性位 PPOLx＝1;
周期常数 PWMPERx＝4;
占空比常数 PWMDTYx＝1。

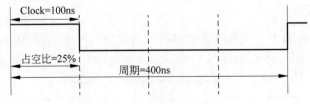

图 8-5 左对齐输出波形示例

依据上述公式可算出：
$$\text{PWMx 频率}=10\text{MHz}/4=2.5\text{MHz}$$
$$\text{PWMx 周期}=1/2.5\text{MHz}=400\text{ns}$$
$$\text{PWMx 占空比}=1/4\times 100\%=25\%$$

(2)中心对齐方式：
$$\text{PWMx\_Frequency}=\frac{\text{Clock}(A,B,SA,SB)}{2\times \text{PWMPERx}}$$

$$\text{Polarity}=0: \text{Duty\_Cycle}=\frac{\text{PWMPERx}-\text{PWMDTYx}}{\text{PWMPERx}}\times 100\%$$

$$\text{Polarity}=1: \text{Duty\_Cycle}=\frac{\text{PWMDTYx}}{\text{PWMPERx}}\times 100\%$$

例如,欲输出如图 8-6 所示的中心对齐的 PWM 波形,选择：
时钟源周期 Clock＝100ns→10MHz;
极性位 PPOLx＝0;
周期常数 PWMPERx＝4;
占空比常数 PWMDTYx＝1。

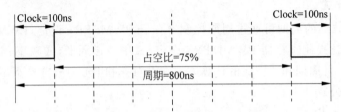

图 8-6 中心对齐输出波形示例

则依据上述公式算出：
$$\text{PWMx 频率}=10\text{MHz}/(2\times 4)=1.25\text{MHz}$$
$$\text{PWMx 周期}=1/1.25\text{MHz}=800\text{ns}$$
$$\text{PWMx 占空比}=(4-1)/4\times 100\%=75\%$$

6. 通道级联

若 8 位计数器的精度不能满足要求,可以把 2 个 8 位 PWM 通道级联起来组成 1 个 16 位 PWM 通道。如图 8-7 所示,PWM 的 8 个通道分为 4 组:PWM0 和 PWM1、PWM2 和 PWM3、PWM4 和 PWM5、PWM6 和 PWM7,每组的 2 个通道可以选择是否级联,用来构成 16 位的 PWM 通道:CON01、CON23、CON45、CON67。

级联时,2 个通道的常数寄存器和计数器均连接成 16 位的寄存器,原来的通道 7、5、3、1 作为低 8 位,原来的通道 6、4、2、0 作为高 8 位。

级联后,4 个 16 位通道的波形输出分别使用通道 7、5、3、1(低 8 位通道)的输出引脚,时钟源也分别由通道 7、5、3、1 的时钟选择控制位决定。级联后,通道 6、4、2、0 的引脚变成通用 I/O 引脚,通道 6、4、2、0 的时钟选择以及其他寄控制器设置没有意义。

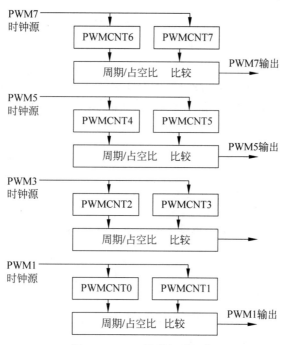

图 8-7 PWM 通道级联组合

级联后,PWM 波形的允许、极性、对齐方式,也是由低 8 位通道对应的寄存器控制的,级联模式下 PWM 各寄存器位的情况如表 8-1 所示。

表 8-1 级联后的 16 位 PWM 通道各寄存器的情况

CONxx	PWMEx	PPOLx	PCLKx	CAEx	PWMx 波形输出
CON67	PWME7	PPOL7	PCLK7	CAE7	PWM7
CON45	PWME5	PPOL5	PCLK5	CAE5	PWM5
CON23	PWME3	PPOL3	PCLK3	CAE3	PWM3
CON01	PWME1	PPOL1	PCLK1	CAE1	PWM1

7. 临界情况

表 8-2 为 PWM 临界情况,其中周期计数器等于 0x00 与 PWM 模块不工作时的输出情况相同。临界情况下的输出电平与对齐方式和精度无关。

表 8-2 PWM 的临界情况

占 空 比	周 期	极 性	PWMx 输出
0x00（占空比＝0%）	＞0x00	1	始终为 0 电平
0x00（占空比＝0%）	＞0x00	0	始终为 1 电平
XX	0x00（周期不存在）	1	始终为 1 电平
XX	0x00（周期不存在）	0	始终为 0 电平
≥PWMPERx	XX	1	始终为 1 电平
≥PWMPERx	XX	0	始终为 0 电平

8. 复位与中断

当 MCU 复位时，PWM 计数器即被配置为加法计数器，但所有的 PWM 通道被禁止，计数器不工作。

PWM 模块只有一个中断源，在紧急关断时才使用。当控制位 PWM7ENA＝1 时，PWM7 引脚的电平边沿变化会引起中断，并对中断标志位 PWMIF 置 1；或者当 PWM7 的输入电平为 PWMENA7 设定的有效允许电平时，也可以引起中断。PWM 模块只能产生中断标志从而向 CPU 申请中断，并不能自行关断 PWM，若要真正关断 PWM 输出，则必须在 CPU 中断服务程序中另行处理。PWM 紧急关断的中断向量地址为 0xFF8C（向量号为 57）。

8.3　PWM 模块的使用与设置

S12X MCU 中的 PWM 模块一旦设置完成，不需要软件干预即可生成 PWM 信号，除非要改变周期或占空比。PWM 模块的相关寄存器较多，通过相应的设置，可以生成一定频率和占空比的 PWM 输出信号。在设置 PWM 模块时，应按照一定的步骤进行，PWM 初始化步骤及涉及的寄存器如下：

（1）关闭 PWM 通道——PWME。
（2）选择极性——PWMPOL。
（3）选择时钟——PWMCLK、PWMPRCLK、PWMSCLA、PWMSCLB。
（4）选择对齐方式——PWMCAE。
（5）设置占空比和周期——PWMDTYx、PWMPERx。
（6）使能 PWM 通道——PWME。

PWM 模块各寄存器地址在存储器的映射可以表示为：基地址＋偏移地址，其中基地址是定义在 MCU 水平，偏移地址是定义在模块级的水平。PWM 模块寄存器的偏移地址占用 0x00～0x27 区间，它们的具体设置与定义如下：

1) PWM 使能寄存器——PWME

每个 PWM 通道有一个使能位 PWMEx 让该通道开始波形输出，当任何 PWMEx 置位时，相关的 PWM 输出立即使能，然而，由于时钟源和 PWMEx 要同步，要在时钟源的下一个周期开始时 PWM 相关通道的输出波形才有效。

说明：使能后的通道输出在 PWM 的第一个周期可能不规则。在 MCU 正常运行模式下，如果所有的 8 个 PWM 通道都被禁用（PWME7～PWME0＝0），那么为了节省功耗，预分频器计数器自动关闭。

复位默认值：0000 0000B

读写	Bit7	Bit6	Bit5	Bit4	Bit3	Bit2	Bit1	Bit0
R W	PWME7	PWME6	PWME5	PWME4	PWME3	PWME2	PWME1	PWME0

PWME[7:0]：7~0 通道 PWM 输出使能控制位。它相当于一个开关，用来启动/关闭相应通道的 PWM 输出。

    0 关闭相应通道的 PWM 输出。

    1 启动相应通道的 PWM 输出，下一个时钟开始输出 PWM 波形。

2) PWM 极性寄存器——PWMPOL

每个 PWM 通道波形的初始极性是由 PWMPOL 寄存器中相关的 PPOLx 位决定的。若极性位为 1，则起始输出为高，当计数器达到占空比常数的值时，PWM 通道的输出由高变为低；相反，若极性位为 0，则起始输出为低，当计数器达占空比常数的值时，输出波形由低变高。

复位默认值：0000 0000B

读写	Bit7	Bit6	Bit5	Bit4	Bit3	Bit2	Bit1	Bit0
R W	PPOL7	PPOL6	PPOL5	PPOL4	PPOL3	PPOL2	PPOL1	PPOL0

PPOL[7:0]：PWM7~PWM0 通道输出起始极性控制位。

    0 在周期开始时，PWM 相应通道输出为低电平，当计数器达到占空比寄存器的值时，输出为高电平。

    1 在周期开始时，PWM 相应通道输出为高电平，当计数器达到占空比寄存器的值时，输出为低电平。

3) PWM 时钟选择寄存器——PWMCLK

每个 PWM 通道有两个时钟可供选择作为时钟源。

复位默认值：0000 0000B

读写	Bit7	Bit6	Bit5	Bit4	Bit3	Bit2	Bit1	Bit0
R W	PCLK7	PCLK6	PCLK5	PCLK4	PCLK3	PCLK2	PCLK1	PCLK0

PCLK7：PWM 通道 7 时钟源选择位。

    0 选择 ClockB 作为时钟源。

    1 选择 ClockSB 作为时钟源。

PCLK6：PWM 通道 6 时钟源选择位。

    0 选择 ClockB 作为时钟源。

    1 选择 ClockSB 作为时钟源。

PCLK5：PWM 通道 5 时钟源选择位。

    0 选择 ClockA 作为时钟源。

    1 选择 ClockSA 作为时钟源。

PCLK4：PWM 通道 4 时钟源选择位。

    0 选择 ClockA 作为时钟源。

1　选择 ClockSA 作为时钟源。

　　PCLK3：PWM 通道 3 时钟源选择位。

　　0　选择 ClockB 作为时钟源。

　　1　选择 ClockSB 作为时钟源。

　　PCLK2：PWM 通道 2 时钟源选择位。

　　0　选择 ClockB 作为时钟源。

　　1　选择 ClockSB 作为时钟源。

　　PCLK1：PWM 通道 1 时钟源选择位。

　　0　选择 ClockA 作为时钟源。

　　1　选择 ClockSA 作为时钟源。

　　PCLK0：PWM 通道 0 时钟源选择位。

　　0　选择 ClockA 作为时钟源。

　　1　选择 ClockSA 作为时钟源。

4）PWM 预分频时钟选择寄存器——PWMPRCLK

该寄存器中包括 ClockA 预分频和 ClockB 预分频的控制位。

复位默认值：0000 0000B

读写	Bit7	Bit6	Bit5	Bit4	Bit3	Bit2	Bit1	Bit0
R W	0	PCKB2	PCKB1	PCKB0	0	PCKA2	PCKA1	PCKA0

PCKB[2:0]：ClockB 预分频控制位，具体如表 8-3 所示。

PCKA[2:0]：ClockA 预分频控制位，具体如表 8-4 所示。

表 8-3　ClockB 预分频设置

PCKB2	PCKB1	PCKB0	ClockB 值
0	0	0	总线时钟
0	0	1	总线时钟/2
0	1	0	总线对钟/4
0	1	1	总线时钟/8
1	0	0	总线时钟/16
1	0	1	总线时钟/32
1	1	0	总线时钟/64
1	1	1	总线时钟/128

表 8-4　ClockA 预分频设置

PCKA2	PCKA1	PCKA0	ClockA 值
0	0	0	总线时钟
0	0	1	总线时钟/2
0	1	0	总线对钟/4
0	1	1	总线时钟/8
1	0	0	总线时钟/16
1	0	1	总线时钟/32
1	1	0	总线时钟/64
1	1	1	总线时钟/128

5）PWM 比例分频寄存器——PWMSCLA、PWMSCLB

PWMSCLA 和 PWMSCLB 为 8 位分频比例寄存器。PWMSCLA 是对时钟信号 ClockA 的进一步分频，PWMSCLB 是对时钟信号 ClockB 进一步分频。

复位默认值：0000 0000B

寄存器	读写	Bit7	Bit6	Bit5	Bit4	Bit3	Bit2	Bit1	Bit0
PWMSCLA	R/W	x	x	x	x	x	x	x	x
PWMSCLB	R/W	x	x	x	x	x	x	x	x

PWMSCLA 设定 ClockSA 的频率,计算公式为
$$ClockSA = ClockA / (2 \times PWMSCLA)$$
PWMSCLB 设定 ClockSB 的频率,计算公式为
$$ClockSB = ClockB / (2 \times PWMSCLB)$$

6) PWM 中心对齐使能寄存器——PWMCAE

PWMCAE 寄存器包含 8 个控制位来选择每个 PWM 通道的输出是左对齐还是中心对齐方式。

复位默认值:0000 0000B

读写	Bit7	Bit6	Bit5	Bit4	Bit3	Bit2	Bit1	Bit0
R/W	CAE7	CAE6	CAE5	CAE4	CAE3	CAE2	CAE1	CAE0

CAE[7:0]:7~0 通道 PWM 中心对齐输出方式控制位。
    0 相应通道 PWM 输出左对齐。
    1 相应通道 PWM 输出中心对齐。

7) PWM 控制寄存器——PWMCTL

控制寄存器 PWMCTL 设定通道的级联和两种工作模式:等待模式和冻结模式。

复位默认值:0000 0000B

读写	Bit7	Bit6	Bit5	Bit4	Bit3	Bit2	Bit1	Bit0
R/W	CON67	CON45	CON23	CON01	PSWAI	PFRZ	0	0

CON67:通道 6、通道 7 级联控制位。
    0 通道 6、通道 7 是独立的两个 8 位 PWM 通道。
    1 通道 6、通道 7 级联,形成一个 16 位 PWM 通道,通道 6 作为高 8 位,通道 7 作为低 8 位。通道 7 用作 16 位 PWM 输出,并且通道 7 的使能位、极性选择位、时钟选择位和对齐方式选择位用来设置级联后的 16 位 PWM 输出特性,通道 6 的相应寄存器均无效。级联后相应的 16 位通道计数寄存器为 PWMCNT67,周期寄存器为 PWMPER67,占空比寄存器为 PWMDTY67。

CON45:通道 4、通道 5 级联控制位。
    0 通道 4、通道 5 是独立的两个 8 位 PWM 通道。
    1 通道 4、通道 5 级联,形成一个 16 位 PWM 通道,通道 4 作为高 8 位,通道 5 作为低 8 位。通道 5 用作 16 位 PWM 输出,并且通道 5 的使能位、极性选择位、时钟选择位和对齐方式选择位用来设置级联后的 16 位 PWM 输出特性,通道 4 的相应寄存器均无效。级联后相应的 16 位通道计数寄存器为 PWMCNT45,周期寄存器为 PWMPER45,占空比寄存器为 PWMDTY45。

CON23:通道 2、通道 3 级联控制位。
    0 通道 2、通道 3 是独立的两个 8 位 PWM 通道。
    1 通道 2、通道 3 级联,形成一个 16 位 PWM 通道,通道 2 作为高 8 位,通道 3 作为低 8 位。通道 3 用作 16 位 PWM 输出,并且通道 3 的使能位、极性选择位、时钟选择位和对齐方式选择位用来设置级联后的 16 位 PWM 输出特性,通道 2 的相应寄存器均无效。级联后

相应的 16 位通道计数寄存器为 PWMCNT23，周期寄存器为 PWMPER23，占空比寄存器为 PWMDTY23。

CON01：通道 0、通道 1 级联控制位。

0　通道 0、通道 1 是独立的两个 8 位 PWM 通道。

1　通道 0、通道 1 级联，形成一个 16 位 PWM 通道，通道 0 作为高 8 位，通道 1 作为低 8 位。通道 1 用作 16 位 PWM 输出，并且通道 1 的使能位、极性选择位、时钟选择位和对齐方式选择位用来设置级联后的 16 位 PWM 输出特性，通道 0 的相应寄存器均无效。级联后相应的 16 位通道计数寄存器为 PWMCNT01，周期寄存器为 PWMPER01，占空比寄存器为 PWMDTY01。

PSWAI：等待模式下的 PWM 停止控制位。

0　在 WAIT 模式下，继续输入时钟到预分频器。

1　在 WAIT 模式下，停止输入时钟到预分频器。

PFRZ：冻结模式下的 PWM 计数停止控制位。若该位置位，则 MCU 在冻结模式下，输入时钟预分频器被禁用。此功能对模拟仿真非常有用，因为在这种情况下该功能允许暂停。这样，PWM 的计数器可以停止在这种模式下，寄存器仍然可以被访问，可以重新启用预分频器时钟、禁用 PFRZ 位或退出冻结模式。

0　在冻结模式下，继续计数。

1　在冻结模式下，禁止计数。

8）PWM 通道计数寄存器——PWMCNTx

复位默认值：0000 0000B

读写	Bit7	Bit6	Bit5	Bit4	Bit3	Bit2	Bit1	Bit0
R	\multicolumn{8}{c}{PWMCNTx[7:0]}							
W	0	0	0	0	0	0	0	0

每个 PWM 通道都有一个独立的加/减计数器，计数的频率与选定的时钟源频率有关。计数器可以随时读取，而不会影响计数或 PWM 通道行为。在左对齐输出方式下，计数器从 0 开始进行加法计数，直到达到周期寄存器的值减 1 值时回 0；在中心对齐输出方式下，计数器从 0 开始进行加法计数，达到周期寄存器的值减 1 值时，然后进行减法计数，直到回 0。

对通道计数器写入任何值将会导致 PWM 计数器的值复位到 0x00，随后计数器会立即开始加法计数，并强制装载周期寄存器的值和占空比寄存器的值，然后根据设置的极性重新输出 PWM 周期。

在级联模式下，两个计数器合成一个 16 位加/减计数器，无论是对 16 位计数器的写入，还是对高 8 位和低 8 位计数器的单独写入，都会使计数器复位。对于计数器的读取操作，必须按 16 位数据一次性读取，高 8 位和低 8 位分开读取会得到不正确的结果。

每次通道允许时，对应的计数器将从当前值开始计数，此时可能会产生一个无效的 PWM 周期。

9）PWM 通道周期寄存器——PWMPERx

复位默认值：1111 1111B

读写	Bit7	Bit6	Bit5	Bit4	Bit3	Bit2	Bit1	Bit0
R								
W				PWMPERx[7:0]				

每个 PWM 通道都有一个独立的周期寄存器,周期寄存器的值决定 PWM 通道输出波形的周期,即要将通道工作周期的时钟周期数写入 PWMPERx 寄存器。

每个通道的周期寄存器都是双缓冲的,也就是说,当该寄存器中的值被改变后,并不立即生效,要等到下面操作中的一个发生才生效:当前有效周期结束、计数寄存器因写入被清零、通道被禁止。因此 PWM 输出波形要么是原来设置的波形,要么就是新设置的波形,在改变的过程中不会产生无效波形。若 PWM 通道没有被使能,则新设置的周期直接被送到锁存器和缓冲器。

读取该寄存器会得到最新一次写入的周期数值。

PWM 输出的周期计算方法如下:

当 CAEx=0 时,PWMx 周期=通道时钟周期×PWMPERx

当 CAEx=1 时,PWMx 周期=通道时钟周期×(2×PWMPERx)

10) PWM 通道占空比寄存器——PWMDTYx

复位默认值:1111 1111B

读写	Bit7	Bit6	Bit5	Bit4	Bit3	Bit2	Bit1	Bit0
R/W	\multicolumn{8}{c}{PWMDTYx[7:0]}							

读写	Bit7	Bit6	Bit5	Bit4	Bit3	Bit2	Bit1	Bit0
R/W				PWMDTYx[7:0]				

每个 PWM 通道都有一个独立的占空比寄存器,占空比寄存器的值决定相应通道的占空比。占空比的值与计数器的值进行比较,当与计数器的值相等时,输出的状态发生改变。

每个通道的占空比寄存器都是双缓冲的,也就是说,当该寄存器中的值被改变后,并不立即生效,要等到下面操作中的一个发生才生效:当前有效周期结束、或者计数寄存器因写入被清零、或者通道被禁止。因此 PWM 输出波形要么是原来设置的波形,要么就是新设置的波形,在改变的过程中不会产生无效波形。若 PWM 通道没有被使能,则新设置的占空比直接被送到锁存器和缓冲器。

读取该寄存器会得到最新一次写入的占空比数值。

PWM 输出的占空比计算方法如下:

当 PPOLx=0 时,PWMx 占空比=((PWMPERx−PWMDTYx)/PWMPERx)×100%

当 PPOLx=1 时,PWMx 占空比=(PWMDTYx / PWMPERx)×100%

11) PWM 关断寄存器——PWMSDN

复位默认值:0000 0000B

读写	Bit7	Bit6	Bit5	Bit4	Bit3	Bit2	Bit1	Bit0
R/W	PWMIF	PWMIE	PWMRSTRT	PWMLVL	0	PWM7IN	PWM7INL	PWM7ENA

PWMIF:PWM 中断标志位。在 PWM7ENA=1 的情况下,通道 7 上的任意电平变化将使 PWMIF 置位。向该位写 1 清零,写 0 无效。

    0 PWM7IN 输入无变化。

    1 PWM7IN 输入有变化。

PWMIE:PWM 中断使能位。该位使能后可向 CPU 发起通道 7 触发的中断申请。

    0 PWM 中断禁止。

1　PWM中断使能。

PWMRSTRT：PWM重新启动控制位。在通道7不是有效触发电平的情况下,向该位写1,当计数器回0时,将再次启动各通道的PWM输出。

PWMLVL：PWM紧急关闭后,各通道输出电平选择控制位。

0　各通道强制输出低电平。

1　各通道强制输出高电平。

PWM7IN：通道7引脚的当前输入状态位。只读。

PWM7INL：通道7有效电平选择位。该位决定PWM紧急关断的通道7有效电平条件。在PWM7ENA=1时有效。

0　低电平触发。

1　高电平触发。

PWM7ENA：PWM紧急关断使能位。该位置1时,可实现通过外部触发方式紧急关闭PWM输出,此时通道7被强制配置为触发输入引脚。只有当该位为1时,PWMSDN寄存器的其他位才有意义。

0　PWM紧急关断功能禁止。

1　PWM紧急关断功能使能。

8.4　应用实例：使用PWM模块输出脉冲序列波形

PWM波形输出使用方法比较简单,只要在系统初始化时设置好PWM寄存器,启动PWM正常工作,就不需要额外的CPU开销,PWM引脚就会直接并一直输出波形,直到设置其停止。

【例8-1】 使用S12X的PWM模块输出一定周期和占空比的脉冲序列。PWM波形从PP0口(PWM0)输出,频率为125Hz,占空比为50%的方波信号,时钟源采用ClockA。假设总线时钟频率$f_{Bus}=2MHz$。

C语言程序代码如下：

```
...
// 函数:PWM初始化//////////////////////////////////////////////////////
void PWM_Init()
{
    PWME = 0x00;          //禁止 PWM 输出
    PWMCTL = 0x00;        //通道独立不级联,在等待模式和冻结模式下继续
    PWMPOL = 0xFF;        //脉冲极性,先高后低
    PWMCAE = 0x00;        //左对齐输出方式
    PWMCLK = 0xFF;        //使用 ClockSA 时钟
    PWMPRCLK = 0x33;      //ClockA 时钟为总线时钟 8 分频,ClockA = 2MHz/8 = 250kHz
    PWMSCLA = 50;         //ClockSA = ClockA / (2 * PWMSCLA) = 250kHz/ (2 * 50) = 2.5kHz
    PWMPER0 = 20;         //设定通道 0 周期 = (1/2.5kHz) * 20 = 8ms (125Hz)
    PWMDTY0 = 10;         //设定通道 0 占空比 = 10/20 = 50 %
}

// 主函数//////////////////////////////////////////////////////////////
void main()
```

```
    {
        DisableInterrupts;       //关总中断

        PWM_Init();              //调用 PWM 初始化函数
        PWME = 0x01;             //使能通道 0 的 PWM 输出
        while(1)
        {
        }
    }
```

8.5 应用实例：使用 PWM 模块进行 D/A 转换控制

PWM 的重要功能之一就是以数字方式控制模拟电路。PWM 输出波可以用作 D/A 转换。S12X 单片机一般没有 D/A 通道，在精度要求不高的情况下，PWM 模块可以当作 MCU 的 D/A 模块使用，以降低系统成本和快速实现。

【例 8-2】 如图 8-8 所示，PWM 输出波形进行模拟控制时，最简单的方法就是使 PWM 波通过一个一阶低通滤波器（由 $R1$、$C1$ 构成），为了使电压保持稳定，在低通滤波器后再加上一级电压跟随器（由 LM358 和 $R2$、$R3$ 构成）。输出的模拟量电平与 PWM 波占空比有关，如 1∶1 时输出最大输出电平（5V）的 1/2（2.5V）。

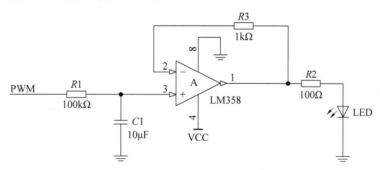

图 8-8　PWM 低通滤波输出电路

本例在电压跟随器的后端加接 1 个 LED 灯，当 LM358 输出模拟电压大于 2V 时，所接 LED 灯被点亮。通过程序可以控制 LED 灯发光的亮度，方法就是在程序循环中改变占空比常数，从而使在不同的时间段输出不同占空比的 PWM 脉冲波。

C 语言程序代码如下：

```
//主函数///////////////////////////////////////////////////////////////
void main()
{
    unsigned char i = 0;
    unsigned long j = 50000;

    DisableInterrupts;              //关总中断
    PWM_Init();                     //调用 PWM 初始化函数

    EnableInterrupts;               //开总中断,可能用于其他
    for(;;)
    {
```

```
            PWMDTY0 = i;
            PWME = 0x01;                //使能通道0的PWM输出
            while(j--);                 //延时
            j = 50000;
            if(i++>=20) i = 0;          //改变占空比,使其在0～100%变化
        }
    }
```

注意：其中的PWM初始化函数PWM_Init()借用已有的程序代码加以修改即可。

第 9 章 SCI/SPI 串行通信

MCU 与外设或其他器件进行数据交换称为通信,通信的主要方式有并行通信和串行通信。并行通信方式在信息传递时多位同时传输,而串行通信方式是逐位顺序传输,因此在同样的工作频率下,并行通信的速度较串行通信速度快,但占用的引脚比串行通信多。串行通信传输距离远、占用传输线少(一根或少量几根)、抗干扰能力强,也能获得很高的传输速率,这些特性都使得串行通信的应用越来越广。SCI、SPI、CAN、LIN、I^2C、USB 等通信方式都属于串行通信的范畴,各种串行通信方式必须遵守相应的通信协议规定。S12X MCU 集成了较多的串行通信模块,本章介绍 SCI 串行通信和 SPI 串行通信接口。

9.1 SCI 串行通信

9.1.1 SCI 异步串行通信接口规范

SCI(Serial Communication Interface,串行通信接口)是最常用、最经典的串行通信接口方式,它是一种通用的异步接收器/发送器类型的异步通信接口,也称为 UART(Universal Asynchronous Receiver/Transmitter,通用异步收发器)串口。通信双方若需同步,则通过握手应答来实现。异步串行通信的数据格式如图 9-1 所示,它将一个字节或数据块按位逐一输出,每一数据块的字符以起始位 0 表示开始,停止位 1 表示结束,起始位与停止位之间的数据位数可以是 8 位或 9 位,这一组位数据合起来称为一帧。

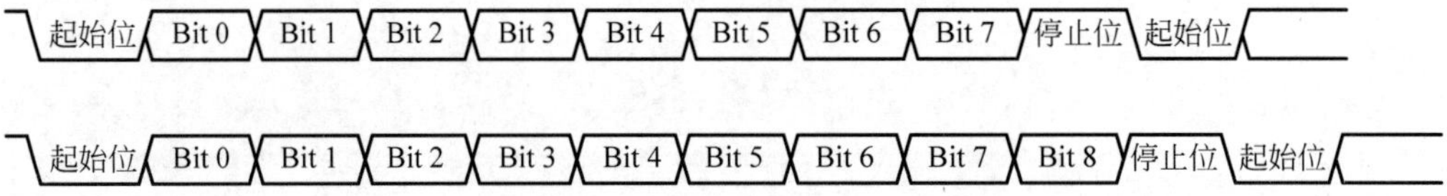

| 起始位 | Bit 0 | Bit 1 | Bit 2 | Bit 3 | Bit 4 | Bit 5 | Bit 6 | Bit 7 | 停止位 | 起始位 |

| 起始位 | Bit 0 | Bit 1 | Bit 2 | Bit 3 | Bit 4 | Bit 5 | Bit 6 | Bit 7 | Bit 8 | 停止位 | 起始位 |

图 9-1 SCI 异步串行通信的数据格式

通信的双方除了要按照约定的帧格式进行数据通信外,还要约定相通的通信速率,在 SCI 通信中使用波特率来表示。串行通信的波特率被定义为每秒内传送的位数,单位为 b/s 或 bps,常用的波特率有 1200bps、4800bps、9600bps、19200bps、38400bps 等。

为了检验传输过程中的错误,在 8 位数据格式中,可以将 Bit7 位安排为奇偶校验位,此时传输的数据有效位减为 7 位(ASCII 码正好是 7 位数据,可以这样安排);在 9 位数据格式中,就可以将数据帧格式中的 Bit8 位直接设为奇或偶校验位,这样有效传输数据位仍为 8 位。使用奇校验时校验位可以为 0 或 1,它是使得数据中 1 的个数是奇数;使用偶校验时校验位可以为 0 或 1,它是使得数据中 1 的个数是偶数。若接收的数据的奇偶校验情况发生变化,表明出现了位传输错误。

串行通信的传输方式有单工(1 根数据线、单向)、全双工(2 根数据线、双向)和半双工(1 根数据线、双向)。其中常用的是全双工(2 根数据线)的方式,它可以同时收发数据,信号线 TXD 用来发送数据,信号线 RXD 用来接收数据。通信双方还需要 1 根共地线,总共就是 3 根线。

SCI 通信的基本工作原理是:接收时,当检测到外部单线 RXD 出现 0 电平的起始位时,把随后输入的 8 位串行数据变成 1 个字节的并行数据送入 MCU;发送时,把需要发送的 1 个字节的并行数据转换为串行数据单线 TXD 输出。奇/偶校验位作为附加位收/发。

若进行 SCI 串行通信的双方采用同一种电平逻辑,例如,MCU 和 MCU 之间是 TTL 电平,则它们的数据收发传输线可以直接交叉互联,如图 9-2 所示。

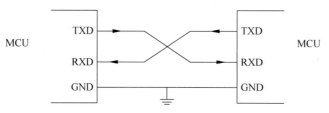

图 9-2　MCU 与 MCU 的 SCI 串行通信连接

若通信的双方采用不同的电平逻辑,就要在通信电路中增加电平转换器件。最常见的就是 MCU 和 PC 之间的 SCI 串行通信。PC 的串行通信接口遵从 RS-232 串行通信标准,它有下列特性:

(1) 电平采用负逻辑,即逻辑 1:-15～-3V;逻辑 0:+3～+15V。
(2) 传输距离≤30m,通信速率≤20kbps。
(3) 硬件接口:标准 9 芯 D 形插座;常用 3 线:地(GND)、发送数据(TXD)、接收数据(RXD)。

图 9-3 即为 MCU 与 RS-232 串行通信接口的电平转换芯片 MAX232 及其连接电路,其外接电容的选取一般依照芯片具体型号的要求。其中 DB9 连接器为常见的 RS-232 串行通信的电气接口形式。

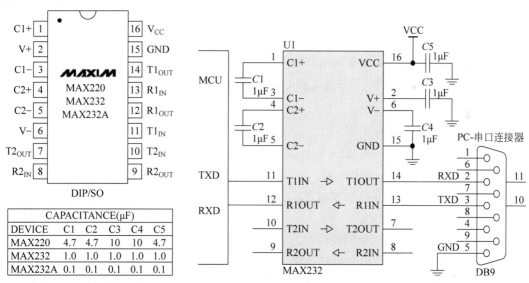

图 9-3　MCU 与 RS-232 串行通信接口的电平转换芯片和连接电路

目前 RS-232 是 PC 与通信工业中应用最广泛的一种串行接口。RS-232 被定义为一种在低速率串行通信中增加通信距离的单端标准。RS-232 采取不平衡传输方式,即所谓单端通信。由于其发送电平与接收电平的差仅为 2～3V,所以其共模抑制能力差,再加上双绞线上的分布电容,其传送距离实际最大约为 15m,最高速率为 20kbps。RS-232 是为点对点(即只用一对收、发设备)通信而设计的,其驱动器负载为 3～7kΩ。所以 RS-232 适合本地设备之间的通信。若需要进行设备间更长距离、更高速率的串行通信,则可以使用差分传输方式(即平衡方式)的 RS-422、RS-485 串行接口标准。

9.1.2 SCI 模块的功能与设置

1. SCI 功能描述

S12X 集成了多个 SCI 串行通信模块,每个 SCI 模块内部结构如图 9-4 所示,包含波特率发生器、发送控制器、发送移位寄存器、接收移位控制器、接收/发送中断控制器、接收唤醒控制器、数据格式控制器、数据寄存器以及中断控制逻辑。

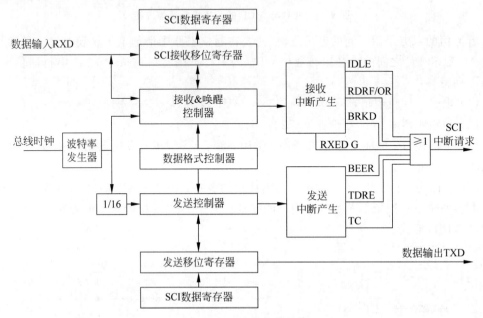

图 9-4 SCI 内部组成结构

SCI 模块具有以下特性:
(1) 全双工或单线工作。
(2) 标准不归零(NRZ 码,码位间没有中间电平,逢 1 翻转)数据格式。
(3) 可选 13 位的波特率寄存器。
(4) 可编程的 8 位或 9 位数据格式。
(5) 发送、接收独立使能。
(6) 可编程的发送输出奇偶校验位。
(7) 两种接收唤醒方法——闲线唤醒、地址符号唤醒。
(8) 8 种中断驱动的标志,方便调试——发送器空、发送完成、接收器满、接收器输入空闲、接收器覆盖、噪声差错、帧差错、奇偶校验错误。
(9) 接收器帧差错检测。
(10) 硬件奇偶校验检测。
(11) 1/16 位时间噪声检测。

SCI 串行通信模块内部的发送与接收过程如下。

1) SCI 发送

待发送数据可以通过写入 SCI 数据寄存器进行 SCI 发送装载。

当串行控制寄存器 SCICR2 中的 TE 位(发送允许)由 0 变为 1 时,移位寄存器将全部装入 1,通常装入起始位 0 作为数据头。数据头也被称为一个空闲码。发送完空闲码后,若 SCI 数据寄存器中有待发送的数据,则待发送的数据将被送到移位寄存器。移位寄存器得到数据之后,即在它的 LSB 位装入 0 作为起始位,在最后一位装入 1 作为停止位,依次进行发送。若 SCI 数据寄存器中没有待发送的数据,SCI 发送引脚 TXD 处于空闲状态,即为 1。在发送停止位时,移位寄存器全部装入 1。发送数据缓冲区的附加位(第 9 位)由 SCI 数据高位寄存器(SCIDRH)的 T8 位提供。只有当 SCIxCR1 的 M 位设置为 1,选择 9 位数据格式时,第 9 位才有意义。

发送逻辑自动设置 SCI 状态寄存器(SCISR1)中的发送数据寄存器空(TDRE)和发送结束(TC)状态标志。软件能随时读取这两个标志位。当数据从数据寄存器 SCIDR 传送到移位寄存器以后,TDRE 标志置位,允许写入下一数据。当数据从移位寄存器向 TXD 引脚发送完毕时,TC 标志置位。若发送中断允许(TIE)和发送结束中断允许(TCIE)置位,则 TDRE 和 TC 标志将分别发出中断请求。

2) SCI 接收

SCI 从 RXD 引脚接收数据,经过缓冲后驱动数据恢复模块。主移位寄存器的时钟频率决定了波特率,数据恢复模块以波特率的 16 倍频率进行高速采样,完成诸如发现起始位、空闲线探测、噪声探测、仲裁逻辑之类的工作,向接收移位寄存器提供每一位的值,同时也提供噪声标志状态指示。接收器在 16 次采样中取其中的 7、8、9 位或 8、9、10 位按照 3 取 2 的多数占优的表决逻辑决定每位的逻辑值。若接收器发现当前数据线处于空闲状态,则其状态寄存器中的空闲标志 IDLE 位将会被置位。

SCI 接收器受 SCI 控制寄存器 2(SCICR2)中接收允许(RE)位的控制,其核心是接收串行移位寄存器。根据 SCICR2 寄存器中 M 位的设置,移位寄存器会使用 10bit 或者 11bit 以分别接收 8bit 或者 9bit 的串行数据。接收到停止位之后,移位寄存器的数据传送到 SCI 据寄存器,同时将接收数据寄存器满(RDRF)状态标志置位。当 SCI 数据寄存器中的数据还未被取走,移位寄存器又接收到下一个数据时,就会发生溢出。此时移位寄存器中新的数据将会丢失,状态寄存器中溢出(OR)状态标志置位以指出溢出错误。

SCI 接收器的上述 3 个标志位(IDLE/RDRF/OR)在允许后能够分别发出中断请求。设置接收中断允许(RIE)控制位就可以允许 RDRF 和 OR 状态标志发出硬件中断请求;设置空闲线中断允许(ILIE)控制位可以允许 IDLE 状态标志发出中断请求。

SCI 串行通信除了正常运行模式外,它还有两种低功耗模式:等待模式和停止模式。另外,S12X 系列 MCU 的 SCI 接收还具有唤醒(Wake Up)功能。

SCI0 模块的中断向量地址为 0xFFD6(向量号为 20),SCI1 模块的中断向量地址为 0xFFD4(向量号为 21)。

另外,S12X MCU 的 SCI 模块引脚与 S 口引脚是复用的:SCI0 的 RXD、TXD 引脚分别与 PS0、PS1 引脚复用,SCI1 的 RXD、TXD 引脚分别与 PS2、PS3 引脚复用。在启用 SCI 功能后 S 口的相应引脚的通用输入/输出功能自动失效。

2. SCI 寄存器设置

注意:由于 S12X 有多个 SCI 串行接口(SCI0,SCI1,SCI2,…),编程使用时,寄存器名称中 SCI 应写为 SCIx(x=0,1,2,…)。SCI 模块的使用和寄存器设置如下。

1) SCI 波特率寄存器——SCIBDH、SCIBDL(SCIBD)

两个 8 位的 SCIBDH 和 SCIBDL 构成一个 16 位的波特率寄存器,用来设置 SCI 模块的通信波特率。这两部分可以分开访问,若按 16 位访问,则直接使用 SCIBD 的寄存器名。

波特率寄存器高 8 位 SCIBDH

复位默认值:0000 0000B

读写	Bit7	Bit6	Bit5	Bit4	Bit3	Bit2	Bit1	Bit0
R W	0	0	0	SBR12	SBR11	SBR10	SBR9	SBR8

波特率寄存器低 8 位 SCIBDL

复位默认值:0000 0100B

读写	Bit7	Bit6	Bit5	Bit4	Bit3	Bit2	Bit1	Bit0
R W	SBR7	SBR6	SBR5	SBR4	SBR3	SBR2	SBR1	SBR0

SBR[12:0]:波特率常数,取值 1~8191。波特率发生器的时钟输出由 MCU 内部总线时钟 BUSCLK 分频而来,SBR[12:0]就是分频因子,而 SCI 模块需要的工作时钟为波特率的 16 倍。SCI 的波特率计算公式如下:

$$SCI 波特率 = f_{BUS} / (16 \times SBR[12:0])$$

波特率的计算数结果的误差可忽略,约等于常见通用的串行通信波特率数值。

2) SCI 控制寄存器 1——SCICR1

SCI 的工作方式主要由该寄存器设置,可选择工作模式、设置帧格式、唤醒、空闲检测类型以及奇偶校验等。

复位默认值:0000 0100B

读写	Bit7	Bit6	Bit5	Bit4	Bit3	Bit2	Bit1	Bit0
R W	LOOPS	SCISWAI	RSRC	M	WAKE	ILT	PE	PT

LOOPS:循环操作控制位。当该位为 1,且同时允许发送和接收时,进入循环方式,此时 RXD 引脚与 SCI 模块内部断开,发送器的输出 TXD 直接接到接收器的输入 RXD。

0　正常方式。

1　循环方式使能。

SCISWAI:SCI 等待模式下停止控制位。

0　在等待模式下,SCI 正常工作。

1　在等待模式下,SCI 停止工作。

RSRC:接收器信号源选择位。仅当 LOOPS=1 时,决定接收器移位寄存器的信号源。

0　接收器的输入和发送器的输出内部短接,不经过外部引脚。

1　接收器的输入和发送器的输出外部短接。

M:数据帧格式选择位。

0　1 个起始位,8 个数据位,1 个停止位。

1　1 个起始位,9 个数据位,1 个停止位。

WAKE：唤醒条件选择位。

0　空闲线唤醒。

1　地址标志唤醒。

ILT：空闲线类型选择位。

0　在一帧的开始位后立即对空闲特征位计数。

1　在停止位后开始对空闲特征位计数。

PE：奇偶校验使能位。

0　奇偶校验禁止。

1　奇偶校验使能。

PT：奇偶校验类型选择位。

0　偶校验。

1　奇校验。

3）SCI 控制寄存器 2——SCICR2

该寄存器主要完成 SCI 收发的中断控制、收发的允许等操作。

复位默认值：0000 0000B

读写	Bit7	Bit6	Bit5	Bit4	Bit3	Bit2	Bit1	Bit0
R/W	TIE	TCIE	RIE	ILIE	TE	RE	RWU	SBK

TIE：发送中断使能位。

0　发送数据寄存器为空中断请求禁止。

1　发送数据寄存器为空中断请求使能。

TCIE：发送完成中断使能位。

0　发送完成中断请求禁止。

1　发送完成中断请求使能。

RIE：接收满中断使能位。

0　接收数据寄存器满和重叠中断请求禁止。

1　接收数据寄存器满和重叠中断请求使能。

ILIE：空闲线中断使能位。

0　空闲线标志中断请求禁止。

1　空闲线标志中断请求使能。

TE：发送允许位。

0　发送器禁止。

1　发送器使能。

RE：接收允许位。

0　接收器禁止。

1　接收器使能。

RWU：接收器唤醒位。该位置 1 时，接收器处于等待状态并关闭接收中断，当 SCICR1 的 WAKE 位决定的唤醒条件发生时，接收器退出等待状态并将 RWU 位清零。

0 正常工作。
1 唤醒功能使能。

SBK:中止符发送使能位。

0 中止符发送禁止。
1 中止符发送使能。

4) SCI 状态寄存器 1——SCISR1

该寄存器可显示 SCI 的运行情况,例如,收、发数据是否已空/满,是否出错等。

复位默认值:1100 0000B

读写	Bit7	Bit6	Bit5	Bit4	Bit3	Bit2	Bit1	Bit0
R	TDRE	TC	RDRF	IDLE	OR	NF	FE	PF
W								

TDRE:发送数据寄存器空标志位。当读取状态寄存器 SCISR1 后再写入数据寄存器 SCIDRL 后会将 TDRE 清零,直至完成移位发送。

0 无字节传送到发送移位寄存器。
1 数据已被传送到发送移位寄存器,发送数据寄存器为空。

TC:发送完成标志。

0 正在进行发送。
1 发送已完成(无发送在进行)。

RDRF:接收数据满标志。当数据从接收移位寄存器传输到数据寄存器后 RDRF 置 1,当读取状态寄存器 SCISR1 后再读取数据寄存器 SCIDRL 时会将 RDRF 清零。

0 数据寄存器的数据无效。
1 数据寄存器接收到的数据有效。

IDLE:接收线空闲标志。当接收到 10 或 11 个以上连续的 1 时,IDLE 置位。

0 接收线 RXD 非空闲。
1 接收线 RXD 空闲。

OR:重叠标志。在接收数据寄存器中的数据未被取走之前,又要接收移位寄存器写入新的一帧数据,这种情况称为接收重叠。读取 SCISR1 后再读取 SCIDRL 时该位清零。

0 无重叠。
1 出现重叠。

NF:噪声标志。当 SCI 检测到接收输入端有噪声,该位置位。读取 SCISR1 后再读取 SCIDRL 时该位清零。

0 无噪声。
1 有噪声。

FE:帧格式错误标志。若在应该出现停止位的时刻检测到 0,则该位置位。读取 SCISR1 后再读取 SCIDRL 时该位清零。

0 没有帧格式错误。
1 出现帧格式错误。

PF:奇偶校验错误标志。当奇偶校验允许(PE=1),接收到的数据帧的奇偶性与

SCICR1 中的 PT 位预定的奇偶校验类型不相匹配时,该位置位。读取 SCISR1 后再读取 SCIDRL 时该位清零。

  0 奇偶校验正确。
  1 奇偶校验错误。

  5) SCI 数据寄存器——SCIDRH、SCIDRL

  SCI 数据寄存器由两个 8 位寄存器构成,分别是高 8 位的 SCIDRH 和低 8 位的 SCIDRL。当使用 8 位数据格式时,只使用低 8 位的 SCIDRL 寄存器;当使用 9 位数据格式时,两个寄存器都要使用。发送时,先写 SCIDRH,再写 SCIDRL。

  (1) SCI 数据寄存器高 8 位 SCIDRH。

复位默认值:0000 0000B

读写	Bit7	Bit6	Bit5	Bit4	Bit3	Bit2	Bit1	Bit0
R	R8		0	0	0	0	0	0
W		T8						

  (2) SCI 数据寄存器低 8 位 SCIDRL。

复位默认值:0000 0000B

读写	Bit7	Bit6	Bit5	Bit4	Bit3	Bit2	Bit1	Bit0
R	R7	R6	R5	R4	R3	R2	R1	R0
W	T7	T6	T5	T4	T3	T2	T1	T0

  R8:接收位 8。该位写操作无效。当 SCI 设置成 9 位数据运行模式(M=1)时,该位是从串行数据流中接收到的奇偶校验位 Bit8。

  T8:发送位 8。任何时候可读可写。当 SCI 设置成 9 位数据运行模式时,该位是送到串行数据流的奇偶校验位 Bit8。

  R[7:0]:接收数据位 7~0。
  T[7:0]:发送数据位 7~0。

9.1.3 应用实例:利用 SCI 串行通信实现收发数据

SCI 串行通信程序的编程方法要点如下:
(1) 初始化——设置波特率寄存器、设置控制寄存器 1 和控制寄存器 2。
(2) 发送数据——先判断 TDRE 位是否可以发送数据,可以时再发送。
(3) 接收数据——先判断 RDRF 位是否可以接收数据,可以时再接收。
  若要连接至 PC 这类 RS-232 标准的串行通信设备,只需在硬件电路中加入电平转换电路。

  【例 9-1】 查询方式的 SCI 串行收发数据。先发送 0x66 就绪信号给对方,然后每接收到 0x88 时,就将某变量数据加 1 后发送回去。已知 $f_{\text{BUS}}=4\text{MHz}$。SCI 通信双方约定:波特率 9600bps、8 位数据、无校验位。

  C 语言程序代码如下:

```
// 程序说明:SCI 串行收发数据.每接收到 $88 时,就将某变量数据加 1 发送回去
 …
```

```c
    byte txdata = 0, rxdata = 0;

    SCI0BD = 26;                          //波特率 = $f_{BUS}$/(16×SBR) = 9600bps
    SCI0CR1 = 0x00;                       //正常工作,8个数据位,无奇偶校验
    SCI0CR2 = 0x0C;                       //接收满中断禁止,发送允许,接收允许
    while( (SCI0SR1&0x80) != 0x80 );      //根据 TDRE 位判断是否可以发送,为 0 等待
    SCI0DRL = 0x66;                       //发送双方约定的就绪标志

    for(;;)                               //无限循环中查询
    {
        while( (SCI0SR1&0x20) != 0x20 );  //根据 RDRF 位判断是否接收到数据,为 0 等待
        rxdata = SCI0DRL;                 //取出接收到的数据
        if( rxdata == 0x88 )              //判断是否为约定的启动传送命令
        {
            txdata++;
            while( (SCI0SR1&0x80) != 0x80 );  //根据 TDRE 位判断是否可以发送,为 0 等待
            SCI0DRL = txdata;             //发送数据
            rxdata = 0;                   //数据清零
        }
    }
```

注意：上面程序中的 SCI 串行数据接收是采用查询方式进行的，在较简单的应用系统中或可使用，但在高级复杂的应用中，CPU 往往还有多种任务需要执行，此时若 SCI 没有接收到外来串行数据，CPU 会一直处于查询等待状态，将不能进行其他控制处理，这是对 CPU 资源的浪费。所以，通常应该将 SCI 串行接收安排为中断响应方式，即使能接收满中断，在中断服务程序中进行数据接收和相应处理。

【例 9-2】 MCU 中断响应 SCI 接收，将接收到的数据依次存入内存中，当接收到一组数据后通过 SCI 发送回送应答码及所接收数据。已知 $f_{BUS}=8\text{MHz}$。SCI 通信双方约定：波特率 19200bps、8 位数据、无校验位。

C 语言程序代码如下：

```c
#define COUNT_TOTAL 8                   //数据总数宏定义

// 函数声明
void SCI0_Init(void);
void SCI0_SendByte(byte data);
byte SCI0_ReceiveByte(void);

// 变量定义
byte readyCode;                         //SCI 就绪码
byte answerCode;                        //SCI 应答码
byte receivedData[COUNT_TOTAL];         //SCI 接收数据数组
word count;                             //SCI 接收计数

void main(void)
{
    int i;
    DisableInterrupts;                  //关总中断

    readyCode = 0x55;
    answerCode = 0xAA;
    count = 0;
```

```c
    SCI0_Init();
    SCI0_SendByte(readyCode);

    EnableInterrupts;                   //开总中断
    for(;;)                             //无限循环等待
    {
        if(count == COUNT_TOTAL)
        {
            SCI0_SendByte(answerCode); //回送应答码
            for(i = 0;i < COUNT_TOTAL;i++) //回送所有数据
                SCI0_SendByte(receivedData[i]);
            count = 0;                  //清计数,为下一轮接收做准备
        }
    }
}

void SCI0_Init(void)                    //f_BUS = 8MHz
{
    SCI0BD = 26;                        //波特率 = f_BUS/(16×SBR) = 19200bps
    SCI0CR1 = 0x00;                     //正常工作,8 个数据位、无奇偶校验
    SCI0CR2 = 0x2C;                     //接收满中断使能,发送允许,接收允许
}

void SCI0_SendByte(byte data)
{
    while((SCI0SR1&0x80)!= 0x80);       //等待 SCI 是否可以发送
    SCI0DRL = data;                     //SCI 发送字节数据
}

byte SCI0_ReceiveByte(void)
{
    while((SCI0SR1&0x20)!= 0x20);       //等待 SCI 是否可以接收
    return SCI0DRL;                     //SCI 读取接收的字节数据,并作为函数返回
}

#pragma CODE_SEG NON_BANKED             //中断服务函数定位声明
interrupt 20 void SCI0_Receive_ISR(void)
{
    DisableInterrupts;
    receivedData[count] = SCI0_ReceiveByte(); //读取数据,当前中断的 RDRF 标志已被自动清零
    count++;                            //计数加 1
    EnableInterrupts;
}
```

9.2 SPI 串行通信

9.2.1 SPI 同步串行外设接口规范

SPI(Serial Peripheral Interface,串行外设接口)通信接口是 Motorola 公司推出的一种同步串行通信方式,即收、发双方共享同一个时钟信号,以确保数据传输是同步的。SPI 通信接口标准中需要 4 个信号:具有共用的 1 个时钟信号、2 个数据信号和 1 个从机选择

(Slave Select,$\overline{SS}$)信号。SPI 能用于两个器件之间的点对点通信或通过 SPI 总线的多点通信。SPI 的通信原理很简单,如图 9-5 所示,它以主从方式工作,这种方式通常有一个主机设备和一个或多个从机设备,需要 4 根线(事实上单向传输时 3 根线也可以),这些连接线的具体含义是:

(1) MISO——主机设备数据输入,从机设备数据输出。

(2) MOSI——主机设备数据输出,从机设备数据输入。

(3) SCK——时钟信号,由主机设备产生。

(4) $\overline{SS}$——从机设备使能信号,由主机设备控制或自己设定。

其中,$\overline{SS}$ 相当于片选信号 $\overline{CS}$,是控制芯片是否被选中的,也就是说,只有片选信号为预先规定的使能信号时(高电位或低电位),对此芯片的操作才有效。这就允许在同一总线上连接多个 SPI 设备。

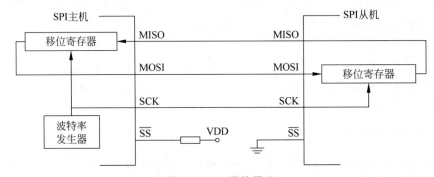

图 9-5 SPI 通信原理

SPI 是串行通信协议,也就是说,数据是一位一位地传输的,但由 SCK 提供同一时钟脉冲,MOSI、MISO 则基于此脉冲完成数据传输。数据输出通过 MOSI 线,数据在时钟上升沿或下降沿时改变,在紧接着的下降沿或上升沿被读取。完成一位数据传输,输入也使用同样原理。这样,在至少 8 次时钟信号的改变(上沿和下沿为一次),就可以完成 8 位数据的传输。

注意,SCK 信号线只由主机设备控制,从机设备不能控制信号线。同样,在一个基于 SPI 的设备中,至少有一个主机设备。这样的传输方式有一个优点:与普通的串行通信不同,普通的串行通信一次连续传送至少是 8 位数据,而 SPI 允许数据一位一位地传送,甚至允许暂停,因为 SCK 时钟线由主机设备控制,当没有时钟跳变时,从机设备不采集或传送数据。也就是说,主机设备通过对 SCK 时钟线的控制可以完成对通信的控制。SPI 还是一个数据交换协议:因为 SPI 的数据输入和输出线相互独立,所以允许同时完成数据的输入和输出。不同的 SPI 设备的实现方式不尽相同,主要是数据改变和采集的时间不同,在时钟信号上沿或下沿采集有不同定义,具体请参考相关器件的文档。

在点对点通信中,SPI 接口不需要进行寻址操作,且为全双工通信,因此简单高效。在多个从机设备的系统中,每个从机设备需要独立的使能信号,硬件上比 I^2C 通信系统要稍微复杂一些。另外,SPI 接口有一个缺点:没有指定的流控制,没有应答机制确认是否接收到数据,当然,SCI 通信也存在类似的缺点,这就需要通信的双方人为约定一些应答方式。

9.2.2 SPI 模块的功能与设置

1. SPI 功能描述

S12X 的串行外围设备接口是一个标准的同步串行通信系统,具有以下特性:
(1) 可设置的主机模式或从机模式。
(2) 可选的 8 位或 16 位数据宽度。
(3) 双向模式。
(4) 从机选择输出。
(5) 模式错误标志的 CPU 中断能力。
(6) 双缓冲数据寄存器操作。
(7) 可编程串行时钟极性和相位。

SPI 模块由 8 位移位寄存器、时钟控制逻辑、引脚控制逻辑、SPI 控制逻辑、分频器、波特率寄存器、状态寄存器、SPI 控制寄存器等组成,如图 9-6 所示。其中,总线时钟经波特率寄存器进行分频选择后作为 SPI 时钟源,工作核心是 8 位移位寄存器,在 SCK 的作用下,数据寄存器的数据从 8 位移位寄存器移出或移入。控制寄存器负责控制 SPI 工作方式,状态寄存器负责记录 SPI 工作状态。

S12X 存在多个 SPI 串行通信接口,每个 SPI 口具有 4 个信号线,其引脚功能如下:
(1) MISO(Master In/Slave Out)——主机输入/从机输出。MISO 在主机中作为输入线,在从机中作为输出线,它的作用是单向传输数据。
(2) MOSI(Master Out/Slave In)——主机输出/从机输入。MOSI 在主机中作为输出线,在从机中作为输入线,它的作用是单向传输数据。
(3) SCK(Serial Clock)——同步串行时钟线。SCK 在从机中作为输入线,在主机中作为输出线。SCK 信号由主机产生和输出,主要用于在主机和从机之间通过 MISO 和 MOSI 信号线传输数据的同步信号。每个 SCK 周期内,主机和从机之间完成一位数据交换。
(4) $\overline{SS}$(Slave Select)——从机选择。MCU 工作于主机模式时,$\overline{SS}$ 输入线必须接高电平;工作于从机模式时,$\overline{SS}$ 输入线是选通信号输入端。在从机模式下,传输数据之前必须先设置成低电平,并在数据传输过程中要始终保持为低电平。

SPI 的工作模式可以有 3 种:主机模式、从机模式和双工模式。

(1) 主机模式。当 SPI 控制寄存器 SPICR1 中的 MSTR 位置位时,SPI 工作在主机模式。在主机模式下,串行时钟 SCK 由 MCU 内部时钟分频得到,用来同步主从/双方的移位寄存器。当向 SPI 的数据寄存器写入数据后,数据传送开始。若此时 SPI 的移位寄存器为空,则数据立即被传送到移位寄存器,数据在串行时钟 SCK 的控制下从 MOSI 引脚串行移出,传送到从机设备。

(2) 从机模式。当 SPI 控制寄存器 SPICR1 中的 MSTR 位清零时,SPI 工作在从机模式。在从机模式下,串行时钟 SCK 由主机产生,从机 SPI 的 SCK 引脚作为输入口。$\overline{SS}$ 引脚为从机的片选引脚,处于输入状态。从机通过由主机产生的串行时钟 SCLK 与主机同步进行数据的读/写,即从 MOSI 口读入数据,从 MISO 口输出数据。

以上主机模式和从机模式,在 SPI 控制寄存器 SPICR2 的 SPC0=0 时均属于处于正常的全双工工作模式。

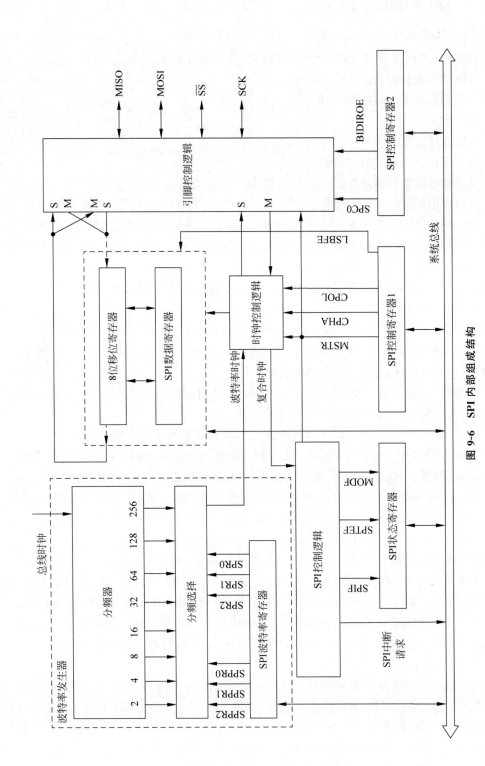

图 9-6 SPI 内部组成结构

(3) 双向模式(半双工)。当 SPI 控制寄存器 SPICR2 的 SPC0＝1 时,SPI 工作在双向模式下。在双向模式下,无论是主机模式或还是从机模式都只用一个引脚进行单线数据传输。数据传输的方向通过 SPICR2 寄存器的 BIDIROE 位来设置。

在上述 SPI 工作模式中,最常见的应用是 MCU 作主机,也就是说,一个 MCU 通常设置为主机模式,以发起并控制命令或数据的传送和流向,此后从机设备才从主机读取数据或向主机发送数据。

SPI 串行通信除了正常运行模式外,还有两种低功耗模式:等待模式和停止模式。

SPI0 模块的中断向量地址为 0xFFD8(向量号为 19),SPI1 模块的中断向量地址为 0xFFBE(向量号为 32)。

另外,SPI0 模块的 MISO、MOSI、SCK、$\overline{SS}$ 引脚分别与 GPIO 的 S 口的 PS4～PS7 引脚复用,而 SPI1 与 GPIO 的 P 口的 PP0～PP3 复用。在启用 SPI 功能后 S 口或 P 口的这 4 个引脚的通用输入/输出功能自动失效。

2. SPI 寄存器设置

注意：由于 S12X MCU 可能有多个 SPI 串行外设接口(SPI0,SPI1,SPI2,…),编程使用时,寄存器名称中 SPI 应写为 SPIx(x＝0,1,2,…)。每个 SPI 模块提供了 6 个寄存器用于 SPI 控制、波特率设置、状态、数据收发等,各个寄存器定义和设置如下。

1) SPI 控制寄存器 1——SPICR1

复位默认值：0000 0100B

读写	Bit7	Bit6	Bit5	Bit4	Bit3	Bit2	Bit1	Bit0
R W	SPIE	SPE	SPTIE	MSTR	CPOL	CPHA	SSOE	LSBFE

SPIE：SPI 接收中断使能位。允许每当 SPISR 中的 SPI 接收满标志 SPIF 或模式错误标志 MODF 置位时,发出硬件中断请求。

0 SPI 中断禁止。

1 SPI 中断使能。

SPE：SPI 模块使能位。该位为 1 指明 SPI 的复用引脚用于 SPI 系统。

0 SPI 模块功能禁止(低功耗)。

1 SPI 模块功能使能。

SPTIE：SPI 发送中断使能位。允许每当 SPI 发送空标志 SPTEF 置位时,发出硬件中断请求。

0 SPTEF 中断禁止。

1 SPTEF 中断使能。

MSTR：SPI 主/从模式选择位。

0 从机模式。

1 主机模式。

CPOL：SPI 时钟极性选择位。该位选择 SPI 时钟反相或不反相。数据在 SPI 模块中传输,SPI 模块必须使用同样的时钟极性。

0 时钟选择高电平激活,SCK 空闲状态为低电平。

1 时钟选择低电平激活，SCK 空闲状态为高电平。

CPHA：SPI 时钟相位选择位。该位用于 SCK 时钟的格式。

0 在 SCK 时钟的奇数跳变沿(1,3,5…)采样数据位。

1 在 SCK 时钟的偶数跳变沿(2,4,6…)采样数据位。

SSOE：从机选择输出使能位。仅用于主机模式，该位和 SPICR2 中的 MODFEN 位一起控制 $\overline{SS}$ 引脚的输入/输出特性，具体如表 9-1 所示。

表 9-1 $\overline{SS}$ 输入/输出选择

MODFEN	SSOE	主 机 模 式	从 机 模 式
0	0	$\overline{SS}$ 不被 SPI 使用，作为 GPIO	$\overline{SS}$ 作为从机选通输入
0	1	$\overline{SS}$ 不被 SPI 使用，作为 GPIO	$\overline{SS}$ 作为从机选通输入
1	0	$\overline{SS}$ 在模式错误特性下作输入端	$\overline{SS}$ 作为从机选通输入
1	1	$\overline{SS}$ 作为从机选通输出	$\overline{SS}$ 作为从机选通输入

LSBFE：LSB 在先使能位。

0 数据传送以最高位 MSB 开始。

1 数据传送以最低位 LSB 开始。

2) SPI 控制寄存器 2——SPICR2

复位默认值：0000 0000B

读写	Bit7	Bit6	Bit5	Bit4	Bit3	Bit2	Bit1	Bit0
R W	0	XFRW	0	MODFEN	BIDIROE	0	SPISWAI	SPC0

XFRW：数据传输宽度选择位。

0 8 位。

1 16 位。

MODFEN：模式故障功能（MODF）使能位。该位对于从机工作模式无意义。当 SPI 工作于主机模式时，若 MODFEN 位为低电平，则 $\overline{SS}$ 引脚无法使用 SPI 通信模块；若 MODFEN 位为高电平，则 $\overline{SS}$ 引脚将作为模式错误输入或从机选通输出；当 SPI 工作于从机模式时，不管 MODFEN 位为何值，$\overline{SS}$ 引脚仅输入有效。

0 $\overline{SS}$ 引脚不被 SPI 使用。

1 $\overline{SS}$ 引脚用于 MODF 功能。

BIDIROE：双向模式下的输出使能位。当 SPI 配置成半双工的双向模式（SPC0＝1）时，该位与 SPCR1 的 MSTR 一起决定数据方向。

0 输出缓冲无效，数据方向为输入。

1 输出缓冲使能，数据方向为输出。

SPISWAI：等待模式下 SPI 停止控制位。用于在等待模式下降低功耗。

0 在等待模式下，停止产生 SPI 时钟。

1 在等待模式下，SPI 时钟正常工作。

SPC0：串行引脚控制位 0。该位与 MSTR 位一起决定串行引脚的功能。

0 SPI 处于正常全双工工作模式。此时，MOSI 和 MISO 按原规定独立使用。

1 SPI 处于单线半双工双向模式。此时,SPI 主机模式下使用 MOSI 作为双向数据线,从机模式时下使用 MISO 作为双向数据线。

3) SPI 波特率选择寄存器——SPIBR

复位默认值:0000 0000B

读写	Bit7	Bit6	Bit5	Bit4	Bit3	Bit2	Bit1	Bit0
R	0	SPPR2	SPPR1	SPPR0	0	SPR2	SPR1	SPR0
W								

SPPR[2:0]:SPI 波特率预分频因子选择位。其决定的预分频因子如表 9-2 所示。

SPR[2:0]:SPI 波特率分频因子选择位。其决定的分频因子如表 9-3 所示。

表 9-2 SPI 波特率预分频因子选择

SPPR2	SPPR1	SPPR0	预分频因子
0	0	0	1
0	0	1	2
0	1	0	3
0	1	1	4
1	0	0	5
1	0	1	6
1	1	0	7
1	1	1	8

表 9-3 SPI 波特率分频因子选择

SPR2	SPR1	SPR0	分频因子
0	0	0	2
0	0	1	4
0	1	0	8
0	1	1	16
1	0	0	32
1	0	1	64
1	1	0	128
1	1	1	256

SPI 模块工作的波特率计算公式为:

$$\text{SPI 模块波特率} = f_{\text{BUS}} / (\text{预分频因子} \times \text{分频因子})$$

SPI 系统的工作时钟是对 MCU 总线时钟的预分频和再分频而得来的,SPI 的波特率即 SCK 的频率由寄存器 SPIBR 的 SPPR2~SPPR0 和 SPR2~SPR0 来确定。MCU 复位默认的波特率为总线时钟频率的 1/2,这是 SPI 模块最高的时钟频率。例如,在 MCU 总线频率为 8MHz,预分频因子为 1 时,SPI 模块的波特率分别可选为 4MHz、2MHz、1MHz、500kHz、250kHz、125kHz、62.5kHz 和 31.25kHz。SPI 模块波特率的选择并没有严格限制,只要在通信对象器件允许的工作频率范围即可。

4) SPI 状态寄存器——SPISR

复位默认值:0010 0000B

读写	Bit7	Bit6	Bit5	Bit4	Bit3	Bit2	Bit1	Bit0
R	SPIF	0	SPTEF	MODF	0	0	0	0
W								

SPIF:SPI 接收满中断标志位。当接收数据全部进入到 SPI 数据寄存器后该位置 1,表示数据可以读出了。通过读取 SPISR 寄存器的 SPIF 位和 SPI 数据寄存器 SPIDR,可自动清除 SPIF 位。

0 传输还没有完成。

1 新数据已复制到 SPIDR。

SPTEF:SPI 发送空中断标志位。当发送数据寄存器为空该位置 1,表示数据已经发送出去。通过读取 SPISR 寄存器的 SPIF 位,然后对 SPI 数据寄存器 SPIDR 写入新的发送数据,可自动清除 SPTEF 位。

  0 SPI 数据寄存器不为空。

  1 SPI 数据寄存器为空。

  MODF:模式错误标志位。当 SPI 设置为主模式且 MODFEN＝1 时才有效,此时若从机选择引脚 $\overline{SS}$ 输入低电平,则该标志位置位。当读取 SPISR 寄存器的 MODF 位,然后重写寄存器 SPICR1 时,MODF 标志自动清零。

  0 模式错误未发生。

  1 模式错误已经发生。

  5) SPI 数据寄存器——SPIDR

  SPI 数据寄存器由两个 8 位寄存器构成,分别是高 8 位的 SPIDRH 和低 8 位的 SPIDRL。当 SPI 使用 8 位数据宽度时,只使用低 8 位的 SPIDRL 寄存器,高 8 位的 SPIDRH 无效。当 SPI 使用 16 位数据宽度时,两个寄存器都要使用,也可合成一个 16 位的数据供寄存器 SPIDR 使用。

  复位默认值:0000 0000 0000 0000B

读写	Bit15 ～ Bit0	
R W	SPIDRH[7:0]	SPIDRL[7:0]

  SPI 数据寄存器具有输入、输出双重功能。读 SPI 数据寄存器时,数据寄存器为接收数据寄存器;写 SPI 数据寄存器时,数据寄存器为发送数据寄存器。即接收寄存器和发送寄存器共享同一个存储器地址。向数据寄存器写入的数据并不能从数据寄存器读出。

  对数据寄存器进行读操作时所访问的输入部分是双缓冲的,但写操作则直接将数据送到串行移位寄存器。在实际的 SPI 发送过程中,数据一旦写入到发送数据寄存器,就会立即送到移位寄存器并将 SPTEF 置 1,这时虽然数据仍需要 8 个或 16 个 SCK 时钟周期才能发送完成,但用户已可以向发送数据寄存器写入新的数据了。只要第一个数据发送完成,新的数据会被立即从发送数据寄存器读到移位寄存器并开始第二次数据发送,同时 SPTEF 将再次置 1,这时用户又可以写入第三个发送数据了。这种机制的好处是相邻字节的发送之间几乎没有时间间隔,大大提高了 SPI 的发送效率。

9.2.3 应用实例:利用 SPI 串行通信实现数字量输入/输出控制

  使用 SPI 串行通信功能,可以节省 MCU 的引脚,最多只使用 4 个引脚就可进行主机和从机设备的信息交换,但增加的外接器件(如移位寄存器或者从机设备)也要具有 SPI 接口。

  SPI 串行通信程序的编程方法要点如下:

  (1) 初始化:设置控制寄存器 1、控制寄存器 2 和波特率寄存器。

  (2) 发送 1 个字节或 1 个字,并查询等待发送完成;

  (3) 查询可以接收后,接收 1 个字节或 1 个字。

  【例 9-3】 通过 SPI 输出控制的跑马灯。硬件电路设计如图 9-7 所示,其中 74LS164 芯片的功能是串入并出,信号 $\overline{MR}$ 的作用是低电平时输出端清零,此例接高;CLK 提供时钟驱动,实施移位输出。

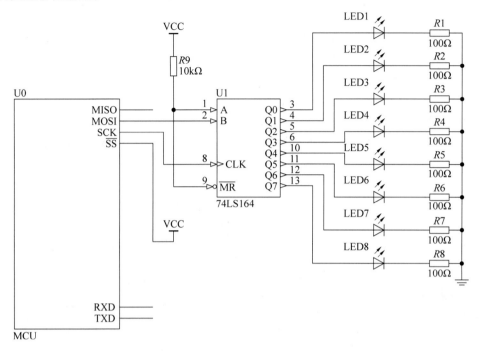

图 9-7　SPI 输出控制的跑马灯接口电路

C 语言程序代码如下:

```
// 函数:SPI 初始化//////////////////////////////////////////////////////////
void SPI_Init()
{
    SPI0CR1 = 0x5E;      //发送、接收中断禁止,SPI 使能,主模式,时钟下降沿有效,高位先发
    SPI0CR2 = 0x00;      //8 位数据宽度,MODF 功能禁止,等待模式下停时钟,SPI 正常工作
    SPI0BR = 0x04;       //设置波特率,SPI 时钟为总线时钟的 32 分频
}

// 函数:SPI 发送字节数据////////////////////////////////////////////////////
void SPI_SendByte(unsigned char data)
{
    SPI0DR = data;       //写入 SPI 数据寄存器,串行发送出去
    while((SPI0SR&0x20) == 0);    //查询等待发送完毕
}

// 主函数//////////////////////////////////////////////////////////////////
void main(void)
{
    unsigned int index = 0;
    unsigned int cnt = 50000;
    unsigned char output[8] = {0x01,0x02,0x04,0x08,0x10,0x20,0x40,0x80};

    DisableInterrupts;
    MCU_Init();          //可能的 MCU 锁相环时钟、看门狗设置
    SPI_Init();
```

```
for(;;)
{
    if(index > 7) index = 0;
    SPI_SendByte(output[index++]);
    while(cnt--); //延时
    cnt = 50000;
}
}
```

【例 9-4】 通过 SPI 输入的开关状态检测，B 口输出数据。硬件电路设计如图 9-8 所示，其中 74LS165 芯片的功能是并入串出，信号 $\overline{PL}$ 的作用是使得并行数据载入，CP 提供时钟驱动实施移位输出。

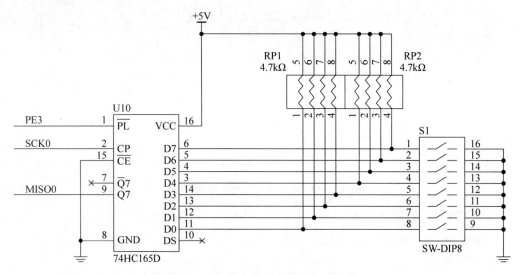

图 9-8 SPI 输入的开关检测接口电路

C 语言程序代码如下（本例中 E 口寄存器使用了 CW 预定义的位域变量形式）：

```
…
// 函数:SPI 接收字节数据//////////////////////////////////////////////////////////
unsigned char SPI_ReceiveByte(void)
{
    while((SPI0SR&0x80) == 0);       //查询等待接收到数据
    return SPI0DRL;                  //读取 SPI 数据寄存器并作为函数返回值
}

// 主函数////////////////////////////////////////////////////////////////////////
void main(void)
{
    DisableInterrupts;
    MCU_Init();                      //可能的 MCU 锁相环时钟、看门狗设置
    DDRB = 0xFF;
    PORTB = 0xFF;
    DDRE_DDR3 = 1;                   //PE3 为输出
    PORTE_PE3 = 1;                   //PE3 输出高电平,禁止 74LS165D
    
    SPI_Init();
```

```
    for(;;)
    {
        PORTE_PE3 = 0;              //生成一个负脉冲以使并行数据置入 74HC165D
        asm NOP;                    //汇编语言空指令
        asm NOP;                    //汇编语言空指令
        PORTE_PE3 = 1;              //下降沿完成后归位

        SPI0_SendByte(0xFF);        //SPI 主机随便发出一个数据以推送 8 个 SPI 时钟
        PORTB = SPI0_ReceiveByte();
    }
}
```

注意：其中的 SPI 初始化函数 SPI_Init()、MCU 初始化函数 MCU_Init()等借用已有的程序代码即可。MCU_Init()函数的定义参见例 4-1,可根据需要进行修改或者不用。

注意：SPI 串行接口的方便之处主要还在于：对一些具有 SPI 接口能力的芯片可以直接连接通信,如 A/D 转换器 TLC5615、D/A 转换器 TLV5608、无线收发器 MC13192、语音芯片 ISD1760、加速度传感器芯片 MMA8451Q 等。

第10章

CAN总线、LIN总线和I²C总线

本章描述 3 种总线通信方式：CAN(Control Area Network)、LIN(Local Interconnect Network)与 I^2C(Inter Integrated Circuit)。它们依然属于串行通信方式的接口，但均具有总线型设备的特点，各通信节点挂接在总线上，可以组成分布式通信网络。其中 CAN 总线、LIN 总线在工业控制、汽车电子领域应用广泛，用来连接多个其他设备或部件；而 I^2C 总线则主要用于同一电路板内的器件互联。

10.1 CAN 总线

10.1.1 CAN 总线规范

CAN 总线是控制器局域网络的简称，由德国博世(BOSCH)公司开发，并最终成为国际标准(ISO11898)。在北美和西欧，CAN 总线协议已经成为汽车计算机控制系统和嵌入式工业控制局域网的标准。近年来，由于 ADAS 及辅助驾驶系统的加入，车辆数据总线负荷进一步加大，使得传统 CAN 总线带宽捉襟见肘，由此博世公司进一步推出了 CAN 总线的升级版本 CAN FD(CAN with Flexible Data-Rate)。不久后，ISO 委员会将 CAN FD 加入 ISO11898-1 标准，使得 CAN FD 作为 CAN 的补充和扩展。

CAN 属于现场总线的范畴，它是一种有效支持分布式控制或实时控制的串行通信网络。与其他现场总线相比，CAN 总线具有通信速率高、容易实现、性价比高等诸多特点，已形成国际标准。它是一种多主总线，通信介质可以是双绞线、同轴电缆或光导纤维。通信速率可达 1Mbps，其中 CAN FD 的数据域传输速率最高可支持 12Mbps。CAN 总线通信接口中集成了 CAN 协议的物理层和数据链路层功能，可完成对通信数据的成帧处理，包括位填充、数据块编码、循环冗余检验、优先级判别等工作。

CAN 总线的最大特点是废除了传统的站地址编码，而代之以对通信数据块进行编码。采用这种方法的优点是使网络内的节点个数在理论上不受限制，数据块的标识码可由 11 位或 29 位二进制数组成，因此可以定义 2^{11} 或 2^{29} 个不同的数据块，这种按数据块编码的方式，还可使不同的节点同时接收到相同的数据，这一点在分布式控制系统中非常有用。数据段长度最多为 8 字节，可满足通常工业领域中控制命令、工作状态及测试数据的一般要求。同时，8 字节不会占用总线时间过长，从而保证了通信的实时性。

CAN 协议采用 CRC 检验并可提供相应的错误处理功能，保证了数据通信的可靠性。另外，CAN 总线采用了多主竞争式总线结构，具有多主站运行和分散仲裁的串行总线以及广播通信的特点。CAN 总线上的任意节点可在任意时刻主动向网络上其他节点发送信息而不分主次，因此可在各节点之间实现自由通信。

CAN 总线上的一个节点(站)发送数据时，它以报文形式广播给网络中所有节点。对每个节点来说，无论数据是否是发给自己的，都对其进行接收。每组报文开头的 11 位字符为标识符，定义了报文的优先级，这种报文格式称为面向内容的编址方案。在同一系统中标识符是唯一的，不可能有两个站发送具有相同标识符的报文。当几个站同时竞争总线读取时，这种配置十分重要。当一个站要向其他站发送数据时，该站的 CPU 将要发送的数据和自己的标识符传送给本站的 CAN 芯片，并处于准备状态；当它得到分配给自己的总线时，转为发送报文状态。CAN 芯片根据协议将数据组织成一定的报文格式发出，这时网上的其他站处于接收状态。每个处于接收状态的站对接收到的报文进行检测，判断这些报文是否是发给自己的,以确定是否接收它。

由于 CAN 总线是一种面向内容的编址方案,因此很容易建立高水准的控制系统并灵活地进行配置。设计者可以很容易地在 CAN 总线中加进一些新站并且无须在硬件或软件上进行修改。当所提供的新站是纯数据接收设备时,数据传输协议不要求独立的部分有物理目的地址。它允许分布过程同步化,即总线上的控制器需要测量数据时,可由网上获得,因而无须每个控制器都有自己独立的传感器。

如图 10-1 所示,CAN 的报文格式(以数据帧为例)有以下特点:

(1) 在总线中传送的报文,每帧由 7 部分组成。CAN 协议支持两种报文格式:标准格式和扩展格式,其唯一的不同是标识符(ID)长度不同,标准格式为 11 位,扩展格式为 29 位。

(2) 在标准格式中,报文的起始位称为帧起始(Start of Frame,SOF),然后是由 11 位标识符和远程发送请求位(RTR)组成的仲裁场(Arbitration Field)。RTR 位标明是数据帧还是请求帧,在请求帧中没有数据字节。

(3) 控制场(Control Field,CF)包括标识符扩展位(IDE),指出是标准格式还是扩展格式。它还包括一个保留位(r0),为将来扩展使用。它的最后 4 字节用来指明数据场(Data Filed,DF)中数据的长度(DLC)。数据场长度为 0~8 字节,其后有一个检测数据错误的循环冗余检查(CRC)。

(4) 应答场(ACK Field,ACKF)包括应答位和应答分隔符。发送站发送的这两位均为隐性电平(逻辑 1),这时正确接收报文的接收站发送主控电平(逻辑 0)覆盖它。用这种方法,发送站可以保证网络中至少有一个站能正确接收到报文。

(5) 报文的尾部由帧结束(End of Frame,EOF)标出。在相邻的两条报文间有一个间隔位,若这时没有站进行总线存取,则总线处于空闲状态。

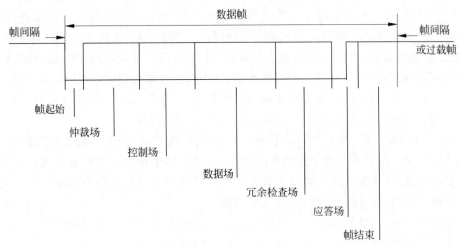

图 10-1 CAN 数据帧格式

采用 CAN 总线通信的 CAN 硬件连接系统如图 10-2 所示。每个 CAN 节点都通过收发器与 CAN 总线进行物理性连接。收发器能驱动 CAN 总线所需的大电流,并对出故障的 CAN 总线或基站进行电流保护。常用的收发器芯片有 PCA82C250、TJA1050、TJA1051 等型号。节点之间的硬件连接只需 CANH、CANL 两根线,CAN 通信的具体电路参见第 14 章的相关内容。

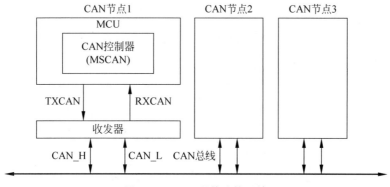

图 10-2 CAN 硬件连接系统

10.1.2 CAN 模块的使用与设置

1. S12X CAN 简介

S12(X)系列单片机的 CAN 模块也称为 MSCAN,该模块的基本特性如下:

(1) 执行 CAN 2.0A/B 标准协议。支持标准和扩展帧格式,0~8 字节数据段长度,通信位速率可达 1 Mbps,支持远程帧。

(2) 5 个基于 FIFO 存储机制的接收寄存器。

(3) 3 个基于本地优先级机制的发送寄存器。

(4) 灵活可屏蔽的识别滤波器。支持 2 个 32 位的扩展滤波器,或者 4 个 16 位的滤波器,又或者 8 个 8 位滤波器。

(5) 集成低通滤波器的可编程唤醒功能。

(6) 可编程环路模式,用于自检操作。

(7) 可编程监听模式,用于检测 CAN 总线状态。

(8) 可编程总线关闭恢复功能。

(9) 对整个 CAN 收发器的错误状态(如警告、错误、关闭总线)具有独立的产生信号和触发中断能力。

(10) 具有可编程的 MSCAN 时钟来源,可选择总线或晶振时钟。

(11) 使用内部定时器作为收发消息的时间戳。

(12) 3 种低功耗模式:睡眠、断电和 MSCAN 使能。

(13) 配置寄存器全局初始化。

MSCAN 运行模式如下:

(1) 监听模式。

(2) 睡眠模式。

(3) 初始化模式。

(4) 断电模式。

S12(X)集成了多个 MSCAN 模块,每个模块的内部结构如图 10-3 所示。它由接收/发送引擎、数据过滤与缓存区、低通滤波器、控制与状态、时钟等组成。

2. 寄存器设置

注意:由于 S12(X) MCU 可能有多个 CAN 总线通信模块(CAN0,CAN1,CAN2,…),

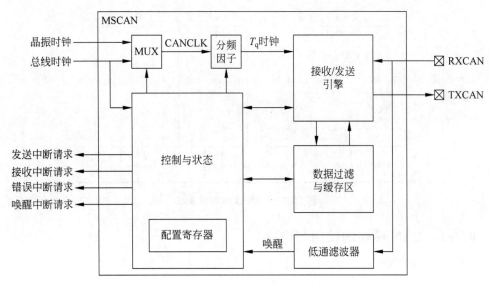

图 10-3 MSCAN 内部结构框图

编程使用时,寄存器名称中 CAN 应写为 CANx(x＝0,1,2,…)。CAN 总线模块的使用和寄存器设置如下。

1) MSCAN 控制寄存器 0——CANCTL0

该寄存器主要包括 MSCAN 模块的运行控制位。当初始化模式(INITRQ＝1 和 INITAK＝1)被激活时,除了 WUPE、INITRQ 和 SLPRQ,其他位均保持复位状态。初始化模式退出后(INITRQ＝0 和 INITAK＝0)该寄存器可写。

复位默认值:0000 0001B

读写	Bit7	Bit6	Bit5	Bit4	Bit3	Bit2	Bit1	Bit0
R/W	RXFRM	RXACT	CSWAI	SYNCH	TIME	WUPE	SLPRQ	INITRQ

RXFRM:接收帧标志位。当正确接收到有效数据时置位,与滤波器配置独立。置位后保持状态,直到被软件清除或复位。写 1 即清除该标志位,写 0 无效。在环路模式下该位无效。

0　从上次清除该位后,未接收到有效数据。

1　从上次清除该位后,接收到有效数据。

RXACT:接收器有效状态位。该只读标志位指示了 MSCAN 是否正在接收数据。在环路模式下该位无效。

0　正在发送报文或空闲。

1　正在接收报文。

CSWAI:等待模式下的停止位。在等待模式下,通过停止 CPU 总线接口的时钟,允许低功耗工作。

0　在等待模式中不受影响。

1　在等待模式中时钟不使能。

SYNCH:同步状态位。该位反映 MSCAN 是否与 CAN 总线同步,能否参与通信过程。

  0 MSCAN 与 CAN 总线不同步。
  1 MSCAN 与 CAN 总线同步。

  TIME：定时器使能位。该位能启动由位时钟驱动的内部定时器。若计数器使能,则一个 16 位的时间戳会被分配给激活的 TX/RX 缓冲区内的每一个收发消息。每收到一个有效的报文的 EOF 信号,定时信号将会被写到相应寄存器的最高字节(0x000E,0x000F)。内部时钟不使能时,则复位。在初始化模式下,该位一直保持为低。

  0 内部计数器禁止。
  1 内部计数器使能。

  WUPE：唤醒使能位。在 CAN 上有报文传输时,该位允许 MSCAN 从睡眠模式重启。该位必须在进入睡眠模式之前设置。

  0 唤醒禁止。
  1 唤醒使能。

  SLPRQ：睡眠模式请求位。当 CAN 总线空闲时,可请求进入睡眠模式。通过将 SLPAK 置为 1 进入睡眠模式。当 WUPIF 标志位为 1 时,SLPRQ 不能被设置。在 SLPRQ 清零(或置 WUPE 为 1)之前,睡眠模式一直有效。

  0 正常工作。
  1 睡眠模式请求。

  INITRQ：初始化模式请求位。该位置 1 时,MSCAN 进入初始化模式。任何正在进行的发送或接收都会中止并丢失与 CAN 总线的同步。可通过置 INITAK 为 1 进入初始化模式。在初始化模式中,以下寄存器将会进入硬复位状态并重载其默认值：CANCTL0、CANRFLG、CANRIER、CANTFLG、CANTIER、CANTARQ、CANTAAK 和 CANTBSEL。CUP 能设置寄存器 CANCTL1、CANBTR0、CANBTR1、CANIDAC、CANIDAR0～CANIDAR7 和 CANIDMR0～CANIDMR7。错误计数器的值不受影响。当 CPU 清除该位时,MSCAN 重新启动并试图与 CAN 总线同步。若 MSCAN 未处于总线关闭状态,在连续收发 11 位后,即可与 CPU 获得同步。若处于总线关闭状态,则要连续等 128 次这样的连续收发 11 位完成。必须在退出初始化模式后,才能对 CANCTL0、CANRFLG、CANRIER、CANTFLG 或 CANTIER 进行设置。

  0 正常工作。
  1 初始化模式。

  2) 控制寄存器 1——CANCTL1

  该寄存器主要包括 MSCAN 模块的运行控制位和同步状态信息。

复位默认值：0001 0001

读写	Bit7	Bit6	Bit5	Bit4	Bit3	Bit2	Bit1	Bit0
R/W	CANE	CLKSRC	LOOPB	LISTEN	BORM	WUPM	SLPAK	INTAK

  CANE：MSCAN 使能位。
  0 MSCAN 模块禁止。

1　MSCAN 模块使能。

CLKSRC：MSCAN 时钟来源。该位定义了 MSCAN 模块的时钟来源。

0　晶振时钟。

1　总线时钟。

LOOPB：环路自检模式位。当该位置 1 时，MSCAN 执行内部的环路自我检测。发送器的输出会在内部反馈到接收器。RXCAN 输入引脚无效，且 RXCAN 输出进入被动状态（逻辑 1）。发送和接收都能正常产生中断。

0　环路自检模式禁止。

1　环路自检模式使能。

LISTEN：监听模式位。当该位置 1，所有有效的 CAN 报文及匹配的 ID 都能接收。在该模式下，不能使用错误计数器，不能发送任何消息。

0　正常工作。

1　监听模式有效。

BORM：总线关闭恢复模式位。

0　自动总线关闭恢复。

1　基于用户需求的总线关闭恢复。

WUPM：唤醒模式位。若 CANCTL0 的 WUPE 使能，则该位定义了是否应用低通滤波器，以保护 MSCAN 不被假信号唤醒。

0　在 CAN 总线中的任何主动脉冲均可唤醒 MSCAN。

1　在 CAN 总线中出现 T_{WUP} 长度的持续主动脉冲时唤醒 MSCAN。

SLPAK：睡眠模式标志位。该位反映了 MSCAN 模块是否进入睡眠模式。它用作 SLPRQ 睡眠模式请求的同步标志。当 SLPRQ＝1 且 SLPAK＝1 时，睡眠模式有效。在 WUPE 置 1 后，MSCAN 将会清除该标志位。

0　正常工作。

1　进入睡眠模式。

INITAK：初始化模式标志位。该位反映了 MSCAN 模块是否进入初始化模式。它用作 INITRQ 初始化模式请求的同步标志。当 INITRQ＝1 且 INITAK＝1 时，初始化模式有效。在这个模式下，CANCTL1、CANBTR0、CANBTR1、CANIDAC、CANIDAR0～CANIDAR7 和 CANIDMR0～CANIDMR7 只能被 CPU 设置。

0　正常工作。

1　进入初始化模式。

3）MSCAN 总线定时器寄存器 0——CANBTR0

CANBTR0 寄存器确定了 MSCAN 模块的各种总线定时器参数。

复位默认值：0000 0000B

读写	Bit7	Bit6	Bit5	Bit4	Bit3	Bit2	Bit1	Bit0
R W	SJW1	SJW0	BRP5	BRP4	BRP3	BRP2	BRP1	BRP0

SJW[1:0]：同步跳转宽度位。详见表 10-1。

BRP[5:0]：波特率分频因子。详见表10-2。

表10-1　同步跳转宽度

SJW1	SJW0	同步跳转宽度
0	0	1 T_q 时钟周期
0	1	2 T_q 时钟周期
1	0	3 T_q 时钟周期
1	1	4 T_q 时钟周期

表10-2　波特率分频因子

BPR5	BPR4	BPR3	BPR2	BPR1	BPR0	分频因子(P)
0	0	0	0	0	0	1
0	0	0	0	0	1	2
0	0	0	0	1	0	3
0	0	0	0	1	1	4
⋮	⋮	⋮	⋮	⋮	⋮	⋮
1	1	1	1	1	1	64

4) MSCAN 总线计数器寄存器 1——CANBTR1

CANBTR1 寄存器确定了 MSCAN 模块的各种总线定时器参数。

复位默认值：0000 0000B

读写	Bit7	Bit6	Bit5	Bit4	Bit3	Bit2	Bit1	Bit0
R/W	SAMP	TSEG22	TSEG21	TSEG20	TSEG13	TSEG12	TSEG11	TSEG10

SAMP：采样位。该位决定了传输每位时间内，对 CAN 总线采样的次数。

0　每位采样一次。

1　每位采样三次。

TSEG22~SEG20：时间段 2。用来确定位内时钟周期数和采样点位置，详见表 10-3。

TSEG13~TSEG10：时间段 1。用来确定位内时钟周期数和采样点位置，详见表 10-4。

表10-3　时间段 2 值

TSEG22	TSEG21	TSEG20	时间段 2
0	0	0	1 T_q 时钟周期
0	0	1	2 T_q 时钟周期
⋮	⋮	⋮	⋮
1	1	0	7 T_q 时钟周期
1	1	1	8 T_q 时钟周期

表10-4　时间段 1 值

TSEG13	TSEG12	TSEG11	TSEG10	时间段 1
0	0	0	0	1 T_q 时钟周期
0	0	0	1	2 T_q 时钟周期
0	0	1	0	3 T_q 时钟周期
0	0	1	1	4 T_q 时钟周期

续表

TSEG13	TSEG12	TSEG11	TSEG10	时间段 1
⋮	⋮	⋮	⋮	⋮
1	1	1	0	15 T_q 时钟周期
1	1	1	1	16 T_q 时钟周期

位时间由晶振频率、波特率分频因子和每位的 T_q 时钟周期决定：

$$位时间 = (预分频因子) / f_{CANCLK} \times (1 + 时间段1 + 时间段2)$$

5) MSCAN 接收标志寄存器——CANRFLG

每个标志位只能被软件清除（写 1 清零），且在 CANRIER 寄存器中都有相对应的中断使能位。

复位默认值：0000 0000B

读写	Bit7	Bit6	Bit5	Bit4	Bit3	Bit2	Bit1	Bit0
R W	WUPIF	CSCIF	RSTAT1	RSTAT0	TSTAT1	TSTAT0	OVRIF	RXF

WUPIF：唤醒中断标志位。在睡眠模式下，若 MSCAN 检测到 CAN 总线有报文传输，且 WUPE=1，则模块会置 WUPIF 为 1。若中断未屏蔽，则该位置 1 时将引发唤醒中断。

    0   在睡眠模式中无唤醒行为。

    1   MSCAN 检测到报文传输并要求唤醒。

CSCIF：CAN 状态转换中断标志位。由于发送或接收错误计数值导致 MSCAN 改变当前 CAN 总线状态时，该位置 1。

    0   从上次中断后 CAN 总线状态无变化。

    1   MSCAN 改变当前 CAN 总线状态。

RSTAT[1:0]：接收器状态位。错误计数值控制了实际的 CAN 总线状态。CSCIF 置 1 时，该位反映相应接收器对应的 CAN 总线状态：

    00   RxOK：0≤接收错误计数值≤96。

    01   RxWRN：96＜接收错误计数值≤127。

    02   RxERR：127＜接收错误计数值≤255。

    03   bus-off：接收错误计数值＞255。

TSTAT[1:0]：发送状态位。错误计数值控制了实际的 CAN 总线状态。CSCIF 置 1 时，该位反映相应发送器对应的 CAN 总线状态：

    00   TxOK：0≤发送错误计数值≤96。

    01   TxWRN：96＜发送错误计数值≤127。

    02   TxERR：127＜发送错误计数值≤255。

    03   bus-off：发送错误计数值＞255。

OVRIF：溢出中断标志位。若中断未屏蔽，该位置 1 时将引发相应中断。

    0   无数据溢出情况。

    1   检测到数据溢出。

RXF：接收缓冲区满标志位。当新报文移动到 FIFO 中，RXF 置 1。该标志位反映缓冲区是否载入了正确接收的报文（ID 匹配，CRC 匹配，且经检测无其他错误）。当 CPU 从 RXFG 缓冲区读取数据后，RXF 标志位必须清零以释放缓冲区。RXF 标志位置 1 阻止了下一个 FIFO 移动到前台缓冲区。若中断未被屏蔽,则该位置 1 时将引发接收中断。

  0 在 RXFG 中无新报文。

  1 接收 FIFO 中有报文。在 RXFG 中有新报文。

6) MSCAN 接收中断使能寄存器——CANRIER

该寄存器包括了与 CANRFLG 寄存器的中断标志位相应的中断使能位。

复位默认值:0000 0000B

读写	Bit7	Bit6	Bit5	Bit4	Bit3	Bit2	Bit1	Bit0
R/W	WUPIE	CSCIE	RSTATE1	RSTATE0	TSTATE1	TSTATE0	OVRIE	RXFIE

WUPIE:唤醒中断使能位。

  0 中断禁止。

  1 中断使能。

CSCIE:CAN 状态转换中断使能位。

  0 中断禁止。

  1 中断使能。

RSTATE[1:0]:接收器状态转换使能位。RSTATE 使能位控制了哪种接收状态转换将引起 CSCIF 中断:

  00 CSCIF 中断禁止。

  01 当接收器进入或离开 bus-off 状态时,触发 CSCIF 中断。

  10 当接收器进入或离开 RxERR 或 bus-off 状态时,触发 CSCIF 中断。

  11 任何状态变化将触发 CSCIF 中断。

TSTATE[1:0]:发送器状态转换使能位。TSTATE 使能位控制了哪种发送状态转换将引起 CSCIF 中断:

  00 CSCIF 中断禁止。

  01 当发送器进入或离开 bus-off 状态时,触发 CSCIF 中断。

  10 当发送器进入或离开 TxERR 或 bus-off 状态时,触发 CSCIF 中断。

  11 任何状态变化将触发 CSCIF 中断。

OVRIE:溢出中断使能位。

  0 中断禁止。

  1 中断使能。

RXFIE:接收器满中断使能位。

  0 中断禁止。

  1 中断使能。

7) MSCAN 发送标志寄存器——CANTFLG

每个发送缓冲区空标志位在 CANTIER 寄存器中都有相应的中断使能位。

复位默认值:0000 0111B

读写	Bit7	Bit6	Bit5	Bit4	Bit3	Bit2	Bit1	Bit0
R/W	0	0	0	0	0	TXE2	TXE1	TXE0

TXE[2:0]：发送缓冲区空标志位。这些标志位反映了相应的发送报文缓冲区为空，因此不能发送。在相应的发送缓冲区存入数据并准备发送时，CPU 必须将相应的标志位清零。发送数据成功后，MSCAN 将相应标志位置 1。当发送被中止时，MSCAN 也将该标志置 1。若中断未屏蔽，该位置 1 时将引发发送中断。

将 TXEx 标志清零时，对应的 ABTAKx 也清零。当 TXEx 标志位置 1 时，对应的 ABTRQx 清零。在监听模式下，TXEx 标志位不能清零且不能发送数据。若相应的 TXEx 位清零并准备发送报文，则不能对发送缓冲区进行读写操作。

0　相应的报文缓冲区满。

1　相应的报文缓冲区空。

8) MSCAN 发送中断使能寄存器——CANTIER

CANTIER 包括了与发送缓冲区空中断标志位相应的中断使能位。

复位默认值：0000 0000B

读写	Bit7	Bit6	Bit5	Bit4	Bit3	Bit2	Bit1	Bit0
R	0	0	0	0	0	TXEIE2	TXEIE1	TXEIE0
W								

TXEIE[2:0]：发送器空中断使能位。

0　中断禁止。

1　发送器空时引发中断请求。

9) MSCAN 请求中止发送报文寄存器——CANTARQ

复位默认值：0000 0000B

读写	Bit7	Bit6	Bit5	Bit4	Bit3	Bit2	Bit1	Bit0
R	0	0	0	0	0	ABTRQ2	ABTRQ1	ABTRQ0
W								

ABTRQ2～ABTRQ0：CPU 将 ABTRQx 位置 1，以中止相应的发送计划中的报文缓冲。若报文还未开始发送，或发送不成功，MSCAN 将接收该请求。当报文被中止时，相应的 TXE 和 ABTAK 将置 1，并可产生中断。CPU 不能复位 ABTRQx。当相应的 TXE 置 1 时，ABTRQx 复位。

0　无中止请求。

1　有中止请求。

10) MSCAN 发送报文中止承认寄存器——CANTAAK

CANTAAK 寄存器反映了队列报文是否被成功中止。

复位默认值：0000 0000B

读写	Bit7	Bit6	Bit5	Bit4	Bit3	Bit2	Bit1	Bit0
R	0	0	0	0	0	ABTAK2	ABTAK1	ABTAK0
W								

ABTAK[2:0]：中止承认位。该标志位承认了报文是否响应 CPU 的中止请求而中止发送。当特定的报文缓冲区为空时，应用软件用该位识别报文是否被成功中止（或发送）。当相应的 TXE 标志清零时，ABTAKx 标志被清零。

0 报文正常传输。
1 报文被中止传输。

11) MSCAN 发送缓冲区选择寄存器——CANTBSEL

CANTBSEL 寄存器用来选择发送报文缓冲区。

复位默认值：0000 0000B

读写	Bit7	Bit6	Bit5	Bit4	Bit3	Bit2	Bit1	Bit0
R	0	0	0	0	0	TX2	TX1	TX0
W								

TX[2:0]：发送缓冲区选择位。其最低位选择了 CANTXFG 的发送缓存区（例如，TX1=1 和 TX0=1 则选择发送缓存区 TX0；TX1=1 和 TX0=0 则选择发送缓冲区 1）。

0 未选择相应的报文缓冲区。
1 若是最低位，则选择相应的报文缓冲区。

12) MSCAN 验收控制寄存器——CANIDAC

CANIDAC 寄存器用于验收控制。

复位默认值：0000 0000B

读写	Bit7	Bit6	Bit5	Bit4	Bit3	Bit2	Bit1	Bit0
R	0	0	IDAM1	IDAM0	0	IDHID2	IDHID1	IDHID0
W								

IDAM[1:0]：验收模式位。这些标志位决定了验收过滤器的工作模式。若过滤器关闭，则不再接收报文。详见表 10-5。

表 10-5 验收模式设置

IDAM1	IDAM0	验收模式
0	0	2 个 32 位验收过滤器
0	1	4 个 16 位验收过滤器
1	0	8 个 8 位验收过滤器
1	1	关闭过滤器

IDHIT[2:0]：验收命中指示标志位。这些标志用来指示使用哪个验收过滤器。IDHITx 指示位时钟与前台缓冲区（RxFG）相关。当报文移动到接收 FIFO 的前台缓冲区时，指示位也同时更新。详见表 10-6。

表 10-6 验收命中指示标志位

IDHIT2	IDHIT1	IDHIT0	验收过滤器
0	0	0	过滤器 0
0	0	1	过滤器 1
0	1	0	过滤器 2
0	1	1	过滤器 3
1	0	0	过滤器 4
1	0	1	过滤器 5
1	1	0	过滤器 6
1	1	1	过滤器 7

13) MSCAN 混合寄存器——CANMISC

该寄存器反映是否处于关总线状态。

复位默认值:0000 0000B

读写	Bit7	Bit6	Bit5	Bit4	Bit3	Bit2	Bit1	Bit0
R	0	0	0	0	0	0	0	BOHOLD
W								

BOHOLD:总线关闭锁定位。若 BORM 置 1,则该位指示了模块是否处于关总线状态。

 0 模块未关闭总线,或响应用户请求已经从关闭总线状态恢复。
 1 模块处于总线关闭状态,并在用户请求之前一直保持该状态。

14) MSCAN 接收错误计数器——CANRXERR

该寄存器反映 MSCAN 接收错误计数器的状态。

复位默认值:0000 0000B

读写	Bit7	Bit6	Bit5	Bit4	Bit3	Bit2	Bit1	Bit0
R	RXERR7	RXERR6	RXERR5	RXERR4	RXERR3	RXERR2	RXERR1	RXERR0
W								

仅仅在睡眠模式(SLPRQ=1 和 SLPAK=1)或初始化模式(INITRQ=1 和 INITAK)时,可读。在其他模式下读取该寄存器可能会导致错误值。

15) MSCAN 发送错误计数器——CANTXERR

该寄存器反映 MSCAN 发送错误计数器的状态。

复位默认值:0000 0000B

读写	Bit7	Bit6	Bit5	Bit4	Bit3	Bit2	Bit1	Bit0
R	TXERR7	TXERR6	TXERR5	TXERR4	TXERR3	TXERR2	TXERR1	TXERR0
W								

仅仅在睡眠模式(SLPRQ=1 和 SLPAK=1)或初始化模式(INITRQ=1 和 INITAK)时,可读。在其他模式下读取该寄存器可能会导致错误值。

16) MSCAN 验收寄存器——CANIDAR0~CANIDAR7

在接收过程中,每个报文首先被写进后台接收缓冲区。只有通过了过滤器和屏蔽寄存器验收后,才能被 CPU 读取;否则,该报文会被下一条报文覆盖。

对于扩展模式,前 4 个接收和屏蔽寄存器均可用。对于标准模式,只有前面两个(CANIDAR0/CANIDAR1 和 CANIDMR0/CANIDMR1)可用。

寄存器	读写	Bit7	Bit6	Bit5	Bit4	Bit3	Bit2	Bit1	Bit0
CANIDAR0	R/W	AC7	AC6	AC5	AC4	AC3	AC2	AC1	AC0
CANIDAR1	R/W	AC7	AC6	AC5	AC4	AC3	AC2	AC1	AC0
CANIDAR2	R/W	AC7	AC6	AC5	AC4	AC3	AC2	AC1	AC0
CANIDAR3	R/W	AC7	AC6	AC5	AC4	AC3	AC2	AC1	AC0
CANIDAR4	R/W	AC7	AC6	AC5	AC4	AC3	AC2	AC1	AC0
CANIDAR5	R/W	AC7	AC6	AC5	AC4	AC3	AC2	AC1	AC0
CANIDAR6	R/W	AC7	AC6	AC5	AC4	AC3	AC2	AC1	AC0
CANIDAR7	R/W	AC7	AC6	AC5	AC4	AC3	AC2	AC1	AC0

AC[7:0]：接收码位。该位由用户定义的序列位构成,用于与接收报文缓冲区的相关 IDRn 的相应位进行比较。

17) MSCAN 验收屏蔽寄存器——CANIDMR0～CANIDMR7

验收屏蔽寄存器确定了验收寄存器中的哪些位将参与验收过滤。在 32 位过滤器模式下,为了接收标准标识符,必须将 CANIDMR0 和 CANIDMR5 中的最后 3 位 AM[2:0]设置为"无关"。在 16 位过滤器模式下,为了接收标准标识符,必须将 CANIDMR1、CANIDMR3、CANIDMR5 和 CANIDMR7 中的最后 3 位 AM[2:0]设置为"无关"。

寄存器	读写	Bit7	Bit6	Bit5	Bit4	Bit3	Bit2	Bit1	Bit0
CANIDMR0	R/W	AM7	AM6	AM5	AM4	AM3	AM2	AM1	AM0
CANIDMR1	R/W	AM7	AM6	AM5	AM4	AM3	AM2	AM1	AM0
CANIDMR2	R/W	AM7	AM6	AM5	AM4	AM3	AM2	AM1	AM0
CANIDMR3	R/W	AM7	AM6	AM5	AM4	AM3	AM2	AM1	AM0
CANIDMR4	R/W	AM7	AM6	AM5	AM4	AM3	AM2	AM1	AM0
CANIDMR5	R/W	AM7	AM6	AM5	AM4	AM3	AM2	AM1	AM0
CANIDMR6	R/W	AM7	AM6	AM5	AM4	AM3	AM2	AM1	AM0
CANIDMR7	R/W	AM7	AM6	AM5	AM4	AM3	AM2	AM1	AM0

AM[7:0]：验收屏蔽位。若该寄存器中的相应位清零,则验收寄存器中的相应位必须与标识符一致。若这些位保持一致,则接收该报文。若 AMx 置 1,则验收寄存器中的相应位不影响报文的接收。

0　相应的验收寄存器和标识符必须匹配。

1　忽略验收寄存器的相应位。

10.1.3　应用实例：CAN 总线通信的软件实现

【例 10-1】 该程序功能是应用 NXP MCU 的 MSCAN 模块实现数据接收和发送。其中,还涉及时钟模块和串口模块的程序,此处略去,请参考本书前面章节。串口 SCI 模块的作用是连接计算机和 MCU,利用串口调试助手软件把接收到的数据显示出来。

C 语言程序代码如下：

```
void CLK_init(void);
void SCI_Init(void);
void CAN_Init(void);
int can_rvdata[20];
unsigned char sci_num = 0;

/*******************************/
/* 函数功能:主函数              */
/*******************************/
void main(void)
{
    CLK_init();
    SCI_Init();
    CAN_Init();
    CANOTIER = 0x07;                    //允许发送中断

    EnableInterrupts;
```

```c
    for(;;)
    {
    }
}

/******************************/
/* 函数功能:MSCAN 初始化        */
/******************************/
void CAN_Init(void)
{
    CAN0CTL0_INITRQ = 1;                  //设置进入初始化状态

    while(!(CAN0CTL1&0x01)){};            //等待进入初始化状态

    CAN0CTL1 = 0B10000001;                //OSC clock = 16MHz,使能 MSCAN 模块
    CAN0BTR0 = 0B01000001;                //设置波特率为 500kbps,8MHz/16 = 500kbps
    CAN0BTR1 = 0b00111010;                //TSEG1 = 10,TSEG2 = 3
    CAN0IDAC = 0b00100000;                //设置为 8 个 8 位过滤单元方式
    CAN0IDMR0 = 0x00;                     //设置接收符 ID 过滤屏蔽码寄存器
    CAN0IDMR1 = 0x0f;                     //所有的屏蔽码位都为 1,接收所有的数据
    CAN0IDMR2 = 0xff;
    CAN0IDMR3 = 0xff;
    CAN0IDMR4 = 0xff;
    CAN0IDMR5 = 0x00;
    CAN0IDMR6 = 0x00;
    CAN0IDMR7 = 0x00;

    CAN0IDAR0 = 0x51;                     //设置过滤比较码寄存器
    CAN0IDAR1 = 0x87;                     //接收所有的数据,所以任意设置
    CAN0IDAR2 = 0xFF;
    CAN0IDAR3 = 0xFF;
    CAN0IDAR4 = 0xFF;
    CAN0IDAR5 = 0xFF;
    CAN0IDAR6 = 0xFF;
    CAN0IDAR7 = 0xFF;

    CAN0CTL0 = 0x00;                      //退出初始化
    while((CAN0CTL1&0x01)!= 0) {
    };                                    //等待进入正常模式

    CAN0RIER = 0x01;                      //允许接收中断
}


/******** 中断部分 ********************/
#pragma CODE_SEG __NEAR_SEG NON_BANKED
/******************************************/

/******************************************/
/* 函数功能:MSCAN 接收数据 */
/******************************************/
void interrupt CAN0receive(void)
{
```

```c
    uchar index,length;
    length = (CAN0RXDLR&0x0F);              //读取将接收的数据长度

    for(index = 0;index < length;index++)
    {
        can_rvdata[index] = * (&CAN0RXDSR0 + index); //读出收到的数据
    }

    SCI0CR2 = 0x88;                         //允许发送中断请求,允许发送完成中断,允许
                                            //接收中断请求,允许发送器发送,接收器接收
    CAN0RFLG = 0x01;                        //清除接收缓冲器满标志
}

/***************************************/
/* 函数功能:MSCAN 发送数据 */
/***************************************/
void interrupt CAN0send(void)
{
    uchar txbuffer;
    CAN0TIER = 0x00;                        //关闭发送中断

    while(!(CAN0CTL0&0x10));                //等待同步完成

    CAN0TBSEL = CAN0TFLG;                   //选择发送缓冲区
    txbuffer = CAN0TBSEL;
    CAN0TXIDR0 = 0x78;                      //设置发送缓冲区的接收符 ID,使用标准格式
    CAN0TXIDR1 = 0x27;

    CAN0TXDSR0 = 0x09 ;
    CAN0TXDSR1 = 0x09 ;
    CAN0TXDSR2 = 0x09 ;
    CAN0TXDSR3 = 0x09 ;
    CAN0TXDSR4 = 0x09 ;
    CAN0TXDSR5 = 0x09 ;
    CAN0TXDSR6 = 0x09 ;
    CAN0TXDSR7 = 0x09 ;

    CAN0TXDLR = 0x08;                       //设置发送缓冲区的数据长度,8 字节
    CAN0TXTBPR = 0x00;                      //设置发送优先级

    while( (CAN0TFLG&txbuffer)!= txbuffer );//等待发送完成

    CAN0TFLG = txbuffer;                    //清空缓冲区空标志位
    CAN0TIER = 0x00;                        //关闭发送
}
```

10.2 LIN 总线

10.2.1 LIN 总线规范

LIN(Local Interconnect Network)总线是一种低成本的单线串行通信网络,最初设计用于实现汽车中的分布式电子控制系统。LIN 总线是一种辅助的总线网络,其设计的目标

是为现有汽车网络(例如 CAN 总线)提供辅助功能,在不需要 CAN 总线的带宽和多功能的场合,使用 LIN 总线可大大节省成本。LIN 通信基于 SCI(UART)数据格式,采用单主控制器/多从设备的模式,无须总线仲裁机制,其最高数据传输速率 20kbps,通信距离可达 40m。根据 ISO/OSI 模型,可将 LIN 总线细分为物理层和数据链路层。

1. 物理层

LIN 总线采用单 12V 信号线通信,共需要 VBAT、LIN-BUS、GND 三根线,可以采用 DC/DC 芯片从 VBAT 转换得所需的电源电压。各节点通过线与的方式接入总线,网络的节点数不应超过 16 个;主机节点的端电阻的典型值为 1kΩ,从机节点为 30kΩ;具体的波特率由 SCI 模块的波特率决定,推荐使用 2400bps、9600bps、19200bps。LIN 总线的物理层一般采用专用芯片来实现,常用的 LIN 总线驱动芯片有 MC33661、MC33399、MC33689、TJA1021 等型号,例如图 10-4 所示的硬件电路连接。

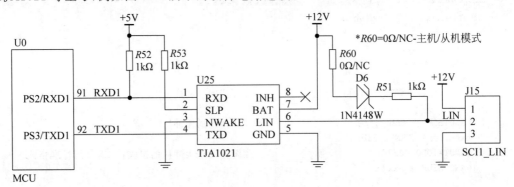

图 10-4 LIN 总线通信节点示例电路图

2. 数据链路层

1) LIN 总线的网络结构

LIN 网络由一个主机节点和多个从机节点组成。主机节点中既有主机任务又有从机任务,其他节点都只有从机任务。LIN 总线上的访问是由主机任务发起的,从机任务做出响应。报文帧是 LIN 总线上数据传输的实体,每个报文帧都由报文头和报文响应组成。主机任务负责发送报文头,只有一个从机任务发送报文响应,通过主机任务中的报文头,从机任务可将数据发送到其他任何从机任务中。主机节点控制整个网络的通信,网络中不存在冲突,不需要仲裁。整个网络的配置信息只保存在主机节点中,从机节点可以自由地接入或脱离网络而不会对网络中的其他节点产生任何影响。网络中各节点的任务如图 10-5 所示。

(1) LIN 总线的报文帧格式。

LIN 总线的报文帧由帧头和报文响应组成。帧头都包含同步间隔场、同步场和标识符场。报文帧的用途由标识符唯一定义,约定的从机任务根据标识符提供相关的报文响应并发送到总线上。报文响应由 2B、4B 或 8B 的数据场以及一个校验和场组成,对这个标识符相联的数据感兴趣的从机任务将接收报文响应,校验和检验通过后对数据进行处理。LIN 总线的通信时序如图 10-6 所示。

LIN 字节场格式基于 SCI(UART)串行数据格式(8N1 编码)实现,即每个字节场的长度是 10 个位定时: 1 位起始位+8 位数据位+1 位停止位。LIN 报文帧中的同步场、标识符

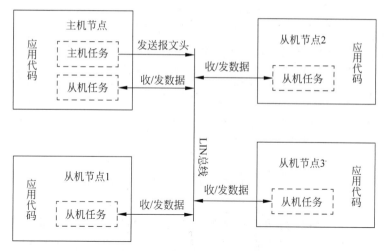

图 10-5　LIN 总线节点任务图

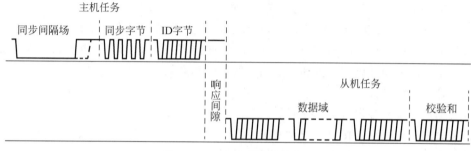

图 10-6　LIN 总线通信时序图

场、数据场、校验和场的格式都符合上述字节场的格式。

① 同步间隔场（SYNCH BREAK FIELD）。同步间隔场由主机任务发送，它的作用是使所有节点同步。同步间隔由持续 13 个位时基（发送一位数据所需的时间，基于主机）或更长时间的显性电平（低电平）和最少持续 1 个位时基的隐性电平（高电平）组成，作为同步界定符。

② 同步场（SYNCH FIELD）。同步场的格式固定为 0x55，表现为 8 个位定时中有 5 个下降沿。各从机节点可根据同步场计算基本的位定时。

③ 标识符场（IDENTIFIER FIELD）。标识符场定义了报文的内容和长度，包括 6 个标识位和 2 个校验位。标识符场的时序如图 10-7 所示。

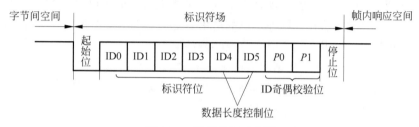

图 10-7　标识符场时序图

其中 ID4 和 ID5 决定了报文的数据场数量（N_{DATA}），具体对应关系如表 10-7 所示。

表 10-7 数据场数量关系表

ID5	ID4	N_{DATA}
0	0	2
0	1	2
1	0	4
1	1	8

标识符场中的奇偶校验位通过下面的关系式计算：

$$P0 = ID0 \oplus ID1 \oplus ID2 \oplus ID4 \quad \text{（奇校验）}$$

$$P1 = \overline{ID1 \oplus ID3 \oplus ID4 \oplus ID5} \quad \text{（偶校验）}$$

通过上面的计算式即可保证标识符场不会为 0xFF 或 0x00。标识符的类型可分为 4 种：0~59(0x3B)用于信号传送的报文帧；60(0x3C)和 61(0x3D)用于传送诊断数据；62(0x3E)保留给用户定义的扩展帧；63(0x3F)保留给以后的协议增订使用。

① 数据场(DATA FIELD)。一个数据场可装载 1~8 字节的数据，具体的字节数由 ID4 和 ID5 决定。若数据的长度大于 1 字节，低字节数据先发送。

② 校验和场(CHECKSUM FIELD)。校验和场是数据场所有字节的和的反码。数据场字节和按"带进位加(ADDC)"方式计算，每个进位都被加到本次结果的最低位(LSB)。所有数据字节的和的补码与校验和字节相加所得的和必须是 0xFF。

(2) 报文滤波和确认。

报文滤波是基于标识符的，必须通过网络配置来确认：每个从机任务对应唯一的传送标识符。每个从机节点均接收标识符并决定是否对帧头做出响应传输数据，主机节点既可以与每一个从节点进行单独通信，也可以进行网络广播。

对于在总线传输的报文，任何节点都可以同时检测到报文，并同时对此报文做出反应。发送器和接收器校验报文是否有效的时间点各不相同。若直到帧的末尾均没有错误，则此报文对于发送器有效。若直到最后的一位（除了帧末尾位）均没有错误，则报文对于接收器有效。总线上传送的事件信息也可能丢失，而且这个丢失不能被检测到。若报文发生错误，则主机和从机任务都认为报文没有发出。

2) LIN 总线的唤醒和睡眠

(1) 唤醒。

任何节点都可以发起唤醒请求唤醒处于睡眠状态的 LIN 总线（主机节点可以通过发起一个普通的报文帧头作为唤醒信号脉冲）。唤醒请求一般为强制总线处于显性状态 $250\mu s$~5ms。每个从机节点都应该监测唤醒请求（一个超过 $150\mu s$ 的显性脉冲），并且准备在 100ms 内监听总线命令（从显性脉冲结束的边沿算起）。当从机节点准备就绪时，主机也必须准备就绪，并开始发送报文帧头寻找总线唤醒的原因。

若主机节点在总线发生唤醒请求后的 150ms 内没有发送报文帧头，则原先发起总线唤醒请求的节点将再发送一次新的总线唤醒请求，最多重复 3 次，在等待 1.5s 后，再发送第四次唤醒请求。

(2) 睡眠。

在一个处于活动状态的 LIN 总线中，所有从机节点均能被强制进入睡眠模式（通过主机节点向从机节点发送主机请求报文帧 0x3C，且数据场的第一字节为 0 来实现）。该报文帧被称为进入睡眠命令。另外,若 LIN 总线处于不活动状态的时间超过 4s,则从机节点也应该自动进入低功耗模式。

10.2.2 LIN 模块的使用与设置

S12(X)通过 SCI 模块复用支持 LIN 总线的传输,相关寄存器使用和设置如下。

1) SCI 状态寄存器 2——SCISR2

通过设置该寄存器可以配置 SCI 的寄存器映射、收发数据极性、发送间隔的长度等。

复位默认值:0000 0000B

读写	Bit7	Bit6	Bit5	Bit4	Bit3	Bit2	Bit1	Bit0
R/W	AMAP	0	0	TXPOL	RXPOL	BRK13	TXDIR	RAF

AMAP:寄存器映射选择位。SCI 模块的 SCIBDH(地址 0x0000)、SCIBDL(地址 0x0001)、SCICR1(地址 0x0002)和寄存器 SCIASR1(地址 0x0000)、SCIACR1(地址 0x0001)、SCIACR2(地址 0x0002)共享地址。通过 AMAP 位选择访问两组寄存器。

0 SCIBDH、SCIBDL 和 SCICR1 可以被读写。

1 SCIASR1、SCIACR1 和 SCIACR2 可以被读写。

TXPOL:发送数据极性选择位。

0 正常极性发送。

1 反转极性发送。

RXPOL:接收数据极性选择位。

0 正常极性接收。

1 反转极性接收。

BRK13:发送间隔长度选择位。

0 发送间隔信号长度为 10 位或 11 位。

1 发送间隔信号长度为 13 位或 14 位。

TXIDR:单线模式下的 TXD 数据方向选择位。

0 TXD 作为输入引脚。

1 TXD 作为输出引脚。

RAF:接收器活动标志位。

0 接收器不活动,没有接收数据。

1 接收器活动,正在接收数据。

2) SCI 替代控制寄存器 1——SCIACR1

该寄存器控制场同步间隔检测中断、错误检测中断的使能和禁止等。该寄存器仅在 SCISR2 的 AMAP 为 1 时可被读写。

复位默认值:0000 0000B

读写	Bit7	Bit6	Bit5	Bit4	Bit3	Bit2	Bit1	Bit0
R/W	RXEDGIE	0	0	0	0	0	BERRIE	BKDIE

RXEDGIE：接收边沿检测中断使能位。

0　接收边沿检测中断请求禁止。

1　接收边沿检测中断请求使能。

BERRIE：位错误中断使能位。

0　位错误中断请求禁止。

1　位错误中断请求使能。

BKDIE：间隔检测中断使能位。

0　间隔信号检测中断请求禁止。

1　间隔信号检测中断请求使能。

3）SCI替代控制寄存器2——SCIACR2

该寄存器控制位错误检测的类型以及场间隔检测电路是否工作。该寄存器仅在SCISR2的AMAP为1时可被读写。

复位默认值：0000 0000B

读写	Bit7	Bit6	Bit5	Bit4	Bit3	Bit2	Bit1	Bit0
R W	0	0	0	0	0	BERRM1	BERRM0	BKDFE

BERRM[1:0]：位错误检测类型选择位。发送器发送一位数据的位时基又分为16个时隙。这两位共同决定接收端对总线数据的采样点时隙。

00　禁止位错误检测。

01　接收端在发送引脚发送中的第9个时隙采样校验。

10　接收端在发送引脚发送中的第13个时隙采样校验。

11　保留。

BKDFE：间隔检测使能位。

0　间隔信号检测禁止。

1　间隔信号检测使能。

4）SCI替代状态寄存器1——SCIASR1

该寄存器可显示位错误检测和场间隔检测的运行结果等。该寄存器仅在SCISR2的AMAP为1时可被读写。

复位默认值：0000 0000B

读写	Bit7	Bit6	Bit5	Bit4	Bit3	Bit2	Bit1	Bit0
R W	RXEDGIF	0	0	0	0	BERRV	BERRIF	BKDIF

RXEDGIF：接收边沿检测中断标志位。

0　接收端未检测到有效边沿。

1　接收端检测到有效边沿。

BERRV：位错误类型位。

0　发送端输出高电平而接收端检测到低电平。

1　发送端输出低电平而接收端检测到高电平。

BERRIF:位错误检测中断标志位。
0 未检测到位错误。
1 检测到位错误。
BKDIF:间隔检测中断标志。
0 未检测到间隔信号。
1 检测到间隔信号。

10.2.3 应用实例:LIN总线通信的软件实现

【例10.2】 LIN总线的通信接口一般通过调用API函数来实现。API(Application Programming Interface,应用程序接口)是LIN总线和应用程序之间的接口,它着重于LIN总线信息帧传输的实现机制。通过调用API函数,用户可以专心于设计应用程序,避免LIN总线配置的详细设计。该API函数库可在Freescale官方网站下载得到。此处就调用的几个主要API函数作出介绍并给出收发子程序(函数)示例:

```
/* LIN_Init:LIN模块初始化 ---------------------------------- *
* 功能:对系统的软件与硬件部分进行初始化处理 *
* 参数:无 *
* 返回:无 *
* 说明:(1)软件部分初始化内容包括: *
* 设置工作模式为"运行模式";清错误计数器;初始化帧缓冲区状态 *
* (2)硬件部分初始化内容包括: *
* 设置波特率;设置TX发送引脚为闲置状态;设置时钟预置寄存器 *
* ---------------------------------------------------------- */
void LIN_Init(void)
/* LIN_GetMsg:接收帧数据 ---------------------------------- *
* 功能:将接收的一帧数据置入用户数据接收缓冲区 *
* 参数:MsgId - 帧标识符 *
* Data - 用户数据接收缓冲区指针 *
* 返回:LIN_OK - 接收的数据已经成功置入用户数据接收缓冲区 *
* LIN_NO_ID - 标识符不匹配 *
* LIN_INVALID_ID - 标识符无效,不是对应类型的标识符 *
* LIN_MSG_NODATA - 没有接收到数据 *
* ---------------------------------------------------------- */
unsigned char LIN_GetMsg(unsigned char MsgId,unsigned char * Data)
/* LIN_PutMsg:准备发送数据帧 ------------------------------ *
* 功能:将要发送的帧数据置入用户数据发送缓冲区 *
* 参数:MsgId - 帧标识符 *
* Data - 用户数据发送缓冲区指针 *
* 返回:LIN_OK - 要发送的数据已经成功置入用户数据发送缓冲区 *
* LIN_NO_ID - 标识符不匹配 *
* LIN_INVALID_ID - 标识符无效,不是对应类型的标识符 *
* ---------------------------------------------------------- */
unsigned char LIN_PutMsg(unsigned char MsgId,unsigned char * Data)
/* LIN_RequestMsg:发送帧头 -------------------------------- *
* 功能:主节点向总线发送一个带有特定标识符的报文头 *
* 参数:MsgId - 帧标识符 *
* 返回:LIN_OK - 帧头发送完毕 *
* LIN_REQ_PENDING - 总线帧仍在挂起状态 *
* LIN_INVALID_ID - 总线处于"睡眠模式"状态 *
* ---------------------------------------------------------- */
```

```c
unsigned char LIN_RequestMsg(unsigned char MsgId)
/* LIN_MsgStatus:返回帧状态 ------------------------------------------------ *
 * 功能:返回一个指定帧的当前状态 *
 * 参数:MsgId - 帧标识符 *
 * 返回:LIN_OK - 帧已经被成功发送或接收 *
 * LIN_NO_ID - 标识符不匹配 *
 * LIN_MSG_NOCHANGE - 要发送或者接收到的数据状态没有改变 *
 * LIN_MSG_NODATA - 没有接收到数据或者没有要发送的数据 *
 * LIN_MSG_OVERRUN - 数据接收溢出 *
 * ------------------------------------------------------------------------ */
unsigned char LIN_MsgStatus(unsigned char MsgId)
/* LIN_DriverStatus:获取当前总线状态 -------------------------------------- *
 * 功能:获取当前总线状态 *
 * 参数:无 *
 * 返回:LIN_STATUS_RUN - 总线处于运行状态或睡眠状态 *
 * LIN_STATUS_IDLE - 总线处于空闲状态 *
 * LIN_STATUS_PENDING - 总线处于处理数据状态 *
 * ------------------------------------------------------------------------ */
unsigned char LIN_DriverStatus(void)
/* LIN_SendFrame:发送一个数据帧 ------------------------------------------- *
 * 功能:发送一个数据帧 *
 * 参数:MsgId - 帧标识符 *
 * MsgSent[] - 要发送的数据 *
 * 返回:SEND_OK - 一个数据帧发送完成 *
 * LIN_NO_ID - 标识符不匹配 *
 * LIN_INVALID_ID - 标识符无效,不是对应类型的标识符 *
 * SEND_FAIL - 发送失败 *
 * ------------------------------------------------------------------------ */
unsigned char LIN_SendFrame(unsigned char MsgId,unsigned char MsgSent[])
{
    ret = LIN_PutMsg(MsgId,MsgSent);      //将要发送的帧数据置入用户数据发送缓冲区
    if(ret!= LIN_OK)                       //校验标识符
    return ret;                            //标识符不匹配或者无效
    ret = LIN_RequestMsg(MsgId);           //启动发送一个帧头
    do                                     //等待帧处理
    {
    ret = LIN_DriverStatus();
    }
    while(ret&LIN_STATUS_PENDING);         //校验总线状态是否已经处理完成
    ret = LIN_MsgStatus(MsgId);            //校验帧状态
    if(ret == LIN_OK)
    return SEND_OK;                        //数据帧发送完成
    else
    return SEND_FAIL;                      //数据帧发送失败
}
/* LIN_ReceiveFrame:请求并接收一帧数据 ------------------------------------ *
 * 功能:发送帧头,请求从节点回应数据,接收到从节点数据后进行处理 *
 * 参数:MsgId - 帧标识符 *
 * MsgRcvd[] - 接收到的数据 *
 * 返回:RCV_OK - 成功接收帧数据 *
 * LIN_NO_ID - 标识符不匹配 *
 * LIN_INVALID_ID - 标识符无效,不是对应类型的标识符 *
 * LIN_MSG_NODATA - 接收到的数据为空 *
 * RCV_FAIL - 接收数据失败 *
```

```
 * ---------------------------------------------------------------- */
unsigned char LIN_ReceiveFrame(unsigned char MsgId,unsigned char MsgRcvd[])
{
    ret = LIN_RequestMsg(MsgId);      //启动发送一个帧头,请求数据
    do                                //等待帧处理
    {
        ret = LIN_DriverStatus();
    }
    while(ret&LIN_STATUS_PENDING);    //校验总线状态是否已经处理完成
    ret = LIN_MsgStatus(MsgId);       //校验帧状态
    if(ret == LIN_OK)                 //帧接收处理完成
    {
        ret = LIN_GetMsg(MsgId,MsgRcvd); //将接收到的数据置入用户数据缓冲区
        if(ret!= LIN_OK)              //校验标识符及接收到的数据
        return ret;                   //标识符不匹配或数据为空
        return RCV_OK;                //数据接收完成
    }
    else
        return RCV_FAIL;              //数据接收失败
}
```

10.3　I²C 总线

10.3.1　I²C 总线规范

I²C(Inter-Integrated Circuit)总线是由 PHILIPS 公司开发的一种两线式串行通信总线,用于连接微控制器及其外围器件 IC(Integrated Circuit,集成电路)。为方便起见,也可写作 I2C 或 IIC 的。I²C 总线在硬件上只需两根线(数据线 SDA 和时钟线 SCL)就能进行串行通信,可发送和接收数据,不需要额外的驱动收发器件。在 MCU 与被控 IC 之间、IC 与 IC 之间进行双向传送,最高传送速率 100kbps。每个电路和模块都有唯一的地址,在信息的传输过程中,I²C 总线上并接的每一模块电路既是主控器(或被控器),又是发送器(或接收器),这取决于芯片是否必须启动数据的传输还是仅仅需要被寻址。I²C 实际是一种多主机的通信方式,总线上任意的一个器件都可以作为一次数据传输的主设备;任意器件都可以在一定时段作为主设备,另一时段作为从设备。

在传送数据过程中,I²C 总线标准通信由 5 部分构成,分别是开始信号、呼叫地址、应答位、数据字节和结束信号,时序如图 10-8 所示。

(1) 开始信号：SCL 为高电平时,SDA 由高电平向低电平跳变,开始传送数据。

(2) 呼叫地址：从机地址紧跟在开始信号之后的第一个字节传输。前 7 位为呼叫地址。最低位为读/写标志位,为 0 表示写(主机向从机传输数据),为 1 表示读(从机向主机传输数据)。

(3) 应答位：接收数据的 IC 在接收到 8 位数据后,向发送数据的 IC 发出特定的低电平脉冲,表示已收到数据。MCU 向受控单元发出一个信号后,等待受控单元发出一个应答信号,MCU 接收到应答信号后,根据实际情况作出是否继续传递信号的判断。

(4) 数据字节：在 I²C 总线上传送的每一位数据都有一个时钟脉冲与之相对应(或同步控制),即在 SCL 串行时钟的配合下,在 SDA 上串行传送每一位数据。进行数据传送时,在

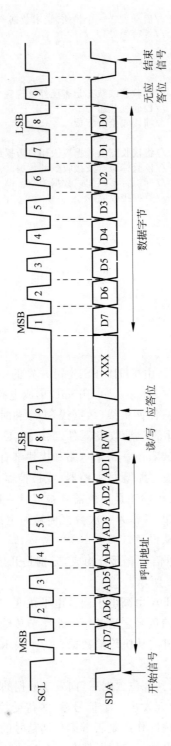

图 10-8　I²C 总线通信时序

SCL 呈现高电平期间,SDA 上的电平必须保持稳定,只有在 SCL 为低电平期间,才允许 SDA 上的电平改变状态。

(5) 结束信号:SCL 为高电平时,SDA 由低电平向高电平跳变,结束传送数据。

10.3.2 I²C 模块的使用与设置

S12(X)集成了多个 I²C 总线通信模块,每个模块内部结构如图 10-9 所示,包括模块的寄存器、时钟控制、开始/停止仲裁控制、数据输入/输出移位寄存器和地址比较。I²C 模块有以下主要特性:

(1) 与 I²C 总线标准兼容。
(2) 多主机操作模式。
(3) 包括 256 个软件可编程的串行时钟频率。
(4) 可选择应答位。
(5) 具有字节数据发送中断。
(6) 主/从机模式自动切换的仲裁丢失中断。
(7) 呼叫地址识别中断。
(8) 开始和停止信号检测。
(9) 可产生重复开始信号。
(10) 应答位检测。
(11) 总线忙检测。

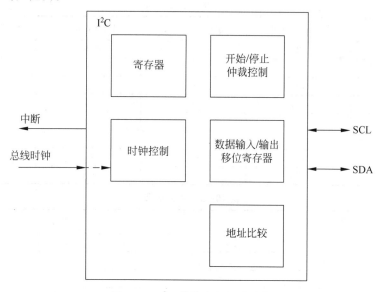

图 10-9　I²C 模块内部组成结构

I²C 模块的使用和寄存器设置如下。

1) I²C 地址寄存器——IBAD

复位默认值:0000 0000B

读写	Bit7	Bit6	Bit5	Bit4	Bit3	Bit2	Bit1	Bit0
R W	ADR7	ADR6	ADR5	ADR4	ADR3	ADR2	ADR1	0

ADR[7:1]：从机地址位。位 1～位 7 包含了 I^2C 总线模块作为从机时的地址。该模块的默认模式为从机模式。0 位为保留位，只读且为 0。

2) I^2C 分频寄存器——IBFD

复位默认值：0000 0000B

读写	Bit7	Bit6	Bit5	Bit4	Bit3	Bit2	Bit1	Bit0
R/W	IBC7	IBC6	IBC5	IBC4	IBC3	IBC2	IBC1	IBC0

IBC[7:0]：I^2C 总线时钟频率位。用于设置数据位传送的时钟频率（见表 10-8、表 10-9 和表 10-10）。

表 10-8 总线节拍

IBC2～0(bin)	SCL 节拍(clocks)	SDA 节拍(clocks)
000	5	1
001	6	1
010	7	2
011	8	2
100	9	3
101	10	3
110	12	4
111	15	4

表 10-9 分频编码

IBC5～3(bin)	scl2start(clocks)	scl2stop(clocks)	scl2tap(clocks)	tap2tap(clocks)
000	2	7	4	1
001	2	7	4	2
010	2	9	6	4
011	6	9	6	8
100	14	17	14	16
101	30	33	30	32
110	62	65	62	64
111	126	129	126	128

表 10-10 乘数因子

IBC7～6	MUL
00	01
01	02
10	04
11	保留

从 SCL 的下降沿到第一拍(Tap[1])的时钟数目是由表 10-9 的 scl2tap 的值确定的，随后的节拍是通过表 10-9 的 tap2tap 进行 2^{IBC5-3} 分频。SCL 周期由 SCL 节拍构成，而从 SCL 的下降沿到 SDA 改变的 SDA 保持时间是由 SDA 节拍确定的，如图 10-10 所示。

SCL 分频因子由下式确定：

$$SCL\ 分频 = MUL \times \{2 \times (scl2tap + [(SCL\_Tap - 1) \times tap2tap] + 2)\}$$

SDA 保持时间等于 CPU 的时钟周期乘以 SDA 保持值。SDA 保持值由下式确定：

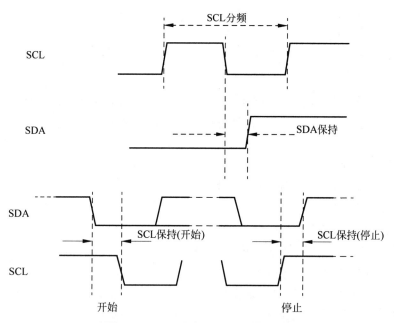

图 10-10 SCL 分频和 SDA 保持时间

$$SDA\ 保持 = MUL \times \{scl2tap + [(SDA\_Tap - 1) \times tap2tap] + 3\}$$

以下等式用于确定 SCL 保持的开始和结束时间：

$$SCL\ 保持(开始) = MUL \times [scl2start + (SCL\_Tap - 1) \times tap2tap]$$

$$SCL\ 保持(停止) = MUL \times [scl2stop + (SCL\_Tap - 1) \times tap2tap]$$

3）I^2C 控制寄存器——IBCR

复位默认值：0000 0000B

读写	Bit7	Bit6	Bit5	Bit4	Bit3	Bit2	Bit1	Bit0
R/W	IBEN	IBIE	MS/SL	Tx/Rx	TXAK	0 RSTA	0	IBSWAI

IBEN：I^2C 总线使能位。该位控制了整个 I^2C 总线模块的软件复位。

0 模块复位并禁止。当该位为低时，接口保持复位但寄存器可使用。

1 模块使能。该位必须在 IBCR 产生影响前置 1。

IBIE：I^2C 总线中断使能位。

0 I^2C 总线模块中断禁止。

1 I^2C 总线模块中断使能。若 IBIF 置 1，则中断发生。

MS/SL：主/从机模式选择位。复位时，该位清除。若该位从 0 变到 1，总线上产生开始信号，选择主机模式。若该位从 1 变到 0，总线上产生停止信号，从主机变为从机模式。若 IBIF 标志位置 1，总线上产生停止信号。当主机失去仲裁时，不用形成停止信号即可使 MS/SL 清零。

0 从机模式。

1 主机模式。

Tx/Rx：发送/接收模式选择位。该位选择主、从机的传送方向。作为从机，该位需要通过状态寄存器的 SRW 位进行设置。作为主机,该位需要通过传输要求设置。因此,在地址传输时,该位一直为高。

    0   接收。

    1   发送。

TXAK:发送应答使能位。当 I^2C 模块作为接收器时,对该位进行写操作有效。

    0   在接收到一个字节后,应答信号会在第 9 个时钟周期发送到总线。

    1   不发送应答信号。

RSTA:重复开始位。作为主机,该位置 1 导致总线产生重复开始条件。该位一直读为 0。若总线属于另一主机,则尝试触发重复开始将会导致仲裁丢失。

    0   正常工作。

    1   触发重复开始周期。

IBSWAI: I^2C 总线在等待模式下的接口停止位。

    0   I^2C 总线模块时钟正常。

    1   在等待模式下,停止 I^2C 总线模块时钟。

4) I^2C 状态寄存器——IBSR

复位默认值:1000 0000B

读写	Bit7	Bit6	Bit5	Bit4	Bit3	Bit2	Bit1	Bit0
R/W	TCF	IAAS	IBB	IBAL	0	SRW	IBIF	RXAK

TCF:数据发送位。当数据正在发送,该位清零。在第 9 个时钟的下降沿,该位置 1。注意,该位只有在数据发送过程或发送结束后的短暂时间内有效。

    0   数据发送中。

    1   发送完成。

IAAS:从机地址位。当模块的地址(作为从机)与所叫地址匹配,该位置 1。若 IBIE 置 1,则中断 CPU。CPU 需要检测 SRW 位,并正确设置 Tx/Rx。对 I-总线控制寄存器进行写操作清除该位。

    0   地址不匹配。

    1   从机地址匹配。

IBB:总线忙位。该位反映了总线的状态。当检测到开始信号时,IBB 位置 1。若检测到停止信号,则 IBB 位清零且总线进入空闲状态。

    0   总线空闲。

    1   总线忙。

IBAL:仲裁丢失位。该位必须被软件写 1 清零,写 0 无效。当仲裁丢失时,硬件将 IBAL 位置 1。在下述情形下,仲裁丢失:

- 当在发送地址或数据信息时,主机发送高电平,SDA 采样为低电平。
- 当数据接收后,主机发送高电平应答位,SDA 采样为低电平。
- 当总线忙时,发出开始信号。
- 在从机模式,发出重复开始请求。

- 发出主机未要求的停止信号。

0　正常工作。

1　仲裁丢失。

SRW：从机读/写位。当 IAAC 置 1 时,该位反映了主机呼叫地址的 R/W 命令位的值。该位只在从机模式下,且地址匹配后有效。

0　从机接收,主机发送

1　从机发送,主机接收。

IBIF：I^2C 总线中断位。该位必须软件写 1 清零,写 0 无效。当下列情况之一发生时,IBIF 位置 1。

- 仲裁丢失(IBAL 位置 1)。
- 字节发送完成(TCF 位置 1)。
- 作为从机地址(IAAS 位置 1)。

0　正常工作。

1　中断发生。

RXAK：接收应答位。若该位为低电平,则表示在传输了 8 个字节数据后接收到了应答位。

0　接收到应答位。

1　未接收到应答位。

5) I^2C 数据输入/输出寄存器——IBDR

复位默认值：0000 0000B

读写	Bit7	Bit6	Bit5	Bit4	Bit3	Bit2	Bit1	Bit0
R/W	D7	D6	D5	D4	D3	D2	D1	D0

在主机发送模式下,当数据写入 IBDR,传输开始,且高位先发送。在主机接收模式下,读该寄存器即可触发下一字节数据的接收。在从机模式下,在地址匹配后,其功能与主机相同。值得注意的是,IBCR 中的 Tx/Rx 位必须正确反映主/从机的传输方向。

10.3.3　应用实例：I^2C 总线通信的软件实现

【例 10.3】 本例给出 I^2C 总线通信软件开发应用中要用到的一些基本功能函数。程序调用时主要使用 IIC_Init()函数、IIC_Write1()函数和 IIC_ReadN()函数即可。

C 语言程序代码如下：

```
//[IIC.c]IIC总线通信------------------------------------------------*
//外部函数:                                                         *
//    (1)IICinit:IIC模块初始化                                       *
//    (2)IICread1:MCU从从机读1个字节                                 *
//    (3)IICwrite1:MCU向从机写1个字节                                *
//    (4)IICreadN:MCU从从机读N个字节                                 *
//    (5)IICwriteN:MCU向从机写N个字节                                *
//内部函数:                                                         *
//    (1) SendSignal:在IIC总线上发送起停信号                         *
//    (2) Wait:等待应答或一个字节数据的传送完成                      *
//硬件连接:                                                         *
```

```c
//      MCU 的 IIC 接口与从机的 IIC 接口相连,IIC 模块的引脚 SDA 和 SCL 分别与       *
//      从机的 IIC 模块的 SDA 和 SCL 相连                                          *
//说明:本文件与具体的芯片型号和总线频率有关                                         *
//----------------------------------------------------------------------------*

#include "IIC.h"                    //IIC 通信头文件
#define WAIT_FOR_BUSY 1000000
#define ERROR_TIME 65535

//IICinit:IIC 模块初始化 -----------------------------------------------------*
//功能:对 IIC 模块进行初始化,默认为允许 IIC,IIC 总线频率:62.5kHz,禁止 IIC         *
//     中断,从机接收模式,不发送应答信号                                           *
//参数:无                                                                        *
//返回:无                                                                        *
//----------------------------------------------------------------------------*
void IIC_Init(void)
{
    IIC0_IBFD = 0x47;      //总线频率:8MHz,IIC 总线频率:100kHz,SDA 保持时间:1.25$\mu$s
    //IIC0_IBFD = 0x2D;    //总线频率:64MHz,IIC 总线频率:100kHz,SDA 保持时间:1.52$\mu$s
    //IIC0_IBFD = 0x65;    //总线频率:64MHz,IIC 总线频率:100kHz,SDA 保持时间:0.77$\mu$s
    IIC0_IBAD = 0x00;      //D7 - D0 位是 MCU 作为从机时的地址,最低位不使用
    IIC0_IBCR = 0x88;      //不发送应答信号,接收模式,从机模式,禁止 IIC 中断,使能 IIC 模块
}

//SendSignal:在 IIC 总线上发送起停信号 --------------------------------------*
//功能:根据需要产生开始或停止信号                                                 *
//参数:Signal = 'S'(Start),产生开始信号;Signal = 'O'(Over),产生停止信号          *
//返回:无                                                                        *
//----------------------------------------------------------------------------*
void SendSignal(byte Signal)
{
    if (Signal == 'S')
        IIC0_IBCR_MS_SL = 1;        //主机模式选择位 MST 由 0 变为 1,可以产生开始信号
    else if (Signal == 'O')
        IIC0_IBCR_MS_SL = 0;        //主机模式选择位 MST 由 1 变为 0,可以产生停止信号
}

//Wait:等待应答或一个字节数据的传送完成 --------------------------------------*
//功能:在时限内,循环检测接收应答标志位,或传送完成标志位,判断 MCU 是否接收到        *
//     应答信号或一个字节是否已在总线上传送完毕                                   *
//参数:x = 'A'(Ack),等待应答;x = 'T'(Transmission),等待一个字节数据传输完成      *
//返回:0:收到应答信号或一个字节传送完毕;1:未收到应答信号或一个字节没传送完        *
//----------------------------------------------------------------------------*
byte Wait(byte x)
{
    unsigned long i;
    for (i = 0;i < ERROR_TIME;i++)
    {
        if (x == 'A')                   //等待应答信号
        {
            if (IIC0_IBSR_RXAK == 0)
                return 0;               //传送完一个字节后,收到了从机的应答信号
        }
        else if (x == 'T')              //等待传送完成一个字节信号
```

```c
        {
            if (IIC0_IBSR_IBIF == 1)
            {
                if (IIC0_IBSR_IBAL == 0)  //未出现总线错误
                {
                    IIC0_IBSR_IBIF = 1;   //清 IICIF 标志位
                    return 0;             //成功发送完一个字节
                }
                else IIC0_IBSR_IBAL = 1;
                IIC0_IBSR_IBIF = 1;       //清 IICIF 标志位
            }
        }
        if (i >= ERROR_TIME)
        {
            IIC0_IBCR_MS_SL = 0;
            IIC0_IBCR_IBEN = 0;
            return 1;                     //超时,没有收到应答信号或发送完一个字节
        }
    }

//IIC_Read1:从从机读一个字节数据------------------------------------*
//功    能:从从机读一个字节数据                                      *
//参    数:                                                          *
//   (1) DeviceAddr:设备地址                                          *
//   (2) AccessAddr:访问地址                                          *
//   (3) Data:带回收到的一个字节数据                                  *
//返    回:为 0,成功读一个字节;为 1,读一个字节失败                    *
//内部调用:SendSignal,Wait                                           *
//-------------------------------------------------------------------*
byte IIC_Read1(byte DeviceAddr, byte AccessAddr, byte * Data)
{
    unsigned long ErrTime = 0;
    IIC0_IBCR_IBEN = 1;
    IIC0_IBCR_MS_SL = 0;
    while(IIC0_IBSR_IBB == 1 && ++ErrTime < WAIT_FOR_BUSY);  //等待 IIC 总线空闲
    IIC0_IBCR |= 0x10;              //TX = 1,MCU 设置为发送模式
    SendSignal('S');                //发送开始信号
    IIC0_IBDR = DeviceAddr & 0xfe;  //发送设备地址,并通知从机接收数据
    if (Wait('T'))                  //等待一个字节数据传送完成
        return 1;                   //没有传送成功,读一个字节失败
    if (Wait('A'))                  //等待从机应答信号
        return 1;                   //没有等到应答信号,读一个字节失败
    IIC0_IBDR = AccessAddr;         //发送访问地址
    if (Wait('T'))                  //等待一个字节数据传送完成
        return 1;                   //没有传送成功,读一个字节失败
    if (Wait('A'))                  //等待从机应答信号
        return 1;                   //没有等到应答信号,读一个字节失败
    IIC0_IBCR |= 0x04;              //主机模式下,RSTA 位置 1,产生重复开始信号
    IIC0_IBDR = DeviceAddr | 0x01;  //通知从机改为发送数据
    if (Wait('T'))                  //等待一个字节数据传送完成
        return 1;                   //没有传送成功,读一个字节失败
    if (Wait('A'))                  //等待从机应答信号
        return 1;                   //没有等到应答信号,读一个字节失败
```

```c
        IIC0_IBCR &= 0xef;              //TX = 0,MCU 设置为接收模式
        *Data = IIC0_IBDR;              //读出 IBDR,准备接收数据
        if (Wait('T'))                  //等待从机应答信号
            return 1;                   //没有等到应答信号,读一个字节失败
        SendSignal('O');                //发送停止信号
        *Data = IIC0_IBDR;              //读出接收到的一个数据
        return 0;                       //正确接收到一个字节数据
    }

//IIC_Write1:向从机写一个字节数据-------------------------------------- *
//功   能:向从机写一个字节数据                                          *
//参   数:                                                              *
//  (1) DeviceAddr:设备地址                                             *
//  (2) AccessAddr:访问地址                                             *
//  (3) Data:要发给从机的一个字节数据                                   *
//返   回:为 0,成功写一个字节;为 1,写一个字节失败                       *
//内部调用 :Start, SendByte, WaitAck, Stop                              *
//---------------------------------------------------------------------- *
byte IIC_Write1(byte DeviceAddr, byte AccessAddr, byte Data)
{
    unsigned long ErrTime = 0;
    IIC0_IBCR_IBEN = 1;
    IIC0_IBCR_MS_SL = 0;
    while(IIC0_IBSR_IBB == 1 && ++ErrTime < WAIT_FOR_BUSY);    //等待 IIC 总线空闲
    IIC0_IBCR |= 0x10;              //TX = 1,MCU 设置为发送模式
    SendSignal('S');                //发送开始信号
    IIC0_IBDR = DeviceAddr & 0xfe;  //发送设备地址,并通知从机接收数据
    if (Wait('T'))                  //等待一个字节数据传送完成
        return 1;                   //没有传送成功,写一个字节失败
    if (Wait('A'))                  //等待从机应答信号
        return 1;                   //没有等到应答信号,写一个字节失败
    IIC0_IBDR = AccessAddr;         //发送访问地址
    if (Wait('T'))                  //等待一个字节数据传送完成
        return 1;                   //没有传送成功,写一个字节失败
    if (Wait('A'))                  //等待从机应答信号
        return 1;                   //没有等到应答信号,写一个字节失败
    IIC0_IBDR = Data;               //写数据
    if (Wait('T'))                  //等待一个字节数据传送完成
        return 1;                   //没有传送成功,写一个字节失败
    if (Wait('A'))                  //等待从机应答信号
        return 1;                   //没有等到应答信号,写一个字节失败
    SendSignal('O');                //发送停止信号
    return 0;
}

//IIC_ReadN:从从机读 N 个字节数据-------------------------------------- *
//功   能:从从机读 N 个字节数据                                         *
//参   数:                                                              *
//  (1) DeviceAddr:设备地址                                             *
//  (2) AccessAddr:访问地址                                             *
//  (3) Data:读出数据的缓冲区                                           *
//  (4) N:从从机读的字节个数                                            *
//返   回:为 0,成功读 N 个字节;为 1,读 N 个字节失败                     *
//内部调用:IICread1                                                     *
```

```c
//--------------------------------------------------------------- *
byte IIC_ReadN(byte DeviceAddr, byte AccessAddr, byte * Data, byte N)
{
    byte i;
    for (i = 0;i < N;i++)
    {
        if (IIC_Read1(DeviceAddr, AccessAddr + i, Data + i))
            return 1;    //其中一个字节没有接收到,返回失败标志:1
    }
    if (i >= N)
        return 0;        //成功接收 N 个数据,返回成功标志:0
}

//IIC_WriteN:向从机写 N 个字节数据------------------------------------ *
//功    能:向从机写 N 个字节数据                                      *
//参    数:                                                           *
//  (1)DeviceAddr:设备地址                                            *
//  (2)AccessAddr:访问地址                                            *
//  (3)Data:要写入的数据                                               *
//  (4)N:写入数据个数                                                  *
//返    回:为 0,成功写 N 个字节;为 1,写 N 个字节失败                   *
//内部调用:IICwrite1                                                  *
//--------------------------------------------------------------- *
byte IIC_WriteN(byte DeviceAddr, byte AccessAddr, byte Data[], byte N)
{
    byte i;
    for (i = 0;i < N;i++)
    {
        if (IIC_Write1(DeviceAddr, AccessAddr + i, Data[i]))
            return 1;            //其中一个字节没有发送出去,返回失败标志:1
    }
    if (i >= N)
        return 0;                //成功发送 N 个数据,返回成功标志:0
}
```

第11章 XGATE外设协处理器

S12X 系列单片机与先前 S12 系列单片机的主要区别就是增加了 XGATE 的功能,从型号名称上体现在"X"上。S12X 系列增加了 XGATE 协处理器,简单来讲,XGATE 就是一个可用 C 语言编程的,拥有最优化的数据传输、逻辑以及位操作指令的指令系统,使得 MCU 具备"双核"的处理能力。在 CPU 进行多总线加载数据传输时执行一个中断处理加载的情况下,XGATE 就会表现出其优势。例如,MC9S12XEP100、MC9S12XDT512 等就具有 XGATE 的功能。

11.1 S12X 的 XGATE 概述

当前许多嵌入式系统面临的一个重要挑战是如何在极短的时间内同时执行一系列重要任务。直接存储器存取技术(Direct Memory Access,DMA)提供的解决方案是:通过硬件控制使数据利用中断源来自动地读或写。这种方案在等候下一个中断到来之前通常 DMA 只执行读或写指令。在嵌入式系统中,这样的中断事件经常会包含其他处理动作。例如,在将数据移动到最终目的地之前,要进行信号确认或对数据进行修正等。因而,DMA 支持的中断只能做部分工作,CPU 会预留出一部分资源,通过中断主程序来完成这些任务。这样就使 CPU 在其他功能的表现方面减弱了。

XGATE 就是为了提高应用程序的反应速度和减少主 CPU 的中断负荷而产生的,通过中断程序的执行以达到与 CPU 同时运行的目的。多数嵌入式应用都要求中断程序来处理简单的功能,处理器经常以高速率执行任务。XGATE 的一个重要的特点就是它的设置虽然非常简单,但允许开发复杂程序。XGATE 优于一个智能的 DMA 控制器,因为它提供复杂 I/O 处理能力。当 XGATE 与 S12X CPU 核一起使用时,需要考虑一些限制,但是不会对 XGATE 所设计的功能产生影响。XGATE 为应用提供了更高级别的中断,通过分担一些任务来缩短 CPU 的工作时间和进程。

XGATE 的主要特点如下:
(1) XGATE 可以像主 CPU 一样控制外围设备。
(2) 中断反应时间短。
(3) 在进入同一个存储空间前,XGATE 要等待主 CPU 释放对这一空间的所有权。
(4) XGATE 只在运行时消耗电源。
(5) XGATE 可以完成多数通常由主 CPU 完成的功能。

基于 XGATE 协处理器,数据可在 MCU 外围设备和 RAM 之间进行传输。其内部 RISC 核能提前处理传输数据并完成通信协议。XGATE 内部结构如图 11-1 所示。

中断控制器硬件产生的中断可以选择由 XGATE 或者 S12X CPU 来处理。从图 11-2 可以看到,一个开关中断信号可以指向 XGATE 或者 S12X CPU。若指向 XGATE,它就会执行所要求的程序;当程序完成后,等候下一个请求。还能看到有的寄存器可以使 XGATE 指向一个特殊的中断,并且设置中断优先级。若有两个中断请求同时产生,则处理器会根据中断级别的高低来判断,首先执行级别最高、最重要的中断。这些中断等级在 S12X CPU 和 XGATE 中是相同的。

XGATE 和 S12X CPU 完全一样,是一个支持 C 编译器的可编程的内核。当中断源到来时,它开始运行;在完成中断的任务以后,它会停下来等候下一次事件,以此减少电源消耗。

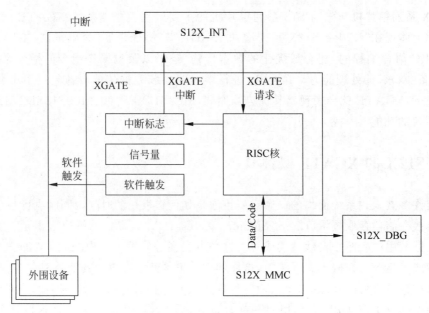

图 11-1　XGATE 内部结构

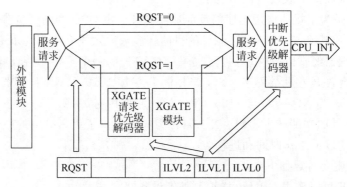

图 11-2　使用 CPU 或 XGATE 时的中断路径

XGATE 是一个协处理器。它可以直接使用,可以直接进入大部分存储空间。XGATE 的创新特点就在于它以独特的方式连接到 MCU 所自带的 RAM 上。通过交换总线,MCU 的内部总线允许交叉进入 RAM 区。当 S12X CPU 全速执行时,访问 RAM 的速度提高了一倍,XGATE 得以在剩下的半个时钟总线周期进入 RAM。所以若 S12X CPU 不进入 RAM 的周期内,则 XGATE 访问 RAM 的速度会是 CPU 最高速度的 2 倍。

1. XGATE 与 CPU 通信方式

S12X CPU 与 XGATE 之间常用的通信方式是共享资源。由于这两个内核可独立异步地访问内存及片上外设,因此就产生了数据完整性的问题。为了保证共享数据的完整性,XGATE 集成了 8 个硬件信号量(Semaphore),用户可以通过硬件信号量来同步两个内核对共享数据的访问(见图 11-3)。

信号量有 3 种状态：释放、S12X CPU 锁定和 XGATE 锁定。每个内核在访问共享资源前,应当先锁定相应的信号量;在访问结束后应当释放相应的信号量。信号量在 3 种状态之间的转换如下。

(1) 信号量锁定。

XGATE 以专用的指令 SSEM 加上一个 3 位立即数来锁定某个信号量。若锁定成功则 XGATE 的进位标志 C 置位，否则 C 被清零。S12X CPU 通过专门的信号量寄存器来锁定信号量。

(2) 信号量释放。

XGATE 以专用的指令 CSEM 加上一个 3 位立即数来释放某个信号量。S12X CPU 通过专门的信号量寄存器来释放信号量。

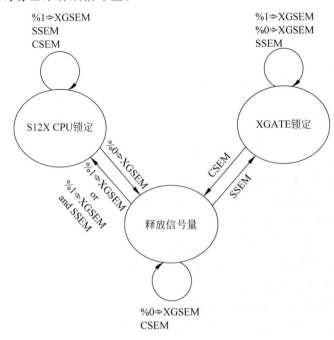

图 11-3　信号量状态转移图

2. XGATE 主要特性

(1) 数据可在 Flash、RAM 和外围设备间传输。
(2) 通过 RISC 核进行数据处理。
(3) 提供 112 个 XGATE 通道，含 104 个硬件触发通道和 8 个软件触发通道。
(4) 可供 S12X CPU 和 XGATE 使用的硬件信号量。
(5) XGATE 传输完成可触发 S12X CPU 中断。
(6) 软件错误检测。

3. 操作模式

(1) 运行模式、等待模式、停止模式。

XGATE 能在这 3 种模式下运行。当 XGATE 空闲时，停止时钟运行。

(2) 冻结模式(BDM 有效)。

在该模式下，所有 XGATE 模块的时钟都停止运行。

11.2 XGATE 的使用与配置

XGATE 的使用和寄存器设置如下。

1. XGATE 控制寄存器——XGMCTL

该寄存器用以设定 XGATE 的工作模式和相应标志。

复位默认值：00000000 00000000B

读写	Bit15	Bit14	Bit13	Bit12	Bit11	Bit10	Bit9	Bit8
R	0	0	0	0	0	0	0	0
W	XGEM	XGFRZM	XGDBGM	XGSSM	XGFACTM		XGSWEIFM	XGIEM

读写	Bit7	Bit6	Bit5	Bit4	Bit3	Bit2	Bit1	Bit0
R	XGE	XGFRZ	XGDBG	XGSS	XGFACT	0	XGSWEIF	XGIE
W								

XGEM：XGE 屏蔽位。

0 在同一总线周期，对 XGE 进行写操作无效。

1 在同一总线周期，对 XGE 进行写操作有效。

XGFRZM：XGFRZ 屏蔽位。

0 在同一总线周期，对 XGFRZ 进行写操作无效。

1 在同一总线周期，对 XGFRZ 进行写操作有效。

XGDBGM：XGDBG 屏蔽位。

0 在同一总线周期，对 XGDBG 进行写操作无效。

1 在同一总线周期，对 XGDBG 进行写操作有效。

XGSSM：XGSS 屏蔽位。

0 在同一总线周期，对 XGSS 进行写操作无效。

1 在同一总线周期，对 XGSS 进行写操作有效。

XGFACTM：XGFACT 屏蔽位。

0 在同一总线周期，对 XGFACT 进行写操作无效。

1 在同一总线周期，对 XGFACT 进行写操作有效。

XGSWEIFM：XGSWEIF 屏蔽位。

0 在同一总线周期，对 XGSWEIF 进行写操作无效。

1 在同一总线周期，对 XGSWEIF 进行写操作有效。

XGIEM：XGIE 屏蔽位。

0 在同一总线周期，对 XGIE 进行写操作无效。

1 在同一总线周期，对 XGIE 进行写操作有效。

XGE：XGATE 模块时能位。

0 XGATE 禁止。

1 XGATE 使能。

XGFRZ：在冻结模式停止 XGATE。

0 正常工作(BDM 有效)。
1 在冻结模式停止 RISC 核运行(BDM 有效)。

XGDBG:XGATE 调试模式位。通过软中断,可进入调试模式。
0 离开调试模式。
1 进入调试模式。

XGSS:XGATE 单步运行位。若 XGATE 在 DEBUG 模式下,并无软件错误发生,则可以进行单步调试。
0 无影响。
1 执行单条 RISC 指令。

XGFACT:XGATE 假有效位。该位强迫 XGATE 即使空闲仍标志为有效。当该位置 1,MCU 将不会进入系统停止模式。
0 若工作或在调试模式,XGATE 标志有效。
1 XGATE 一直标志为有效。

XGSWEIF:XGATE 软件错误中断标志位。当该位置 1,RISC 核停止工作。对该位写 1 清零,XGATE 进入空闲态。
0 未发生中断。
1 若 XGIE 置 1,中断发生。

XGIE:XGATE 中断使能位。
0 所有 XGATE 中断禁止。
1 所有 XGATE 中断使能。

2. XGATE 通道 ID 寄存器——XGCHID

XGCHID 反映了当前有效的 XGATE 通道 ID 号。若 XGATE 模块空闲,该寄存器始终读为 0。

复位默认值:0000 0000B

读写	Bit7	Bit6	Bit5	Bit4	Bit3	Bit2	Bit1	Bit0
R	0							
W				XGCHID[6:0]				

XGCHID6~XGCHID0:请求 ID 号。当前有效的通道 ID 号。只在调试模式下进行写操作。

3. XGATE 向量基地址寄存器——XGVBR

该寄存器决定了 XGATE 向量的地址。

复位默认值:00000000 00000000B

读写	Bit15~Bit1	Bit0
R W	XGVBR[15:1]	

XGVBR[15:1]:向量基地址。只在模块禁止(XGE=0)或空闲(XGCHID=0)时进行写操作。

4. XGATE通道中断标志向量寄存器——XGIF

有多个寄存器共含100多个中断标志位,对每个标志位写1进行中断标志清零。

5. XGATE软件触发寄存器——XGSWTM、XGSWT

该寄存器可设置XGATE模块的8个软件触发。

复位默认值:00000000 00000000B

读写	Bit15	Bit14	Bit13	Bit12	Bit11	Bit10	Bit9	Bit8
R	0	0	0	0	0	0	0	0
W	\multicolumn{8}{c}{XGSWTM[7:0]}							

读写	Bit7	Bit6	Bit5	Bit4	Bit3	Bit2	Bit1	Bit0
R								
W	\multicolumn{8}{c}{XGSWT[7:0]}							

XGSWTM[7:0]:软件触发屏蔽位。

0 对 XGSWT 写无效。

1 在同一总线周期,对 XGSWT 写有效。

XGSWT[7:0]:软件触发位。

0 未发生软件触发。

1 若 XGIE 置 1,发生软件触发。

6. XGATE信号量寄存器——XGSEM

XGATE提供了8个可在S12X CPU和XGATE RISC核之间共享的硬件信号量。每个信号量既可被S12X CPU锁定,也可被RISC核锁定。RISC核通过SSEM和CSEM指令对信号量进行操作。S12X CPU通过XGSEM寄存器对信号量进行操作。

复位默认值:00000000 00000000B

读写	Bit15	Bit14	Bit13	Bit12	Bit11	Bit10	Bit9	Bit8
R	0	0	0	0	0	0	0	0
W	\multicolumn{8}{c}{XGSEMM[7:0]}							

读写	Bit7	Bit6	Bit5	Bit4	Bit3	Bit2	Bit1	Bit0
R								
W	\multicolumn{8}{c}{XGSEM[7:0]}							

XGSEMM[7:0]:信号量屏蔽位。

0 对 XGSEM 写操作无效。

1 在同一总线周期,对 XGSEM 写操作有效。

XGSEM[7:0]:信号量位。该位反映了信号量是否被 S12X CPU 锁定。若信号量被 S12X CPU 锁定,对该位写 0,则释放该信号量。对该位写 1,S12X CPU 锁定该信号量。

0 信号量由 RISC 核操作或已被释放;

① 信号量被 S12X CPU 锁定。

7. XGATE 状态码寄存器——XGCCR

该寄存器记录了 XGATE 的相应状态标志。

复位默认值：0000 0000B

读写	Bit7	Bit6	Bit5	Bit4	Bit3	Bit2	Bit1	Bit0
R	0	0	0		XGN	XGZ	XGV	XGC
W								

XGN：信号标志位。

XGZ：零标志位。

XGV：溢出标志位。

XGC：进位标志位。

8. XGATA 程序计数器寄存器——XGPC。

该寄存器记录了程序计数器 XGATE 当前 PC 值。

复位默认值：0000 0000B

读写	Bit15 ~ Bit0
R	XGPC[15:0]
W	

XGPC[15:0]：程序计数器。

9. XGATE 寄存器——XGR1~XGR7

XGATE 共包含 7 个 RISC 核程序计数寄存器：XGR1~XGR7。每个寄存器的位数是 16 位。

11.3 应用实例：使用 XGATE 系统的程序实现

使用 XGATE，必须对其进行初始化。基本步骤如下：

(1) 将 XGE 位清零，阻止任何服务请求。

(2) 保证 XGATE 无任务运行。用以下方式确认：

① 轮询 XGCHID 寄存器直到所读值为 0，同时轮询 XGDBG 和 XGSWEIF，以确认 XGATE 在运行。

② 通过设置 XGDBG 位进入调试模式。将 XGCHID 寄存器清零。清除 XGDBG 位。推荐方式为第 1 种。

(3) 将 XGVBR 设置为 XGATE 向量空间的最低地址。

(4) 清除所有通道 ID 标志。

(5) 将 XGATE 向量和代码复制到 RAM。

(6) 初始化 S12X_INT 模块。

(7) 通过置 XGE 位使能 XGATE。

【例 11.1】 使用开发板 MC9S12XEP100 的 XGATE 系统产生定时中断，使 LED 灯定时闪烁。已知总线时钟配置为 32MHz。

C 语言程序代码如下：

```c
#include <hidef.h>                    /* common defines and macros */
#include <mc9s12xep100.h>             /* derivative information */
#pragma LINK_INFO DERIVATIVE "mc9s12xep100"

#include <string.h>
#include "xgate.h"

/* this variable definition is to demonstrate how to share data between XGATE and S12X */
#pragma DATA_SEG SHARED_DATA
volatile int shared_counter; /* volatile because both cores are accessing it. */
#pragma DATA_SEG DEFAULT

#define ROUTE_INTERRUPT(vec_adr, cfdata)      \
    INT_CFADDR = (vec_adr) & 0xF0;            \
    INT_CFDATA_ARR[((vec_adr) & 0x0F) >> 1] = (cfdata)


#define PIT0ISR_VEC 0x7a /* vector address = 2 * channel id */

/*********************** XGATE 初始化函数 ***********************/
static void SetupXGATE(void)
{
    XGVBR =
        (unsigned int)(void * __far)(XGATE_VectorTable - XGATE_VECTOR_OFFSET);
        //初始化 XGATE 向量模块,设置 XGVBR 寄存器为初始化地址
    ROUTE_INTERRUPT(PIT0ISR_VEC, 0x81);
        //PIT0 中断指派给 XGATE,RQST = 1 and PRIO = 1
    XGMCTL = 0xFBC1; //使能 XGATE 模块和中断, XGE = 1, XGFRZ = 1,XGIE = 1
}

/*********************** PIT 初始化函数 ***********************/
void pit_init(void)
{
    PITCFLMT_PITE = 0;              //禁止 PIT
    PITCFLMT_PITE = 1;              //使能 PIT
    PITINTE_PINTE0 = 1;
    PITMUX = 0;                     //CH0 连接到 micro timer 0
    PITMTLD0 = 31;                  //对总线时钟进行 32 分频
    PITLD0 = (60000 - 1);           //每隔 60ms 中断一次
}

void start_pit(void)
{
    PITCFLMT_PFLMT0 = 1;
    PITFLT_PFLT0 = 1;
    PITCE_PCE0 = 1;                 //使能 CH0
}

/*********************** 主函数 ***********************/
void main(void)
{
    /* put your own code here */
```

```
    SetupXGATE();
    DDRB | = 0xf0;                    //4 个 LED 灯作输出
    PORTB &= 0x0f;
    clock_init();                     //将时钟倍频到 32MHz
    pit_init();
    EnableInterrupts;

    while(1)
    {
        if(PITCE_PCE0 == 0)
        {
        start_pit();
        }
    }
}

for(;;) {} /* wait forever */
/* please make sure that you never leave this function */
}
```

注意：在 xgate.cxgate 中对中断向量表 XGATE_VectorTable 的 PIT0 中断服务程序名进行修改，并加入中断服务程序：

```
interrupt void pit0_isr(MyDataType * __restrict pData)
{
    PITTF_PTF0 = 1;
    PITCE_PCE0 = 0;
    PORTB = ~PORTB;
}
```

第12章 μC/OS-Ⅱ嵌入式操作系统应用

随着微处理器技术的不断发展和完善，现代嵌入式系统的运行速率和存储器功能得到了极大提升，但所要完成的任务也变得越来越复杂，多任务间的实时处理、通信调度等变得尤为关键。因此，使用合适的嵌入式实时操作系统来协调管理多任务系统有着重要的应用价值。

12.1 嵌入式实时操作系统概述

嵌入式系统的主要特征有：系统内核小、专用性强、系统精简、需要专门的开发工具和环境。嵌入式系统集软硬件于一体，硬件部分包括微处理器、存储器、I/O端口和外设器件等构成的物理载体，可以是单片机、DSP芯片、ARM芯片等。软件部分包括嵌入式操作系统和应用程序，操作系统具有很强的实时性，并管理多任务；应用程序主要负责专门的用户工作，两者结合运行在硬件载体上，完成具体的控制工作。

由于硬件载体的不同，程序设计人员直接对硬件的管理工作变得异常复杂，使应用程序的开发效率极低，所以通过嵌入式实时操作系统来屏蔽各硬件的具体结构变得非常重要。运行在嵌入式硬件平台上，对整个系统进行及时响应、实时控制，统一协调的系统软件称为嵌入式实时操作系统。嵌入式操作系统的主要特点有：小型化、可裁剪性、实时性、高可靠性、易移植性等。嵌入式系统的软件一般只有嵌入式操作系统和应用软件两个层次，所以嵌入式系统的结构如图12-1所示。

嵌入式操作系统的种类繁多，从经济角度可以分为商用型和免费型，商用型系统功能稳定、可靠并有完善的技术支持和售后服务，进行应用开发较为容易，但价格昂贵，代表性的有WindRiver公司的VxWorks操作系统、Microsoft公司的WinCE操作系统等；免费型系统可以节约成本，且源码公开，便于开发，代表性的有μClinux系统和μC/OS-Ⅱ系统等。

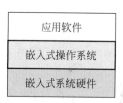

图12-1　嵌入式系统结构

μC/OS-Ⅱ是一种免费、源码公开、结构小巧、基于可抢先优先级的硬实时内核的实时操作系统，已经在世界范围内得到广泛使用。μC/OS-Ⅱ的前身是μC/OS，最早出自1992年嵌入式系统专家Jean J. Labrosse在《嵌入式系统编程》杂志5月和6月刊上刊登的文章连载，他把μC/OS的源码发布在该杂志的BBS上。1999年改写后命名为μC/OS-Ⅱ。μC/OS-Ⅱ的代码90%用C语言编写，少量相关于硬件的代码用汇编语言编写，总量约200行的汇编语言部分被压缩到最低限度，便于移植到各类体系结构的8～64位的处理器。它是一种专门为嵌入式设备设计的内核，目前已经被移植到40多种不同结构的微处理器上，包括了大部分著名的微处理器。用户只要有标准的ANSI的C交叉编译器，有汇编器、连接器等软件工具，就可以将μC/OS-Ⅱ嵌入开发的产品中。

严格地说，μC/OS-Ⅱ只是一个实时操作系统内核，它仅包含任务调度、任务管理、时间管理、内存管理以及任务间的通信和同步等基本功能，没有提供输入/输出管理、文件系统、网络服务等额外的功能。但由于μC/OS-Ⅱ良好的可扩展性和源码开放，这些非必需的功能完全可以由用户自己根据需要分别实现。

μC/OS-Ⅱ具有如下特点：

(1) 源码公开——不仅给出了免费的源代码，而且给出了代码的工作原理及连接关系，便于学习和应用。

（2）可移植性强——绝大部分μC/OS-Ⅱ的源代码是用移植性很强的 ANSI C 写的，与微处理器硬件相关的部分是用汇编语言写的，用汇编语言写的部分已经压到最低限度，使得μC/OS-Ⅱ便于移植到绝大多数 8 位、16 位、32 位以至 64 位微处理器、微控制器、DSP 等。

（3）可固化到产品中——μC/OS-Ⅱ是为嵌入式应用而设计的，这意味着，只要有编译、链接、下载、固化手段，就可以将其嵌入产品中成为产品的一部分。

（4）可裁剪——根据开发需求选择使用μC/OS-Ⅱ的不同功能，去掉不需要的功能，这样可以减少μC/OS-Ⅱ所需的存储器空间。

（5）占先式——μC/OS-Ⅱ是基于优先级抢占的，即总是运行就绪条件下优先级最高的任务。

（6）实时多任务——μC/OS-Ⅱ可以管理 64 个任务，保留 8 个系统任务，最多可以有 56 个用户任务，赋予每个任务不同优先级。

（7）确定性——绝大多数μC/OS-Ⅱ的函数调用与服务的执行时间具有确定性。

（8）任务栈——μC/OS-Ⅱ的每个任务都有自己单独的栈，允许每个任务有不同的栈空间，以便压低应用程序对 RAM 的需求。

（9）系统服务——μC/OS-Ⅱ提供很多系统服务，例如，信号量、互斥信号量、事件标志、消息邮箱、消息队列、块大小固定的内存的申请与释放、时间管理函数等。

（10）中断管理——中断可以使正在执行的任务暂时挂起，若优先级更高的任务被该中断唤醒，则高优先级的任务在中断嵌套全部退出后立即执行，中断嵌套层数可达 255 层。

（11）稳定性与可靠性——μC/OS-Ⅱ的每一种功能、每一个函数及每一行代码都经过了考验和测试，能用于与人性命攸关的、安全性条件极为苛刻的系统。

12.2　μC/OS-Ⅱ在 S12X 单片机上的移植与应用

12.2.1　移植μC/OS-Ⅱ的必要性及条件

移植就是对一个实时内核做相应改造后使其能在其他的微处理器或微控制器上运行。随着单片机技术的不断发展，频率、存储器和工艺得到了极大提升，具备了移植操作系统的硬件基础。另外，单片机要处理的任务也越来越多，越来越复杂，对实时性的要求也越来越高。从理论上说，单片机也可以实现几十个任务的直接管理，但对软件程序的质量要求特别高，在工程实践中很难实现，一些漏洞很难避免，很容易导致任务间的协调混乱，造成系统崩溃。特别是一些高性能的大型自动设备，对于多任务、安全性、可靠性、连续长时间安全运行的要求用单片机直接实现是几乎不可能完成的。为了更好地发挥单片机性能，使软件和硬件的结合更融洽，移植操作系统搭建嵌入式系统就显得尤为重要。把复杂的多任务控制流程交给操作系统管理，不仅保障了软件质量，而且可以缩短开发周期，同时可以显著地提高单片机的实时性能，更加有效地利用有限的系统资源。

要正常地移植μC/OS-Ⅱ，微控制器必须满足以下要求：

（1）微控制器的 C 编译器能产生可重入型代码。

（2）微控制器支持中断，并且能产生定时中断。

（3）用 C 语言就可以完成开/关中断控制。

(4) 微处理器能支持一定数量的数据存储硬件堆栈。

(5) 微控制器有将堆栈指针以及其他寄存器的内容读出,并存储到堆栈或内存中去的指令。

本书介绍的 S12X 系列单片机就符合以上要求,因此具备移植条件。

12.2.2 在 S12X 单片机上移植 μC/OS-Ⅱ

前面提到 μC/OS-Ⅱ 的绝大部分源代码是用移植性很强的 ANSI C 写的,与微处理器相关的极少量代码是用汇编语言写的,所以移植时只需要修改与微处理器相关的汇编语言代码。μC/OS-Ⅱ 的体系结构如图 12-2 所示。

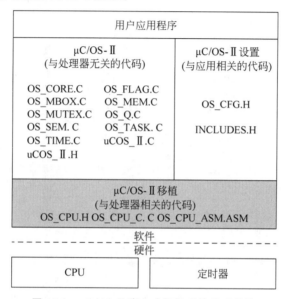

图 12-2 μC/OS-Ⅱ 嵌入式操作系统体系结构

在 S12X 单片机上移植 μC/OS-Ⅱ 需要使用 CodeWarrior 的 C 交叉汇编语言集成开发环境。要实现移植,应做好两方面的工作:一是修改与处理器相关的代码;二是修改主头文件和配置文件。与处理器相关的代码文件主要有 3 个:OS_CPU.H、OS_CPU_C.C、OS_CPU_A.ASM。OS_CPU.H 文件定义与处理器相关的数据类型、常数以及宏。OS_CPU_C.C 文件是用 C 交叉汇编语言写的与处理器相关的代码。OS_CPU_A.ASM 是用汇编语言写的与处理器相关的代码。主头文件 Includes.H 实际上与移植过程没有关系,但是每个 μC/OS-Ⅱ 的 C 文件都要使用它。配置文件 OS_CFG.H 对文件中的常量进行设置用来确定允许 μC/OS-Ⅱ 的各种功能。μC/OS-Ⅱ 是向前发展的系统,本书采用 μC/OS-Ⅱ 的 V2.52 版本(各版本都是向上兼容的),很适合学习和应用。

1. OS_CPU.H 文件移植

OS_CPU.H 文件定义与处理器相关的数据类型、常数以及宏。因为不同的微处理器有不同的字长,所以需要定义数据类型。由于 S12X CPU 的堆栈是 16 位的,所以定义任务堆栈 OS_STK 的数据类型为 INT16U,所有的任务堆栈都必须用 OS_STK 来声明数据类型。S12X CPU 的程序状态寄存器 CCR 增加了中断优先级后扩展到 16 位,所以定义 CCR

的数据类型为 INT16U。μC/OS-Ⅱ 为了保护临界段代码免受多任务或中断服务子程序的破坏，需要先关中断，再处理临界段代码，处理完毕后再重开中断。禁止和允许中断的宏是 OS_ENTER_CRITICAL() 和 OS_EXIT_CRITICAL()，实现这两个宏的方法有 3 种，移植时采用方法 2，进入临界段代码前先将中断状态存入堆栈中，然后关中断，脱离临界段代码时再从堆栈中恢复原来的中断状态。S12X CPU 的堆栈指针是从高地址向低地址递减的，需要定义堆栈方向 OS_STK_GROWTH。定义任务切换的宏 OS_TASK_SW()，在 μC/OS-Ⅱ 中从低优先级任务切换到高优先级任务时用到。定义保存堆栈指针的宏 OS_SAVE_SP()，任务切换时用到。

具体的移植程序清单如下：

```
typedef unsigned char       BOOLEAN;        //布尔型
typedef unsigned char       INT8U;          //无符号字符型
typedef signed char         INT8S;          //有符号字符型
typedef unsigned int        INT16U;         //无符号整型
typedef signed int          INT16S;         //有符号整型
typedef unsigned long       INT32U;         //无符号长整型
typedef signed long         INT32S;         //有符号长整型
typedef float               FP32;           //单精度浮点型
typedef double              FP64;           //双精度浮点型

typedef unsigned int        OS_STK;         //定义 S12X CPU 的堆栈数据宽度
typedef unsigned int        OS_CPU_SR;      //定义 S12X CPU 的 CCR 宽度(16 位)

/* 定义进入临界区代码的方法 */
#define OS_CRITICAL_METHOD 2
#if     OS_CRITICAL_METHOD == 2
#define OS_ENTER_CRITICAL() asm pshcw; sei
#define OS_EXIT_CRITICAL() asm pulcw
#endif

#define OS_STK_GROWTH 1                     //定义堆栈从上向下递减
#define OS_TASK_SW() asm swi                //定义任务切换的宏

/* 定义保存堆栈指针的宏 */
#define OS_SAVE_SP(); if(OSIntNesting == 1) {asm ldx OSTCBCur; asm sts 0,x;}
```

2. OS_CPU_C.C 文件移植

OS_CPU_C.C 文件是用 C 交叉汇编语言写的与处理器相关的代码。移植要求编写 10 个简单的 C 函数：OSTaskStkInit()、OSTaskCreateHook()、OSTaskDelHook()、OSTaskSwHook()、OSTaskIdleHook()、OSTaskStatHook()、OSTimeTickHook()、OSInitHookBegin()、OSInitHookEnd()、OSTCBInitHook()。其中，函数 OSTaskStkInit() 是必需的，其他 9 个函数可以不包含任何代码，但必须声明。

所谓堆栈，就是在存储器中按数据"后进先出(LIFO)"的原则组织的连续存储空间。为了满足中断和任务切换时保存任务私有数据和处理器寄存器中的数据的需要，每个任务都要有自己的堆栈，任务堆栈是任务的重要组成部分。OSTaskStkInit() 是任务堆栈初始化函数。由建立任务函数 OSTaskCreate() 或扩展的建立任务函数 OSTaskCreatExit() 调用，初始化任务的栈结构；所以，堆栈看起来就像中断刚发生过一样，所有寄存器都保存在堆栈中。建立任务函数的原型是：

```
INT8U OSTaskCreate (void ( * task)(void * pd), void * pdata, OS_STK * ptos, INT8U prio)
INT8U OSTaskCreateExt (void ( * task)(void * pd), void * pdata, OS_STK * ptos, INT8U prio,
INT16U id, OS_STK * pbos, INT32U stk_size, void * pext, INT16U opt)
```

建立任务函数带有 4 个参数，扩展的建立任务函数有 8 个参数。其中 * task 指向任务的指针；pdata 给任务传递参数，利用了这个参数将页面寄存器 PPAGE 参数传给建立的任务；* ptos 指向任务堆栈栈顶的指针；prio 是任务的优先级。建立任务时把上述 4 个参数传递给 OSTaskStkInit()函数，初始化好堆栈，再返回给 OSTaskCreate()堆栈指针地址，然后继续执行。

在 μC/OS-II 中，任务的执行是一个无限的循环，当任务开始执行时，任务就会收到一个参数，好像是被其他任务调用了。任务的示意性代码如下所示：

```
void Task1(void * pdata)
{
    /* 用"pdata"参数完成某些操作 */
    while(1)
    {
        /* 任务代码 */
    }
}
```

若是从其他函数中调用 Task1()，则 CodeWarrior 4.6 编译器就会先将调用 Task1()的函数的返回地址保存到堆栈中，再将 pdata 参数放在寄存器中传递。OSTaskStkInit()函数需要模仿编译器的这种动作。

编写 OSTaskStkInit()函数时，需要先理解 S12X CPU 在中断发生时 CPU 各寄存器的入栈顺序，否则，μC/OS-II 是不能正常工作的。中断发生时 S12X CPU 各寄存器入栈的顺序如图 12-3 所示。

所以，OSTaskStkInit()函数模仿调用应用程序时，先将任务起始地址存入堆栈(但在 μC/OS-II 中，任务函数是无限循环结构，不能有返回点，所以此处保存的内容实际上是无关紧要的)，当处理器识别并开始执行中断时，将各寄存器依次存入堆栈，初始化堆栈后返回新堆栈指针所指向的地址。由于 OSTaskStkInit()函数是由建立任务函数调用的，所以各寄存器的初始值并不重要。另外，μC/OS-II 要求所有任务启动时中断要么是开着的，要么是关掉的，所以需要注意 CCR 寄存器的初始值，这里选择在所有任务启动时开启中断，即将中断屏蔽位 I 置 0。

具体的移植程序清单如下：

```
void * OSTaskStkInit (void ( * task)(void * pd), void * pdata, OS_STK * ptos, INT16U opt)
{
    INT16U * stk;
    stk = (INT16U *)ptos;                          //加载堆栈指针
    * -- stk = opt;                                //用户操作选项
    * -- stk = (INT16U)(((INT32U)task)>> 8);       //PC
    * -- stk = (INT16U)(0x1111);                   //Y
    * -- stk = (INT16U)(0x2222);                   //X
    ((INT8U *)stk) -- ;                            //A 只占一个字节
    * (INT8U *)stk = (INT8U)(((INT16U)pdata)>> 8); //A
```

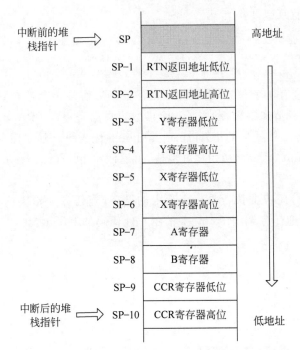

图 12-3　中断发生时 S12X CPU 各寄存器入栈的顺序

```
((INT8U *)stk)--;                          //B 只占一个字节
*(INT8U *)stk = (INT8U)(pdata);            //B
((INT16U *)stk)--;
*(INT16U *)stk = (INT16U)(0x0000);         //CCR,开中断
((INT8U *)stk)--;
*(INT8U *)stk = *(INT8U *)(0x30);          //PPAGE
return ((void *)stk);                       //返回新的堆栈栈顶指针
}
```

3. OS_CPU_A.ASM 文件移植

OS_CPU_A.ASM 文件是用汇编语言写的与处理器相关的代码。移植要求编写 4 个汇编语言函数：OSStartHighRdy()、OSCtxSw()、OSIntCtxSw()、OSTickISR()。由于 CodeWarrior 编译器支持插入行汇编代码，可以将该文件中的代码全部放到 OS_CPU_C.C 文件中，所以不必再有单独的汇编语言文件。

1) OSStartHightRdy()函数

μC/OS-Ⅱ 完成初始化工作后，OSStart()函数就启动运行多任务，OSStart()调用 OSStartHightRdy()函数来使就绪态任务中优先级最高的任务开始运行。OSStartHightRdy()函数先置位运行多任务的标志 OSRunning,将 CPU 的堆栈指针 SP 改成就绪态任务中优先级最高的任务的堆栈指针值（任务的堆栈指针存储在任务控制块的开头，即任务控制块中偏移地址为 0 的位置）。恢复新任务代码所在的存储器页面的值以换入对应的任务代码，然后执行中断返回指令 RTI 将除 PPAGE 以外的寄存器内容全部按顺序弹出，接着开始运行这个任务。注意，在调用 OSStart()函数之前，要已经建立了至少 1 个用户任务，OSTCBCur 是指向正在运行任务的控制块指针。

具体的移植程序清单如下：

```
void OSStartHighRdy(void)
{
    OSTaskSwHook();                  //调用钩子函数
    OSRunning = TRUE;                //运行多任务的标志
    asm{
        LDX OSTCBCur                 //加载 OSTCBCur 的值到 X
        LDS 0,X                      //将值赋给堆栈指针 SP
        PULA
        STAA $ 30                    //恢复页面寄存器
        NOP
        RTI                          //中断返回,将除 PPAGE 以外的寄存器全部按顺序弹出
    }
}
```

2) OSCtxSw()函数

OSCtxSw()函数是任务级的任务切换函数,任务级的切换是通过执行软中断指令来实现的。OSCtxSw()函数实际上就是软中断服务子程序,软中断服务子程序的向量地址指向OSCtxSw()。若当前任务调用 μC/OS-II 提供的功能函数,而该功能函数的执行结果可能造成系统任务重新调度(例如,唤醒了更高优先级任务进入了就绪状态,使当前的任务不再是需要运行的最重要的任务了),则 μC/OS-II 会在功能函数的末尾调用任务调度函数OSSched()。若 OSSched()判断出需要进行任务切换,则 μC/OS-II 会借助上面提到的向量地址找到 OSCtxSw(),OSSched()先将最高优先级任务的地址装到 OSTCBHighRdy 中,再通过调用 OS_TASK_SW()来执行软中断指令。注意,变量 OSTCBCur 已经包含了指向当前任务的任务控制块(OS_TCB)的指针。软中断指令会强制将 S12X CPU 的除了PPAGE 寄存器之外的所有寄存器保存到当前任务的堆栈中,并使处理器执行软中断服务子程序 OSCtxSw()。在执行 OSCtxSw()的过程中,中断是关掉的。

软中断服务子程序中需要完成的工作有:保存被挂起任务的页面寄存器的值;保存被挂起任务的堆栈指针到它的任务控制块中;将优先级最高的就绪态任务的任务控制块指针和优先级赋给当前运行任务的指针 OSTCBCur 和优先级 OSPrioCur;换入新任务的页面寄存器;运行中断返回指令 RTI,从新任务控制块中找出新任务的堆栈指针,装入 S12XCPU 的 SP 寄存器中,新任务开始运行。

具体的移植程序清单如下:

```
void interrupt 4 OSCtxSw(void)       //4 号中断为 SWI 软中断
{
    DisableInterrupts;               //关中断
    asm{
        LDAA $ 30                    //保存页面寄存器
        PSHA
        LDX OSTCBCur                 //加载 OSTCBCur 的值到 X
        STS 0,X                      //保存当前任务指针
    }
    OSTaskSwHook();                  //调用钩子函数
    OSTCBCur = OSTCBHighRdy;         //当前任务的指针指向新任务
    OSPrioCur = OSPrioHighRdy;       //获取新任务的优先级
    asm{
        LDX OSTCBCur                 //获取新任务的堆栈指针
        LDS 0,X                      //加载新任务的堆栈指针到 SP
```

```
        PULA
        STAA $ 30                   //恢复页面寄存器
        RTI                         //中断返回
        }
    EnableInterrupts;               //开中断
}
```

3) OSIntCtxSw()函数

OSIntCtxSw()函数是中断级的任务切换函数,和任务级的任务切换函数非常相似。中断可能会使更高优先级的任务进入就绪态,为了让更高优先级的任务能立即运行,需要进行任务切换。在每次中断服务结束时,中断服务子程序会调用 OSIntExit()函数,若 OSIntExit()发现中断激活了更高优先级的任务,则调用中断级的任务切换函数 OSIntCtxSw()执行任务切换功能。由于在调用 OSIntCtxSw()之前已经发生了中断,已经将 PPAGE 寄存器和各 CPU 寄存器保存在中断了的任务的堆栈中,所以不需要再次保存。

具体的移植程序清单如下:

```
void OSIntCtxSw(void)               //OSTCBCur:指向正在运行任务控制块的指针
{                                   //OSPrioCur:正在运行任务的优先级
    OSTaskSwHook();
    OSTCBCur = OSTCBHighRdy;        //更改当前任务控制块指针和优先级
    OSPrioCur = OSPrioHighRdy;
    asm{
        LDX OSTCBCur                //获取新任务的堆栈指针
        LDS 0,x                     //加载新任务的堆栈指针到 SP
        PULA
        STAA $ 30                   //恢复页面寄存器
        NOP
        RTI                         //中断返回
        }
}
```

4) OSTickISR()函数

OSTickISR()函数是时钟节拍中断服务函数。μC/OS-Ⅱ 要求微控制器提供一个周期性的时钟源,来实现时间的延迟和超时功能,时钟节拍频率为 10～100Hz,时钟节拍的频率越高,系统的负荷就越重。对于 MC9S12XS128 单片机,最好的方法是采用内置的定时器模块来产生时钟节拍中断。由于单片机配置为 16MHz 总线频率,采用 8 倍分频,自由定时器溢出中断,所以产生的中断周期约为 32ms,频率约为 30Hz。开时钟节拍中断必须在 OSStart()运行后,μC/OS-Ⅱ 启动运行的第一个任务中打开。时钟节拍中断的产生函数 TimerInit()属于用户程序,存放在主文件中,具体的实现代码如下:

```
void TimerInit(void)
{
    TSCR1 & = 0b01111111;           //系统初始化前关时钟节拍中断
    TSCR2 = 0b10000011;             //计数器自由运行,时钟节拍频率 = 30 次
}
```

时钟节拍中断发生时,会自动把 CPU 寄存器推入堆栈,然后是清中断标志。但是页面寄存器 PPAGE 并没有被推入堆栈,若 S12X CPU 的寻址范围超过了 64KB,则要把 PPAGE 也推入堆栈。时钟节拍中断服务子程序要连续调用 OSIntEnter()、OSTimerTick()和

OSIntExit()这3个函数。OSIntEnter()处理中断嵌套层数的增加,具有边界检测功能,防止嵌套层数超过255层。OSTimerTick()维持μC/OS-Ⅱ内部的定时,给要求延迟若干时钟节拍的任务延迟计数器减1,减1后若为0,则该任务进入就绪态。OSIntExit()告诉μC/OS-Ⅱ时钟节拍中断服务子程序结束了,但是时钟节拍中断服务子程序可能激活一个优先级高于当前被中断任务的优先级的任务,若这时有更高优先级的任务进入就绪态,OSIntExit()就会调用中断级的任务切换函数OSIntCtxSw()进行任务切换,让更高优先级的任务运行。若没有更高优先级的任务进入就绪态,则OSIntExit()返回,此时只需简单地依次恢复PPAGE和各CPU寄存器。

具体的移植程序清单如下:

```
void interrupt 16 OSTickISR(void)      //16号中断为定时器溢出中断
{
    DisableInterrupts;                 //关中断
    asm{
        LDAA $30                       //保存页面寄存器
        PSHA
    }
    OSIntEnter();                      //处理中断嵌套层数的增加
    OS_SAVE_SP();                      //保存堆栈指针的宏定义
    OSTimeTick();                      //维持μC/OS-Ⅱ内部的定时
    TFLG2 = 0x80;                      //清定时器溢出标志位
    OSIntExit();                       //切换任务
    asm{
        PULA
        STAA $30                       //恢复页面寄存器
        NOP
        RTI
    }
    EnableInterrupts;                  //开中断
}
```

4. 修改主头文件 Includes.h 和配置文件 OS_CFG.h

主头文件 Includes.H 实际上与移植过程没有关系,但是因为每一个μC/OS-Ⅱ的C文件都要使用它。本例的主头文件如下:

```
#include    <stdio.h>
#include    <string.h>
#include    <ctype.h>
#include    <stdlib.h>
#include    "os_cpu.h"           //与CPU相关的头文件
#include    "os_cfg.h"           //uCOS-Ⅱ配置文件
#include    "ucos_ii.h"          //与CPU无关的头文件
#include    <mc9s12xs128.h>      //系统的头文件
```

前4个头文件是声明C函数库,string.h文件初始化任务堆栈时用到,其他3个文件用于应用程序的编写。用户也可以添加自己的头文件,但一定要放在最后面。

配置文件 OS_CFG.H 用来配置内核的属性,对文件中的常量进行设置以确定允许μC/OS-Ⅱ的各种功能。例如,设置定义任务的最低优先级、最多任务数目、是否允许统计任务等。文件部分如下:

```
#define OS_MAX_TASKS               11       //应用中最多任务数目,必须大于或等于2
#define OS_LOWEST_PRIO             12       //定义任务的最低优先级,不得大于63
#define OS_TASK_IDLE_STK_SIZE      512      //空闲任务堆栈容量
#define OS_TASK_STAT_EN            0        //禁止统计任务
#define OS_TASK_STAT_STK_SIZE      512      //统计任务堆栈的容量
```

12.2.3 测试移植代码

移植完后,最重要的就是验证移植的 μC/OS-Ⅱ 是否正常工作。首先不加任何应用程序来测试移植好的 μC/OS-Ⅱ,即测试内核自身的运行情况排除外在干扰,若基本任务和节拍中断能运行起来,那么接下来添加用户程序就显得非常简单了。本移植的测试过程有以下几个步骤。

1. 确保 CodeWarrior 编译器、开发及链接器工作正常

μC/OS-Ⅱ 移植完后,需要编译连接下载到开发板。需要一个简单主函数,检验是否可以编译出正确的代码,此时需要用户解决各种编译提示错误,可能会遇到一些警告,这时需要用户判断这些警告是否是严重问题。简单主函数的代码如下:

```
void main(void)
{
    OSInit();              //操作系统初始化
    OSStart();             //操作系统启动
}
```

2. 测试 OSTaskStkInit() 函数和 OSStartHightRdy() 函数

首先,修改配置文件 OS_CFG.H,设置 OS_TASK_STAT_EN 为 0,禁止统计任务,这样 μC/OS-Ⅱ 唯一的任务就是空闲任务 OS_TaskIdle()。在调试器中单步运行 main() 函数中的 OSStart() 函数,遇到 OSStartHightRdy() 函数时继续单步运行,OSStartHightRdy() 会开始运行第一个任务,即 OS_TaskIdle()。此时 OSStartHightRdy() 会将 OSTaskStkInit() 存入堆栈的各寄存器依次弹出,执行中断返回后,OS_TaskIdle() 的第一条指令开始执行。若这一步没发生,那么很可能是因为没有将正确的任务起始地址存入任务堆栈,这时需要修改 OSTaskStkInit() 函数。继续单步运行,若在 OS_TaskIdle() 函数中无限循环运行,则验证了 OSTaskStkInit() 和 OSStartHightRdy() 是正确的。

3. 测试 OSCtxSw() 函数

新建一个高优先级任务 StartTask()(优先级必须小于定义的最低优先级),定义堆栈大小为 40 字节,具体代码如下:

```
OS_STK StartTaskStk[40];
void main(void)
{
    OSInit();
    OSTaskCreate(StartTask,(void * )0,&StartTaskStk[39],4);     //定义任务
    OSStart();
}
    void StartTask(void * pdata)
    {
        pdata = pdata;
```

```
    while(1)
    {
    OSTimeDly(1);                                    //释放1个时间片
    }
}
```

在StartTask()函数开头设置断点,全速运行到此处后,单步运行。单步运行进入OSTimeDly()函数,然后调用OS_Sched(),进而通过软中断调用OSCtxSw(),然后将OS_TaskIdle()任务的堆栈数据调入CPU,中断返回时,应该在OS_TaskIdle()任务中。因为没有打开时钟节拍,所以OSTimeDly(1)不会返回到StartTask()。若未进入OS_TaskIdle(),则很可能是因为OSCtxSw()函数有误。

4. 测试OSIntCtxSw()函数和OSTickISR()函数

打开时钟节拍中断(时钟节拍中断的产生函数TimerInit()前面已经给出),通过S12X单片机的B口控制LED,根据LED的闪烁判断这两个函数是否正常工作。具体代码如下:

```
OS_STK StartTaskStk[40];
void main(void)
{
    OSInit();
    TimerInit();                                     //时钟节拍中断函数初始化
    OSTaskCreate(StartTask,(void *)0,&StartTaskStk[39],4);  //定义任务
    OSStart();
}
void StartTask(void * pdata)
{
    pdata = pdata;
    DDRB = 0xFF;                                     //B口初始化方向为输出
    PORTB = 0xFF;                                    //B口初始化输出0,即点亮LED
    TSCR1 = 0x80;                                    //开计数器中断
    while(1)
    {
        PORTB_BIT0 = ~PORTB_BIT0;                    //使LED闪烁
        OSTimeDly(5);                                //释放5个时间片
    }
}
```

当进入StartTask()时,点亮LED,打开时钟节拍中断,频率为30Hz,节拍频率应与OS_CFG.H文件中的OS_TICKS_PER_SEC设置一致。调用OSTimeDly()函数,通过OSCtxSw()将任务切换到OS_TaskIdle(),OS_TaskIdle()任务一直运行,直到接收到时钟节拍中断,时钟节拍中断调用OSTickISR(),进而调用OSTimerTick()使StartTask()任务进入就绪态。时钟节拍中断服务函数OSTickISR()返回时不再回到空闲任务,而是切换到StartTask()任务中,使LED闪烁。若以上能正确实现,则证明两个函数是正常的。

至此,整个移植及测试过程结束,可以添加应用程序了。

12.2.4 应用实例:S12X使用μC/OS-Ⅱ的多任务实现

单片机将按键字符发送至PC,同时控制LED亮灭。用PS2口键盘作为输入设备,单片机收到按键字符后存入消息邮箱和全局变量,再调用显示函数将字符显示在LCD上,同时控制LED。

根据与硬件相关任务划分的原则,把获取按键字符、LCD 显示和控制 LED 闪烁分成 3 个独立任务。利用 PS2 口中断处理函数来接收按键扫描码并解码。在 PS2 口中断处理函数接收并解码到按键字符后存入消息邮箱中,LCD 显示任务将从消息邮箱中取得数据显示到 LCD 上。LED 闪烁任务则读取该数据,控制 8 个 LED。由于 LCD 显示任务和控制 LED 闪烁任务是并发程序模式,有资源竞争问题,需要 1 个互斥信号量对共享资源独占式处理。

硬件采用 16MHz 晶振,配置总线频率为 16MHz,B 口连接 8 个发光二极管 LED1~LED8,由于按键字符的 ASCII 码是 8 位二进制码,每一位控制一个 LED。A 口连接 LCD 显示器。PS2 口的数据线和时钟线分别连接 H 口的 H0 和 H1,利用 H 口引脚具有直接配置为中断输入引脚的功能。具体程序代码如下:

```
…
//函数声明
void setbusclock(void);
void TimerInit(void);
void IOint(void);
void LCDInit();
void delayms(INT16U ms);
void StartTask(void * pdata);
void KeyBoardTask(void * pdata);
void LCDTask (void * pdata);
void LEDTask (void * pdata);

//任务堆栈定义
#define TASK_STK_SIZE 0x40
OS_STK StartTaskStk[TASK_STK_SIZE];
OS_STK KeyBoardTaskStk[TASK_STK_SIZE];
OS_STK LCDTaskStk[TASK_STK_SIZE];
OS_STK LEDTaskStk[TASK_STK_SIZE];

//任务通信和控制
OS_EVENT * Str_Semp;                    //指向信号量的指针
OS_EVENT * Str_Box;                     //指向消息邮箱的指针
OS_EVENT * Str_Semp;                    //指向互斥信号量的指针
INT8U * Str_Contents;                   //指向消息邮箱中信息
INT8U KeyBoardData;                     //存放按键字符的全局变量
INT8U scan_data;                        //键盘扫描码暂存变量
INT8U recode_data;                      //解码数据暂存变量
INT8U data_cnt;                         //计数 11 位数据位

//主函数
void main(void)
{
    delayms(2000);                      //延时 2s
    OSInit();                           //操作系统初始化
    Str_Box = OSMboxCreate((void *)0);  //创建消息邮箱
    Str_Semp = OSMutexCreate(0,(void *)0); //创建互斥信号量
    setbusclock();                      //配置总线频率
    TimerInit();                        //定时器初始化
    IOint();                            //IO 初始化
    LCDInit();                          //LCD 初始化,具体程序略
    EnableInterrupts;                   //中断使能
```

```c
    OSTaskCreate(StartTask,(void * )0,&StartTaskStk[TASK_STK_SIZE - 1],0);    //开始任务
    OSStart();
}

//初始化任务
void StartTask(void * pdata)
{
    pdata = pdata;
    TSCR1 = 0x80;                           //使能定时器中断
    KeyBoardTask
    OSTaskCreate(KeyBoardTask,(void * )0,& KeyBoardTaskStk[TASK_STK_SIZE - 1],4);
                                            //任务 KeyBoardTask
    OSTaskCreate(LCDTask,(void * )0,& LCDTaskStk[TASK_STK_SIZE - 1],5);  //任务 TaskLCD
    OSTaskCreate(LEDTask,(void * )0,& LEDTaskStk[TASK_STK_SIZE - 1],6);  //任务 TaskLED
    while(1)
    OSTimeDly(10);                          //释放 20 个时间片
}

//获取按键字符任务
void KeyBoardTask(void * pdata)
{
    INT8U err;                              //错误信息
    INT8U * Str_Contents;                   //指向消息邮箱中信息
    while(1)
    {
        if(recode_data!= 0xff)              //有外中断,低电平,有键按下
        {
            Str_Contents = recode_data;
            OSMboxPost(Str_Box, Str_Contents);
            recode_data = 0xff;
            OSTimeDly(2);                   //释放 2 个时间片
        }
    }
}

//LCD 显示任务
void LCDTask (void * pdata)
{
    INT8U err;                              //错误信息定义码
    while(1)
    {
        //请求消息邮箱,若邮箱为空,则一直等待
        Str_Contents = OSMboxPend( Str_Box, WAIT_FOREVER ,&err);
        if(err == OS_NO_ERR)
        {
            OSMutexPend(Str_Semp,5,&err);   //请求互斥信号量
            KeyBoardData = * Str_Contents;  //按键字符存入公用变量
            LCD_CLR (20,7);                 //LCD 清空,以备显示.具体程序略
            LCD_Display (20,7, KeyBoardData); //LCD 显示,具体程序略
            OSMutexPost(Str_Semp);          //发送互斥信号量
        }
        OSTimeDly(2);                       //释放 2 个时间片
    }
}
```

```c
//LED闪烁任务
void LEDTask (void * pdata)
{
    INT8U err;                                  //错误信息定义码
    while(1)
    {
        OSMutexPend(Str_Semp,5,&err);           //请求互斥信号量
        DDRB = KeyBoardData;                    //LED闪烁
        OSMutexPost(Str_Semp);                  //发送互斥信号量
        OSTimeDly(5);                           //释放5个时间片
    }
}

//总线频率配置,外部晶振=16MHz,总线频率=16MHz
void setbusclock(void)
{
    CLKSEL = 0x00;                              //系统时钟来源于外部晶振
    PLLCTL_PLLON = 1;                           //开启锁相环
    SYNR = 1;                                   //时钟合成
    REFDV = 1;       //总线频率=2*osc*(1+SYNR)/(1+REFDV)/2=16MHz
    asm nop;
    asm nop;
    while(!(CRGFLG_LOCK == 1));                 //等待时钟稳定,同步
    CLKSEL_PLLSEL = 1;                          //选定锁相环时钟
}

//时钟节拍中断函数
void TimerInit(void)
{
    TSCR1 &= 0b01111111;                        //系统初始化前关时钟节拍中断
    TSCR2 = 0b10000011;                         //计数器自由运行,时钟节拍频率=30次
}

//延时函数
void delayms(int ms)
{
    int ii,jj;
    if (ms<1) ms = 1;
    for(ii=0;ii<ms;ii++)
    for(jj=0;jj<1335;jj++);                     //16MHz,1ms
}

//端口初始化子程序
void Port_Init(void)
{
    DDRA = 0xFF;                                //A口定义为输出,控制LCD
    PORTA = 0x00;
    DDRB = 0xFF;                                //B口定义为输出,控制LED
    PORTB = 0x00;                               //8个LED低电平亮
    DDRH = 0x00;                                //H口定义为输入,响应中断,接收数据
    PTIH = 0x00;
    PERH = 0xFF;                                //H口使用上拉使能
    PPSH = 0x00;                                //下降沿触发中断
    PIFH_PIFH1 = 1;                             //清除中断标志位
```

```c
    PIEH = 0x02;                            //H口外部中断禁止
}

//H口中断,获取键盘输入字符
#pragma CODE_SEG __NEAR_SEG NON_BANKED
void interrupt 25 PORTH_ISR(void)           //H口中断
{
    PIFH_PIFH1 = 1;                         //清除中断标志位
    PIEH_PIEH1 = 0;                         //禁止中断
    if( data_cnt < 11 && data_cnt > 2)
    {
            scan_data = (scan_data >> 1);
        if(PTIH_PTIH0 == 1)
            scan_data | = 0x80;
    }
    if( -- data_cnt == 0)                   //按键接收完毕
    {
        Decode(scan_data);      //调用解码函数,解码后的数据存入 recode_data
        data_cnt = 11;
    }
    PIEH_PIEH1 = 1;                         //允许中断
}
```

第13章 基于MATLAB/Simulink建模仿真与代码自动生成的快速开发

Simulink 是集成于 MATLAB 科学计算软件中的一套功能强大的工具链，是用于动态系统、嵌入式系统、航空航天及汽车控制系统等多领域仿真和设计验证的工具，为通信、控制、信号处理、视频和图像处理系统等提供了交互式图形化处理环境，支持基于模型进行设计、仿真、测试及目标代码生成。

本章介绍如何使用 Simulink 功能，通过建模和仿真的方法对控制逻辑进行建模和仿真验证，最后输出相应的 C 代码的流程。使用 Simulink 进行建模的优点是能将算法和功能模块化，使逻辑的验证、调整和模块之间的衔接更加直观。在实际电控单元的开发中，只需要对硬件的底层完成配置，并且定义模型的输入和输出关系，即让输入/输出变量与底层的硬件端口相对应。这样，在完成 Simulink 建模并仿真判定符合既定功能后，只需要将自动生成的 C 代码复制并加入产品工程中，联合编译即可快速实现目标功能。

13.1 Simulink 建模与仿真

基于模型的系统工程(Model Based Systems Engineering, MBSE)运用模型支持整个系统生命周期。从需求和系统架构到详细的组件设计、实现和测试，Simulink 可以参与到设计开发的各个环节。使得工程开发更加快捷，测试验证更加充分。同时，基于 Simulink 的开发流程可以实现更强的可升级性、软件可重用性以及兼容性。

本流程所使用的 MATLAB 版本为 R2014a，系统开发流程如图 13-1 所示。

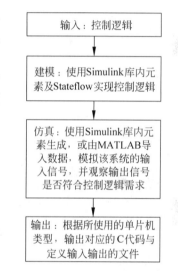

13.1.1 启动并新建模型

启动 MATLAB 后，单击"主页"选项卡中的"Simulink 库"图标，即可启动 Simulink 功能组件，如图 13-2 所示。

弹出 Simulink Library 窗口后，执行 File → New → Model 命令，即可新建空白模型，如图 13-3 和图 13-4 所示。

图 13-1 Simulink 建模与仿真流程

图 13-2 启动 Simulink

13.1.2 模型搭建与 Stateflow

在搭建模型时，可以直接使用 Simulink 库中已有的功能组件，使用时只需将所需组件拖入模型界面内。双击组件图标可以查看组件说明及修改相关参数。表 13-1 给出了一些常用的组件及它们的用法。

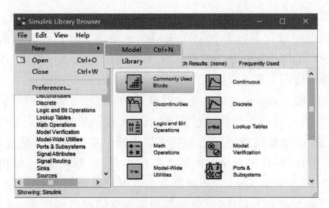

图 13-3 新建模型

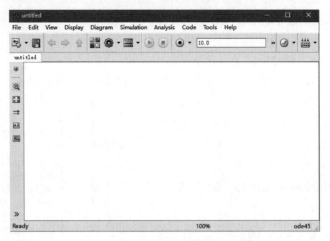

图 13-4 空白模型

表 13-1 Simulink 常用组件及用法

图 标	名 称	功 能 描 述
Constant	常数	向系统输入一个常数
Delay	延时	将输入信号进行延时并输出,延时的时间长度可自行设定,最短为一个单位时间
Gain	信号放大	将输入数据放大自定义的倍数
Product	乘	将两个输入相乘
Sum	加	将两个输入相加或相减
Logical Operator	逻辑运算符号	支持 7 种逻辑运算
Switch	选择器	从上至下:第一进口在满足条件时运行,第二进口为条件,第三进口为默认运行
1-D Lookup Table	查值表	可以由 MATLAB 工作区导入数据表进行查值,在两个数据点之间会自动进行线性估值

续表

图 标	名 称	功 能 描 述
0.5+0.5z⁻¹/1 Discrete FIR Filter	滤波器	若要实现均值滤波,则将 Coefficients 设置为[1 1 1]/3 或相应数据 [X 个 1]/X,X 为均值滤波的平均采样数量
Subsystem	子系统	可定义多个输入和输出端口的子系统

连接两个组件的方法是使用鼠标左键按住模块输出口的黑色箭头,拖动至另一个模块输入口的黑色箭头处,这样就完成了两个组件的信号连接,如图 13-5 所示。

若需要添加支线,则在已经存在的连接线上右击,就可以创造节点与一条分支线,将分支线箭头拖动到另一个模块的输入口黑色箭头处即可完成连接,如图 13-6 所示。

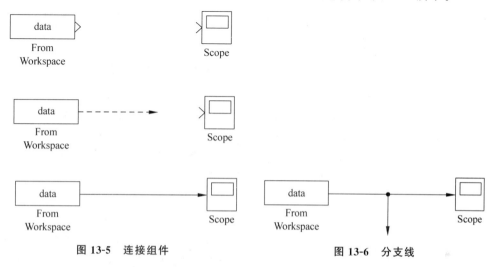

图 13-5　连接组件　　　　　　图 13-6　分支线

Stateflow 是一个基于有限状态机和流程图构建组合和时序逻辑决策模型并进行仿真的环境。其编程语言与 C 语言类似,在需要使用大量基准模块进行建模时,使用 Stateflow 会更加简单。Stateflow 组件在 Simulink 库中的最下方,使用时将 Chart 组件拖入建模界面中即可,如图 13-7 所示。

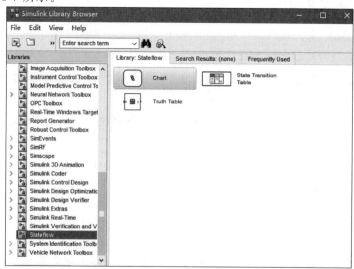

图 13-7　Stateflow 组件

图 13-8　模型中的 Chart 图标

双击该 Chart 图标(如图 13-8 所示),则能进入 Stateflow 的编辑页面。

单击 State 状态图标 ▢,在页面中拖动即可生成一个"状态" ▢,其中问号处应填写状态名称(在一个 Chart 中该名称不能重复)。接下来,可以添加 en、du 和 ex 三类动作,如表 13-2 所示。

表 13-2　Stateflow 状态动作定义

动　作	完整英文名	动　作　含　义
en	Entry	进入该状态时执行一次的动作
du	During	在该状态中一直执行的动作
ex	Exit	离开该状态时执行一次的动作

举例说明:状态名为 Start,每次进入该状态时,将 C 赋值为 0,并开始自加直至离开该状态。离开该状态时,无操作,如图 13-9 所示。

单击 Junction 节点图标 ○ 后,可以放置在页面中生成一个节点,可用于在不同的判断中进行转换。

⌒ 为转换语句/连接线,在节点或状态之间进行切换时,可单击选中一个节点/状态并按住鼠标左键拖动至下一个节点状态,即可生成一条连接线。选中连接线时出现的带蓝色问号的方框中可填写经过此路径的条件与执行的动作。条件应写在中括号"[ ]"中,而执行的动作则写在大括号"{ }"中。节点/状态之间可以同时添加多条连接线,这时判断的顺序则由起点处的数字表示。

图 13-9　范例状态

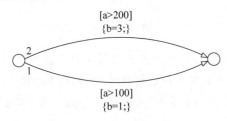

图 13-10　连接线范例

举例说明:如图 13-10 所示,当判断 a 值超过 200 时,依然会显示 b 值为 1。因为判断顺序是由起点位置数值决定,显然起点位置 1 为优先选择的路径。

Default transition 默认转换图标 ↘ 用于指向进入此 Chart 时默认开始执行的节点或状态。

配置变量是在运行模型前,需要对 Stateflow 中的所有变量进行定义。执行 View→Model Explorer →Model Explorer(Ctrl+H)命令(如图 13-11 所示),即可打开模型总览界面。

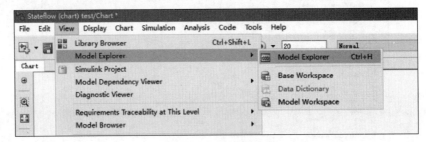

图 13-11　打开模型总览

在模型总览配置页面 Model Explorer(如图 13-12 所示)中,首先单击上方的 Add Data 图标(在标号①位置),添加新的变量。在标号②位置,在页面中间位置可分别修改变量的名称（Name）、范围（Scope）、端口（Port）、初始值（Initial Value）等。其中，范围共分为 5 种：Input（输入）、Output（输出）、Parameter（参数）、Constant（常数）、Internal（内部变量）。参数可以通过 MATLAB 工作区导入，其值不可变更。在编写和运行时，可以根据需求，在 Action Language 处切换 MATLAB 语言或 C 语言（在标号③位置）。

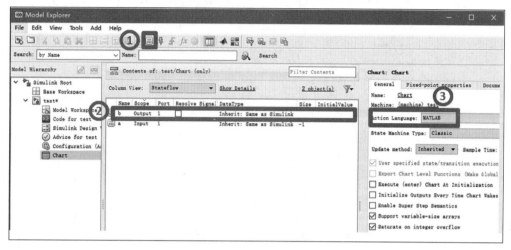

图 13-12　添加变量

13.1.3　Simulink 仿真验证

在开始仿真前，首先需要模拟输入数据。输入数据可以通过使用 Simulink 库 Sources 中的相应元素生成，也可以从外部文件导入，如图 13-13 所示。从外部文件导入时使用 Sources 中的 From File 或 From Workspace 组件，将外部文件名称填入输入名称即可。注意，输入文件格式需为两列表格。其中，第一列为时间，第二列为数据，如表 13-3 所示。

此处简述一种由 txt 导入仿真输入数据的流程，在 Excel 中填写如表 13-3 所示的两列数据后，将纯数字内容复制并粘贴进一个新建的.txt 文档中，如图 13-14 所示。

表 13-3　Excel 源数据

time	data
1	0
2	2
3	6
4	12
5	20

将.txt 文档取名并保存后，存入 MATLAB 目录下，如图 13-15 所示。

在 MATLAB 命令窗口输入"变量名=load('文件名.txt');"代码后，即可在工作区内看到读入的输入变量参数，如图 13-16 所示。

随后，从 Sources 中将 From Workspace 组件拖进模型中，双击并修改数据名称为工作区内变量的名称，即可在仿真时使用事先写好的数据，如图 13-17 所示。

配置好输入后，单击 ⊙ 图标，打开 Configuration Parameters 窗口。单击左侧 Solver 选项，即可在右侧面板配置仿真开始时间（Start time）和仿真结束时间（Stop time，若无具体结

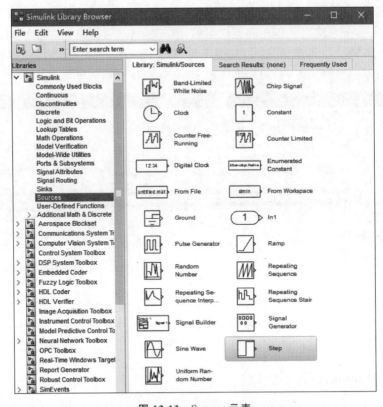

图 13-13　Sources 元素

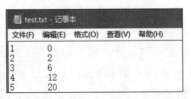

图 13-14　复制到 .txt 文档中的数据

图 13-15　MATLAB 目录

图 13-16　MATLAB 输入变量

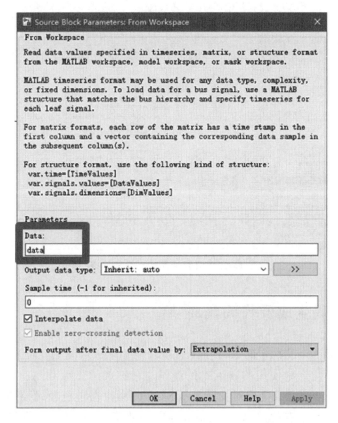

图 13-17 数据导入模型

束时间则可以填写 inf),选择 Solver options 下的 Type 为 Fixed-step size(固定步长),后面的 Solver 可以自行选择,如图 13-18 所示。结束配置后,单击右下角的 Apply 按钮,之后则可在模型界面中开始和终止模拟(利用 ⊙ ▶ ⊙ 按钮)。

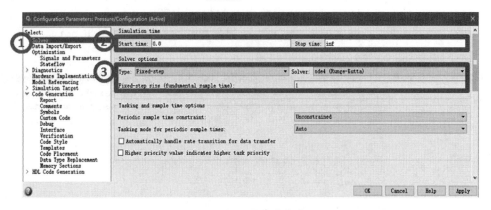

图 13-18 配置仿真参数

仿真的结果输出可以在 Simulink 库的 Sinks 中选择。其中 Display 为直接显示数字,Scope 为显示随时间变化的线性函数,To File 及 To Workspace 分别为存入文件和存入 MATLAB 工作区,如图 13-19 所示。

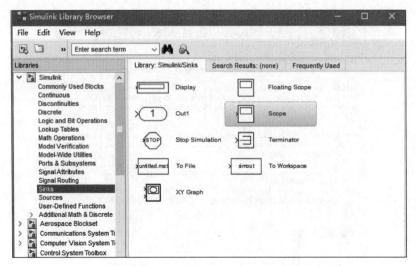

图 13-19　仿真结果输出方式选择

13.2　自动代码生成及代码集成

MATLAB/Simulink 所携带的 Embedded Coder 可以生成可读、紧凑且快速的 C 和 C++代码，以便用于大规模生产中使用的嵌入式处理器。它扩展了 MATLAB Coder 和 Simulink Coder 的功能，支持通过高级优化对生成的函数、文件和数据进行精确控制。这些优化可提高代码效率，有助于与已有代码、数据类型和标定参数集成，并且可以将代码集成到第三方开发工具中，以便为嵌入式系统或快速原型板上的全套部署构建可执行文件。

13.2.1　自动代码生成

单击 ⚙ 图标，打开 Configuration Parameters：Pressure/Configuration（Active）窗口。首先对输出代码的目标硬件进行配置：单击左侧目录中的 Hardware Implementation 选项，在 Device vendor 下拉列表框中选择相应的硬件类型（如 Freescale），并在 Device type 中选择对应的型号（如 S12X），如图 13-20 所示。

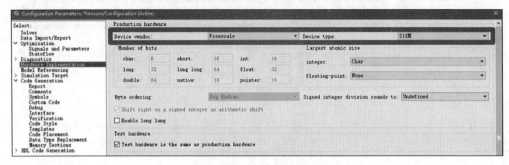

图 13-20　配置目标硬件

单击左侧目录中的 Code Generation 选项，并单击面板右上角的 Browse 按钮，在弹出窗口中选择目标文件格式为 ert.tlc（Embedded Coder），单击 OK 按钮，如图 13-21 所示。

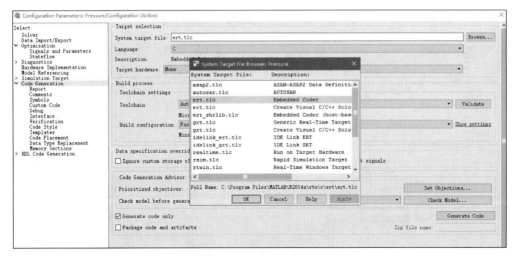

图 13-21 设置目标文件格式

在左侧 Code Generation 扩展目录中选择 Code Placement 选项,并在右侧面板的 File packaging format 下拉列表框中选择 Compact 选项,如图 13-22 所示。

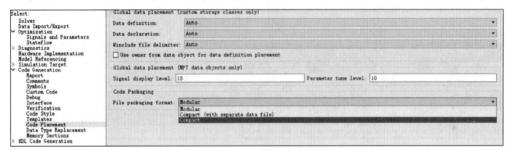

图 13-22 设置打包格式

再次单击左侧目录中的 Code Generation 选项,选中下方的 Generate code only 复选框,单击右下角的 Apply 按钮,并单击 Generate Code 按钮完成代码生成,如图 13-23 所示。

生成的代码存放在 MATLAB 目录下,如图 13-24 所示。文件夹名称为 Pressure_ert_rtw,由模型名称加后缀组成。

文件夹中的 Matlab_Logic.c、Matlab_Logic.h 及 rtwtypes.h 三个文件即为所生成的模块代码,如图 13-25 所示。

13.2.2 工程代码集成

汽车电子常用的控制器 S12X 使用 CodeWarrior IDE 来构建软件工程,其所有的核心源代码存放在 source 文件夹下。若要完成模型代码的集成,需要将 13.2.1 节中生成的 3 个代码文件复制到 CodeWarrior 工程文件夹的 Source 文件夹下。一般会在该文件夹下新建立一个 MATLAB 文件夹以存放模型生成的相关文件。再对控制策略模块的输入/输出接口进行配置,即可实现将 MATLAB/Simulink 环境下搭建的控制策略代码加入系统工程代码中,进而实现代码集成。

首先在 Matlab_Logic.h 文件中可以看到两个结构体定义:ExtU_Matlab_Logic_T 结

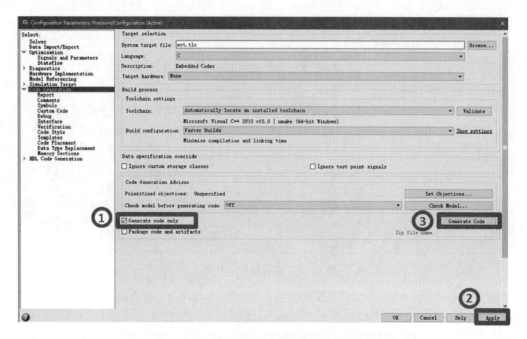

图 13-23 生成代码

图 13-24 代码保存目录

Matlab_Logic.c	2019/2/19 星期...	C Source File	7 KB
Matlab_Logic.h	2019/2/19 星期...	C/C++ Header F...	6 KB
rtwtypes.h	2019/2/19 星期...	C/C++ Header F...	6 KB

图 13-25 生成代码文件

构所包含的参数成员为输入变量，ExtY_Matlab_Logic_T 结构所包含的参数成员为输出变量。

```
/* External inputs (root inport signals with default storage) */
typedef struct {
    uint8_T Ign_Status;         /* '<Root>/Ign_Status' */
    uint16_T Batt_V;            /* '<Root>/Batt_V' */
    int16_T BOX_T1;             /* '<Root>/BOX_T1' */
    int16_T BOX_T2;             /* '<Root>/BOX_T2' */
    int16_T TANK_T;             /* '<Root>/TANK_T' */
    uint8_T TANK_L;             /* '<Root>/TANK_L' */
    uint8_T DPS;                /* '<Root>/DPS' */
} ExtU_Matlab_Logic_T;
/* External outputs (root outports fed by signals with default storage) */
typedef struct {
    boolean_T DelayCtr1;        /* '<Root>/DelayCtr1' */
```

```
    boolean_T DelayCtr2;              /* '<Root>/DelayCtr2' */
    boolean_T DelayCtr3;              /* '<Root>/DelayCtr3' */
    boolean_T DelayCtr4;              /* '<Root>/DelayCtr4' */
} ExtY_Matlab_Logic_T;
```

然后对输入和输出接口进行设置。在配置模块的输入与输出时，即可使用.c文件中声明的变量名称。分别定义两个全局结构体：输入参数结构体和输出参数结构体。这两个结构体将作为模型和控制器底层软件的参数传递桥梁。

```
/* External inputs (root inport siganls with auto storage) */
extern ExtU_Matlab_Logic_T Matlab_Logic_U
/* External outputs (root outports fed by siganls with auto storage) */
extern ExtY_Matlab_Logic_T Matlab_Logic_Y
```

这样，只需要将实际采集的输入量赋值给输入参数结构体 Matlab_Logic_U，即可实现将控制器采集到的输入参数导入模型中进行运算。

```
/* Input Signals */
Matlab_Logic_U.Ign_Status    = T15CD_stDebVal;
Matlab_Logic_U.Batt_V        = BattCD_u;
Matlab_Logic_U.BOX_T1        = PT200_Temp1;
Matlab_Logic_U.BOX_T1        = PT200_Temp2;
Matlab_Logic_U.TANK_T        = TANK_T;
Matlab_Logic_U.TANK_L        = TANK_L;
Matlab_Logic_U.DPS           = DPS_Sensata;
```

例如，变量 T15CD_stDebval 即为电控单元对输入端口采集并计算得到的一个重要的输入参数。具体来说，S12X 微控制器 ADC 模块的通道 7 对车辆的点火钥匙信号进行采集，设定采集电压高于 8V 时，判定钥匙信号为 ON 状态，即给 T15CD_stDebval 赋值为 1。

```
/* (1) 初始化 S12X MCU 的 ATD 模块,所有通道循环转换 */
void ATD_Init(void)
{
    ATDCTL0 = 0x0F;   /* 多通道转换,从 AN0~AN15 循环转换 */
    ATDCTL1 = 0x2F;   /* ETRIGSEL = 0,ETRIGCH[3:0] = 4'b1111:外部触发源:AN7 */
                      /* SRES[1:0] = 2'b01: 10 */
                      /* SMP_DIS = 1: 采用之前先放电 */
    ATDCTL2 = 0x40;   /* AFFC = 1: 将 ATD 每一个转换完成标志位编程快速清除序列 */
                      /* ICLKSTP: 微控制器进入停止模式,转换序列被终止 */
    ATDCTL3 = 0x82;   /* DJM = 1: 数据右对齐 */
                      /* 每个序列转换长度: 16 */
                      /* FIFO = 0: 转换序列的转换结果映射到转换结果寄存器中 */
                      /* FRZ[1:0] = 2'b10: 模块冻结响应:完成当前转换之后冻结 */
    ATDCTL4 = 0xDF;   /* Fatdclk = Fbus/2 * (PRS + 1): ATD 时钟频率 500KHz~2MHz */
                      /* PRS[4:0] = 5'b11000(24), ATD 时钟频率为 500kHz. */
                      /* SMP[2:0] = 3'b110: 采样时间的 ATD 时钟周期数: 20 */
                      /* 每 20 个 ATD 时钟周期,进行一次采样(采样时间: 25KHz) */
    ATDCTL5 = 0x30;   /* SC = 0: 禁止特殊通道转换 */
                      /* SCAN = 1: 连续执行转换序列 */
                      /* MULT = 1: 对多通道采样 */
                      /* AN0 为转换序列的第一通道 */
}
```

```c
/* (2) 将各通道循环转换结果中,需要采集的通道送入 ATDConvRslt[16]中的特定成员 */
uint8_t ATD_ConvRslt(void)
{
    if (ATDSTAT0_SCF)
    {
        ATDConvRslt[0] = ATDDR0;    //RS_AN5 -- TANK_T
        ATDConvRslt[1] = ATDDR1;    //RS_AN4 -- TANK_L
        ATDConvRslt[2] = ATDDR2;    //V_AN4 -- DPS_Sensata
        ATDConvRslt[5] = ATDDR5;    //RS_AN1 -- T2
        ATDConvRslt[6] = ATDDR6;    //RS_AN0 -- T1
        ATDConvRslt[7] = ATDDR7;    //T15CD_uRaw
        ATDConvRslt[8] = ATDDR8;    //BattCD_uRaw
        return 1u;
    }
    else
    {
        return 0u;
    }
}
/* (3) 将获取到的采样值进行分压计算,参考电压为 5V,10 位采样精度 */
void ADC_Calc (void)
{
    ATD_Flag = ATD_ConvRslt();
    if(ATD_Flag == 1u)
    {
        RS_AN0_uRaw = (uint16_t)((ATDConvRslt[6]*5000u)/1023u);  /* PT200_Temp1 采集电压 */
        RS_AN1_uRaw = (uint16_t)((ATDConvRslt[5]*5000u)/1023u);  /* PT200_Temp2 采集电压 */
        RS_AN4_uRaw = (uint16_t)((ATDConvRslt[1]*5000u)/1023u);  /* TANK_L 信号采集电压 */
        RS_AN5_uRaw = (uint16_t)((ATDConvRslt[0]*5000u)/1023u);  /* TANK_T 信号采集电压 */
        V_AN4_uRaw  = (uint16_t)((ATDConvRslt[2]*5000u)/1023u);  /* DPS 信号采集电压 */
        T15CD_uRaw  = (uint16_t)((ATDConvRslt[7]*5000u)/1023u);  /* 点火开关输入信号采
                                                                    集电压 */
        BattCD_uRaw = (uint16_t)((ATDConvRslt[8]*5000u)/1023u);  /* 电池电压输入信号采
                                                                    集电压 */
    }
    /* (4) 采集电压值大于 8V,则认为点火开关为 ON */
    if(T15CD_uRaw >= 8000u)
    {
        T15CD_stVal = 1u;
    }
    else
    {
        T15CD_stVal = 0u;
    }
    T15CD_stDebval = T15CD_stVal;
```

同理,电池电压 BattCD_u、温度传感器 PT200_Temp1、PT200_Temp2 等都是由 S12X 微控制器 ADC 模块的相应通道采集后,经计算得到的输入参数,将这些参数再赋值给模块的输入参数结构体 Matlab_Logic_U,即可完成将参数传递给模型的目的。

另外,模型所实现的控制策略代码通过输入的参数进行计算,所得到的输出值会通过参数输出结构体 Matlab_Logic_Y 传递出来。此时,将输出结构体成员值赋值到控制器端口变量,即可实现对控制器端口的驱动。

```
/* Output Signals */
LOS1_out0 = Matlab_Logic_Y.DelayCtr1;
LOS1_out1 = Matlab_Logic_Y.DelayCtr2;
LOS1_out2 = Matlab_Logic_Y.DelayCtr3;
LOS1_out3 = Matlab_Logic_Y.DelayCtr4;
```

又如,LOS1_out0 是电控单元的低边驱动输出通道 0 控制参数,而在 S12X 微控制器内定义 PTP_PTP0 端口为输出类型,并通过硬件连接控制低边开关 TLE6228 芯片的通道 0 驱动输出。将控制策略模型输出的 Matlab_Logic_Y.DelayCtr1 参数赋值给 LOS1_out0。通过端口配置中的端口映射,即将该参数值赋值给了 S12X 微控制器端口 PTP_PTP0,进而控制 TLE6228 驱动输出。

```
/*(1)S12X MCU Port P 口 PTP0～PTP3 初始化为输出方向,默认输出低电平 */
DDRP       = 0x0F;
PTP_PTP0   = 0x00;
PTP_PTP1   = 0x00;
PTP_PTP2   = 0x00;
PTP_PTP3   = 0x00;
/*(2)低边开关控制输出*/
#define LOS1_out0      LOS1_IN1_PP0
#define LOS1_out1      LOS1_IN2_PP0
#define LOS1_out2      LOS1_IN3_PP0
#define LOS1_out3      LOS1_IN4_PP0
/*(3)低边开关控制端口映射*/
#define LOS1_IN1_PP0   PTP_PTP0        /* control LOS1_out0 */
#define LOS1_IN2_PP0   PTP_PTP1        /* control LOS1_out1 */
#define LOS1_IN3_PP0   PTP_PTP2        /* control LOS1_out2 */
#define LOS1_IN4_PP0   PTP_PTP3        /* control LOS1_out3 */
```

总体来讲,实际控制流程为控制器的信号采集模块将采集到的数据通过模型的输入参数结构体(Matlab_Logic_U)传递给控制策略模块,控制策略模块会将计算所得的结果通过输出参数结构体(Matlab_Logic_Y)传递出来,并将输出值赋值到 S12X 微控制器的具体端口,进而实现具体的控制工作,也就实现了让控制策略模型参与到整个系统软件的工作中。

13.3 应用实例:汽车后处理系统 SCR 中的 DCU 控制

13.3.1 控制器 DCU 简介

SCR(Selective Catalytic Reduction,选择性还原系统)应用于柴油机氮氧化物(NO_x)控制,将尿素水溶液喷射到尾气管中,使 NO_x 在催化剂作用下与 NH_3 发生还原反应,将有害的 NO_x 还原成无害的 N_2 和 H_2O,从而达到排放控制的要求。而该系统核心尿素喷射控制单元(Dosing Control Unit,DCU)是整个系统的控制中心。DCU 控制单元采集催化器温度和 NO_x 排放量,并且估算转化目标 NO_x 排放量的尿素需求量。DCU 控制尿素泵喷射

32.5%浓度尿素水溶液,尿素泵从尿素箱泵吸尿素水溶液并根据喷射指令定量喷射尿素水溶液到催化消声器中,尿素水溶液在催化消声器中雾化并充分水解,在催化剂的催化作用下与排气中的 NO_x 进行还原反应。

控制策略基于 MATLAB/Simulink 软件工具进行模型设计及仿真,最终生成 S12X 微控制器平台的嵌入式代码,这种解决方案可以达到加速设计流程、节省人力/物力成本和提高软件质量的目的。该环境支持从数据分析与控制算法开发、到控制对象仿真与控制器建模、再到自动代码生成和实时测试与验证等关键的工程设计任务。通过这种开发方式可以将花费在编程与代码调试方面的时间显著减少,降低应用成本并提高产品质量。

13.3.2 DCU控制模型搭建

根据应用目标,需要设计符合排放控制要求的尿素喷射控制策略,从而将尿素喷射过程调节到最佳水平,以达到的最好的 NO_x 排放控制效果。

具体以 S12X MCU 为控制核心,通过对排气中氮氧 NO_x 浓度的测量和估算,并将其作为处理目标,精确控制尿素泵喷射尿素水溶液,使 NO_x 在催化剂作用下还原成无害的 N_2 和 H_2O,达到排放控制的要求。系统核心控制逻辑为计算出当前反应需要的尿素喷射需求量。系统控制框架如图 13-26 所示。

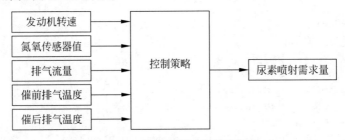

图 13-26 尿素喷射控制策略框架

根据控制策略框架进行详细设计,进而得到 DCU 具体的外部控制输出关系,即根据发动机转速、NO_x 浓度及排气流量和温度等输入参数进行计算,最终通过 CAN 总线发出对尿素泵的控制指令。控制指令包含尿素泵的状态切换控制和尿素喷射量控制。DCU 控制输出关系如图 13-27 所示。

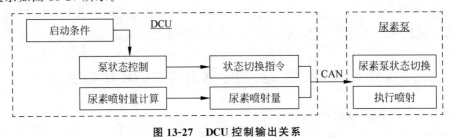

图 13-27 DCU 控制输出关系

当点火开关状态＞0,供电电压≥8V,尿素箱温度≥5℃,液位≥5%,发动机转速≥350r/min 时,SCR 系统满足启动条件,将输出启动控制指令给下一个流程。启动部分控制策略模型如图 13-28 所示,其输入/输出部分参数如表 13-4 所示。

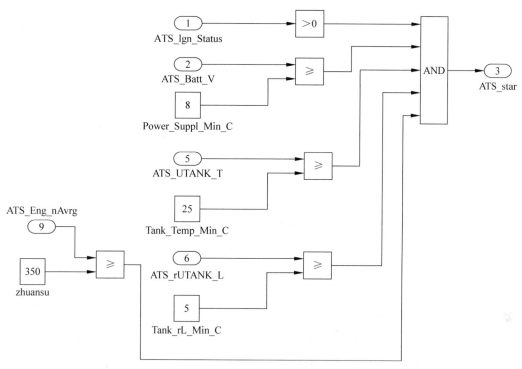

图 13-28 启动部分控制策略模型

表 13-4 启动输入/输出部分参数说明

信　号	名　称	属　性
ATS_Ign_Status	尿素泵点火开关状态	输入
ATS_Batt_V	尿素泵电压	输入
Power_Suppl_Min_C	电源电压供应最小值	常量(8V)
ATS_UTANK_T	尿素箱温度	输入
Tank_Temp_Min_C	尿素箱温度最小值	常量(25℃)
ATS_rUTANK_L	尿素箱液位(％)	输入
Tank_rL_Min_C	尿素箱液位最小值(％)	常量(5％)
ATS_Eng_nAvrg	发动机平均转速	输入
Zhuansu	启动条件转速设定最小值	常量(350rpm)
ATS_star	尿素启动条件	输出

根据启动参数列表的输入/输出内容,可以通过 MATLAB 构建模拟的输入参数来仿真验证该模型是否达到预设的功能。

SCR 系统控制尿素泵状态转换部分为根据启动部分计算,判定系统进入其他条件后,通过 CAN 通信接口发送状态控制命令,使尿素泵工作状态在初始化、空闲、填空建压排空、喷射、泄压状态下切换。尿素泵状态切换部分控制策略模型如图 13-29 所示,其输入/输出参数如表 13-5 所示。

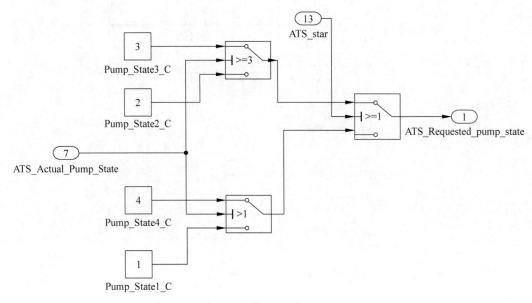

图 13-29　尿素泵状态控制策略模型

表 13-5　尿素泵状态控制部分参数说明

信　号	名　称	属　性
ATS_star	尿素泵启动条件	输入
ATS_Actual_Pump_State	尿素泵实际状态	输入
ATS_Requested_pump_state	尿素泵需求状态	输出

　　根据启动参数列表的输入/输出内容，可以通过 MATLAB 构建模拟的输入参数来仿真验证该模型是否达到预设的功能。

　　SCR 系统尿素喷射量计算和控制部分为通过 NO_x 传感器采集到的 NO_x 排放量及尾气排气质量流量等一系列参数进行 NO_x 质量流量估算，进而计算出尿素喷射需求量。再通过 CAN 通信接口将尿素需求量发给尿素泵，尿素泵执行喷射，最终达到控制 NO_x 的目的。

　　本部分控制策略较为复杂，本章不做详述，只列出喷射量计算部分的输入和输出参数说明，如表 13-6 所示。

表 13-6　喷射量计算部分参数说明

信　号	名　称	属　性
ATS_NOx_rUpStrm	NO_x 值	输入
ATS_Eng_nAvrg	发动机转速	输入
ATS_BOX_T1	催前排温	输入
ATS_BOX_T2	催后排温	输入
EGSys_mExhGsFlow1_C	排气流量1	定值可修改
EGSys_mExhGsFlow2_C	排气流量2	定值可修改
ReqDosingRate_fac_C	尿素转换率	定值可修改
ATS_Requested_Dosing_Rate	尿素泵喷射率	输出

　　使用 Simulink 自动代码生成功能，将完成并仿真验证后的策略模型进行自动代码生

成,进而获得目标代码输出如图 13-30 所示。

rtwtypes.h	2019/10/31 16:18	H 文件	5 KB
SCR_Logic.c	2019/10/31 16:18	C 文件	8 KB
SCR_Logic.h	2019/10/31 16:18	H 文件	8 KB

图 13-30　控制模型生成代码文件

将图 13-30 所示的 3 个目标代码文件复制到 DCU 软件工程文件夹的 source→MATLAB 文件夹中,再对控制策略模块的输入输出接口进行配置。

13.3.3　DCU 代码集成

首先在 SCR_Logic.h 文件中可以看到两个结构体定义：ExtU_SCR_Logic_T 结构所包含的参数成员为输入变量,ExtY_SCR_Logic_T 结构所包含的参数成员为输出变量。

```
/* External inputs (root inport signals with default storage) */
typedef struct {
    uint8_T ATS_Ign_Status;             /* '<Root>/ATS_Ign_Status' */
    uint16_T ATS_Batt_V;                /* '<Root>/ATS_Batt_V' */
    int16_T ATS_BOX_T1;                 /* '<Root>/ATS_BOX_T1' */
    int16_T ATS_BOX_T2;                 /* '<Root>/ATS_BOX_T2' */
    int16_T ATS_UTANK_T;                /* '<Root>/ATS_UTANK_T' */
    uint8_T ATS_rUTANK_L;               /* '<Root>/ATS_rUTANK_L' */
    uint8_T ATS_Actual_Pump_State;      /* '<Root>/ATS_Actual_Pump_State' */
    uint32_T ATS_NOx_rUpStrm;           /* '<Root>/ATS_NOx_rUpStrm' */
    uint16_T ATS_Eng_nAvrg;             /* '<Root>/ATS_Eng_nAvrg' */
    uint32_T EGSys_mExhGsFlow2_C;       /* '<Root>/EGSys_mExhGsFlow2_C' */
    uint32_T EGSys_mExhGsFlow1_C;       /* '<Root>/EGSys_mExhGsFlow1_C' */
    uint32_T ReqDosingRate_fac_C;       /* '<Root>/ReqDosingRate_fac_C' */
} ExtU_SCR_Logic_T;
```

然后对输入和输出接口进行设置。在 SCR_Logic.c 文件中声明的变量名称,分别定义两个全局结构体：输入参数结构体和输出参数结构体。

```
/* External inputs (root inport signals with default storage) */
ExtU_SCR_Logic_T SCR_Logic_U;
/* External outputs (root outports fed by signals with default storage) */
ExtY_SCR_Logic_T SCR_Logic_Y;
```

这样,只需要将实际采集的输入量赋值给输入参数结构体 SCR_Logic_U 结构体,即可实现将控制器采集到的输入参数导入模型中进行运算。

```
/* Input Signals */
SCR_Logic_U.ATS_Ign_Status        = T15CD_stDebVal;            /*点火钥匙信号*/
SCR_Logic_U.ATS_Batt_V            = BattCD_u;                  /*电池电压*/
SCR_Logic_U.ATS_BOX_T1            = PT200_Temp1;               /*催前排温*/
SCR_Logic_U.ATS_BOX_T2            = PT200_Temp2;               /*催后排温*/
SCR_Logic_U.ATS_UTANK_T           = UTANK_T;                   /*尿素箱温度*/
SCR_Logic_U.ATS_rUTANK_L          = UTANK_rL;                  /*尿素箱液位*/
SCR_Logic_U.ATS_NOx_rUpStrm       = NOx_rUpStrm;               /*前NOx浓度*/
SCR_Logic_U.ATS_Eng_nAvrg         = Eng_nAvrg;                 /*发动机转速*/
SCR_Logic_U.ATS_Actual_Pump_State = Actual_Pump_State;         /*泵当前状态*/
SCR_Logic_U.EGSys_mExhGsFlow2_C   = EGSys_mExhGsFlow2_C_RAM;   /*阶段二的排气流量标定值*/
SCR_Logic_U.EGSys_mExhGsFlow1_C   = EGSys_mExhGsFlow1_C_RAM;   /*阶段一的排气流量标定值*/
```

```
SCR_Logic_U.ReqDosingRate_fac_C  = ReqDosingRate_fac_C_RAM;/*设定喷射因数*/
```

另一方面,模型所实现的控制策略代码通过输入的参数进行计算,所得到的输出值会通过参数输出结构体 SCR_Logic_Y 传递出来。此时,将输出结构体成员值赋值到控制器端口变量,即可实现对控制器端口的驱动。

```
/* Output Signals */
Requested_Dosing_Rate = SCR_Logic_Y.ATS_Requested_Dosing_Rate; /*输出尿素喷射量*/
Requested_pump_state = SCR_Logic_Y.ATS_Requested_pump_state;   /*输出尿素泵控制状态*/
```

至此,完整的 SCR 系统 DCU 的软件工程就构建完成。将集成完成的软件工程进行整体编译、链接,最后就可以生成目标代码并下载到电控单元的 S12X 微控制器内部,进而实现既定的功能。

第14章

S12XDEV开发平台的设计与使用

本章介绍基于恩智浦汽车级 MCU 芯片 MC9S12XEP100 的应用开发平台的 DIY(Do It Yourself)设计原理与使用案例,该平台(也称为开发板,简称 S12XDEV)由编者团队开发设计并进行了完备测试,配备底层驱动和综合应用例程软件。开发平台是为了帮助院校师生、应用工程师或电子爱好者提供一个参考学习、评估验证的实验系统,提供基于 S12X 微控制器芯片的基础部件、扩展外设、通信接口等应用设计思路。同时,也可支持基于本平台进行汽车电子应用开发,如进行车身控制(BCM)、网关(Gateway)、低成本汽油发动机控制器和排气后处理控制器等应用开发。

14.1 开发平台总体功能与外设资源描述

S12X 系列 16 位微控制器针对一系列成本敏感型汽车电子应用进行了优化。S12X 产品满足了用户对设计灵活性和平台兼容性的需求,并在一系列汽车电子平台上实现了可升级性、硬件和软件可重用性以及兼容性。

S12X 微控制器典型应用场景包括:

(1) 座椅、方向盘、车窗和仪表。
(2) 车门和照明模块。
(3) 汽油发动机。
(4) 暖气和空调。
(5) 智能车身和网关。
(6) 后处理系统。
(7) 防抱死制动系统(ABS)。
(8) 电动助力转向系统(EPS)。

本开发平台设计考虑到可重用性和功能可扩展性,为使用者留出了丰富的通信和控制接口和大量的可扩展接口。同时,开发平台兼容 S12XS 和 S12XE 系列处理器。

平台硬件的核心微控制器选用 MC9S12XEP100MAL 型号。开发平台功能外设在电气上连接包括 GPIO、模拟输入、通信模块及其他信号/控制线等。为了使用户能全面掌握 MCU 各种外设访问控制,该部分集成了非常丰富的外设接口资源,帮助用户进行模拟真实的产品设计和开发。

本开发平台(S12XDEV 开发板)具备各种典型应用外设模块,总体功能如图 14-1 所示;包含 BDM 仿真调试器在内的开发平台实物如图 14-2 所示。

1. 主要功能外设

(1) 电源管理。
① 提供 12V 稳定供电,为 LIN 总线等高电源电压供应。
② 提供 DC-DC 电源转换(12V 转 5V),为最小系统和功能外设提供稳定工作电源。
③ 提供电源状态指示灯。

(2) 并行输入接口。
① 4 位键盘中断输入控制和 $\overline{\text{IRQ}}$ 中断输入控制,实现模拟中断输入等。
② 输入比较 IOC 输入控制,实现键盘模拟脉冲输入计算。
③ 4×4 行列/矩阵键盘控制,通过编码实现 16 位按键扫描功能。

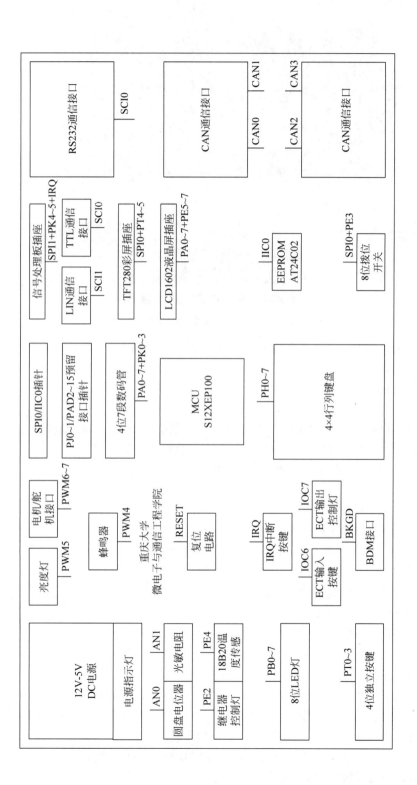

图 14-1 S12XDEV 开发平台功能框图

图 14-2　S12XDEV 开发平台实物图

④ GPIO 模拟 1-Ware-Bus 单总线访问,实现对温度传感器 DS18B20 访问。

⑤ 其他扩展输入。

(3) 并行输出接口。

① 8 位 LED 状态显示。

② 受控于继电器控制的 LED 状态显示,模拟电气、汽车部件执行器控制输出。

③ 液晶显示控制,提供 LCD1602 显示控制,实现数据与字符显示人机接口。

④ 4 个 7 段 LED 数码管显示控制,实现数据显示人机接口。

⑤ 其他扩展输出。

(4) PWM(脉冲宽度调制)控制。

① PWM 控制蜂鸣器,实现蜂鸣器发声长短控制。

② PWM 控制 LED,实现 LED 放光亮度调节控制,模拟 D/A 通道。

③ PWM 电机控制,实现电机转速和转向控制。

④ PWM 舵机控制,可实现对舵机转向角度控制。

(5) A/D 转换。

① 圆盘电位器提供模拟信号输入,提供模拟数据转换控制。

② 光敏电阻作为模拟输入源,提供对环境光线亮度信息采集。

(6) 通用串行通信。

① I^2C 总线通信,通过 I^2C 总线方式访问控制 EEPROM 存储器。

② SPI 总线通信,通过主从模式 4 线 SPI 总线访问 SPI 设备,实现 74LS165 并转串数据访问模块、SPI-TFT 彩屏控制,并预留 SPI 心电信号模块接口。

③ SCI 通信,通过 MAX3232 进行电平转换,由 DB9 引出通用串口。

(7) CAN(控制器局域网)总线通信。

① 提供符合 CAN2.0A/B 或 ISO11898 标准,通过 CAN 高速收发器 TJA1050 实现

CAN 总线通信。

② 提供遵循工业控制 CiA 标准定义的 DB9 接口定义引出。

③ 提供遵循 CANopen 协议高效接入工业控制 CAN 总线。

(8) LIN(本地互联网络)总线通信。

① 提供通过 LIN 总线收发器 TJA1021 实现单线串行通信。

② 支持 LIN2.0 标准物理层总线通信协议。

③ 提供两组 LIN 总线标准接头,增加总线冗余。

(9) 预留接口。

① 预留 SPI 和 I^2C 接口,供外部设备扩展。

② 预留 GPIO 和模拟输入接口。

2. 其他接口资源

开发平台提供丰富的标准外设接口,包括 BDM 接口、电源接口、DB9 串口、CAN 接口、LIN 接口、电机和舵机接口等。以下为接口的硬件接线说明。

(1) BDM 调试接口:

J0	BDM	1 2 3 4 5 6	1 接 BKGD 2 接 GND 4 接 $\overline{RESET}$ 3、5 悬空 NC 6 接 VCC(5V)

(2) CAN 通信接口:

J10、J11、J12、J13	CAN_CON	1 2	1 接 CANH 2 接 CANL

(3) CAN_DB9 通信接口:

P2、P3	CAN_DB9	1 6 2 7 3 8 4 9 5	2 接 CANL 7 接 CANH 3、6 接 GND 其余悬空 NC(9 可接 5V)

(4) SCI_DB9 通信接口:

P1	SCI_DB9	1 6 2 7 3 8 4 9 5	2 接 TXD 3 接 RXD 5 接 GND 其余悬空 NC

(5) LIN 接口:

J15	SCI1_LIN	1 2 3	1 接 Vsup(12V) 2 接 LIN 3 接 GND

(6) 舵机接口：

J3	SERVO	1	1 接舵机 I/O
		2	2 接 5V
		3	3 接 GND

(7) 电机接口：

| J2 | MOTOR | 1 | 1 接 MOTOR |
| | | 2 | 2 接 GND |

(8) 预留接口：详见 S12XDEV 开发板完全电路原理图。

14.2 S12XDEV 开发板硬件设计

14.2.1 S12XDEV 开发板完全电路图总览

平台最终设计实现的 S12XDEV 开发板的完全电路原理图总览如图 14-3 所示。其中包含 MCU 最小系统电路、输入/输出电路、通信电路、电源管理电路和扩展接插口电路。

14.2.2 S12X 最小系统硬件电路设计说明

本部分描述 MC9S12XEP100 微控制器最小系统设计，其兼容 S12XE 和 S12XS 系列微控制器，具备典型的供电、时钟、复位等基本功能。最小系统功能框图如图 14-4 所示，包含以下部件。

(1) 核心控制器：MC9S12XEP100MAL，LQFP_112 封装。
(2) 5V 电源供应。
(3) 16MHz 石英晶振，提供 MCU 运行时钟。
(4) 复位控制模块，提供系统硬件复位信号。
(5) 6 针 BDM 仿真调试接口。
(6) 其他必要的外围电路。

如图 14-3(a)所示即为 MC9S12XEP100MAL MCU 最小系统电路图的具体实现，在此基础上即可添加、完备所需功能外设电路。该最小电路原理直接兼容适用于 S12、S12X 系列芯片，其中 S12XE 和 S12XS 子系列中相同封装芯片可以直接替换，而对于其他 S12X 子系列中引脚不完全兼容的芯片，只需对电路稍加修改。

14.2.3 S12X 功能外设硬件电路设计说明

S12XDEV 开发平台提供丰富的接口扩展资源引出和参考应用，主要包括电源管理与复位模块、通信接口模块(SCI/SPI/CAN/LIN/I^2C)、GPIO 输出控制、PWM 输出控制、模拟输入、GPIO 输入控制、备用输入输出接口等几大类。下面对各模块进行详细介绍。

1. 电源管理

平台提供 12V 电源适配器输入接口，支持通过 2.5 英寸(1 英寸＝2.54 厘米)适配器提供 12V 稳定供电，为 LIN 总线及电机等提供高电源电压供应。通过 LM2596S-5.0 电源转换

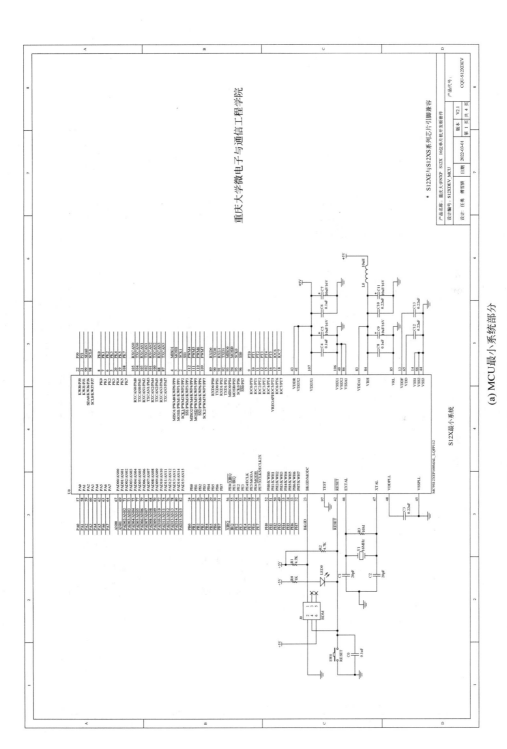

(a) MCU最小系统部分

图 14-3　S12XDEV 开发板完全电路图

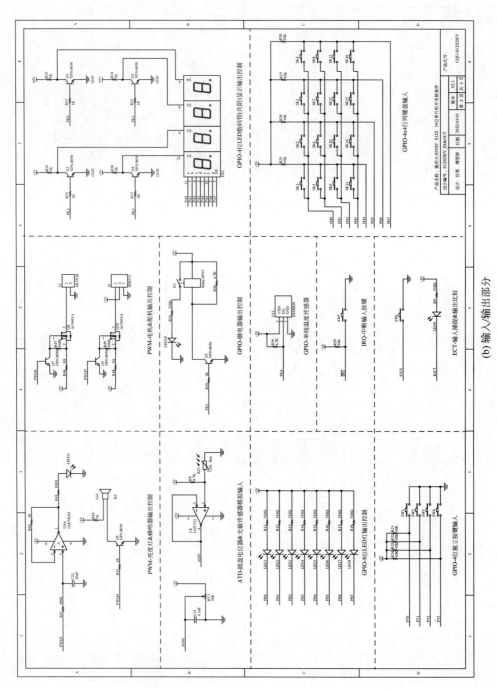

图 14-3 （续） (b) 输入输出部分

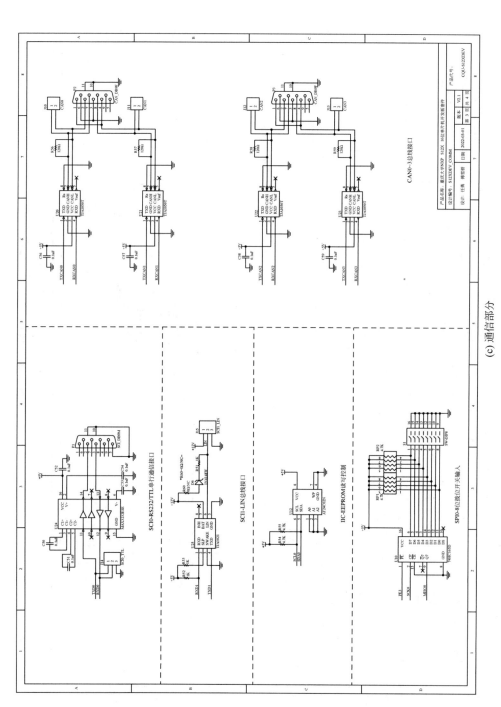

图 14-3 （续）

(c) 通信部分

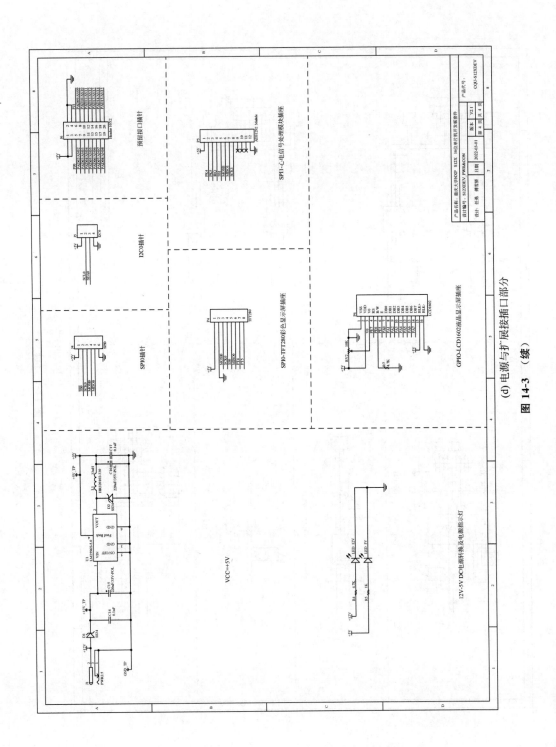

(d) 电源与扩展接插口部分

图 14-3 (续)

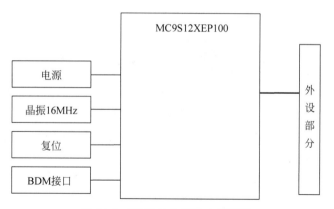

图 14-4　S12X 最小系统功能框图

器将 12V 转换为 5V,如图 14-5 所示。

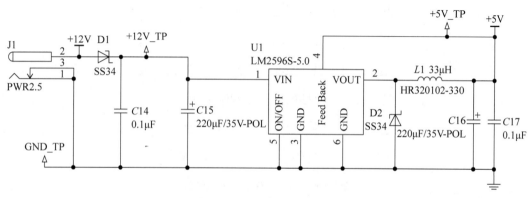

图 14-5　12V 电源输入转 5V

电源指示 LED 灯提供＋12V、＋5V 状态指示,可以指示电源供应状态是否正常,如图 14-6 所示。

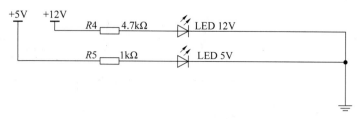

图 14-6　电源状态指示

2. 外部中断 $\overline{\text{IRQ}}$ 输入接口

平台通过 1 个按键连接到 MCU 的 PE1/$\overline{\text{IRQ}}$ 端口,PE1 口支持第二功能 $\overline{\text{IRQ}}$ 外部输入中断功能,实现提供包括上升沿、下降沿、低电平等方式的中断输入,实现模拟的外部中断输入源,如图 14-7 所示。

3. GPIO 输出接口

(1) 8 位 LED 状态显示电路,由 MCU 的 B 口与 8 个 LED 发光二极管连接,即 PB[7:0]连接 LED[8:1],通过改变 B 口的输出状态来实现 LED 亮灭控制,电路设计为低电平有

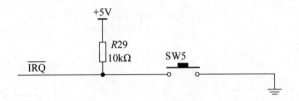

图 14-7 外部中断 $\overline{\text{IRQ}}$ 输入

效,即输出低电平 LED 被点亮。可以通过编程实现单个、多个 LED 灯的亮灭实验或者是跑马灯实验,如图 14-8 所示。

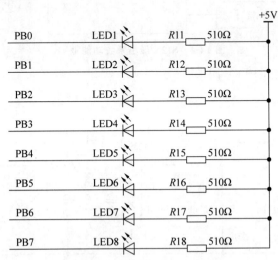

图 14-8 8 位 LED 状态显示电路

(2) 平台通过 MCU 通用引脚 PE2 对继电器进行开合控制,间接作用到受控于继电器控制的 LED 状态,模拟汽车部件执行器控制输出和数字量输出控制等实验。PE2 引脚输出高电平将驱动 NPN 三极管导通,从而使得继电器吸合,如图 14-9 所示。

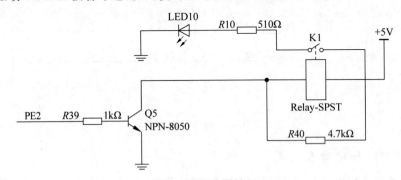

图 14-9 继电器控制

(3) 平台通过 MCU 的 PA[7:0]端口对 4 个 7 段 LED 数码管(共阴极)显示控制作段码输出,同时使用 PK[3:0]端口对 LED 数码管组的显示使能信号进行控制,支持 LED 数码管的动态扫描显示,提供了一种降低功耗的段码式显示方法,如图 14-10 所示。

4. GPIO 输入接口

(1) 平台通过 4 个按键连接到 MCU 的 PT[3:0]端口,实现数字信号输入,可作为独立

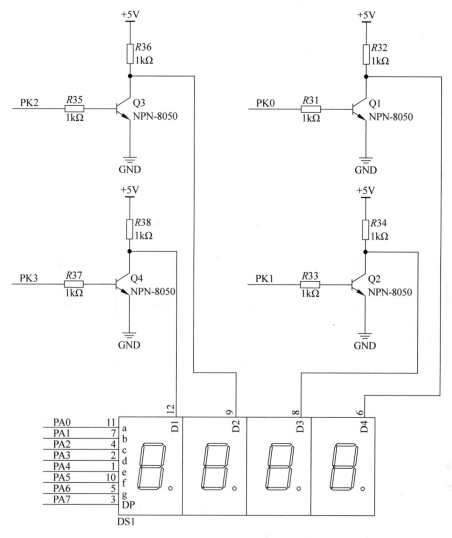

图 14-10　4 位 LED 数码管显示控制

键盘使用。电路中直接外接了上拉电阻,则无须启用内部上拉电阻。PT[3:0]实际还可作为第二功能的定时器引脚,实现输入捕捉中断,如图 14-11 所示。

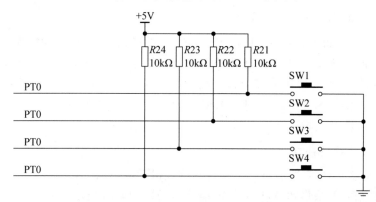

图 14-11　4 个独立按键输入或输入捕捉中断

(2) 平台提供一个 4×4 行列式键盘电路，接入到 MCU 的 PH[7:0]端口，编程可实现 16 个按键 SK1～SK16 扫描检测，其中 H 口直接具备输入中断功能，如图 14-12 所示。应注意的是，为避免按键抖动，在编程时必须进行防抖动处理。

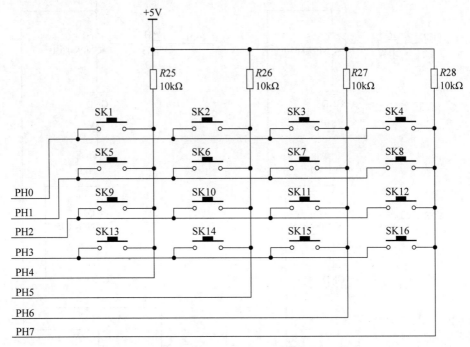

图 14-12　4×4 行列键盘

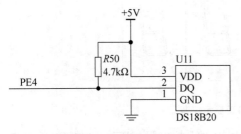

图 14-13　单线温度传感器

(3) 平台通过 GPIO 模拟 1-Ware-Bus 单总线访问模式，实现对温度传感器访问，温度传感器采用 DS18B20 模块，其温度检测范围为 −55～125℃，如图 14-13 所示。MCU 通过 PE4 端口与 DS18B20 的 DQ 数据脚相连。应注意的是，DS18B20 访问时，时序非常重要，时序正确与否，将决定编程访问成败。具体时序程序编写请参考 DS18B20 数据手册及开发平台配套相关例程。

5. Timer 定时器输入/输出接口

平台通过 1 个按键连接到 MCU 的 PT6/IOC6 端口，利用其第二功能作为 Timer 定时器 IOC 输入捕捉引脚，可实现模拟脉冲输入计数功能。注意，此输入引脚没有外接上拉电阻，所以在使用时应编程启用内部上拉电阻功能。同时 PT7/IOC7 端口连接到一个 LED 灯，利用其第二功能作为 Timer 定时器 IOC 输出比较引脚，实现信号输出功能以控制 LED 灯，如图 14-14 所示。

6. ATD 模数转换接口

(1) 平台通过 PAD00 即通道 AN00 对圆盘式滑动电位器产生的变化的电压信号进行采集，实现模拟信号的采集和 A/D 数据转换处理，如图 14-15 所示。

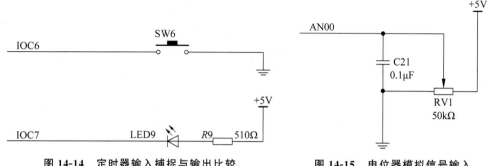

图 14-14　定时器输入捕捉与输出比较　　　图 14-15　电位器模拟信号输入

（2）平台通过 PAD01 即通道 AN01 对电阻型光敏传感器 CDS 感知到的外部环境光感信号进行采集,光感信号通过运算放大器芯片 LMV321 后形成模拟电压信号,从而实现对环境光照亮度的信号采集和 A/D 转换处理,如图 14-16 所示。

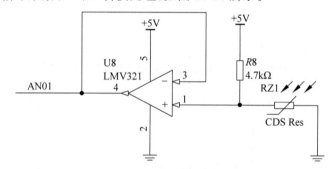

图 14-16　光敏传感器模拟信号输入

7. PWM 脉宽调制接口

（1）平台通过 PP4/PWM4 端口输出 PWM 波控制蜂鸣器,实现蜂鸣器发声长短控制,其中 NPN 三极管被控为导通或截止状态;通过 PP5/PWM5 端口输出 PWM 波控制 LED 灯,实现 LED 发光亮度控制,其中 LM358 器件为运算放大器,如图 14-17 所示。

（2）平台通过 PP6/PWM6、PP7/PWM7 端口输出 PWM 波进行电机和舵机控制,两路 PWM 波通过控制三极管来间接驱动 MOS 管 AO3401A,输出实现电机转速及舵机转动方向控制。此处,电机与舵机模块需要通过 J2、J3 另外接插,如图 14-18 所示。

8. 串行通信接口

（1）SCI 即为通用异步接收器/发送器类型的串行通信接口(UART),是最常用的串行通信方式。平台通过 SCI0 模块的 RXD0、TXD0 引脚连接 MAX3232 电平转换芯片,由 DB9 引出标准串行接口,支持与 PC 进行 RS-232 串行数据通信(PC 需使用 USB 转 RS-232 串口线)。也可以直接通过 J14 进行 TTL 电平的 SCI 通信,如图 14-19 所示。

（2）SPI 即为同步串行外设接口,平台通过 SPI0 模块的 MISO0、SCK0 引脚配合 PE3 引脚,与并串转换芯片 74LS165 进行数据通信,实现将并行的拨位开关状态转换为串行数据输入 MCU,如图 14-20 所示。

（3）I^2C 为芯片间同步式串行通信方式,平台通过 SCL0、SDA0 两个引脚实现 I^2C 总线通信,以访问控制 EEPROM 存储器芯片 AT24C02N(容量大小为 256B)进行数据读写、存

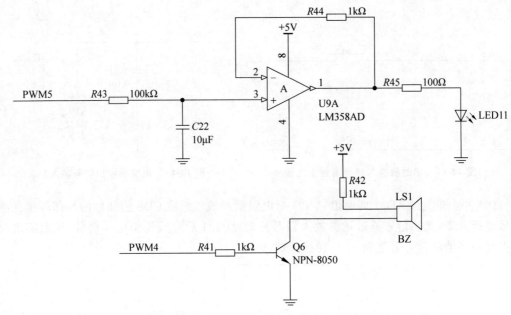

图 14-17　PWM 输出控制蜂鸣器和 LED 亮度灯

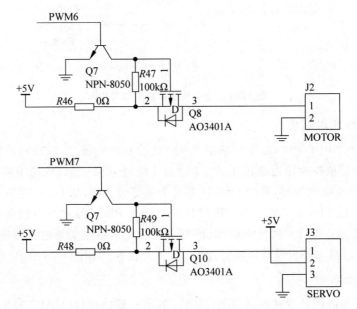

图 14-18　PWM 电机和舵机控制

取,如图 14-21 所示。

9. CAN 总线通信接口

S12X MCU 内部支持 CAN2.0A/B 的控制器模块且支持 4 个独立的 CAN 通道。其中,使用 CAN0(RXCAN0/TXCAN0)和 CAN1(RXCAN1/TXCAN1)通过 CAN 高速收发器 TJA1050T 实现 CAN 总线通信。板载遵循工业控制 CiA 标准组织定义的 CAN_DB9 接口定义引出,同时兼容 Vector VN16XX 系列 DB9 接口定义,使得一个 DB9 接口引出两路 CAN 总线。CiA 制定了遵循 CANopen 协议的高效接入工业控制 CAN 总线,而 Vector 公

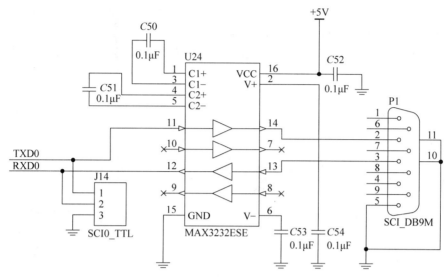

图 14-19　SCI 与 RS-232 和 TTL 串行通信

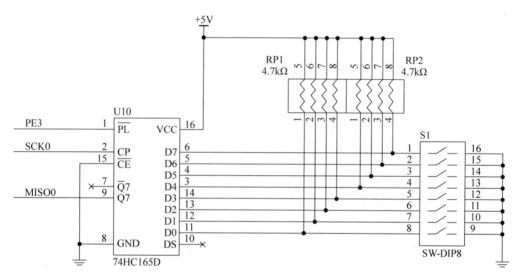

图 14-20　SPI 与 8 位拨位开关输入

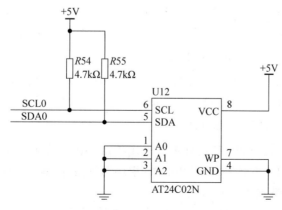

图 14-21　I^2C 控制 EEPROM 读写

司是领先的汽车现场总线测试设备供应商,其定义的 CAN 总线接口可以高效匹配其他车辆测试诊断设备接口。同时,引出两引脚插针 CAN 外部接口供飞线测试。另外,CAN3 和 CAN4 也以完全一样的方式引出,使得开发平台可以支持同时实现 4 路 CAN 总线通信,如图 14-22 所示。

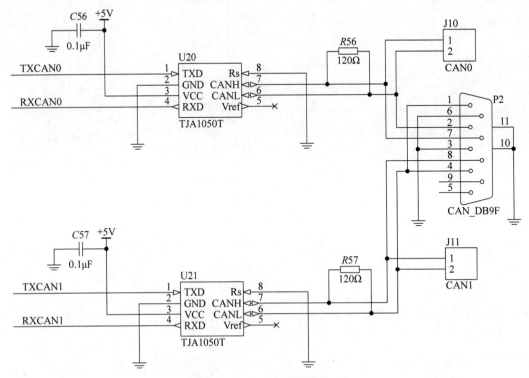

图 14-22　CAN 总线通信接口

10. LIN 总线通信接口

LIN 即本地互联网络,基于 SCI(UART)数据格式,采用单主控制器/多从设备的模式。仅使用一根 12V 信号总线和一根无固定时间基准的节点同步时钟线,支持 LIN 2.0 标准物理层总线通信协议。平台使用 SCI1 的 RXD1、TXD1 两个引脚通过 LIN 总线收发器 TJA1021 实现单线串行通信。为了满足主/从设备功能验证,平台设置了 $R60$ 进行选择焊接:焊接 $R60$ 时,开发平台作为 LIN 主设备(默认);不焊接 $R60$ 时,开发平台作为 LIN 从设备,如图 14-23 所示。

11. LCD1602 液晶显示屏接口插座

平台通过 GPIO 信号 PA[7:0] 及 PE[7:5] 实现对 LCD1602 液晶显示屏接口,支持 2 行各 16 字符的显示,实现数据与字符显示人机接口,如图 14-24 所示。

12. TFT280 彩色显示屏接口插座

平台预留备用的 TFT280 彩色显示屏模块接口(SPI 通信接口),如图 14-25 所示。平台分配 SPI0 通信接口来支持外接 TFT-LCD 模块,通过软件编程以使彩色显示屏模块插接到开发平台上进行字符和图片的彩色显示。

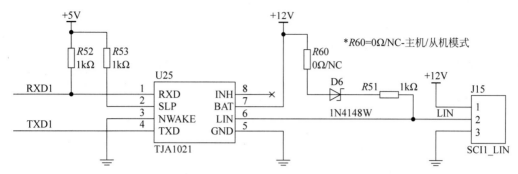

图 14-23 LIN 总线通信

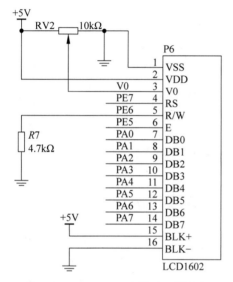

图 14-24 LCD1602 液晶显示屏插座   图 14-25 TFT280 彩色显示屏插座

13. 心电信号处理模块接口插座

平台预留备用的 ADS1292 心电信号处理模块接口，接口为 SPI 通信接口，如图 14-26 所示。平台分配 SPI1 通信接口来支持该心电信号处理模块，可以支持该模块插接到开发平台上进行功能验证和扩展应用开发。

14. 预留 SPI 和 I²C 接口插针

开发平台预留备用的 SPI 和 I²C 接口，可以支持对外部 SPI 或 I²C 通信的设备进行控制和操作，以提高开发平台的可扩展性，如图 14-27 所示。

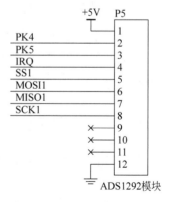

图 14-26 心电信号处理模块插座

15. 其他预留接口插针

开发平台还提供其他额外的输入/输出接口插针，包括 GPIO 和模拟输入及电源供给等，支持用户进行其他扩展应用，如图 14-28 所示。

图 14-27 预留 SPI 和 I^2C 通信插针

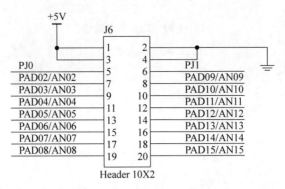

图 14-28 预留输入/输出接口插针

14.3 应用实例：整合多模块功能的综合应用例程

本实例以 S12X MCU 控制器为核心，基于 S12XDEV 开发板功能外设资源，实现多模块功能的综合应用功能，包含 PLL/GPIO/ADC/PIT/SCI(UART)/CAN/IRQ 等底层驱动及调用，形成 DEMO 例程代码，方便用户缩短目标产品研发时间，实现一例在手、快速套用。

14.3.1 应用分析及关联硬件

本实例基于 S12XDEV 开发板功能外设资源所关联硬件（完全电路原理参见图 14-3），实现综合应用 DEMO 例程功能如下：

(1) 应用 PLL 超频功能，设定系统总线时钟频率为 64MHz（开发板晶振频率为 16MHz）。

(2) 应用 GPIO 功能及 IRQ 功能，完成 8 个 LED 灯输出控制和 4 个按键 SW 的输入检测及数码管显示。

(3) 应用 PIT 定时器中断功能，实现跑马灯，并每 1s 时间到读取 A/D 转换结果并通过 CAN0 发送。

(4) 应用 ADC 模块的 A/D 转换功能，采集通道 0 的模数转换数字量。

(5) 应用 SCI(UART)串口通信功能，SCI0 发送数据/中断接收数据(9600bps)。

(6) 应用 CAN 总线通信功能，CAN0 发送数据(500kbps)，CAN1 中断接收数据(500kbps)。

14.3.2 软件设计实现

本实例软件编程中要用到多个模块文件（*.h 和 *.c），并已形成固定通用的函数库，其源代码文件可在本书网站下载并直接使用。CodeWarrior IDE 下工程文件组织如图 14-29 所示。

图 14-29　综合应用 DEMO 程序工程组织

此处仅重点描述主程序文件 main.c 的完整实现，C 语言程序代码如下：

```
/****************************************************************
 *  作者：重庆大学 NXP 飞思卡尔，20230101 by RY
 *  声明：该程序用于学习人员入门与开发人员参考，其中底层驱动参考源自 NXP
 *  网站:http://www.cqumcu.com
 *  参考书籍：《单片机原理及应用——基于恩智浦 S12X》by 任勇
 ****************************************************************/

# include < hidef.h >            /* common defines and macros  */
# include "derivative.h"         /* derivative-specific definitions  */

# include "GPIO.h"
# include "PIT.h"
# include "ADC.h"
# include "SCI.h"
# include "CAN.h"
# include "SPI.h"
# include "IIC.h"

byte RunCode[8] = {0xFE,0xFD,0xFB,0xF7,0xEF,0xDF,0xBF,0x7F}; //跑马灯预置数据
```

```c
byteSegCode[16] = {0x3F,0x06,0x5B,0x4F,0x66,0x6D,0x7D,0x07,0x7F,0x6F,0x77,0x7C,0x39,
0x5E,0x79,0x71};                   //共阴极数码管段码 0～F
byte SW = 0;
byte IRQ_IntFlag = 0;
byte PIT0_IntFlag = 0;
byte PIT0_IntCount = 0;
byte SCI0_RecvFlag = 0;
byte CAN1_RecvFlag = 0;
byte CAN0_RecvLen,CAN1_RecvLen;

byte SCI0_RxData[8] = {0x55,0x55,0x55,0x55,0x55,0x55,0x55,0x55};  //SCI0 接收数据;
byte CAN0_TxData[8] = {0x88,0x99,0xAA,0xBB,0xCC,0xDD,0xEE,0xFF};  //CAN0 发送数据
byte CAN0_RxData[8] = {0x55,0x55,0x55,0x55,0x55,0x55,0x55,0x55};  //CAN0 接收数据
byte CAN1_TxData[8] = {0x88,0x99,0xAA,0xBB,0xCC,0xDD,0xEE,0xFF};  //CAN1 发送数据
byte CAN1_RxData[8] = {0x55,0x55,0x55,0x55,0x55,0x55,0x55,0x55};  //CAN1 接收数据

//***********************************************************************
//S12X MCU 时钟超频代码;在此基础上依着注释可设置高达 64MHz 以上的总线频率
//超频选择: fOSC = 16MHz --> fVCO = 128MHz --> fPLL = 128MHz --> fBUS = 64MHz(TBUS = 15.625ns)
//***********************************************************************
void MCU_Init(void)
{
    CLKSEL &= 0x7F;              //先选择系统时钟源为 OSCCLK;CLKSEL[7](PLLSEL)决定内部总线
                                 //时钟来源, = 0 -> fBUS = fOSC/2; = 1 -> fBUS = fPLL/2
    PLLCTL &= 0xBF;              //先关闭 PLL 电路

    //根据需要的时钟频率设置 SYNR 和 REFDV 寄存器,
    //计算公式:fVCO = 2 * OSCCLK * ((SYNR + 1)/(REFDIV + 1))
    SYNR = 0xC0|0x07;            //对 PLLCLK 增频的因子
          //0x40|0x03 -> fVCO = 64MHz; 0xC0|0x05 -> fVCO = 96MHz; 0xC0|0x07 -> fVCO
= 128MHz;
    REFDV = 0x80|0x01;           //对 PLLCLK 分频的因子
           //高位 REFFRQ, f_OSC = 8MHz 时取 0x40|, f_OSC = 16MHz 时取 0x80|;低位 REFDIV 就取 0x01

    //根据需要的时钟频率设置 POSTDIV 寄存器,计算公式:fPLL = fVCO/(2 * POSTDIV)
    POSTDIV = 0x00;              //对 PLLCLK 后分频的因子
    //POSTDIV = 0x01 时,fPLL = fVCO/2; POSTDIV = 0x00 时,fPLL = fVCO/1
    PLLCTL |= 0x40;              //PLL 电路使能

    while((CRGFLG&0x08) == 0x00); //判断 CRGFLG 寄存器的 LOCK 位,等待 PLL 锁定稳定

    CLKSEL |= 0x80;              //允许 PLL 锁相环时钟源作为系统时钟源,此后 fBUS = fPLL/2

    ECLKCTL_NECLK = 1;           //Normal single-chip mode,禁止 ECLK 输出

    COPCTL = 0x07;               //COPCTL[2:0] = 000/111 -> 禁止/启用看门狗
}

void main(void)
{
    int i = 0,counter = 0;

    DisableInterrupts;           //关闭总中断
```

```
    MCU_Init();                    //芯片初始化

    GPIO_Init();                   //GPIO 初始化
    PIT_Init();                    //PIT 初始化
    ADC_Init();                    //ADC 初始化
    SCI0_Init();                   //SCI0 初始化
    CAN0_Init();                   //CAN0 初始化
    CAN1_Init();                   //CAN1 初始化
    SPI0_Init();                   //SPI0 初始化
    IIC_Init();                    //IIC 初始化
    IRQCR = 0xC0;                  //使能 IRQ 外部中断,下降沿触发
    PORTK = 0x01;                  //PK0 输出高电平以选中数码管低位

    // 测试 SCI0 串口通信:
    // 可利用 USB - RS232 接口线硬件连接 PC 并使用串口助手软件以确定通信的正确性
    SCI0_SendNBytes(12,(byte * )"SCI0 is ok \n");
    delay_ms(100);
    SCI0_SendNBytes(8,CAN1_RxData);

    // 测试 CAN0 通信:
    // 可利用 USB - CAN 卡硬件连接 PC 并使用测试软件以测试通信的正确性
    CAN0_Send_Data(CAN0_TxData);

    EnableInterrupts;              //开放总中断

    for(;;)                        //总循环
    {
        counter++;

        // SW1～4 按键检测处理
        SW = PTT;                  //读取 T 口到变量 SW
        if( (SW&0x0F) == 0x0F )    //若 SW4～SW1 都不为低,则送字形 0 的段码
            PORTA = SegCode[0];
        if( (SW&0x01) == 0x00 )    //若 SW1 为低,则送字形 1 的段码
            PORTA = SegCode[1];
        if( (SW&0x02) == 0x00 )    //若 SW2 为低,则送字形 2 的段码
            PORTA = SegCode[2];
        if( (SW&0x04) == 0x00 )    //若 SW3 为低,则送字形 3 的段码
            PORTA = SegCode[3];
        if( (SW&0x08) == 0x00 )    //若 SW4 为低,则送字形 4 的段码
            PORTA = SegCode[4];

        // IRQ 中断处理
        if(IRQ_IntFlag)
        {
            PORTB = 0x00;          //LED 灯全亮一下
            delay_ms(200);         //延时
            IRQ_IntFlag = 0;
        }

        // PIT0 定时中断处理
        if(PIT0_IntFlag)           //250ms 时间到(1 * 250ms)
        {
```

```c
            PIT0_IntCount++;
            PORTB = RunCode[i++]; //取数使 LED8～LED1 以跑马灯形式显示
            if(i > 7) i = 0;
            PIT0_IntFlag = 0;
        }

        // PIT0 定时计数处理
        if(PIT0_IntCount == 4)     //1s 时间到(4 * 250ms)
        {
            while( (ATD0STAT0&0x80)!= 0x80 ); //检测 SCF 标志以等待 A/D 转换完成
            CAN0_TxData[0] = ATD0DR0H; //取高 4 位结果(单通道转换结果均在 ATD0DR0 中),同时
                                       //标志被清零
            CAN0_TxData[1] = ATD0DR0L; //取低 8 位结果(单通道转换结果均在 ATD0DR0 中),同时
                                       //标志被清零
            CAN0_Send_Data(CAN0_TxData);
            PIT0_IntCount = 0;
        }

        // SCI0 接收中断处理
        if(SCI0_RecvFlag)          //可接收 PC 主机通过 RS-232 串口发来的数据
        {
            SCI0_SendByte(SCI0_RxData[0]); //发送回去
            SCI0_RecvFlag = 0;
        }

        // CAN1 接收中断处理
        if(CAN1_RecvFlag)          //CAN0 与 CAN1 的 H、L 分别对接可验证板子 CAN 自环通信
        {
            SCI0_SendNBytes(8,CAN1_RxData);
            CAN1_RecvFlag = 0;
        }

        _FEED_COP(); /* feeds the dog */
    }
}

#pragma CODE_SEG NON_BANKED //中断服务函数定位声明

// COP 看门狗溢出复位中断处理函数------------------------------------------
------
interrupt 2 void COP_RESET_ISR(void)
{
    main();
}

// IRQ 外部中断处理函数----------------------------------------------------
interrupt 6 void IRQ_ISR(void)
{
    IRQ_IntFlag = 1;
}

// PIT0 定时中断处理函数---------------------------------------------------
interrupt 66 void PIT0_ISR()
{
```

```
        PITTF |= 0x01;              //PIT 通道 0 超时标志位写 1 清零
        PIT0_IntFlag = 1;
}


// SCI0 接收中断函数 ------------------------------------------------
interrupt 20 void SCI0_Recv_ISR(void)
{
    SCI0_RxData[0] = SCI0_RecvByte();  //读取接收到的数据,当前中断标志 RDRF 已被自动清零
    SCI0_RecvFlag = 1;
}

// CAN1 接收中断函数 ------------------------------------------------
// ---------------
interrupt 42 void CAN1_Recv_ISR(void)
{
    int index;
    CAN1_RecvLen = (CAN1RXDLR&0x0F);       //读取将接收的数据长度
    for(index = 0;index < CAN1_RecvLen;index++)
    {
        CAN1_RxData[index] = *(&CAN1RXDSR0 + index);  //读出收到的数据
    }
    CAN1RFLG = 0x01;                       //清除接收缓冲器满标志
    CAN1_RecvFlag = 1;
}

#pragma CODE_SEG DEFAULT
```

14.4　应用实例：LCD 液晶显示的温度检测系统

本实例基于 S12X MCU 控制器实现 LCD 液晶显示的温度检测系统。系统由 S12X 微控制器、LCD 液晶屏、温度传感器及其外围电路组成。LCD 液晶屏选用基于 HD44780 芯片的显示模块 LCD1602，温度传感器采用 DALLAS 公司待机零功耗、测温范围为 $-55\sim +125\text{℃}$ 的 DS18B20 芯片。

本实现的检测系统原理框图如图 14-30 所示。

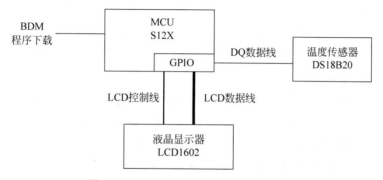

图 14-30　温度检测与显示系统原理框图

14.4.1 应用分析及关联硬件

对如图14-30所示的系统设计方法进行系统设计（软件和硬件设计）时，除了熟悉核心控制器MCU硬件设计外，还需对DS18B20器件和LCD1602模块的原理和使用方法进行深入的理解，下面对主要模块进行简要介绍。

1. 温度传感器

DS18B20测量温度时使用特有的温度测量技术。DS18B20内部的低温度系数振荡器能产生稳定的频率信号；同样地，高温度系数振荡器将被测温度转换成频率信号。当计数门打开时，DS18B20进行计数，计数门开通时间由高温度系数振荡器决定。芯片内部还有频率累加器，可对频率的非线性度加以补偿。测量结果存入温度寄存器中。

DS18B20工作过程一般遵循以下步骤：初始化——ROM操作命令——存储器操作命令——处理数据。

一般情况下的温度值应该为9位，但因符号位扩展成高8位，所以最后以16位补码形式读出，TL存放温度低数据位，TH存放5个符号位和3个温度高数据位。

LS Byte	bit7	bit6	bit5	bit4	bit3	bit2	bit1	bit0
	2^3	2^2	2^1	2^0	2^{-1}	2^{-2}	2^{-3}	2^{-4}

MS Byte	bit15	bit14	bit13	bit12	bit11	bit10	bit9	bi8
	S	S	S	S	S	2^6	2^5	2^4

温度计算方法：

当温度为正时，即TH中高5位为0，最后转化为十进制温度数值为：

$$T = (TH \times 256 + TL) \times 0.0625$$

当温度为负时，即TH中高5位为0，最后转化为十进制温度数值为：

$$T = (TH \times 256 + TL) \times 0.0625 - 128$$

而一般设计中，对温度精确度要求不高时，可以采用简化的方式进行温度计算：

当温度为正时，

$$T = (TH \ll 4 \mid TL \gg 4)$$

当温度为负时，

$$T = (TH \ll 4 \mid TL \gg 4) \& 0x7F - 128$$

关于DS18B20的使用详细方法，请参考DALLAS半导体公司提供的数据手册。

2. LCD液晶显示屏

LCD即液晶显示屏以其微功耗、小体积、使用灵活等诸多优点在袖珍式仪表和低功耗应用系统中得到越来越广泛的应用。液晶显示屏通常可分为两大类：一类是点阵型，另一类是字符型。点阵型液晶通常面积较大，可以显示图形；而一般的字符型液晶只有两行，面积小，只能显示字符和一些很简单的图形，简单易控制且成本低。

目前市面上的字符型液晶屏绝大多数是基于HD44780驱动芯片的，所以控制原理是完全相同的，本实现采用的LCD1602液晶显示屏即采用HD44780芯片。该模块的引脚定义功能如下：

VDD、VSS——工作电源的正负极，为5V供电。

V0——LCD亮度控制电压供给。

BLK+、BLK-——背光电源的正负极，为5V供电。

DB0～DB7——8位数据线。

RS——数据/命令选择，高电平时数据线上是显示数据，低电平时数据线上是命令数据。

R/W——读/写控制，高电平时为读，低电平是为写。

E——使能控制，下降沿写入数据，高电平时读出数据

编写液晶驱动程序只需遵循"先指定地址，后写入内容"的原则，在将E置高电平前，先设置好RS和R/W信号，在E下降沿到来之前，准备好写入的命令字或数据。只需在适当的地方加上延时，就可以满足要求了。

关于LCD1602的使用详细方法，请参考液晶屏生产厂家提供的HD44780数据手册。

3. 关联硬件

本实例基于S12XDEV开发板功能外设资源，核心MCU通过GPIO口与LCD显示屏和温度传感器连接，具体连接为：PE[7:5]连接LCD1602的3个控制线，通过PA[0:7]连接LCD1602的8位数据线；通过PE4端口与DS18B20的DQ数据线相连接，实现单线数据通信。硬件电路图参见S12XDEV完全电路原理图14-3中的相关电路。其中，连接LCD1602的R/W信号的PE6引脚额外增加了一个下拉电阻，是因为MC9S12XEP100芯片的PE6引脚与MODB复用，需要保证芯片启动时该引脚为0电平，若使用其他型号MCU，则这个下拉电阻不是必需的。

14.4.2 软件设计实现

LCD液晶显示的温度检测系统软件设计需将整个程序进行适当的分解，如将系统软件分解为主程序模块、温度传感器驱动模块及LCD液晶显示驱动模块。通过面对过程"自顶向下，逐步求精"的编程方法，对各个模块进行C语言编程实现，再通过软件模块集成方法构建完整系统软件。

具体的程序架构如图14-31所示。

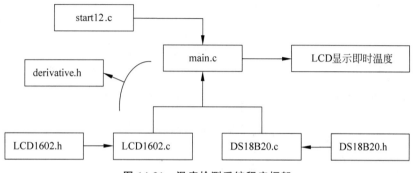

图14-31 温度检测系统程序框架

CodeWarrior IDE下工程文件组织如图14-32所示。

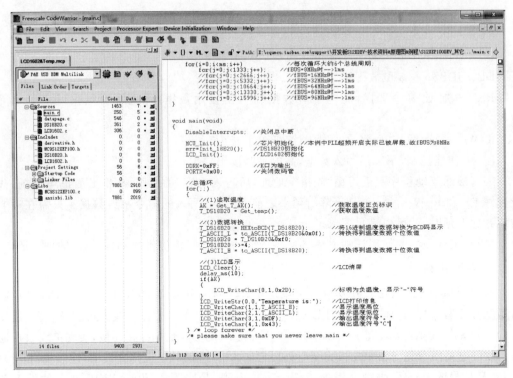

图 14-32　温度检测系统程序工程组织

1. 主程序模块编程设计

主程序模块的具体功能包括：

（1）关闭系统中断；

（2）MCU 初始化——通过设置 CLKSEL 寄存器确定内部总线的时钟源，通过 PLL 相关设置 PLLCLK 频率；通过设置 COPCTL 寄存器是否允许看门狗；

（3）初始化 DS18B20 温度传感器；

（4）初始化 LCD1602 液晶屏；

（5）获取温度信息并转换温度数据；

（6）通过 LCD 显示转换后的温度数据。

main.c 文件中 C 语言程序代码如下：

```
#include <hidef.h>              /* common defines and macros */
#include "derivative.h"         /* derivative-specific definitions */
#include "DS18B20.h"
#include "LCD1602.h"

uint8_t AK;                     //正、负温度标识
uint8_t T_DS18B20 = 0;
uint8_t T_ASCII_H = 0;
uint8_t T_ASCII_L = 0;
uint8_t err;

void main(void)
{
```

```c
    DisableInterrupts;                  //关闭总中断

    MCU_Init(); //芯片初始化  //本例中 PLL 超频开启实际已被屏蔽,故 fBUS 为 8MHz
    err = Init_18B20();                 //DS18B20 初始化
    LCD_Init();                         //LCD1602 初始化

    DDRK = 0xFF;                        //K 口为输出
    PORTK = 0x00;                       //关闭数码管

    //总循环
    for(;;)
    {
        //(1)读取温度
        AK = Get_T_AK();                //获取温度正负标识
        T_DS18B20 = Get_temp();         //获取温度数值

        //(2)数据转换
        T_DS18B20 = HEXtoBCD(T_DS18B20); //将十六进制温度数据转换为 BCD 码显示
        T_ASCII_L = to_ASCII(T_DS18B20&0x0f); //转换得到温度数据的个位数值
        T_DS18B20 = T_DS18B20&0xf0;
        T_DS18B20 >>= 4;
        T_ASCII_H = to_ASCII(T_DS18B20); //转换得到温度数据的十位数值

        //(3)LCD 显示
        LCD_Clear();                    //LCD 清屏
        delay_ms(10);
        if(AK)
        {
            LCD_WriteChar(0,1,0x2D);//标明为负温度,显示"-"符号
        }
        LCD_WriteStr(0,0,"Temperature is:");   //LCD 打印信息
        LCD_WriteChar(1,1,T_ASCII_H);   //显示温度高位
        LCD_WriteChar(2,1,T_ASCII_L);   //显示温度低位
        LCD_WriteChar(3,1,0xDF);        //输出温度符号"."
        LCD_WriteChar(4,1,0x43);        //输出温度符号"C"
    } /* loop forever */
    /* please make sure that you never leave main */
}
```

2. 温度传感器模块编程设计

温度传感器模块的具体功能包括:MCU 对温度传感器 DS18B20 进行读取函数,包括基本延时和 DS18B20 读写时序和流程,提取温度值信息,调用数值转换函数,得到实际温度值。

C 语言程序代码如下:
DS18B20 函数定义头文件。

```c
#include "derivative.h"

//DS18B20 初始化及数据发送宏定义
#define DQ_1()  {DDRE |= 0x10;PORTE_PE4 = 1;}
#define DQ_0()  {DDRE |= 0x10;PORTE_PE4 = 0;}
#define DQ_IN() DDRE &= 0xEF
```

```c
#define DQ PORTE_PE4

//函数定义
uint8_t Init_18B20(void);           //写命令函数
uint8_t Read_18B20(void);           //写命令函数
uint8_t Get_T_AK(void);             //写命令函数
uint8_t Get_temp(void);             //写命令函数
void Delay_us(int time);            //写命令函数
void Write_18B20(uint8_t wdata);    //写命令函数
void ReadTemp(void);                //写命令函数
void Convert_Temp(void);            //写命令函数
```

DS18B20 函数实现文件:
```c
#include "derivative.h"    /* derivative-specific definitions */
#include "DS18B20.h"

//全局变量定义
uint8_t Temp[2] = {0,0};        //存放读出温度的高位和低位

/***********************************************
函数名称:Delay_us
功    能:实现 N 微秒的延时
参    数:n-- 延时长度
返回值:无
说明 :CPU 主频 8MHz 所以通过定时器延时能够得到精确的 μs 级延时
***********************************************/
void Delay_us( int time )
{
volatile uint16_t i;
    for( i = 0; i < time; i ++)
    {
        asm nop ;
    }
}

/***********************************************
函数名称:Init_18B20
功    能:对 DS18B20 进行复位操作
参    数:无
返回值:初始化状态标志:1-- 失败,0-- 成功
***********************************************/
uint8_t Init_18B20(void)
{
    uint8_t Error;
    DQ_0();
    Delay_us(500);              //延时 500μs
    DQ_1();
    Delay_us(55);               //延时 55μs
    DQ_IN();
    if(DQ == 1)
    {
        Error = 1;              //初始化失败
    }
    else
```

```
    {
        Error = 0;                //初始化成功
        DQ_1();
    }
    Delay_us(400);                //延时400μs
    return Error;
}

/***********************************************
函数名称:Write_18B20
功    能:向DS18B20写入一个字节的数据
参    数:wdata -- 写入的数据
返回值 :无
***********************************************/
void Write_18B20(uint8_t wdata)
{
    uint8_t i;
    for(i = 0; i < 8; i++)
    {
        DQ_0();
        Delay_us(6);              //延时6μs
        if(wdata & 0X01)
        {
          DQ_1();
        }
        else
        {
          DQ_0();
        }
        wdata >>= 1;
        Delay_us(50);             //延时50μs
        DQ_1();
        Delay_us(10);             //延时10μs
    }
}

/***********************************************
函数名称:Read_18B20
功    能:从DS18B20读取一个字节的数据
参    数:无
返回值 :读出的一个字节数据
***********************************************/
uint8_t Read_18B20(void)
{
    uint8_t i;
    uint8_t temp = 0;
    for(i = 0;i < 8;i++)
{
        temp >>= 1;
        DQ_0();
        Delay_us(2);              //延时2μs
        DQ_1();
        Delay_us(4);              //延时4μs
        DQ_IN();
```

```c
        if(DQ == 1) temp |= 0x80;
        Delay_us(65);                    //延时65μs
    }
    return temp;
}


/***********************************************
函数名称:ReadTemp
功    能:从DS18B20的ScratchPad读取温度转换结果
参    数:无
***********************************************/
void ReadTemp(void)
{
    Temp[0] = Read_18B20();      //读低位
    Temp[1] = Read_18B20();      //读高位
}


/***********************************************
函数名称:Convert_Temp
功    能:控制DS18B20完成一次温度转换
参    数:无
***********************************************/
void Convert_Temp(void)
{
    uint8_t i;

    do
    {
        i = Init_18B20();         //初始化
    }
    while(i);
    Write_18B20(0xcc);            //发送跳过读取产品ID号命令
    Write_18B20(0x44);            //发送温度转换命令

    for(i = 20;i > 0;i-- )
        Delay_us(60000);          //延时800ms以上
    do
    {
        i = Init_18B20();         //初始化
    }
    while(i);

    Write_18B20(0xcc);            //发送跳过读取产品ID号命令
    Write_18B20(0xbe);            //发送读ScratchPad命令
    ReadTemp();
}


/***********************************************
函数名称:Get_T_AK
功    能:温度转换,并获取温度正负标识
参    数:无
***********************************************/
uint8_t Get_T_AK(void)
{
```

```c
    uint8_t TH,TL,a;
    Convert_Temp();              //转换温度
    TL = Temp[0];
    TH = Temp[1];
    if((TH&0xf8) == 0xf8)
    {
        return a = 1;
    }
    else
    {
    return a = 0;
    }
}

/***********************************************
函数名称:Get_temp
功    能:温度转换,得到温度十六进制数值
参    数:无
***********************************************/
uint8_t Get_temp(void)
{
    uint8_t TH,TL,T,Tn;
    TL = Temp[0];
    TH = Temp[1];
    if((TH&0xf8) == 0xf8)
    {
        Tn = (TH << 4|TL >> 4)&0x7f;     //温度为负数
        return T = 128 - Tn;
    }
    else
    {
        return T = (TH << 4|TL >> 4);    //温度为正数
    }
}
```

3. LCD 液晶显示模块编程设计

LCD 液晶显示模块的具体功能包括：MCU 对 LCD1602 进行读取控制,包括基本延时和 LCD1602 读写时序和流程；数值转换函数：十六进制数转 BCD 码和 BCD 码转 ASCII 码；提供 LCD 清屏、指定位置显示一个字符及指定位置开始显示字符串等。

C 语言程序代码如下：

LCD1602 函数定义头文件。

```c
#ifndef _LCD1602_
#define _LCD1602_

#define LINE1           0
#define LINE2           1
#define LINE1_HEAD      0x80
#define LINE2_HEAD      0xC0
#define DATA_MODE       0x38         //8位数据线,两行显示

// LCD1602 Command Macro
```

```c
#define CLR                 0x01            //LCD 清屏命令
#define BUSY                0x80            //LCD 忙标志
#define CURSOR_RESET        0x02
#define INPUTMODE_CUR_R     0x06            //输入模式
#define INPUTMODE_CUR_L     0x04
#define INPUTMODE_ALL_E     0x05
#define INPUTMODE_ALL_D     0x04
#define SCREEN_OPEN         0x0C            //LCD 开、关
#define SCREEN_OPEN_CUR     0x02
#define SCREEN_OPEN_TWI     0x01
#define SC_SHIFT_CUR_L      0x10            //屏幕或光标移动
#define SC_SHIFT_CUR_R      0x14
#define SC_SHIFT_SCR_L      0x18
#define SC_SHIFT_SCR_R      0x1C

//LCD1602 Pins
#define LCD1602_RS          PORTE_PE7       //数据/命令选择脚,1:数据,0:命令
#define LCD1602_RW          PORTE_PE6       //读写信号线,1:读,0:写
#define LCD1602_EN          PORTE_PE5       //LCD 使能信号
#define LCDIO               PORTA           //LCD 数据口与 PA 口连接
#define LCDIO_DIR           DDRA
#define LCDIO_DIR_IN        0x00
#define LCDIO_DIR_OUT       0xFF

//函数声明
void LCD_CMD(uint8_t command,uint8_t BusyC);            //写命令函数
void LCD_Data(uint8_t temp,uint8_t BusyC);              //写数据函数
void LCD_SetXY(uint8_t x, uint8_t y );                  //设置显示位置函数,用于定位/指定数据
                                                        //显示位置
void LCD_WriteChar(uint8_t x,uint8_t y,uint8_t dat);    //向 LCD 指定地址写一个字符函数
void LCD_WriteStr(uint8_t x,uint8_t y,char * s);        //向 LCD 指定地址开始,写字符串函数
void LCD_Init(void);                                    //LCD 初始化函数
void LCD_Delay(void);                                   //LCD 延时函数
void LCD_zDelay(void);                                  //LCD 数据传输延时函数
void LCD_Clear(void);                                   //LCD 清屏函数
uint8_t ReadStatus(void);                               //读取 LCD 状态
uint8_t HEXtoBCD(uint8_t val);                          //十六进制数转 BCD 码
uint8_t to_ASCII(uint8_t data);                         //BCD 码转 ASCII 码

#endif
```

LCD1602 函数实现文件:

```
/*************************************************************************
*******
液晶屏管脚接线定义
PIN1 GND
PIN2 5V
PIN3 V0(接电位器调节对比度)
PIN4 RS              PORTE_PE7       //数据/命令选择脚    1:数据    0:命令
PIN5 RW              PORTE_PE6       //读写信号线        1:读      0:写
PIN6 EN              PORTE_PE5       //LCD 使能信号
PIN7~14 DB0~7        PORTA           //LCD 数据口与 PA 口连接
PIN15 BLK+     5V(背光电源+)
```

```c
    PIN16 BLK -      GND(背光电源 - )
 **************************************************************************
******* /

#include "derivative.h"
#include "LCD1602.h"

/ ********************************************
函数名称:LCD_Init
功    能:LCD 初始化函数
参    数:无
返回值 :无
********************************************* /
void LCD_Init()
{
    DDRA = 0xFF;
    DDRE = 0xF0;
    LCDIO_DIR = LCDIO_DIR_OUT;
        LCD_Delay();
        LCD_CMD(CLR,0);                  //LCD 清屏
        LCD_CMD(DATA_MODE,1);            //设置 8 位数据传输模式
        LCD_CMD(INPUTMODE_CUR_R | INPUTMODE_ALL_D, 1); //光标在右端,禁止移动
        LCD_CMD(SC_SHIFT_CUR_R,1);
        LCD_CMD(SCREEN_OPEN | SCREEN_OPEN_CUR | SCREEN_OPEN_TWI, 1); //开显示
        LCD_CMD(LINE1_HEAD,1);           //设置 LCD 最初显示地址
        LCD_CMD(CLR,1);                  //LCD 清屏
        LCD_Delay();
    }

/ ********************************************
函数名称:LCD_CMD
功    能:写命令函数
参    数:command,BusyC
返回值 :无
********************************************* /
void LCD_CMD(uint8_t command,uint8_t BusyC)
{
    if (BusyC) ReadStatus();         //检查 LCD 忙闲
    LCD_zDelay();                    //稍作延时
    LCDIO = command;
    LCD1602_RS = 0;
    LCD1602_RW = 0;
    LCD1602_EN = 0;
    LCD1602_EN = 0;
    LCD1602_EN = 1;
}

/ ********************************************
函数名称:ReadStatus
功    能:读取 LCD 状态
参    数:无
返回值 :cRtn,端口状态
********************************************* /
uint8_t ReadStatus(void)
```

```c
{
    uint8_t cRtn;
        LCDIO_DIR = LCDIO_DIR_IN;
        LCD1602_RS = 0;
        LCD1602_RW = 1;
        LCD1602_EN = 0;
        LCD1602_EN = 0;
        LCD1602_EN = 1;
        while (LCDIO & BUSY);           //检查LCD忙闲
        cRtn = LCDIO_DIR;               //保存端口状态值,若不保存,则会改变
        LCDIO_DIR = LCDIO_DIR_OUT;
        return(cRtn);
}

/************************************************
函数名称:LCD_Delay
功    能:LCD延时函数,初始化时延迟使用
参    数:无
返回值 :无
************************************************/
void LCD_Delay(void)
{
    uint16_t i, j;
    for (i = 0; i < 300; i++)
        for(j = 0; j < 3000; j++);
}


/************************************************
函数名称:LCD_zDelay
功    能:LCD延时函数,发送命令和数据时使用
参    数:无
返回值 :无
************************************************/
void LCD_zDelay(void)
{
    uint16_t i;
    for (i = 0; i < 300; i++)
    {
        asm nop;
    }
}


/************************************************
函数名称:LCD_Clear
功    能:LCD清屏函数
参    数:无
返回值 :无
************************************************/
void LCD_Clear(void)
{
    LCD_CMD(CLR,1);                    //LCD清屏
}

/************************************************
```

```
函数名称:LCD_Data
功    能:LCD写数据函数
参    数:无
返回值 :无
***********************************************/
void LCD_Data(uint8_t dat,uint8_t BusyC)
{
    if (BusyC) ReadStatus();         //检查LCD忙闲
    LCD_zDelay();
    LCDIO = dat;
    LCD1602_RS = 1;
    LCD1602_RW = 0;
    LCD1602_EN = 0;
    LCD1602_EN = 0;
    LCD1602_EN = 1;

}


/***********************************************
函数名称:LCD_WriteChar
功    能:向LCD指定地址写一个字符函数
参    数:x , y , dat
返回值 :无
***********************************************/
void LCD_WriteChar( uint8_t x,uint8_t y,uint8_t dat)
{
    LCD_SetXY(x, y);
        LCD_Data(dat,1);
}


/***********************************************
函数名称:LCD_SetXY
功    能:设置显示位置函数,用于定位/指定数据显示位置
参    数:x , y 坐标
返回值:无
***********************************************/
void LCD_SetXY( uint8_t x, uint8_t y )
{
    uint8_t address;
        if (y == LINE1)
    address = LINE1_HEAD + x;      //设置为第一行,显示地址加0x80
        else
    address = LINE2_HEAD + x;      //设置为第一行,显示地址加0xC0
    LCD_CMD(address,1);
}


/***********************************************
函数名称:LCD_WriteStr
功    能:向LCD指定地址开始,写字符串函数
参    数:x , y 坐标, * s
返回值 :无
***********************************************/
void LCD_WriteStr(uint8_t x,uint8_t y,char * s)
{
```

```c
    LCD_SetXY( x, y );              //设置显示地址
    while ( * s )                   //写一个字符供显示
    {
        LCD_Data( * s, 1);
        s++;
    }
}

/ ***********************************************
函数名称:HEXtoBCD
功    能:十六进制数转换为 BCD 码
参    数:被转换数据 val
返回值 :转换后结果
*********************************************** /
uint8_t HEXtoBCD(uint8_t val)
{
    val = ((val/10)<< 4) + val % 10;
    return val;
}

/ ***********************************************
函数名称:to_ASCII
功    能:将数据转换为 ASCII 码,以便显示
参    数:被转换数据
返回值 :转换后结果
*********************************************** /
uint8_t to_ASCII(uint8_t data)
{
    uint8_t temp = 0;
    temp = data + 0x30;
    return temp;
}
```

附录 A

ASCII 码表

控制字符				
二进制	十进制	十六进制	缩写	名称/解释
0000 0000	0	00	NUL	空字符(Null)
0000 0001	1	01	SOH	标题开始
0000 0010	2	02	STX	正文开始
0000 0011	3	03	ETX	正文结束
0000 0100	4	04	EOT	传输结束
0000 0101	5	05	ENQ	请求
0000 0110	6	06	ACK	收到通知
0000 0111	7	07	BEL	响铃
0000 1000	8	08	BS	退格
0000 1001	9	09	HT	水平制表符
0000 1010	10	0A	LF	换行键
0000 1011	11	0B	VT	垂直制表符
0000 1100	12	0C	FF	换页键
0000 1101	13	0D	CR	回车键
0000 1110	14	0E	SO	不用切换
0000 1111	15	0F	SI	启用切换
0001 0000	16	10	DLE	数据链路转义
0001 0001	17	11	DC1	设备控制1
0001 0010	18	12	DC2	设备控制2
0001 0011	19	13	DC3	设备控制3
0001 0100	20	14	DC4	设备控制4
0001 0101	21	15	NAK	拒绝接收
0001 0110	22	16	SYN	同步空闲
0001 0111	23	17	ETB	传输块结束
0001 1000	24	18	CAN	取消
0001 1001	25	19	EM	介质中断
0001 1010	26	1A	SUB	替补
0001 1011	27	1B	ESC	溢出
0001 1100	28	1C	FS	文件分割符
0001 1101	29	1D	GS	分组符
0001 1110	30	1E	RS	记录分离符
0001 1111	31	1F	US	单元分隔符
0111 1111	127	7F	DEL	删除

可显示字符											
二进制	十进制	十六进制	字符	二进制	十进制	十六进制	字符	二进制	十进制	十六进制	字符
0010 0000	32	20	空格	0100 0000	64	40	@	0110 0000	96	60	`
0010 0001	33	21	!	0100 0001	65	41	A	0110 0001	97	61	a
0010 0010	34	22	"	0100 0010	66	42	B	0110 0010	98	62	b
0010 0011	35	23	#	0100 0011	67	43	C	0110 0011	99	63	c
0010 0100	36	24	$	0100 0100	68	44	D	0110 0100	100	64	d

续表

可显示字符											
二进制	十进制	十六进制	字符	二进制	十进制	十六进制	字符	二进制	十进制	十六进制	字符
0010 0101	37	25	%	0100 0101	69	45	E	0110 0101	101	65	e
0010 0110	38	26	&	0100 0110	70	46	F	0110 0110	102	66	f
0010 0111	39	27	'	0100 0111	71	47	G	0110 0111	103	67	g
0010 1000	40	28	(	0100 1000	72	48	H	0110 1000	104	68	h
0010 1001	41	29	)	0100 1001	73	49	I	0110 1001	105	69	i
0010 1010	42	2A	*	0100 1010	74	4A	J	0110 1010	106	6A	j
0010 1011	43	2B	+	0100 1011	75	4B	K	0110 1011	107	6B	k
0010 1100	44	2C	,	0100 1100	76	4C	L	0110 1100	108	6C	l
0010 1101	45	2D	-	0100 1101	77	4D	M	0110 1101	109	6D	m
0010 1110	46	2E	.	0100 1110	78	4E	N	0110 1110	110	6E	n
0010 1111	47	2F	/	0100 1111	79	4F	O	0110 1111	111	6F	o
0011 0000	48	30	0	0101 0000	80	50	P	0111 0000	112	70	p
0011 0001	49	31	1	0101 0001	81	51	Q	0111 0001	113	71	q
0011 0010	50	32	2	0101 0010	82	52	R	0111 0010	114	72	r
0011 0011	51	33	3	0101 0011	83	53	S	0111 0011	115	73	s
0011 0100	52	34	4	0101 0100	84	54	T	0111 0100	116	74	t
0011 0101	53	35	5	0101 0101	85	55	U	0111 0101	117	75	u
0011 0110	54	36	6	0101 0110	86	56	V	0111 0110	118	76	v
0011 0111	55	37	7	0101 0111	87	57	W	0111 0111	119	77	w
0011 1000	56	38	8	0101 1000	88	58	X	0111 1000	120	78	x
0011 1001	57	39	9	0101 1001	89	59	Y	0111 1001	121	79	y
0011 1010	58	3A	:	0101 1010	90	5A	Z	0111 1010	122	7A	z
0011 1011	59	3B	;	0101 1011	91	5B	[	0111 1011	123	7B	{
0011 1100	60	3C	<	0101 1100	92	5C	\	0111 1100	124	7C	|
0011 1101	61	3D	=	0101 1101	93	5D	]	0111 1101	125	7D	}
0011 1110	62	3E	>	0101 1110	94	5E	^	0111 1110	126	7E	~
0011 1111	63	3F	?	0101 1111	95	5F	_				

附录 B 芯片常见封装形式

图 例	封装名称	说 明
	DIP	双列直插式。板子背面穿孔焊接,引脚间距 2.54mm,占用 PCB 面积大,传统芯片用
	SOP	表面贴装焊接式。小外形封装,两边有脚向外,引脚数有 8/16/24/32/40 等。派生出 TSSOP(薄的缩小型 SOP)、SOT(小外形晶体管)SOIC(小外形集成电路)等封装形式
	PLCC	表面贴装焊接式。四边有脚向内弯曲,引脚数有 20/28/32/44 等
	QFN	表面贴装焊接式。方形扁平无引脚封装,焊接点在芯片底部
	QFP	表面贴装焊接式。四方扁平封装,引脚向外伸展,引脚数有 44/64/80/100/112/144/208/240/304 等。LQFP、TQFP 即为派生的小型超薄型 QFP 封装
	BGA	表面贴装焊接式。球形栅格阵列封装,方形,芯片底部为圆形焊点

参 考 文 献

[1] 黄勤.微型计算机原理及接口技术教程[M].北京：机械工业出版社,2014.
[2] 刘显荣.微机原理与嵌入式接口技术[M].西安：西安电子科技大学出版社,2016.
[3] 王威.HCS12微控制器原理及应用[M].北京：北京航空航天大学出版社,2007.
[4] 张阳.MC9S12XS单片机原理及嵌入式系统开发[M].北京：电子工业出版社,2011.
[5] 任勇.单片机原理及应用——使用 Freescale S12X 构建嵌入式系统[M].北京：清华大学出版社,2012.
[6] 王宜怀.汽车电子 S32K 系列微控制器——基于 ARM Cortex-M4F 内核[M].北京：电子工业出版社,2018.
[7] 牛欣源.嵌入式操作系统——组成、原理与应用设计[M].北京：清华大学出版社,2017.
[8] 綦声波."飞思卡尔"杯智能车设计与实践[M].北京：北京航空航天大学出版社,2015.
[9] 徐国保.MATLAB/Simulink 入门经典教程[M].北京：清华大学出版社,2021.
[10] NXP(恩智浦)半导体公司.CPU12/CPU12X Reference Manual,v01.04,2016.
[11] NXP(恩智浦)半导体公司.DEMOAX9S12 User Guide,Rev. A,2013.
[12] NXP(恩智浦)半导体公司.MC9S12XS256 Reference Manual,Rev. 1.11,2010.
[13] NXP(恩智浦)半导体公司.MC9S12XEP100 Reference Manual,Rev. 1.25,2013.
[14] NXP(恩智浦)半导体公司官方网站：http://www.nxp.com.cn.
[15] NXP(恩智浦)技术社区：https://community.nxp.com/.